空天力学系列教材

非线性动力学

高普云　编著

科 学 出 版 社
北 京

内 容 简 介

本书介绍了非线性动力系统的基本动力学要素：奇点的稳定性(奇点与其附近轨道的关系)及其物理意义，闭轨及其稳定性(闭轨与其附近轨道的关系)，同缩轨及其计算，异缩轨及其计算，奇异闭轨(同缩轨与其关联的奇点构成的封闭曲线，或由若干根异缩轨和若干个奇点构成的封闭曲线——异缩圈)。本书还介绍了计算奇点稳定性的中心流形定理，基于异缩圈对流体力学中涡旋现象的理论解释，同缩轨和异缩轨与非线性偏微分方程孤立波解的联系，庞加莱映射及其应用，含参数动力系统的基本动力学要素的定量与定性行为随参数变化的变化规律——分叉，混沌概念及其产生的机理，KAM 定理，求孤立波的反散射方法，孤立波的碰撞特性。

本书可作为物理、力学、航空航天类高年级本科生和研究生的教材，也可作为从事物理、力学、航空航天领域的科研人员、工程技术人员的参考书。

图书在版编目(CIP)数据

非线性动力学/高普云编著. —北京：科学出版社，2020.6
(空天力学系列教材)
ISBN 978-7-03-065357-4

Ⅰ. ①非… Ⅱ. ①高… Ⅲ. ①非线性力学-动力学-教材 Ⅳ. ①O322

中国版本图书馆 CIP 数据核字(2020)第 092896 号

责任编辑：潘斯斯 张丽花 王晓丽 / 责任校对：王 瑞
责任印制：张 伟 / 封面设计：迷底书装

科学出版社 出版
北京东黄城根北街 16 号
邮政编码：100717
http://www.sciencep.com
北京凌奇印刷有限责任公司 印刷
科学出版社发行 各地新华书店经销
*
2020 年 6 月第 一 版 开本：787×1092 1/16
2023 年12月第四次印刷 印张：15 1/2
字数：367 000

定价：79.00 元
(如有印装质量问题，我社负责调换)

前　言

科学家和工程师经常将所要解决的理论问题或工程问题归结为非线性动力系统演化规律的研究，这最终又归结为非线性微分方程解的行为的研究。随着科学技术的发展以及实验设备和实验方法的改进，新实验结果显示，原来被忽略的次要因素对动力系统的演化产生了不可忽视的影响。因此，原来的动力学模型被加以修正，描述演化过程的含参数的动力学方程更为复杂。数值方法或近似扰动分析方法等传统方法很难用来研究决定系统动力学行为的主要因素：奇点、闭轨、同缩轨、异缩轨、奇异闭轨。因此，用直接方法研究这些因素的非线性动力学就由此产生。

随着科学技术的突飞猛进，越来越多的非线性动力学问题呈现在科研人员面前。因此，研究非线性动力学方程，特别是含参数的非线性动力学方程随时间的演化规律是研究人员的必经之路。这也导致了越来越多的科研人员需要了解非线性动力学基础知识。现有的非线性动力学著作或教材要么十分专业，要么仅限于非线性科学的某一方面。作者编写本书的基本想法是比较系统地介绍非线性动力学基础理论，让读者更容易了解决定系统动力学行为的主要因素，以及这些因素与常见动力学行为(如系统稳定性、分叉、混沌、孤立波等)之间的内在联系。

本书共分为 8 章。第 1 章介绍非线性动力学基本概念及其物理意义；第 2 章介绍常微分方程组奇点的定义、奇点的各种稳定性定义及稳定性判别方法、奇点李雅普诺夫(Liapunov)稳定的应用；第 3 章介绍微分方程解的不变子流形的定义及其几何意义、判断奇点李雅普诺夫稳定性的不变流形和中心流形定理、不变流形和中心流形的计算、微分方程组 PB 规范型的计算；第 4 章介绍平面系统奇点的几何结构分类、平面系统闭轨存在性判别方法；第 5 章介绍同缩轨和异缩轨的定义、微分方程流的定义、微分方程解的渐近行为、吸引集的定义及其存在性证明方法、同缩轨和异缩轨与非线性偏微分方程孤立波解的联系、基于异缩圈解释涡旋现象、庞加莱(Poincare)映射的定义、庞加莱映射与高维动力系统闭轨的存在性和稳定性之间的联系；第 6 章介绍分叉的定义及分类、霍普夫(Hopf)定理及其应用、突变理论与分叉的联系；第 7 章介绍混沌概念、混沌产生的机理、KAM 定理；第 8 章介绍求孤立波的反散射方法、两孤立波碰撞与分离的特性。

由于作者水平有限，书中难免存在疏漏和不足之处，欢迎大家批评指正。

作　者

2020 年 1 月于国防科技大学

目　　录

第1章　绪　　论

科学家对天文学的研究积累了大量的数据，这些数据为牛顿建立经典力学起到了重要而根本的作用。经典力学早期研究的一个重要问题，就是两个星球(如地球与太阳)在引力作用下的运动关系，这就是两体问题。接下来，科学家建立了地球、月球与太阳之间的运动关系，这就是著名的三体问题。因此，经典力学一开始就是非线性的。

除了少数非线性问题(如两体问题)能精确求解外，绝大多数非线性问题是难以求出解析解的。因此，这就产生了求解非线性问题的近似方法：线性化方法、小扰动方法和数值方法。线性化方法和小扰动方法都忽略了一些次要因素，数值方法会产生累积误差。

经典力学的基础是一些“实验事实”。由于当时技术的限制和环境因素的影响，所有这些“实验事实”都只是近似为真，而可用更精确的实验修正或推翻。从牛顿力学到爱因斯坦相对论就说明了这样一个事实：牛顿力学只适用于研究宏观物体的运动，要研究微观粒子的运动就要用相对论。随着科学技术的发展，实验设备变得更为先进，实验方法在不断改进和更新，所得的实验结果也更为贴近实际物理过程。然而，更精确的实验结果在许多情况下说明三个事实：一是处理物理模型的线性化方法，在解决许多实际工程问题时具有很大的局限性，线性化可能达不到所要求的精度(如导弹的打击精度)，可能会产生很大的误差，甚至会导致结论与实际情况不相符；二是原来被忽略的一些因素，事实上对力学系统影响很大，而这些被忽略的因素往往很难用线性化方法来处理；三是由于科学技术的发展需要考虑许多力学系统的长时期行为，长时间的计算会产生很大的累积误差，导致所得的数值解不满足工程的精度要求。

非线性问题是难以求解的，为了求其解，人们才对其进行线性化，或用小扰动方法求其近似解，或用数值方法求数值解。已有的经验告诉我们，大多数力学问题本质就是非线性的，它们是用非线性方程来描述的。17 世纪牛顿奠定了经典力学基础，19 世纪牛顿经典力学理论基础已相当完整。17～19 世纪，人们对力学的研究主要放在定量研究上(如计算物体在某一时刻的位置、速度或能量等)。对非线性力学系统，人们除了直接寻找它们的封闭形式的解析解外，还经常利用线性化方法将其化为线性系统求其近似解，或用数值方法求其数值解。然而，经典动力学的工程应用经验告诉我们，非线性方程在大多数情况下不存在封闭形式的解析解，线性化方法只有在一定的条件下才能给出较为准确的结果。此外，20 世纪 60 年代气象学家洛伦兹(Lorezn)在研究大气热对流时，发现洛伦兹系统的终值状态敏感地依赖于初始状态，这就是说用数值方法求出来的解并不一定是精确解的近似。经验也告诉我们，数值求解随着计算时间的增加会产生累积误差，使数值解越来越偏离精确解。

随着科学技术的发展，科学研究的范围在不断增大，人类的探索活动范围不断延伸，从地表观察至星际探索(如登月和火星探测)。随着通信技术的发展，人类建立了全球卫星通信和导航系统(如美国的全球定位系统(GPS)、俄罗斯的格洛纳斯卫星导航系统

(GLONASS)、欧盟的伽利略卫星导航系统(GSNS)和中国的北斗卫星导航系统(BDS))。人类这些太空活动需要研究飞行器运动的长时期行为。例如，估计卫星在轨道上运行寿命问题。这里的寿命问题不是指构成卫星硬件的使用寿命。我们知道，当卫星发射到预定轨道后，由于太空中各种因素的作用和卫星自身的振动，随着时间的推移，卫星会慢慢偏离预定轨道，当偏离到一定的程度时，卫星不能完成所要求的任务，这时或者废弃该卫星，或者通过变轨的方法将其变回到预定轨道附近。但由于卫星所带的燃料有限，工程上只能进行有限次变轨。因此，卫星的寿命终会结束。估计卫星在预定轨道飞行从开始到废弃的时间，就是要研究描述卫星在轨道飞行运动方程的长时期行为。其次，各类控制问题也是要研究系统的长时期行为。控制就是在系统上施加一定的影响，使系统在一段时间内从一个状态达到某一预定的状态。

综上所述，非线性动力学是随着力学本身的发展和解决各种实际问题的需要而产生的，其研究的是系统的定性行为和定量行为，尤其是系统的长时期行为，其中主要包括系统的各种稳定性，确定系统的内在随机性(如系统数值求解产生的混沌现象)，含参数系统的动力学行为随着参数的改变而改变(系统的分叉)，以及用非线性偏微分方程描述的系统中出现的一种高度稳定的解(如行波解，在传播过程中的质量守恒、动量守恒及能量守恒等，称为孤立波)。

为了便于读者理解，本书先在绪论中给出一些关于动力学最基本的概念，以及一些物理概念与数学概念的关系。然后，本书将在以后各章中给出这些原始概念对应的严格的数学定义。

1.1 动力系统的定义

人们在考察一个系统时，最基本的是观察当时间改变时，系统是如何演化的。由于人类的认知能力有限，工程上人们只能观察影响系统的主要因素对时间的变化规律。通常的做法是先将这些主要因素用变量表示，然而在数学上写出这些变量对时间变化的表达式，这种表达式最常见的有常微分方程、偏微分方程和递推关系。接下来，我们要做的是利用这些表达式从系统的某一已知状态预测系统未来的任一状态。

先来看两个例子。

例 1.1 二物种竞争模型。欧洲某岛上长着草，只有两种动物：兔子和狐狸。兔子吃草，狐狸吃兔子。生物学家经过多年的观察发现如下现象：兔子和狐狸都不会从该岛上消失，也不会挤满整个岛，它们的数量呈现周期性变化。

为了从理论上解释这种现象，生物学家建立了一个两物种竞争的数学模型。以 x 表示兔子的数量，以 y 表示狐狸的数量，兔子数量和狐狸数量的变化关系由下列二维非线性常微分方程组描述：

$$\begin{cases}\dot{x}=x\left(ax+by+c\right)\\ \dot{y}=y\left(dx+ey+f\right)\end{cases}\tag{1.1.1}$$

式中，x^2 表示兔子与兔子之间的竞争关系(因为兔子都吃草，所以在食物上是竞争的)，y^2

表示狐狸与狐狸之间的竞争关系(因为狐狸都吃兔子，所以在食物上竞争)，xy 表示兔子与狐狸之间的竞争关系，而第一个方程中的 x 项表示兔子与草的关系(草多，兔子食物充足，兔子数量增加，反之减少)，第二个方程中的 y 项表示狐狸与草的关系(草多，兔子数量多，狐狸食物充足，狐狸数量增加，反之减少)。

利用方程组(1.1.1)，只要知道某一时间兔子和狐狸的数量，我们就可以预测任何时间兔子和狐狸的数量。

例 1.2　虫口模型。假定某种昆虫，在不存在世代交叠的情况下，即每年夏天成虫产卵后全部死亡，第二年春天每个虫卵孵化为虫。显然，当产卵数大于一定数值时，虫口就会迅速增加，“虫满为患”。但在虫口数量增大的同时又由于争夺有限的食物和生存空间而不断发生咬斗事件，也可能因接触感染传染病而导致蔓延，这些又会使虫口数量减少。综合考虑上面两方面的因素，可得到虫口模型的方程如下：

$$x_{n+1} = \lambda x_n \left(1 - x_n\right) \tag{1.1.2}$$

式中，n 为代数，$\lambda \in [0,4]$，x_n 为第 n 代相对虫口数。方程(1.1.2)就是一个递推关系。

从上面两个例子可以看出，我们所研究的是系统随时间变化而变化的规律，因此**动力系统**就是按时间发展的系统。动力系统随处可见，如一个物体在外力作用下其运动状态随着时间的变化而变化，这就是一个动力系统，描述这种变化规律的就是牛顿方程。同样，描述流体流动的纳维-斯托克斯(Navier-Stokes)方程也是一个动力系统。弹性力学中的平衡方程不是动力系统，但解弹性力学平衡方程的有限元计算格式是动力系统。

n 维线性微分方程组

$$\dot{\boldsymbol{x}} = \boldsymbol{A}_n(t)\boldsymbol{x} \tag{1.1.3}$$

式中，$\boldsymbol{A}_n(t) = \left(a_{ij}(t)\right)_{n\times n}$ 是 n 阶矩阵。式(1.1.3)是一个线性系统关于时间的变化规律，像这种以线性常微分方程、线性偏微分方程(如波动方程)或线性递推关系描述系统关于时间的变化规律的系统称为**线性动力系统**。

以非线性常微分方程(如二物种竞争模型)、非线性偏微分方程(如纳维-斯托克斯方程)或非线性递推关系(如虫口模型)描述系统关于时间变化规律的系统称为**非线性动力系统**。

牛顿运动方程和纳维-斯托克斯方程描述系统的演化规律是按连续时间变化的。因此，称按连续时间发展的动力系统为**连续动力系统**，按离散时间发展的动力系统为**离散动力系统**(如虫口模型)。事实上，求解连续动力系统可以化为求解离散动力系统。例如，解常微分方程和偏微分方程的数值求解方法就是将连续动力系统化为离散动力系统来求解。

动力系统可以按不同的标准分类。例如，上面按描述系统变化规律的方程形式来分类可分为线性动力系统和非线性动力系统，以时间为标准来分类可分为连续动力系统和离散动力系统。因此，如果按维数来分类可分为有限维动力系统和无限维动力系统，常微分方程组和递推关系描述的动力系统是有限维的，纳维-斯托克斯方程描述的系统是无限维的。

1.2　非线性动力学的定义

对于 n 维线性常微分方程组(1.1.3)，如果知道它的一个特解 $\boldsymbol{x}_0(t)$ 以及其对应的齐次线性方程组的基础解系 $\boldsymbol{x}_1(t)$，$\boldsymbol{x}_2(t),\cdots,\boldsymbol{x}_n(t)$，那么它的任一解 $\boldsymbol{x}(t)$ 可以表示成

$$\boldsymbol{x}(t)=\boldsymbol{x}_0(t)+\sum_{i=0}^{n}c_i\boldsymbol{x}_i(t)$$

特别地，对于常系数 n 维线性微分方程组

$$\dot{\boldsymbol{x}}=\boldsymbol{A}_n\boldsymbol{x} \tag{1.2.1}$$

式中，$\boldsymbol{A}_n=\left(a_{ij}\right)_{n\times n}$ 是 n 阶矩阵，它在 $t=0$ 时过 $\boldsymbol{x}_0$ 点的解是

$$\boldsymbol{x}(t)=\mathrm{e}^{\boldsymbol{A}_n t}\cdot\boldsymbol{x}_0$$

式中

$$\mathrm{e}^{\boldsymbol{A}_n t}=\boldsymbol{I}_n+\boldsymbol{A}_n t+\frac{1}{2!}\boldsymbol{A}_n^2t^2+\cdots+\frac{1}{i!}\boldsymbol{A}_n^i t^i+\cdots$$

我们也可以用数值方法求得方程组(1.1.3)满足精度要求的数值解。然而，对于非线性方程，只有在很特殊的情况下才能获得其精确解析解，我们也可对其进行数值求解或用其他方法(如扰动方法)求出其近似解，但不一定能满足精度要求。

综上所述，经典动力学只是研究动力系统的定量关系。

然而，随着科学技术的发展，我们所要考虑的动力系统是强耦合和强非线性的，而且所要研究的是系统的长时期动力学行为，已有的求解方法达不到精度要求了。因此，我们必须直接研究非线性动力系统本身。例如，对于含参数的控制系统，我们现在要研究的是当参数连续变化时，系统的主要特征是怎样变化的，这些主要特征在本书中主要是指常微分方程组的奇点、闭轨、同缩轨和异缩轨以及它们的个数和稳定性。另外，许多耗散动力系统中存在一种高度稳定的波，它在传播中质量守恒、动量守恒和能量守恒，甚至有无限多个守恒量，这种波称为孤立波。孤立波的守恒量是很难用传统方法得到的。因此，可以给**非线性动力学**下一个定义：它是研究非线性动力系统的各种运动状态的定性和定量变化规律(动力学特性)，尤其是系统的长时期行为。注意，这里的定量与经典动力学中的定量是不同的，经典动力学中的定量是指系统在某一时刻的物理量，如一个物体在某一时刻的位置、速度、动量和能量等。非线性动力学中的定量是指奇点、闭轨、同缩轨和异缩轨等的个数。

经典非线性动力学是以摄动(或称为扰动)、渐近分析或数值方法研究弱非线性弱耦合的动力系统，主要是求出其近似解析解或数值解。而现代非线性动力学与经典非线性动力学不同，所研究的系统具有强烈的非线性，它所研究的对象主要包括分叉、混沌、分形和孤立波等新的动力学行为，其主要任务是探索非线性动力系统的复杂性。

1.3 物理概念与数学概念的关联

在许多动力系统中，存在这样一种物体的状态，它不随时间变化而变化。许多人都看到过水的旋涡，当你将一小纸片放在旋涡附近的任何地方，纸片都会流到旋涡的中心，你也可观察到旋涡的中心是不会因时间变化而变化的，这在物理学上来讲，旋涡的中心

就是“汇”。每当你看向太阳时，会感觉到光束射向你。事实上，从太阳发射出来光线永远从各个方向射向远方。太阳是一颗恒星，其状态不随时间变化而变化。如果将太阳抽象为一个点，那么它就是物理学上的“**源**”。学过理论力学的人都知道：在惯性系中，一个没有初始运动的物体处于平衡是指人们在观察它的运动时，它处于静止状态，即物体的运动状态与时间无关。

一个系统与时间无关的状态称为**平衡**。这是一个物理概念，那么它在数学上又是什么？前面我们已提到过，一个系统的演化过程可以用数学方程表示出来。

理论力学中描述一个质点运动的方程可以写成如下形式

$$\begin{cases} m\ddot{x} = F_x\left(x,y,z,\dot{x},\dot{y},\dot{z}\right) \\ m\ddot{y} = F_y\left(x,y,z,\dot{x},\dot{y},\dot{z}\right) \\ m\ddot{z} = F_z\left(x,y,z,\dot{x},\dot{y},\dot{z}\right) \end{cases} \tag{1.3.1}$$

式中，(x,y,z)是质点的位置坐标，(F_x,F_y,F_z)是质点所受到的外力。如果引进速度变量

$$\left(v_x,v_y,v_z\right)=\left(\dot{x},\dot{y},\dot{z}\right)$$

那么方程组(1.3.1)可写为

$$\begin{cases} \dot{x} = v_x \\ \dot{y} = v_y \\ \dot{z} = v_z \\ m\dot{v}_x = F_x\left(x,y,z,v_x,v_y,v_z\right) \\ m\dot{v}_y = F_y\left(x,y,z,v_x,v_y,v_z\right) \\ m\dot{v}_z = F_z\left(x,y,z,v_x,v_y,v_z\right) \end{cases} \tag{1.3.2}$$

式(1.3.2)描述质点运动的方程组与时间无关的解应满足

$$\dot{x} = \dot{y} = \dot{z} = \dot{v}_x = \dot{v}_y = \dot{v}_{\boldsymbol{z}} = 0$$

从而有

$$\begin{cases} v_x = v_y = v_z = 0 \\ F_x\left(x,y,z,0,0,0\right) = 0 \\ F_y\left(x,y,z,0,0,0\right) = 0 \\ F_z\left(x,y,z,0,0,0\right) = 0 \end{cases}$$

该方程组的后三个方程是决定质点位置的代数方程，因此，质点位置是一定点。所以，质点的运动状态与时间无关，这在物理上来讲是一个平衡，而在数学上来说它是一个奇点，这就是说物理概念平衡就是数学上微分方程的奇点。

用数学上的奇点完全代替物理概念平衡也是不妥的。对于用常微分方程和递推关系描述的系统是可以的，对于用偏微分方程描述的场的方程是不行的。

(1) 对于以常微分方程组描述演变规律的动力系统

$$\dot{\boldsymbol{x}} = \boldsymbol{f}\left(\boldsymbol{x}\right),\ \boldsymbol{x} \in U \subseteq \mathbf{R}^n \tag{1.3.3}$$

式中，U 是开集。设 $\boldsymbol{x}_0$ 是它的一个奇点，$\boldsymbol{x}_0$ 与时间无关，则 $\mathrm{d}\boldsymbol{x}_0/\mathrm{d}t=0$，因而 $\boldsymbol{f}(\boldsymbol{x}_0)=\mathrm{d}\boldsymbol{x}_0/\mathrm{d}t=0$，即奇点是代数方程组 $\boldsymbol{f}(\boldsymbol{x})=0$ 的解。反之，若 $\boldsymbol{x}_0$ 是代数方程组 $\boldsymbol{f}(\boldsymbol{x})=0$ 的解，那么 $\boldsymbol{x}_0$ 满足代数方程组 $\boldsymbol{f}(\boldsymbol{x}_0)=0$ 且与时间无关，因此 $0=\mathrm{d}\boldsymbol{x}_0/\mathrm{d}t=\boldsymbol{f}(\boldsymbol{x}_0)=0$，即 $\boldsymbol{x}_0$ 是一个奇点。

(2) 对于用递推关系描述演变规律的动力系统

$$\boldsymbol{u}_{n+1}=\boldsymbol{f}\left(\boldsymbol{u}_n,\boldsymbol{u}_{n-1},\cdots,\boldsymbol{u}_0\right),\quad \boldsymbol{u}_n,\boldsymbol{u}_{n-1},\cdots,\boldsymbol{u}_0\in\mathbf{R}^n$$

该系统与时间无关的解满足下面的代数方程组

$$\boldsymbol{u}=\boldsymbol{f}(\boldsymbol{u},\boldsymbol{u},\cdots,\boldsymbol{u}),\ \boldsymbol{u}\in U\subseteq\mathbf{R}^n$$

这种解也称为不动点。

(3) 对于以偏微分方程描述演变规律的动力系统，如决定流场的纳维-斯托克斯方程

$$\frac{\partial \boldsymbol{v}}{\partial t}+(\boldsymbol{v}\cdot\nabla)\boldsymbol{v}=-\nabla\left(\frac{P}{\rho}\right)+\frac{1}{Re}\nabla\boldsymbol{v}$$

式中，$\boldsymbol{v}=(u,v,w)$ 是速度场，P 是压强，ρ 是流体密度，Re 是雷诺数，而

$$\nabla=\frac{\partial}{\partial x}\mathbf{i}+\frac{\partial}{\partial y}\mathbf{j}+\frac{\partial}{\partial z}\mathbf{k}$$

纳维-斯托克斯方程与时间无关的解应满足以下方程

$$(\boldsymbol{v}\cdot\nabla)\boldsymbol{v}=-\nabla\left(\frac{P}{\rho}\right)+\frac{1}{Re}\nabla\boldsymbol{v}$$

它的解不是一个点，所以不能称为奇点。

然而，由流场决定的流体质点的运动方程

$$\begin{cases}\dot{x}=u(x,y,z)\\ \dot{y}=v(x,y,z)\\ \dot{z}=w(x,y,z)\end{cases}$$

与时间无关的解是奇点。

1.4 奇点的稳定性

常微分方程组的解或递推关系的解在物理学上称为“**轨道**”。在动力系统中，考虑的基本问题之一就是考察平衡状态与其附近状态的关系。因此，在数学上就是要研究奇点与其附近轨道的关系，这种关系在数学上称为**奇点的稳定性**。说得更具体一点，就是当一个有奇点的动力系统受到外部干扰时，系统的奇点就会偏离原来的位置，当外部干扰撤除且时间增加时，奇点是否会返回到原来的位置？如果返回原来的位置，则称该奇点是**稳定的**，否则就称该奇点是**不稳定的**。稳定奇点就是物理学上的“汇”，物理学上的“源”是不稳定奇点。还有一种奇点，在某些方向的轨道当时间趋于无穷大时跑向奇点，而在其他方向远离奇点，这种奇点称为“**鞍**”。

将上面奇点的稳定性用数学语言来描述，就是从奇点附近任一点出发的轨道当时间 $t\to+\infty$ 是否会跑向奇点。如果都跑向该奇点，那么这个奇点是稳定的，否则是不稳定的。

如果能用几何图形表示出奇点与其附近轨道的关系，就可以直观地了解奇点的行为，如奇点附近轨道随着时间的增加是如何靠近或远离奇点的。在微分方程的教材里，有画二维常微分方程组平面相图的相关内容。当画出平面相图后，可以看出所有轨道的几何形状以及与其他轨道之间的关系。下面就是平面上“源”与“汇”的几何结构的几种情况(图 1.1～图 1.6)。

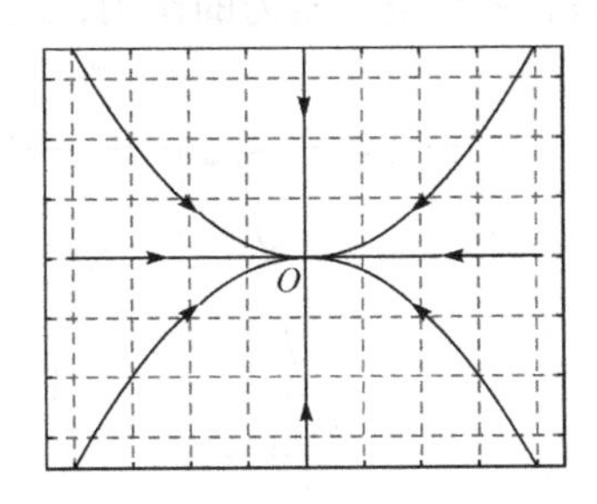

图 1.1　“汇”的一种几何结构

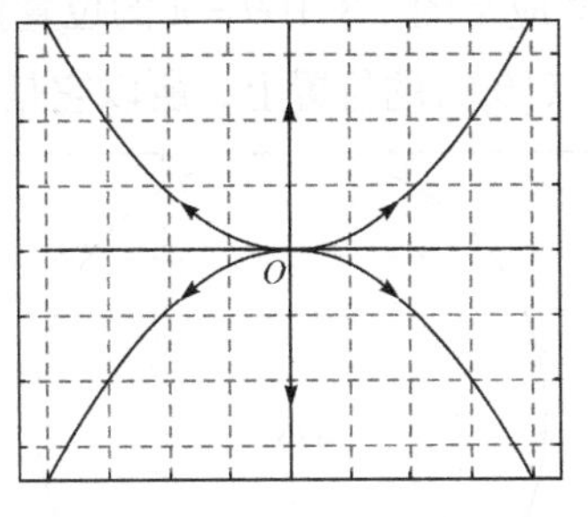

图 1.2　“源”的一种几何结构

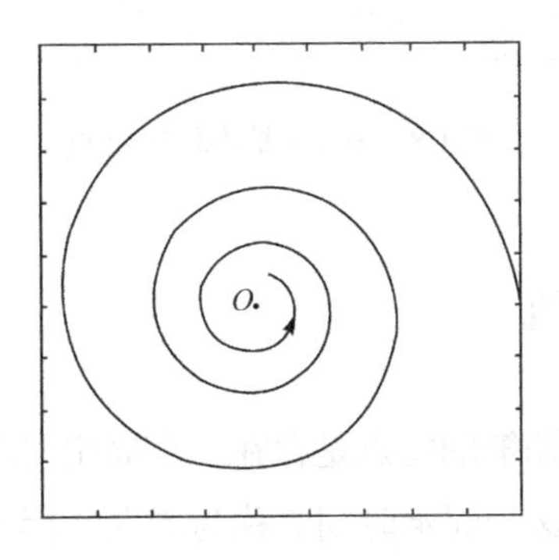

图 1.3　旋涡型“汇”

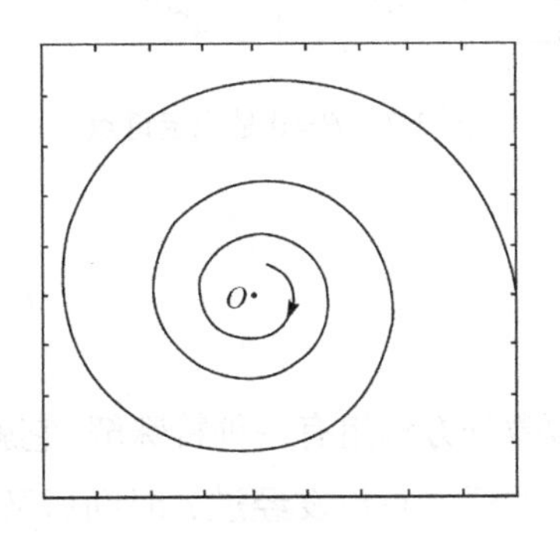

图 1.4　旋涡型“源”

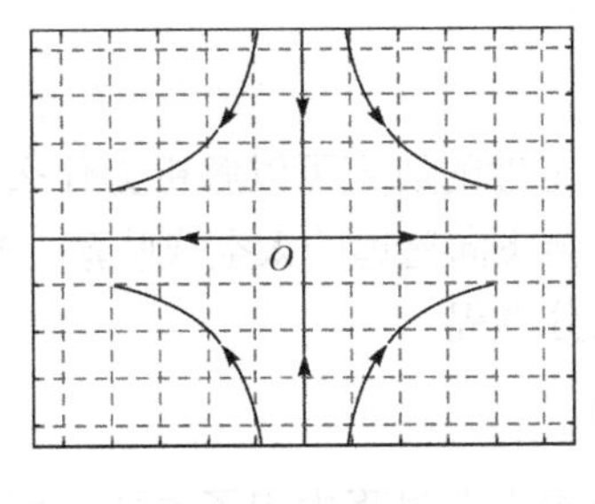

图 1.5　“鞍”

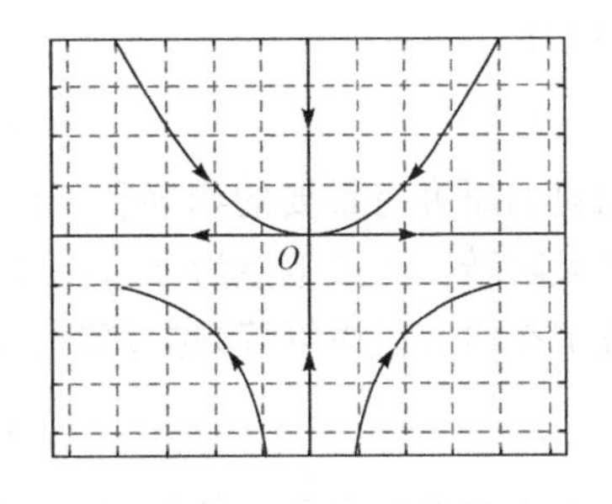

图 1.6　“半鞍”

描述单摆运动的方程是

$$\ddot{\varphi}=a\sin\varphi$$

式中，φ 是摆角，它等价于平系统

$$\begin{cases}\dot{\varphi}=\psi \\ \dot{\psi}=a\sin\varphi\end{cases}$$

在区间$[-\pi,\pi]$内该系统有两个奇点：$(0,0)$和$(\pi,0)$。单摆运动方程的解是周期解，即单摆运动是周期运动。实际上，在做单摆实验时有空气阻力，单摆会受到空气阻力作用。当奇点$(0,0)$(对应于图 1.7 中$\theta=0$的位置)偏离原来的位置时，由于空气阻力的作用，单摆振动幅度越来越小，最后单摆静止在原来的位置上，所以$(0,0)$是稳定奇点。但当奇点$(\pi,0)$(对应于图 1.8 中$\theta=\pi$的位置)偏离原来的位置后，由于空气阻力的作用，最后也静止在奇点$(0,0)$的位置上，所以它是不稳定奇点。

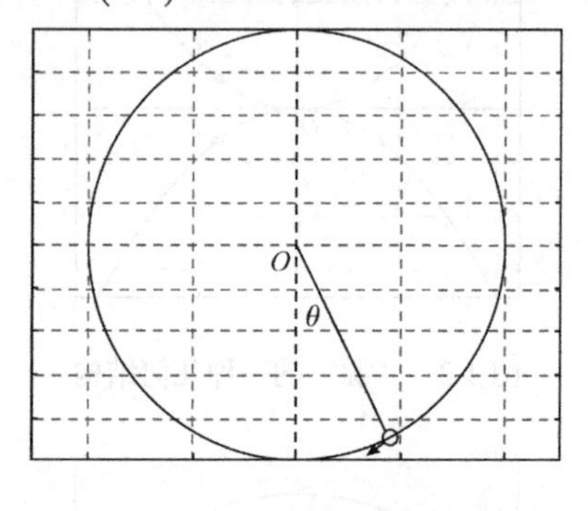

图 1.7　$\theta=0$是稳定奇点

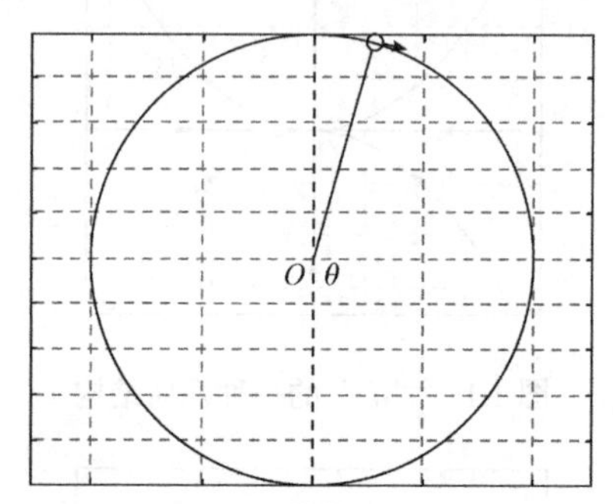

图 1.8　$\theta=\pi$是不稳定奇点

1.5　闭　　轨

常微分方程组有一种特殊解，它就是周期解。周期解的特点是存在一个固定时间T，从解上的任一点出发经过T时间后又返回到该点，这个固定时间T称为周期。因此，周期解也称为闭轨。设$\boldsymbol{x}^*(t)$是微分方程组(1.3.2)的一个周期为T的周期解，那么对于任意时间t恒有

$$\boldsymbol{x}^*(t+T)=\boldsymbol{x}^*(t)$$

闭轨的研究有重要的物理和工程意义。对闭轨稳定性的研究可以解析为什么地球总是绕着太阳转，人造卫星为什么在外部因素作用下不会飞向遥远的太空或坠落。1926 年范德波尔在研究三极管等幅振荡时，研究了如下常微分方程

$$\ddot{x}+\left(x^2-1\right)\dot{x}+x=0$$

证明该方程存在稳定孤立的闭轨。这一结论在无线电报发明过程中起了重要作用，它说明在稳定孤立的闭轨附近发出的无线电波，在传播过程中会基本保持这一波形，不会使其从一个地方传到另一个地方后变得不能辨识，或完全消失。

闭轨稳定性就是研究闭轨与其附近轨道的关系。说得更具体一点，就是当时间趋于无穷时，闭轨附近轨道是趋于闭轨还是远离闭轨。

如果从闭轨附近的点出发的所有轨道，当时间趋于无穷时，越来越趋于闭轨，我们

就称该闭轨是**稳定闭轨**，否则就称为**不稳定闭轨**。

对于二维常微分方程组，我们可以很方便地用几何图来表示各种稳定性(图 1.9～图 1.12)。

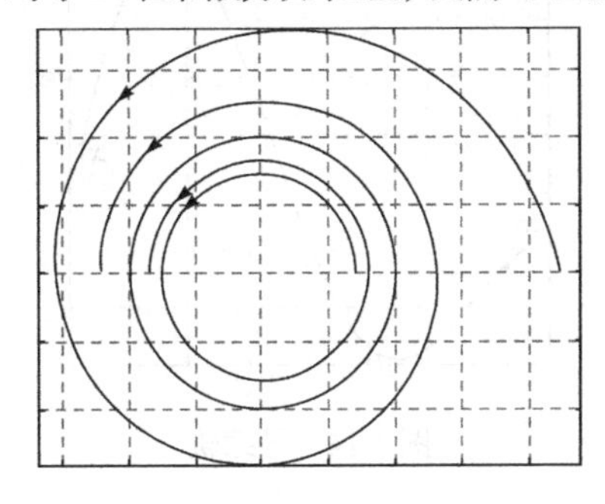

图 1.9　稳定极限环

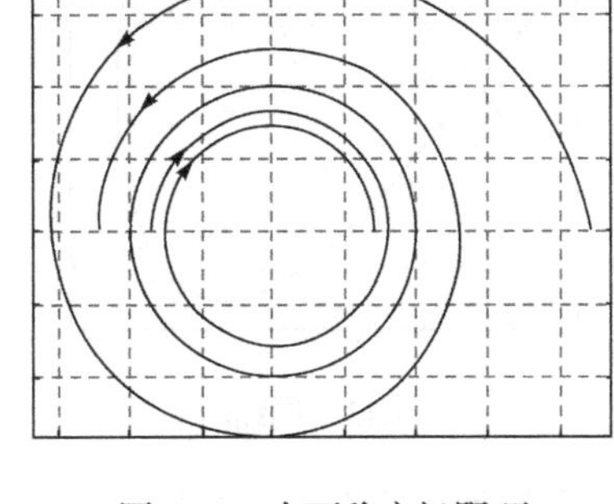

图 1.10　内不稳定极限环

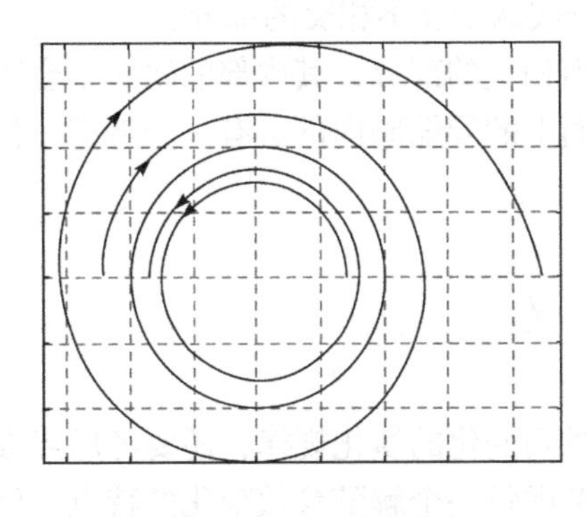

图 1.11　外不稳定极限环

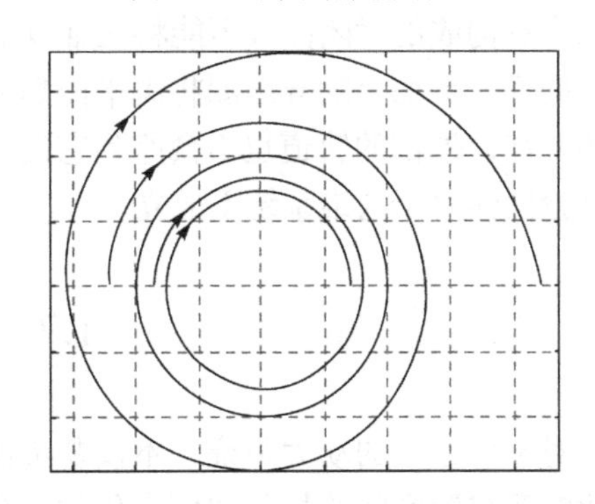

图 1.12　不稳定极限环

1.6　同缩轨和异缩轨

常微分方程组的解空间中有一些特殊的轨道，如与时间无关的轨道(奇点)和周期解。事实上，还有两种与奇点密切相关的轨道：同缩轨与异缩轨。

常微分方程解的定义域并不一定是整个实数集 $\mathbf{R}$，例如，微分方程 $\dot{x}=-x^2$ 的解 $x=1/(t-1)$，其定义域是 $(-\infty,-1)\cup(1,+\infty)$。而微分方程 $\dot{x}=1/(2\sqrt{x})$ 的解 $x=\sqrt{t-1}$ 的定义域是 $[1,+\infty)$。我们所要关心的解有一定的特殊性，其定义域是 $(-\infty,+\infty)$，并且当时间 $t\to+\infty$ 或 $t\to-\infty$ 时，这种解趋于某一奇点。趋于奇点的方式有两种，如果时间 $t\to+\infty$ 或 $t\to-\infty$ 时，这种解趋于同一奇点，就称为**同缩轨**(图 1.13 中的 $\boldsymbol{x}_0$ 是奇点)；如果时间 $t\to+\infty$ 或 $t\to-\infty$ 时，这种解趋于不同奇点，就称为**异缩轨**(图 1.14 中的 $\boldsymbol{x}_1$ 和 $\boldsymbol{x}_2$ 是两个不同的奇点)。异缩轨与两个奇点相联系，由 k 个不同的奇点和 k 根不同的异缩轨构成的封闭曲线称为**异缩圈**。

同缩轨与其相关的奇点构成一根封闭的曲线(这根曲线由两个解组成)。对于二维动力系统，根据微分方程的解存在唯一性理论，这一封闭曲线，将解平面划分为两个不相交的部分，其内部的轨道不会跑到它的外部，外部的轨道也不会跑到它的内部。事实上，

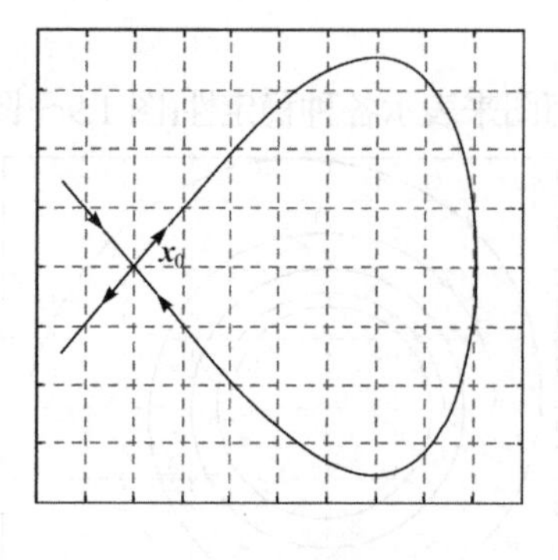

图 1.13 同缩轨

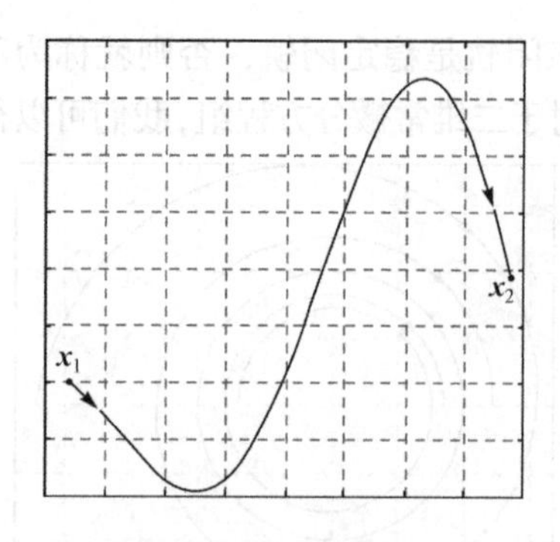

图 1.14 异缩轨

平面上同缩轨内部必有一个奇点，但这一结论对于高维系统不成立，因为同缩轨与其相关的奇点构成的封闭曲线不能将三维以上的空间分成两个互不相交的部分。

同样，平面上的异缩圈将解平面划分为两个不相交的部分，其内部的轨道不会跑到它的外部，外部的轨道也不会跑到它的内部。平面上的异缩圈内部必有一个奇点，但这一结论同样对于高维系统不成立。

1.7 分 叉

对于含参数的动力系统，不仅要考虑系统随时间变化的演化规律，还要考虑当参数变化时系统解空间结构是如何变化的。我们很难考虑每一个解随参数变化的特点，但可以研究某些含参数的动力系统的主要因素(如奇点和闭轨的个数及稳定性，同缩轨、异缩轨和异缩圈)随参数变化的规律。

如果一个含参数的动力系统，当参数连续变化到某一值时，系统的动力学行为发生了本质变化，就称该系统发生了**分叉**。这是一个抽象的定义，那么怎样判断一个系统的动力学行为发生了本质变化呢？事实上，有一个简单的判断标准：奇点和闭轨的个数与稳定性发生了变化，同缩轨、异缩轨和异缩圈破裂与产生等。

例如，含参数微分方程 $\dot{x}=x^2+\mu$(μ是参数)，当 $\mu>0$ 时没有奇点，当 $\mu=0$ 时有一个奇点，而当 $\mu<0$ 时有两个奇点。因此，系统在 $\mu=0$ 时发生了分叉。

分叉在工程中有许多重要的应用。例如，为最优控制问题选取合理的控制参数。

1.8 混 沌

混沌这一名词出现在许多学科中，如物理学、数学和哲学等。这一名词的出现与著名的气象学家洛伦兹密不可分，他是混沌理论奠基者之一。20 世纪 60 年代，洛伦兹从事长期天气预报的理论研究，用计算机模拟大气热对流时发现了确定系统具有内在随机性。那时的计算机性能相当低，洛伦兹在第二天计算时并没有从前一天的最后一个输出值开始计算，而是在中间取了一个值(注意，计算机计算时是精确到小数点后 6 位数，而输出值只精确到小数点后 4 位)，然而在他计算后发现尽管初始条件的误差很小(小于10^{-4})，但两天的解相差很大(事实上，这两个解是以指数速度分离)。洛伦兹所用的方程是

$$
\begin{cases}
\dot{x}=10(-x+y) \\
\dot{y}=28x-y-xz \\
\dot{z}=-\dfrac{8}{3}z+xy
\end{cases}
\tag{1.8.1}
$$

第一次计算时的初始条件是$t=0$时过点$(1,0,0)$，数值计算出来的洛伦兹系统变量x的图如图 1.15 中的虚线，第二次计算时的初始条件是在第一次计算输出值中取一组，如取$t=10.1045$时，解的值$(-10.3996,-9.1584,31.6488)$，数值计算出来以此为初始条件的洛伦兹系统变量$x$的图像如图 1.15 中的实线。从图 1.15 中可以看出，随着时间的增加，实线与虚线差别越来越大。这在数值方面来讲，用数值方法无法得到合理的满足精度要求的数值解，因为终值状态敏感地依赖于初始状态。后来，人们称这种现象为混沌，这是确定系统的一种内在的随机性。动力系统的混沌行为并非都是有害的。混沌有许多应用，如混沌粉碎机比传统粉碎机效率更高，混沌化学反应装置使生产的产品质量更好，混沌压路机压出来的路面更平，混沌的应用还有很多，不在这里一一列出。

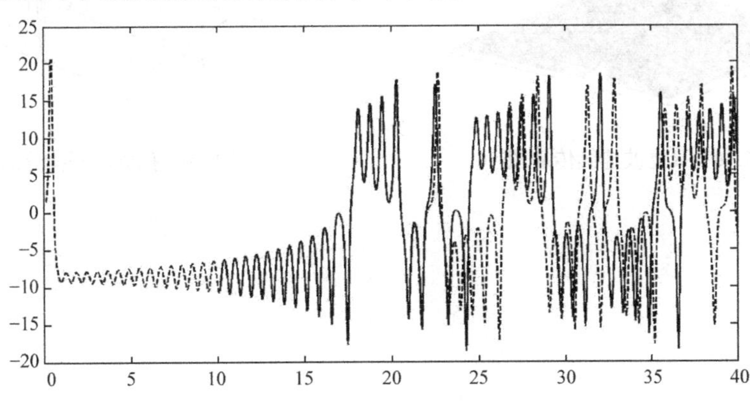

图 1.15　两次计算结果的比较

1.9　孤　立　波

对于线性波动方程，它的解是连续波，如正弦波或余弦波。然而，对于非线性偏微分方程，它可能具有一种特殊动力学行为的波，这种波在传播过程中质量守恒、动量守恒和能量守恒，具有高度稳定性(图 1.16～图 1.18)，两个孤立波碰撞后，它们的波形和波速保持不变或只有微弱的变化(图 1.19)。因此，我们称这种波为孤立波。非线性偏微分方程的孤立波也有重要的应用，如利用孤立波选煤粉，孤立波通信。

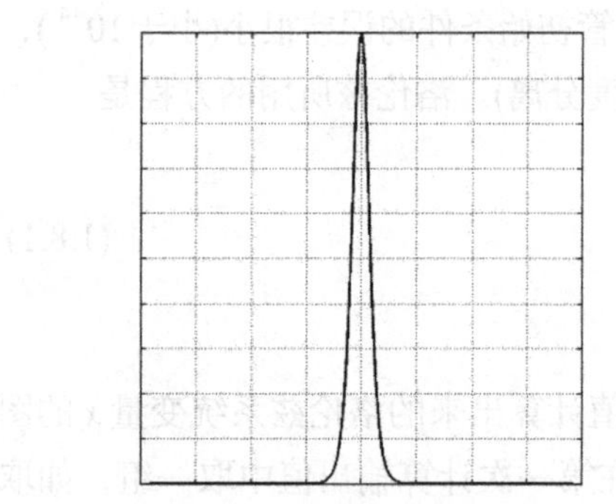

图 1.16　孤立波波形图

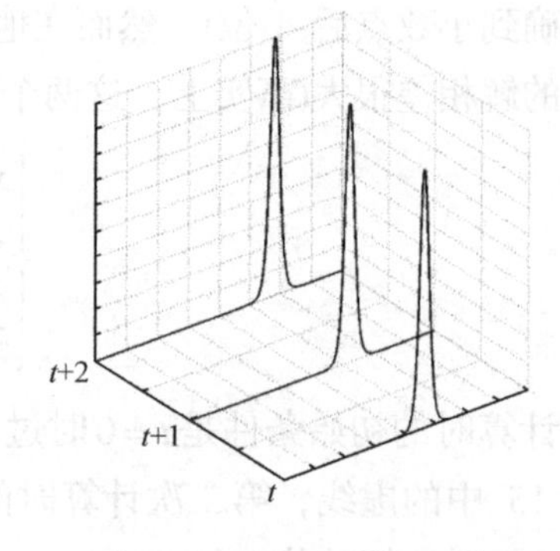

图 1.17　孤立波离散传播图

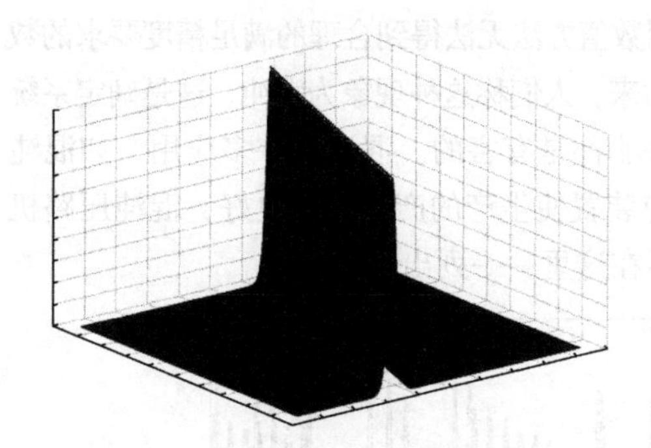

图 1.18　孤立波连续传播图

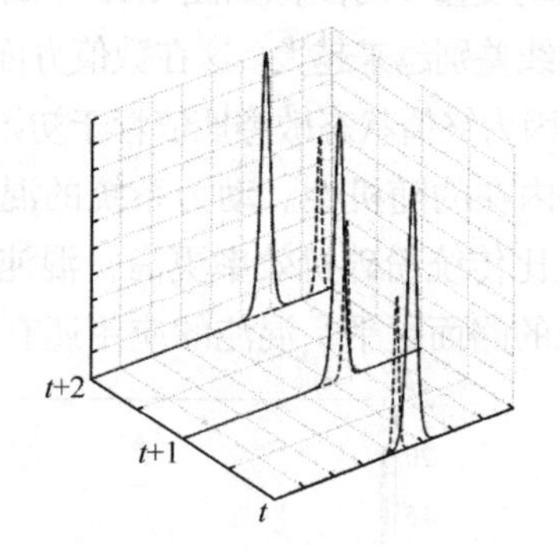

图 1.19　孤立波碰撞分离图

第 2 章　常微分方程组奇点的稳定性

常微分方程组的解在力学和物理学上称为轨道，这在力学上也是很好理解的。描述外力作用下的一个质点在空间上的运动需要三个参量，一般取为质点的位置坐标，这三个坐标满足牛顿方程，其解就是质点在空间上的运动轨迹，即质点在空间上的运动的轨道。微分方程组的奇点是它与时间无关的解。分辨奇点与其附近轨道的几何关系是一个十分基本而重要的问题。为了描述这种关系，产生了几种奇点的稳定性定义。判断奇点与其附近轨道的几何关系的工具是稳定性判定定理。

2.1　常微分方程组的奇点稳定性定义

不论是自然科学的各个分支还是社会科学的各个分支，都存在非线性动力系统。我们先给出几个例子。

例 2.1　布鲁塞尔振子(Brusselator)。化学反应或生物化学反应中可以产生振荡或混沌。尼科里斯(Nicolis)和普利高津(Llya Prigogine)证明：如果各反应阶段只是单分子和双分子反应，那么在包含两个可变中间产物的反应序列中，不可能有包含不稳定结点或焦点的极限环的化学反应振荡。为了产生不稳定振荡，在反应速率方程中至少应含有三次项(三分子模型)。为此，普利高津提出了一个三分子模型，即布鲁塞尔振子。描述布鲁塞尔振子的动力学方程是

$$\begin{cases}\dot{x}=A-\left(B+1\right)x+x^2y\\ \dot{y}=Bx-x^2y\end{cases}\tag{2.1.1}$$

在周期外力作用下，不含扩散项的布鲁塞尔振子的动力学方程为

$$\begin{cases}\dot{x}=A-\left(B+1\right)x+x^2y+a\cos\omega t\\ \dot{y}=Bx-x^2y\end{cases}\tag{2.1.2}$$

例 2.2　范德波尔(Van der Pol)方程。描述无线电波振荡的范德波尔方程

$$\ddot{x}+\left(x^2-1\right)\dot{x}+x=0\tag{2.1.3}$$

这个方程的稳定闭轨的存在，为无线电发报的发明奠定了理论基础。如果引进变换 $y=\dot{x}$，那么式(2.1.3)等价于下面一阶方程组

$$\begin{cases}\dot{x}=y\\ \dot{y}=-\left(x^2-1\right)y-x\end{cases}\tag{2.1.4}$$

例 2.3　洛特卡-沃尔泰拉(Lotka-Volterra)模型。二维洛特卡-沃尔泰拉模型的动力学

方程见方程组(1.1.1)，这个模型只能研究两种群猎物-捕食者之间的关系。对于 n 种群生物情况，可以用如下微分方程组来描述

$$\begin{cases}\dot{x}_1 = x_1\left(a_{11}x_1 + a_{12}x_2 + \cdots + a_{1n}x_n + a_1\right)\\ \dot{x}_2 = x_2\left(a_{21}x_1 + a_{22}x_2 + \cdots + a_{2n}x_n + a_2\right)\\ \qquad\vdots \\ \dot{x}_n = x_n\left(a_{n1}x_1 + a_{n2}x_2 + \cdots + a_{nn}x_n + a_n\right)\end{cases}$$

例 2.4　激光诱导 DNA 分子唯像模型。弱激光对 DNA 分子激励效应的运动方程为

$$A\frac{\partial^2\varphi}{\partial t^2} + \gamma\frac{\partial\varphi}{\partial t} - \frac{\partial^2\varphi}{\partial x^2} + \left(B + QE\cos\omega t\right)\sin\varphi = 0 \tag{2.1.5}$$

式中，φ 是 DNA 分子两基转子相对于平衡位置的扭转解。如果仅考虑系统随时间的变化情况，即只考虑系统在某处的运动状态，式(2.1.5)可简化为

$$\frac{\mathrm{d}^2\varphi}{\mathrm{d}t^2} + a\frac{\mathrm{d}\varphi}{\mathrm{d}t} + \left(b + c\cos\omega t\right)\sin\varphi = 0 \tag{2.1.6}$$

式中

$$a = \frac{\gamma}{A},\quad b = \frac{B}{A},\quad c = \frac{QE}{A}$$

DNA 分子是有阻尼条件下激光对 DNA 分子作用的运动方程。如果引进变换 $\dot{\varphi} = \phi$，那么 DNA 分子作用的运动方程等价于平面系统

$$\begin{cases}\dot{\varphi} = \phi\\ \dot{\phi} = -a\phi - \left(b + c\cos\omega t\right)\sin\varphi\end{cases} \tag{2.1.7}$$

例 2.5　洛伦兹模型。1963 年，洛伦兹基于纳维-斯托克斯方程、热传导方程和连续性方程研究大气热对流时，将方程的解展成傅里叶级数并进行一阶截断，得到了洛伦兹方程

$$\begin{cases}\dot{x} = \sigma\left(y - x\right)\\ \dot{y} = -xz + \mu x - y\\ \dot{z} = xy - bz\end{cases} \tag{2.1.8}$$

式中，$\sigma \neq 0$。

以上列出的仅是很少的几个常见微分方程或微分方程组，它们分别属于不同科学分支中的动力系统。事实上，还有大量的这种系统，不在这里一一列出。

从例 2.1～例 2.5 可以看出，用常微分方程组描述的动力系统可写成如下统一形式

$$\begin{cases}\dot{x}_1 = f_1\left(x_1, x_2, \cdots, x_n, t\right)\\ \dot{x}_2 = f_2\left(x_1, x_2, \cdots, x_n, t\right)\\ \qquad\vdots \\ x_n = f_n\left(x_1, x_2, \cdots, x_n, t\right)\end{cases} \tag{2.1.9}$$

注意到微分方程组(2.1.1)、方程组(2.1.4)和方程组(2.1.8)的右边是不显含时间变量 t 的，

而微分方程组(2.1.2)和方程组(2.1.7)的右边是显含时间变量 t 的。因此，根据微分方程组(2.1.9)的右边是否显含时间变量 t，将其分为两类。如果方程组(2.1.9)的右边不显含时间变量 t，则称为**自治的**，否则称是**非自治的**。

如果微分方程组(2.1.9)是自治的，那么它可写为

$$\begin{cases}\dot{x}_1 = f_1(x_1, x_2, \cdots, x_n) \\ \dot{x}_2 = f_2(x_1, x_2, \cdots, x_n) \\ \qquad \vdots \\ \dot{x}_n = f_n(x_1, x_2, \cdots, x_n)\end{cases} \tag{2.1.10}$$

分量形式的微分方程组(2.1.9)和方程组(2.1.10)不便于定理的证明和推导，因此，可将它们写成矢量形式。微分方程组(2.1.9)的矢量形式是

$$\dot{\boldsymbol{x}} = \boldsymbol{f}(\boldsymbol{x}, t) \tag{2.1.11}$$

式中

$$\boldsymbol{x} = (x_1, x_2, \cdots, x_n)^{\mathrm{T}} \in U \subseteq \mathbf{R}^n, \quad \boldsymbol{f} = (f_1, f_2, \cdots, f_n)^{\mathrm{T}}$$

其中，U 是开集，而 T 表示转置。自治微分方程组(2.1.10)的矢量形式是

$$\dot{\boldsymbol{x}} = \boldsymbol{f}(\boldsymbol{x}), \quad \boldsymbol{x} \in U \subseteq \mathbf{R}^n \tag{2.1.12}$$

定义 2.1　如果点 $\boldsymbol{x}_0$ 是微分方程组(2.1.11)的一个与时间无关的解，即 $\boldsymbol{x}_0$ 满足代数方程组 $\boldsymbol{f}(\boldsymbol{x}_0, t) = 0$，那么 $\boldsymbol{x}_0$ 称为方程组(2.1.11)的奇点。

对于自治系统，其奇点的定义已在第 1 章给出，即 $\boldsymbol{x}_0$ 是自治微分方程组(2.1.12)的一个奇点当且仅当 $\boldsymbol{f}(\boldsymbol{x}_0) = 0$。

代数方程组 $\boldsymbol{f}(\boldsymbol{x}_0, t) = 0$ 是可显含时间变量 t 的，该代数方程组是否有与时间无关的解呢？答案是不一定。例如，对于二维微分方程组(2.1.7)，若有奇点 (φ_0, ϕ_0)，则该奇点必须满足如下代数方程组

$$\begin{cases}\phi_0 = 0 \\ -a\phi_0 - (b + c\cos\omega t)\sin\varphi_0 = 0\end{cases}$$

上面代数方程组有无限多组解：

$$(\varphi_0, \phi_0) = (k\pi, 0), \ k = 0, \pm 1, \pm 2, \cdots$$

而对于二维微分方程组(2.1.2)，它的奇点 (x_0, y_0) 应满足如下代数方程组

$$\begin{cases}A - (B+1)x_0 + x_0^2 y_0 + a\cos\omega t = 0 \\ Bx_0 - x_0^2 y_0 = 0\end{cases} \tag{2.1.13}$$

由该代数方程组的第二个方程得 $x_0 = 0$ 或 $x_0 y_0 = B$。以 $x_0 = 0$ 代入方程组(2.1.13)的第一个方程得 $A + a\cos\omega t = 0$，因此在这种情况下系统没有奇点。类似地，以 $x_0 y_0 = B$ 代入方程组(2.1.13)的第一个方程得 $x_0 = A + a\cos\omega t$，从该方程看出 x_0 与时间 t 有关。因此，二维微分方程组(2.1.2)没有奇点。

即使对于自治系统，我们也不能保证系统有奇点。例如，下面二维系统就没有奇点

$$\begin{cases}\dot{x}=\mathrm{e}^x \\ \dot{y}=xy\sin x\end{cases}$$

例 2.6 求布鲁塞尔振子的动力学方程的奇点。由微分方程组(2.1.1)可知该系统的奇点应满足如下代数方程组

$$\begin{cases}A-(B+1)x+x^2y=0 \\ Bx-x^2y=0\end{cases}$$

解上面的方程组：

(1) 如果$A=0$，系统有无穷多个奇点$(0,y)$，y是任意实数。

(2) 如果$A\neq 0$，系统有唯一奇点$(A,B/A)$。

例 2.7 求洛伦兹系统的奇点。由例 2.5，洛伦兹系统的奇点应满足下面代数方程组

$$\begin{cases}\sigma(y-x)=0 \\ -xz+\mu x-y=0 \\ xy-bz=0\end{cases}$$

解上面的方程组：

(1) 如果$b(\mu-1)>0$，系统有三个奇点：$\left(\sqrt{b(\mu-1)},\sqrt{b(\mu-1)},\mu-1\right)$、$(0,0,0)$和$\left(-\sqrt{b(\mu-1)},-\sqrt{b(\mu-1)},\mu-1\right)$。

(2) 如果$\mu=1$，系统有唯一奇点：$(0,0,0)$。

(3) 如果$b=0$和$\mu\neq 1$，系统有两个奇点：$(0,0,0)$和$(0,0,\mu-1)$。

(4) 如果$b(\mu-1)<0$，系统有唯一奇点：$(0,0,0)$。

接下来考察奇点与其附近轨道的关系。为了考察这种关系，首先给出各种稳定性定义。为了方便起见，这里只考虑自治系统(2.1.12)。传统的方法是将微分方程组(2.1.12)在奇点附近线性化，即在奇点附近对其右边各个方程进行泰勒级数展开后作一阶截断，得到一个线性方程组，该线性方程组与方程组(2.1.12)有相同的奇点。

设$\boldsymbol{x}_0=\left(x_1^0,x_2^0,\cdots,x_n^0\right)^{\mathrm{T}}$是方程组(2.1.10)的一个奇点，那么

$$\begin{cases}f_1\left(x_1^0,x_2^0,\cdots,x_n^0\right)=0 \\ f_2\left(x_1^0,x_2^0,\cdots,x_n^0\right)=0 \\ \vdots \\ f_n\left(x_1^0,x_2^0,\cdots,x_n^0\right)=0\end{cases} \tag{2.1.14}$$

直接计算得

$$f_i(x_1,x_2,\cdots,x_n)-f_i\left(x_1^0,x_2^0,\cdots,x_n^0\right)=\sum_{j=1}^{n}\frac{\partial f_i}{\partial x_j}(\boldsymbol{x}_0)\cdot\left(x_j-x_j^0\right)+O\left(|\boldsymbol{x}-\boldsymbol{x}_0|^2\right)$$

式中，$i=1,2,\cdots,n$，且$|\boldsymbol{x}-\boldsymbol{x}_0|^2=\sqrt{\sum_{j=1}^{n}\left(x_j-x_j^0\right)^2}$。利用式(2.1.14)，对于任意$i$有

$$f_i\left(x_1,x_2,\cdots,x_n\right)=\sum_{j=1}^{n}\frac{\partial f_i}{\partial x_j}\left(\boldsymbol{x}_0\right)\cdot\left(x_j-x_j^0\right)+O\left(|\boldsymbol{x}-\boldsymbol{x}_0|^2\right) \tag{2.1.15}$$

由式(2.1.15)，式(2.1.10)可写为

$$\begin{cases}\dot{x}_1=\sum_{j=1}^{n}\frac{\partial f_1}{\partial x_j}\left(\boldsymbol{x}_0\right)\cdot\left(x_j-x_j^0\right)+O\left(|\boldsymbol{x}-\boldsymbol{x}_0|^2\right)\\ \dot{x}_2=\sum_{j=1}^{n}\frac{\partial f_2}{\partial x_j}\left(\boldsymbol{x}_0\right)\cdot\left(x_j-x_j^0\right)+O\left(|\boldsymbol{x}-\boldsymbol{x}_0|^2\right)\\ \qquad\vdots\\ \dot{x}_n=\sum_{j=1}^{n}\frac{\partial f_n}{\partial x_j}\left(\boldsymbol{x}_0\right)\cdot\left(x_j-x_j^0\right)+O\left(|\boldsymbol{x}-\boldsymbol{x}_0|^2\right)\end{cases} \tag{2.1.16}$$

将式(2.1.16)写成矢量形式得

$$\dot{\boldsymbol{x}}=\boldsymbol{Df}\left(\boldsymbol{x}_0\right)\cdot\left(\boldsymbol{x}-\boldsymbol{x}_0\right)+O\left(|\boldsymbol{x}-\boldsymbol{x}_0|^2\right) \tag{2.1.17}$$

式中，$\boldsymbol{Df}\left(\boldsymbol{x}_0\right)$是函数$\boldsymbol{f}$在奇点$\boldsymbol{x}_0$处的雅可比(Jacobi)矩阵，即

$$\boldsymbol{Df}\left(\boldsymbol{x}_0\right)=\begin{pmatrix}\frac{\partial f_1}{\partial x_1}\left(\boldsymbol{x}_0\right) & \frac{\partial f_1}{\partial x_2}\left(\boldsymbol{x}_0\right) & \cdots & \frac{\partial f_1}{\partial xn}\left(\boldsymbol{x}_0\right)\\ \frac{\partial f_2}{\partial x_1}\left(\boldsymbol{x}_0\right) & \frac{\partial f_2}{\partial x_2}\left(\boldsymbol{x}_0\right) & \cdots & \frac{\partial f_2}{\partial x_n}\left(\boldsymbol{x}_0\right)\\ \vdots & \vdots & \cdots & \vdots\\ \frac{\partial f_n}{\partial x_1}\left(\boldsymbol{x}_0\right) & \frac{\partial f_n}{\partial x_2}\left(\boldsymbol{x}_0\right) & \cdots & \frac{\partial f_n}{\partial x_n}\left(\boldsymbol{x}_0\right)\end{pmatrix}$$

如果在微分方程组(2.1.17)中舍去二阶以上的无穷小项，得到如下线性微分方程组

$$\dot{\boldsymbol{x}}=\boldsymbol{Df}\left(\boldsymbol{x}_0\right)\cdot\left(\boldsymbol{x}-\boldsymbol{x}_0\right) \tag{2.1.18}$$

线性微分方程组(2.1.18)称为微分方程组(2.1.12)的**线性化方程**。方程组(2.1.18)与方程组(2.1.12)有共同的奇点$\boldsymbol{x}_0$。

如果微分方程组(2.1.11)是非自治系统，且函数$\boldsymbol{f}$对空间变量的一阶偏导数关于时间变量t一致有界，那么它的线性化方程是

$$\dot{\boldsymbol{x}}=\boldsymbol{Df}\left(\boldsymbol{x}_0,t\right)\cdot\left(\boldsymbol{x}-\boldsymbol{x}_0\right) \tag{2.1.19}$$

式中

$$\boldsymbol{Df}\left(\boldsymbol{x}_0\right)=\begin{pmatrix}\frac{\partial f_1}{\partial x_1}\left(\boldsymbol{x}_0,t\right) & \frac{\partial f_1}{\partial x_2}\left(\boldsymbol{x}_0,t\right) & \cdots & \frac{\partial f_1}{\partial xn}\left(\boldsymbol{x}_0,t\right)\\ \frac{\partial f_2}{\partial x_1}\left(\boldsymbol{x}_0,t\right) & \frac{\partial f_2}{\partial x_2}\left(\boldsymbol{x}_0,t\right) & \cdots & \frac{\partial f_2}{\partial x_n}\left(\boldsymbol{x}_0,t\right)\\ \vdots & \vdots & \cdots & \vdots\\ \frac{\partial f_n}{\partial x_1}\left(\boldsymbol{x}_0,t\right) & \frac{\partial f_n}{\partial x_2}\left(\boldsymbol{x}_0,t\right) & \cdots & \frac{\partial f_n}{\partial x_n}\left(\boldsymbol{x}_0,t\right)\end{pmatrix}$$

注意，雅可比矩阵 $\boldsymbol{Df}(\boldsymbol{x}_0,t)$ 是与时间 t 有关的，因此式(2.1.19)也是非自治系统。

线性化方程组与原微分方程组有相同的奇点，那么是否可用线性化方程组在奇点附近的解近似其原微分方程组在奇点附近的解呢？这就是接下来要处理的问题。

定义 2.2(谱稳定性) 设 $\boldsymbol{x}_0$ 是自治微分方程组(2.1.12)的一个奇点，如果函数 $\boldsymbol{f}$ 在奇点 $\boldsymbol{x}_0$ 处的雅可比矩阵 $\boldsymbol{Df}(\boldsymbol{x}_0)$ 的所有特征根的实部都是非正的，那么称方程组(2.1.12)在奇点 $\boldsymbol{x}_0$ 处是谱稳定的。

例 2.8 考虑二维微分方程组

$$\begin{cases}\dot{x}=y\\ \dot{y}=-\sin x-y\end{cases}$$

该方程组有无穷多个奇点：$(x_0,y_0)=(k\pi,0)$，k 是任意整数。直接计算得到在奇点处的雅可比矩阵为

$$\boldsymbol{Df}(k\pi,0)=\begin{pmatrix}0 & 1\\ -\cos k\pi & -1\end{pmatrix}$$

上面矩阵的特征方程是

$$\left|\lambda\mathbf{I}_2-\boldsymbol{Df}(k\pi,0)\right|=\begin{vmatrix}\lambda & -1\\ \cos k\pi & \lambda+1\end{vmatrix}=\lambda^2+\lambda+\cos k\pi=0$$

式中，$\mathbf{I}_2$ 是二阶单位矩阵，解上面特征方程得

$$\lambda_{1,2}=\frac{-1\pm\sqrt{1-4\cos k\pi}}{2}$$

由此可得出如下结论。

(1) 当 k 是偶数时，$\lambda_{1,2}=-\frac{1}{2}\pm\frac{\sqrt{3}}{2}i$，奇点是谱稳定的。

(2) 当 k 是奇数时，$\lambda_{1,2}=-\frac{1}{2}\pm\frac{\sqrt{5}}{2}$，有一个正特征根，因而奇点是谱不稳定的。

如果自治微分方程组(2.1.12)在奇点 $\boldsymbol{x}_0$ 处的雅可比矩阵 $\boldsymbol{Df}(\boldsymbol{x}_0)$ 有一个特征根的实部大于零，微分方程理论告诉我们，奇点 $\boldsymbol{x}_0$ 附近的轨道沿着该特征方向随着时间的增加是远离该奇点的。因此，对于微分方程组(2.1.12)作任何小的扰动，使奇点 $\boldsymbol{x}_0$ 偏离原来位置，而当扰动撤销后，随着时间的增加该奇点不会返回到原来的位置。所以，谱不稳定说明奇点是不稳定的。然而，谱稳定并不能说明奇点是稳定的。

自治微分方程组(2.1.12)在奇点 $\boldsymbol{x}_0$ 处是谱稳定的，对该方程组并不能提供多少有用的信息。事实上，雅可比矩阵 $\boldsymbol{Df}(\boldsymbol{x}_0)$ 有零实部特征根时，奇点 $\boldsymbol{x}_0$ 是相当敏感的，任何小的扰动都会改变它的动力学行为。

定义 2.3(线性稳定性) 设 $\boldsymbol{x}_0$ 是微分方程组(2.1.11)的一个奇点，$\boldsymbol{x}(t)$ 是它的线性化方程(2.1.19)的任意解，称 $\boldsymbol{x}_0$ 是线性稳定的，如果对于任意的 $\varepsilon>0$，存在 $\delta>0$，使得当 $\left|\boldsymbol{x}(0)-\boldsymbol{x}_0\right|<\delta$ 时，$\left|\boldsymbol{x}(t)-\boldsymbol{x}_0\right|<\varepsilon$ 对于一切 $t>0$ 成立。

线性稳定可推出谱稳定。可以用反证法来证明，反设有一个实部大于零的特征根，那么存在一个不稳定的特征子空间(以后将会看到，它实际上是线性化方程的解的不变子

空间)，从而线性不稳定，矛盾。反之不成立，下面举例说明。

例 2.9　考虑二维微分方程组

$$\begin{cases}\dot{x}=y^2\\ \dot{y}=x\end{cases}$$

该方程组有唯一奇点$(0,0)$，在这个奇点的雅可比矩阵是

$$\boldsymbol{Df}(0,0)=\begin{pmatrix}0&0\\1&0\end{pmatrix}$$

上面矩阵只有一个二重特征根$\lambda=0$，因此，奇点$(0,0)$是谱稳定的。显然，该微分方程组在奇点$(0,0)$处的线性化方程组是

$$\begin{cases}\dot{x}=0\\ \dot{y}=x\end{cases}$$

不难求得该线性化方程组的解是

$$x(t)=c_1,\quad y(t)=c_1t+c_2$$

式中，c_1和c_2是积分常数。直接计算得

$$\left|\left(x(t),y(t)\right)-(0,0)\right|=\sqrt{c_1^2+\left(c_1t+c_2\right)^2}$$

从上式可以看出，只要$c_1\neq0$，那么当$t\to+\infty$时，有

$$\left|\left(x(t),y(t)\right)-(0,0)\right|\to+\infty$$

由此证明了奇点$(0,0)$是线性不稳定的。

对于有限维情形，线性稳定的必要条件是奇点的雅可比矩阵所有特征根有非正实部，并且如果有纯虚根，所有的纯虚根都是单重的。阿诺德(Arnold)在 1978 年证明了，如果系统存在纯虚重根，当系统产生共振时会出现线性不稳定性。

例 2.9 中唯一奇点的雅可比矩阵的特征根是二重的，奇点是线性不稳定的。

例 2.10　求激光诱导 DNA 分子唯像模型在奇点$(k\pi,0)$(k是任意整数)处的线性化方程。由微分方程组(2.1.7)可得它在奇点$(k\pi,0)$处雅可比矩阵是

$$\begin{pmatrix}0&1\\(-1)^{k+1}(b+c\cos\omega t)&-a\end{pmatrix}$$

微分方程组(2.1.7)在奇点$(k\pi,0)$处线性化方程组为

$$\begin{pmatrix}\dot{\varphi}\\ \dot{\phi}\end{pmatrix}=\begin{pmatrix}0&1\\(-1)^{k+1}(b+c\cos\omega t)&-a\end{pmatrix}\begin{pmatrix}\varphi-k\pi\\ \phi\end{pmatrix}$$

如果引进变换$\theta=\varphi-k\pi$，那么上面的方程组可化为

$$\begin{pmatrix}\dot{\theta}\\ \dot{\phi}\end{pmatrix}=\begin{pmatrix}0&1\\(-1)^{k+1}(b+c\cos\omega t)&-a\end{pmatrix}\begin{pmatrix}\theta\\ \phi\end{pmatrix}$$

该方程组的精确解析解是无法得到的。因此，要判断非自治系统的奇点的线性稳定

性必须想别的办法。

我们可以通过观察非自治微分方程组自身特点来判定非自治系统的奇点的线性稳定性。

例 2.11 考虑二维线性非自治系统

$$\begin{cases}\dot{x}=y\mathrm{e}^{t}\ln\left(1+t^{2}\right)+x\sin t\\ \dot{y}=-x\mathrm{e}^{t}\ln\left(1+t^{2}\right)+y\sin t\end{cases}$$

显然(0,0)是该系统的唯一奇点。虽然这是一个线性系统，但我们无法求出其精确解析解。这就是自治系统与非自治系统的本质区别。研究自治系统的特征根方法不能推广到非自治系统上。因此，我们只能用别的方法解决非自治系统的线性稳定性。

将上面方程组的第一个方程两边乘以 x 与第二个方程两边乘以 y 后相加得

$$x\dot{x}+y\dot{y}=\left(x^{2}+y^{2}\right)\sin t$$

显然，上式可写为

$$\frac{\mathrm{d}}{\mathrm{d}t}\left(x^{2}+y^{2}\right)=2\left(x^{2}+y^{2}\right)\sin t$$

积分得到

$$x^{2}(t)+y^{2}(t)=[x^{2}(0)+y^{2}(0)]\exp 2(1-\cos t)\leqslant \mathrm{e}^{4}[x^{2}(0)+y^{2}(0)]$$

由此可知，奇点(0,0)是线性稳定的。

对于自治系统，除了特征根方法，证明线性稳定性的另一有效方法是**能量-开西米尔(Casimir)方法**，这种方法的优点是可以处理自治系统奇点处雅可比矩阵有多重纯虚数特征根和多重零特征根的情况。

能量-开西米尔方法源自形式稳定性。经典牛顿力学中，推导或求解动力系统方程时，在满足条件时就会用到机械能守恒、动量守恒和动量矩守恒。

设

$$H:\mathbf{R}^{n}\times\mathbf{R}\to\mathbf{R}$$

是一个具有一阶偏导数的函数。H 称为微分方程(2.1.9)的一个**守恒量**，如果下列方程成立

$$\frac{\mathrm{d}H}{\mathrm{d}t}=f_{1}\frac{\partial H}{\partial x_{1}}+f_{2}\frac{\partial H}{\partial x_{2}}+\cdots+f_{n}\frac{\partial H}{\partial x_{n}}+\frac{\partial H}{\partial t}=0 \tag{2.1.20}$$

特别地，当 H 不显含时间 t 时，式(2.1.20)可写为

$$f_{1}\frac{\partial H}{\partial x_{1}}+f_{2}\frac{\partial H}{\partial x_{2}}+\cdots+f_{n}\frac{\partial H}{\partial x_{n}}=0 \tag{2.1.21}$$

例 2.12 考虑如下三维洛特卡-沃尔泰拉系统

$$\begin{cases}\dot{x}_{1}=x_{1}\left(a_{11}x_{1}+a_{12}x_{2}+a_{13}x_{3}+a_{1}\right)\\ \dot{x}_{2}=x_{2}\left(a_{21}x_{1}+a_{22}x_{2}+a_{23}x_{3}+a_{2}\right)\\ \dot{x}_{3}=x_{3}\left(a_{31}x_{1}+a_{32}x_{2}+a_{33}x_{3}+a_{3}\right)\end{cases}$$

假设下列行列式等于零

$$\Delta=\begin{vmatrix} a_{11} & a_{12} & a_{13} \\ a_{21} & a_{22} & a_{23} \\ a_{31} & a_{32} & a_{33} \end{vmatrix}=0$$

那么代数方程组

$$\begin{cases} a_{11}\lambda_1+a_{21}\lambda_2+a_{31}\lambda_3=0 \\ a_{12}\lambda_1+a_{22}\lambda_2+a_{32}\lambda_3=0 \\ a_{13}\lambda_1+a_{23}\lambda_2+a_{33}\lambda_3=0 \end{cases}$$

有无穷多组非平凡解。取其中一组非零解$\left(\lambda_1^0,\lambda_2^0,\lambda_3^0\right)$，构造函数

$$H=\lambda_1^0\ln|x_1|+\lambda_2^0\ln|x_2|+\lambda_3^0\ln|x_3|-\left(\lambda_1^0a_1+\lambda_2^0a_2+\lambda_3^0a_3\right)t$$

直接计算得

$$\begin{aligned} \frac{\mathrm{d}H}{\mathrm{d}t}&=\lambda_1^0\frac{\dot{x}_1}{x_1}+\lambda_2^0\frac{\dot{x}_2}{x_2}+\lambda_3^0\frac{\dot{x}_3}{x_3}-\left(\lambda_1^0a_1+\lambda_2^0a_2+\lambda_3^0a_3\right) \\ &=\left(a_{11}\lambda_1+a_{21}\lambda_2+a_{31}\lambda_3\right)x_1+\left(a_{12}\lambda_1+a_{22}\lambda_2+a_{32}\lambda_3\right)x_2 \\ &\quad+\left(a_{13}\lambda_1+a_{23}\lambda_2+a_{33}\lambda_3\right)x_3+\left(\lambda_1^0a_1+\lambda_2^0a_2+\lambda_3^0a_3\right) \\ &\quad-\left(\lambda_1^0a_1+\lambda_2^0a_2+\lambda_3^0a_3\right) \\ &=0 \end{aligned}$$

因此，H 是该三维洛特卡-沃尔泰拉系统的一个守恒量。

对于一个微分方程组来说，如果能寻到一定数量的守恒量，则有可能得到其精确解析解。例如，考虑欧拉-泊松(Euler-Possion)方程

$$\begin{cases} A\dfrac{\mathrm{d}p}{\mathrm{d}t}+(C-B)qr=mg\left(z_0r_2-y_0r_3\right) \\ B\dfrac{\mathrm{d}q}{\mathrm{d}t}+(A-C)pr=mg\left(x_0r_3-z_0r_1\right) \\ C\dfrac{\mathrm{d}r}{\mathrm{d}t}+(B-A)pq=mg\left(y_0r_1-x_0r_2\right) \\ \dfrac{\mathrm{d}r_1}{\mathrm{d}t}=rr_2-qr_3 \\ \dfrac{\mathrm{d}r_2}{\mathrm{d}t}=pr_3-rr_1 \\ \dfrac{\mathrm{d}r_3}{\mathrm{d}t}=qr_1-pr_2 \end{cases}$$

欧拉-泊松方程总是存在三个守恒量

$$\begin{aligned} &H_1=Ap^2+Bq^2+Cr^2+2mg\left(x_0r_1+y_0r_2+z_0r_3\right) \\ &H_2=Apr_1+Bqr_2+Crr_3 \\ &H_3=r_1^2+r_2^2+r_3^2 \end{aligned}$$

已经证明，如果欧拉-泊松方程还存在第四个守恒量，那么可以用特殊函数表示其精确解析解。然而，要找到欧拉-泊松方程的第四个守恒量是十分困难的，到目前为止只在

下列六种情况下找到了第四个守恒量。

(1) $A=B=C$ 时，欧拉-泊松方程有第四个守恒量

$$H_{41}=px_0+qy_0+rz_0$$

(2) $x_0=y_0=z_0=0$ 时，欧拉-泊松方程有第四个守恒量

$$H_{42}=A^2p^2+B^2q^2+C^2r^2$$

(3) $A=B$ 且 $x_0=y_0=0$ 时，欧拉-泊松方程有第四个守恒量

$$H_{43}=Cr$$

(4) $A=B=2C$ 且 $y_0=z_0=0$ 时，欧拉-泊松方程有第四个守恒量

$$H_{44}=\left(p^2-q^2-\frac{mgx_0}{C}r_1\right)^2+\left(2pq-\frac{mgx_0}{C}r_2\right)^2$$

(5) $A=B=2C$ 且 $z_0=0$ 时，欧拉-泊松方程有第四个守恒量

$$\begin{aligned}H_{45}=&C^2\left(p^2+q^2\right)^2\\&-2Cmg\left[\left(p^2-q^2\right)\left(x_0r_1-y_0r_2\right)+2pq\left(y_0r_1+x_0r_2\right)\right]\\&+m^2g^2\left(x_0^2+y_0^2\right)\left(r_1^2+r_2^2\right)\end{aligned}$$

(6) $A=B=2C$ 且 $y_0=0$ 时，欧拉-泊松方程有第四个守恒量

$$\begin{aligned}H_{46}=&C^2\left(p^2+q^2\right)^2-Cmg\left[2x_0\left(p^2-q^2\right)r_1-2z_0\left(p^2+q^2\right)r_3\right]\\&-Cmg\left[z_0r^2r_3+4x_0pqr_2+2z_0r\left(pr_1+qr_2\right)\right]\\&+m^2g^2\left[\left(x_0^2-z_0^2\right)\left(r_1^2+r_2^2\right)+2x_0z_0r_1r_2\right]\end{aligned}$$

一个系统的守恒量不仅对求其精确解析解是十分重要的，而且对研究系统奇点的稳定性和混沌现象也是基本的。下面给出形式稳定性定义。

定义 2.4(形式稳定性) 设 $\boldsymbol{x}_0$ 是自治微分方程组(2.1.12)的一个奇点，称 $\boldsymbol{x}_0$ 是形式稳定的，如果存在式(2.1.12)的一个不显含时间 t 的守恒量 $H(\boldsymbol{x})$ 使得下列条件成立。

(1) $H(\boldsymbol{x})$ 在奇点 $\boldsymbol{x}_0$ 的梯度等于零，即

$$\boldsymbol{D}H(\boldsymbol{x}_0)=\left(\frac{\partial H}{\partial x_1}(\boldsymbol{x}_0),\frac{\partial H}{\partial x_2}(\boldsymbol{x}_0),\cdots,\frac{\partial H}{\partial x_n}(\boldsymbol{x}_0)\right)=0$$

(2) $H(\boldsymbol{x})$ 在奇点 $\boldsymbol{x}_0$ 的黑塞矩阵

$$\boldsymbol{D}^2H(\boldsymbol{x}_0)=\begin{pmatrix}\dfrac{\partial^2H}{\partial x_1^2}(\boldsymbol{x}_0) & \dfrac{\partial^2H}{\partial x_1\partial x_2}(\boldsymbol{x}_0) & \cdots & \dfrac{\partial^2H}{\partial x_1\partial x_n}(\boldsymbol{x}_0)\\ \dfrac{\partial^2H}{\partial x_2\partial x_1}(\boldsymbol{x}_0) & \dfrac{\partial^2H}{\partial x_2^2}(\boldsymbol{x}_0) & \cdots & \dfrac{\partial^2H}{\partial x_2\partial x_n}(\boldsymbol{x}_0)\\ \vdots & \vdots & \cdots & \vdots\\ \dfrac{\partial^2H}{\partial x_n\partial x_1}(\boldsymbol{x}_0) & \dfrac{\partial^2H}{\partial x_n\partial x_2}(\boldsymbol{x}_0) & \cdots & \dfrac{\partial^2H}{\partial x_n^2}(\boldsymbol{x}_0)\end{pmatrix}$$

是正定或负定的。

梯度等于零说明奇点 $\boldsymbol{x}_0$ 是等势面 $H(\boldsymbol{x})=c$ 上的迷向点。$H(\boldsymbol{x})$ 在奇点 $\boldsymbol{x}_0$ 的黑塞矩阵正定或负定是保证等势面 $H(\boldsymbol{x})=c$ 是封闭曲面。

将守恒量 $H(\boldsymbol{x})$ 在奇点 $\boldsymbol{x}_0$ 附近泰勒展开得

$$H(\boldsymbol{x})=H(\boldsymbol{x}_0)+\boldsymbol{D}H(\boldsymbol{x}_0)\cdot(\boldsymbol{x}-\boldsymbol{x}_0)$$
$$+(\boldsymbol{x}-\boldsymbol{x}_0)^{\mathrm{T}}\cdot\boldsymbol{D}^2H(\boldsymbol{x}_0)\cdot(\boldsymbol{x}-\boldsymbol{x}_0)+O\left(\left|(\boldsymbol{x}-\boldsymbol{x}_0)\right|^2\right)$$

由于奇点 $\boldsymbol{x}_0$ 是迷向点，因此

$$H(\boldsymbol{x})=H(\boldsymbol{x}_0)+(\boldsymbol{x}-\boldsymbol{x}_0)^{\mathrm{T}}\cdot\boldsymbol{D}^2H(\boldsymbol{x}_0)\cdot(\boldsymbol{x}-\boldsymbol{x}_0)+O\left(\left|(\boldsymbol{x}-\boldsymbol{x}_0)\right|^2\right)$$

上式说明，由于 $H(\boldsymbol{x})$ 在奇点 $\boldsymbol{x}_0$ 的黑塞矩阵 $\boldsymbol{D}^2H(\boldsymbol{x}_0)$ 是正定或负定的，因此可以用 $H(\boldsymbol{x})$ 定义一个度量，使其沿方程组(2.1.12)的线性化方程(2.1.18)的解是不变的，这就说明形式稳定一定是线性稳定的。反之却不成立，反例将在以后给出。

要判断奇点的形式稳定性，其关键是要找到一个满足迷向和正定性条件的守恒量，亦即要解偏微分方程(2.1.21)。事实上，解式(2.1.21)并不比解微分方程组(2.1.12)容易。尽管如此，但对一些特殊系统还是能方便给出其若干个守恒量。例如，考虑 $2n$ 维经典哈密顿(Hamilton)系统

$$\dot{q}_i=\frac{\partial H}{\partial p_i},\quad \dot{p}=-\frac{\partial H}{\partial q_i}$$

式中，$i=1,2,\cdots,n$，q_i 和 p_i 是广义坐标，H 是系统哈密顿函数。如果哈密顿函数 H 不显含时间 t，那么 H 就是式(2.1.22)的一个守恒量。如果系统广义动量守恒或广义动量矩守恒，则有两个以上的守恒量。然而，我们为什么要求得一个以上的守恒量？因为哈密顿函数 H 不一定满足迷向和正定性条件。

为了方便起见，将经典哈密顿写成如下矢量形式

$$\dot{\boldsymbol{q}}=\frac{\partial H}{\partial \boldsymbol{p}},\quad \dot{\boldsymbol{p}}=-\frac{\partial H}{\partial \boldsymbol{q}} \tag{2.1.22}$$

式中

$$\boldsymbol{q}=(q_1,q_2,\cdots,q_n)^{\mathrm{T}},\quad \boldsymbol{p}=(p_1,p_2,\cdots,p_n)^{\mathrm{T}}$$

能量-开西米尔方法的核心就是找到系统足够多的守恒量，然后用这些守恒量构造一个新的满足迷向和正定性的守恒量。我们将会专门介绍这一方法。

接下来定义李雅普诺夫稳定性。李雅普诺夫稳定性有本质的工程意义。控制工程上，通过选取适当控制参数，将系统从一个状态演化到另一个状态。这在数学上是要证明两点边值问题解的存在性，而在工程上能实现这一演化过程必须要求从初始状态的附近状态演化过程的轨道与理论上得到两点边值问题解差别不太大。这就是李雅普诺夫稳定性要解决的基本问题。

定义 2.5(李雅普诺夫稳定性)　设 $\boldsymbol{x}_0(t)$ 是微分方程组(2.1.11)的一个特解，$\boldsymbol{x}(t)$ 是微

分方程组(2.1.11)的任一解，称 $\boldsymbol{x}_0(t)$ 是非线性稳定的，如果对于任意的 $\varepsilon>0$，存在 $\delta>0$，使得当 $|\boldsymbol{x}(0)-\boldsymbol{x}_0(0)|<\delta$ 时，$|\boldsymbol{x}(t)-\boldsymbol{x}_0(t)|<\varepsilon$ 对于一切 $t>0$ 成立。如果还有 $\lim\limits_{t\to+\infty}|\boldsymbol{x}(t)-\boldsymbol{x}_0(t)|=0$，那么称 $\boldsymbol{x}_0(t)$ 是渐近稳定的。

李雅普诺夫稳定性也称为非线性稳定性。李雅普诺夫稳定表明从与特殊解的初始条件靠得很近点出发的解也在特殊解的附近。

特别对于奇点情况，上述定义可简化如下。

定义 2.6 设 $\boldsymbol{x}_0$ 是微分方程组(2.1.11)的一个奇点，$\boldsymbol{x}(t)$ 是微分方程组(2.1.11)的任一解，称 $\boldsymbol{x}_0$ 是李雅普诺夫稳定的，如果对于任意的 $\varepsilon>0$，存在 $\delta>0$，使得当 $|\boldsymbol{x}(0)-\boldsymbol{x}_0|<\delta$ 时，$|\boldsymbol{x}(t)-\boldsymbol{x}_0|<\varepsilon$ 对于一切 $t>0$ 成立。如果还有 $\lim\limits_{t\to+\infty}\boldsymbol{x}(t)=\boldsymbol{x}_0$，那么称 $\boldsymbol{x}_0$ 是渐近稳定的。

为什么都采用定义 2.6 而不是定义 2.5，因为在定义 2.5 中只要作一个平移变换 $\boldsymbol{x}(t)=\boldsymbol{x}_0(t)+\boldsymbol{y}(t)$，微分方程组(2.1.11)就化为

$$\dot{\boldsymbol{y}}(t)=\boldsymbol{f}(\boldsymbol{y}(t)+\boldsymbol{x}_0(t),t)-\boldsymbol{f}(\boldsymbol{x}_0(t),t)$$

因此，原方程组的特解 $\boldsymbol{x}_0(t)$ 就变为上面微分方程组的奇点 $\boldsymbol{y}_0=0$。

李雅普诺夫稳定性定义与线性稳定性定义的差别在于：线性稳定性定义中的解 $\boldsymbol{x}(t)$ 是线性化方程的解，而李雅普诺夫稳定性定义中的解 $\boldsymbol{x}(t)$ 是原方程组的解。

李雅普诺夫稳定性定义可以用下列图来加以说明。图 2.1 是 $\mathbf{R}^n$ 上李雅普诺夫稳定性定义的几何解释，图 2.2 是 $\mathbf{R}^n\times\mathbf{R}$ 上李雅普诺夫稳定性定义的几何解释。

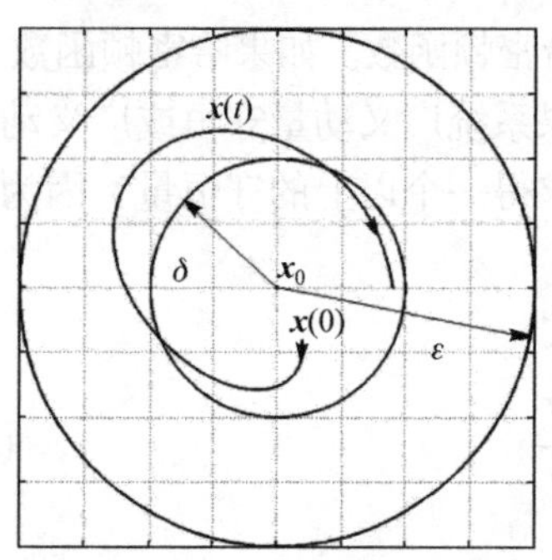

图 2.1 $\mathbf{R}^n$ 上的图示

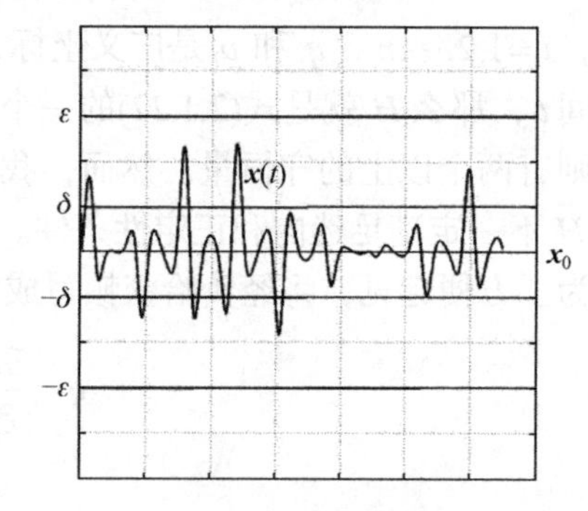

图 2.2 $\mathbf{R}^n\times\mathbf{R}$ 上的图示

对于有限维系统来说，奇点的形式稳定与李雅普诺夫稳定是等价的。这里给出形式稳定性定义只是为了方便讲解能量-开西米尔方法。对于无限维的系统来说，奇点是形式稳定的并不能推出奇点是李雅普诺夫稳定的。

李雅普诺夫稳定必定线性稳定，因而必定谱稳定。反之却不成立。谱稳定只是李雅普诺夫稳定的必要条件，谱不稳定必定李雅普诺夫不稳定。

例 2.13 考虑二维系统

$$\begin{cases}\dot{x}=x^2y-x^5\\ \dot{y}=-y+x^2\end{cases}$$

它有奇点 $(0,0)$，在这个奇点处的雅可比矩阵是

$$\begin{pmatrix} 0 & 0 \\ 0 & -1 \end{pmatrix}$$

于是在这个奇点处的线性化方程是

$$\dot{x}=0, \quad \dot{y}=-y$$

上面线性化方程的解是

$$x(t)=x(0), \quad y(t)=y(0)\mathrm{e}^{-t}$$

因此，当 $t \geqslant 0$ 时，有

$$\left|(x(t),y(t))-(0,0)\right|=\sqrt{x^2(0)+y^2(0)\mathrm{e}^{-2t}} \leqslant \sqrt{x^2(0)+y^2(0)}$$

由此可知系统在奇点 $(0,0)$ 是线性稳定的。

第 3 章将利用不变流形和中心流形定理证明奇点 $(0,0)$ 是不稳定的。这也说明线性稳定不能保证李雅普诺夫稳定。

例 2.14　考虑线性方程

$$\dot{x}(t)=P(t)x$$

显然 $x_0=0$ 是它的奇点，且其通解是

$$x(t)=x(0)\exp\left(\int_0^t P(t)\mathrm{d}t\right)$$

因此

$$\left|x(t)-x_0\right|=\left|x(0)\exp\left(\int_0^t P(t)\mathrm{d}t\right)\right|$$

如果取 $P(t)=\cos t$，那么

$$\left|x(t)-x_0\right|=\left|x(0)\exp(\sin t)\right| \leqslant \mathrm{e}\left|x(0)\right|=\mathrm{e}\left|x(0)-x_0\right|$$

因而，在这种情况下奇点 $x_0=0$ 是李雅普诺夫稳定的，但由于下面极限不存在

$$\lim_{t\to+\infty} x(t)=x(0)\lim_{t\to+\infty}\exp(\sin t)$$

所以，奇点 $x_0=0$ 不是渐近稳定的。

如果取 $P(t)=-t$，那么

$$\left|x(t)-x_0\right|=\left|x(0)\exp\left(-\frac{1}{2}t^2\right)\right| \to 0, \quad t\to+\infty$$

因而，在这种情况奇点 $x_0=0$ 是渐近稳定的。

如果取 $P(t)=t$，那么

$$\left|x(t)-x_0\right|=\left|x(0)\exp\left(\frac{1}{2}t^2\right)\right| \to +\infty, \quad t\to+\infty$$

因而，在这种情况奇点 $x_0=0$ 是不稳定的。

2.2　常微分方程组的奇点李雅普诺夫稳定性判别方法

谱稳定性是十分容易判断的，只需求出在奇点处的雅可比矩阵的所有特征根即可。然而，要判别奇点的李雅普诺夫稳定性，根据李雅普诺夫稳定性定义，需要解出原方程。事实上，到目前为止只有很少一部分微分方程被精确求解。那么，是否可以不解方程就能判断奇点的李雅普诺夫稳定性？李雅普诺夫稳定性判定定理就是不解方程判断奇点的李雅普诺夫稳定性。

定理 2.1(李雅普诺夫稳定性判定定理)　设 $\boldsymbol{x}_0$ 是微分方程组(2.1.12)的一个奇点，U 是一个包含奇点 $\boldsymbol{x}_0$ 的邻域，而

$$V:U\subset\mathbf{R}^n\to\mathbf{R}$$

是连续可微函数，并且满足下列条件：

(1) $V(\boldsymbol{x}_0)=0, V(\boldsymbol{x})>0\left(\forall\boldsymbol{x}\in U-\{\boldsymbol{x}_0\}\right)$；

(2) $\left.\dfrac{\mathrm{d}V}{\mathrm{d}t}\right|_{(2.1.11)}=\sum\limits_{i=1}^{n}f_i\dfrac{\partial V}{\partial x_i}\leqslant 0$,在 $U-\{\boldsymbol{x}_0\}$ 上，那么奇点 $\boldsymbol{x}_0$ 是李雅普诺夫稳定的；

(3) $\left.\dfrac{\mathrm{d}V}{\mathrm{d}t}\right|_{(2.1.11)}<0$,在 $U-\{\boldsymbol{x}_0\}$ 上，那么奇点 $\boldsymbol{x}_0$ 是局部渐近稳定的，即从 U 内任一点出发的轨道，当 $t\to+\infty$ 时都趋于奇点 $\boldsymbol{x}_0$。若 $U=\mathbf{R}^n$，则称 $\boldsymbol{x}_0$ 是大范围渐近稳定的。

定理 2.1 中的函数 V 称为李雅普诺夫**函数**。该定理的关键是要找到适当的李雅普诺夫函数，理论上已证明对于每一个微分方程组李雅普诺夫函数总是存在的，然而，没有方法指导如何构造李雅普诺夫函数。

条件(1)保证等势面 $V(\boldsymbol{x})=c^2$ 是封闭曲面，条件(2)保证微分方程组的解随着时间的增加或在等势面 $V(\boldsymbol{x})=c^2$ 上，或趋于奇点 $\boldsymbol{x}_0$。因此，只要初始条件靠近奇点 $\boldsymbol{x}_0$，那么过该初始条件的解也在奇点 $\boldsymbol{x}_0$ 附近。

李雅普诺夫稳定性判定定理是解决控制能在工程上实现的基本工具。然而，我们只能靠观察微分方程组的形式或凭经验来构造李雅普诺夫函数。

例 2.15　卫星在太空中飞行时会受到如太阳光压或电磁脉冲等外部因素的作用，这些外部作用有时会使卫星姿态从不旋转到旋转。然而，当外部干扰消除后，卫星姿态不会从旋转变化到不旋转。为了卫星不旋转必须要进行姿态控制。

卫星在太空中自由旋转的运动方程就是欧拉(Euler)方程，Euler 方程如下：

$$\begin{cases}I_x\dot{\omega}_x=\left(I_y-I_z\right)\omega_y\omega_z\\ I_y\dot{\omega}_y=\left(I_z-I_x\right)\omega_x\omega_z\\ I_z\dot{\omega}_z=\left(I_x-I_y\right)\omega_x\omega_y\end{cases}\tag{2.2.1}$$

式中，ω_x、ω_y 和 ω_z 是三个角速度分量；I_x、I_y 和 I_z 是三个主惯量。为了使卫星不旋转，对其进行反馈控制。工程上能测出每一时刻的角速度，于是可以利用角速度反馈来控制卫星的姿态。这也就是在方程组(2.2.1)的右边加上角速度反馈，在控制方程上表现为

$$\begin{cases} I_x\dot{\omega}_x = \left(I_y - I_z\right)\omega_y\omega_z + f\left(\omega_x,\omega_y,\omega_z\right) \\ I_y\dot{\omega}_y = \left(I_z - I_x\right)\omega_x\omega_z + g\left(\omega_x,\omega_y,\omega_z\right) \\ I_z\dot{\omega}_z = \left(I_x - I_y\right)\omega_x\omega_y + h\left(\omega_x,\omega_y,\omega_z\right) \end{cases} \tag{2.2.2}$$

在工程上最容易实现的控制是线性反馈控制，即有

$$\begin{cases} I_x\dot{\omega}_x = \left(I_y - I_z\right)\omega_y\omega_z + a_{11}\omega_x + a_{12}\omega_y + a_{13}\omega_z \\ I_y\dot{\omega}_y = \left(I_z - I_x\right)\omega_x\omega_z + a_{21}\omega_x + a_{22}\omega_y + a_{23}\omega_z \\ I_z\dot{\omega}_z = \left(I_x - I_y\right)\omega_x\omega_y + a_{31}\omega_x + a_{32}\omega_y + a_{33}\omega_z \end{cases} \tag{2.2.3}$$

要使卫星从旋转变化到不旋转，就是要通过反馈控制将卫星由非零角速度状态变为零角速度状态。显然$(0,0,0)$是方程组(2.2.3)的一个奇点，因此，这个控制问题就化为奇点$(0,0,0)$的渐近稳定性问题。对于线性反馈控制来说就是要选取适当控制参数使得奇点$(0,0,0)$是渐近稳定的。要使卫星从由非零角速度状态变为零角速度状态就是要消耗角速度产生的动能。计算式(2.2.3)的散度得

$$\begin{aligned} &\frac{\partial}{\partial\omega_x}\left[\left(I_y - I_z\right)\omega_y\omega_z + a_{11}\omega_x + a_{12}\omega_y + a_{13}\omega_z\right] \\ &+\frac{\partial}{\partial\omega_y}\left[\left(I_z - I_x\right)\omega_x\omega_z + a_{21}\omega_x + a_{22}\omega_y + a_{23}\omega_z\right] \\ &+\frac{\partial}{\partial\omega_z}\left[\left(I_x - I_y\right)\omega_x\omega_y + a_{31}\omega_x + a_{32}\omega_y + a_{33}\omega_z\right] \\ =\ & a_{11} + a_{22} + a_{33} \end{aligned} \tag{2.2.4}$$

散度在数学上的意义是面积或体积的收缩率，在物理学上的意义是能量的耗散率。式(2.2.4)说明，在式(2.2.3)的第一个方程中的右边增加反馈$a_{12}\omega_y + a_{13}\omega_z$并不耗散系统动能。对于式(2.2.3)中的其他两个方程也有类似情况。因此，在式(2.2.3)中取$a_{ij} = 0(i\neq j)$，于是有

$$\begin{cases} I_x\dot{\omega}_x = \left(I_y - I_z\right)\omega_y\omega_z + a_{11}\omega_x \\ I_y\dot{\omega}_y = \left(I_z - I_x\right)\omega_x\omega_z + a_{22}\omega_y \\ I_z\dot{\omega}_z = \left(I_x - I_y\right)\omega_x\omega_y + a_{33}\omega_z \end{cases} \tag{2.2.5}$$

由式(2.2.4)可以看出，为了耗散系统的动能，必须要求

$$a_{11} + a_{22} + a_{33} < 0$$

因此，为了方便起见，要求

$$a_{11} < 0,\quad a_{22} < 0,\quad a_{33} < 0 \tag{2.2.6}$$

下面以数值例子来说明式(2.2.5)和式(2.2.6)。在式(2.2.1)中取$I_x = 1$，$I_y = 2$，$I_z = 3$，得

$$\dot{\omega}_x = -\omega_y\omega_z,\quad \dot{\omega}_y = \omega_x\omega_z,\quad \dot{\omega}_z = -\frac{1}{3}\omega_x\omega_y$$

接下来对上面的方程施加适当的线性反馈，然后进行一些数值计算。分四种情况来考虑。

(1) 对第一个方程施加线性反馈 $0.3\omega_y$，那么有

$$\dot{\omega}_x = -\omega_y\omega_z + 0.3\omega_y,\quad \dot{\omega}_y = \omega_x\omega_z,\quad \dot{\omega}_z = -\frac{1}{3}\omega_x\omega_y$$

上面方程组 $t=0$ 时过点 $(0.15,0.36,0.21)$ 的解的分量图像如图 2.3～图 2.5 所示。

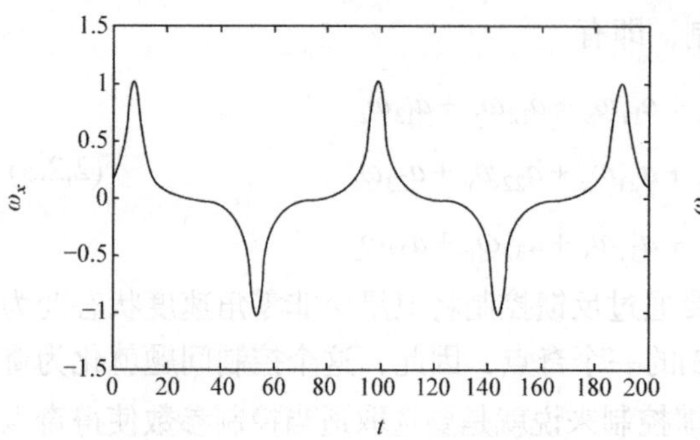

图 2.3　反馈 $0.3\omega_y$ 后 ω_x 的图像

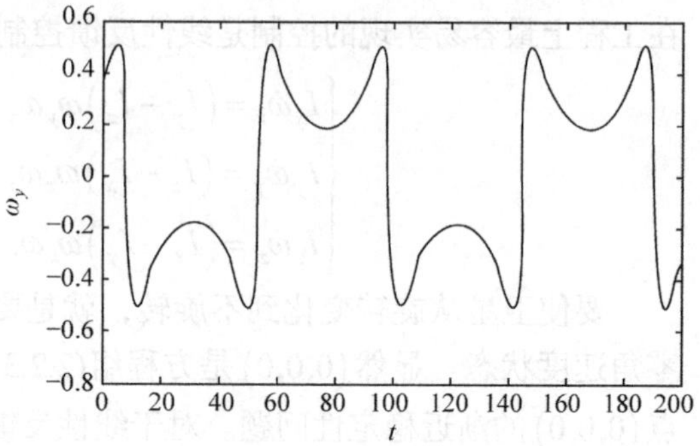

图 2.4　反馈 $0.3\omega_y$ 后 ω_y 的图像

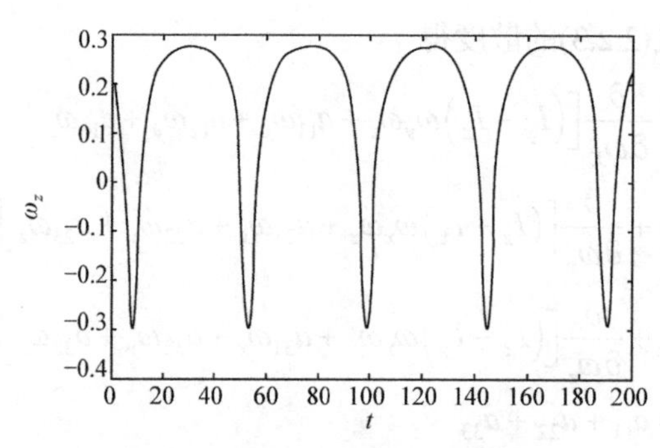

图 2.5　反馈 $0.3\omega_y$ 后 ω_z 的图像

(2) 对第一个方程施加线性反馈 $-\omega_y$，那么有

$$\dot{\omega}_x = -\omega_y\omega_z - \omega_y,\quad \dot{\omega}_y = \omega_x\omega_z,\quad \dot{\omega}_z = -\frac{1}{3}\omega_x\omega_y$$

该方程组 $t=0$ 时过点 $(0.15,0.36,0.21)$ 的解的分量图像如图 2.6～图 2.8 所示。图 2.3～图 2.8 显示，上面两种反馈并没有耗散系统的能量，三个方向的角速度没有得到衰减。

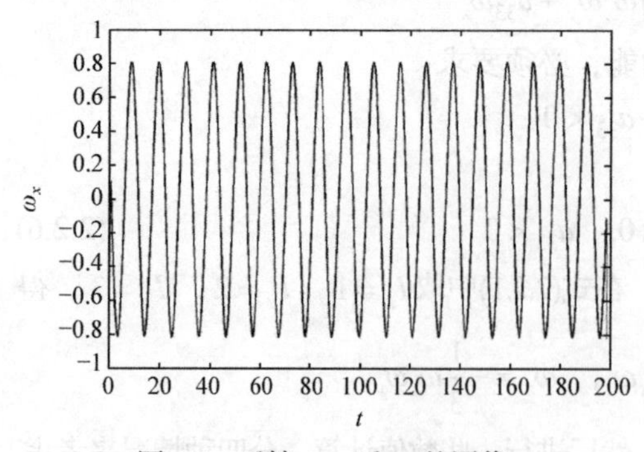

图 2.6　反馈 $-\omega_y$ 后 ω_x 的图像

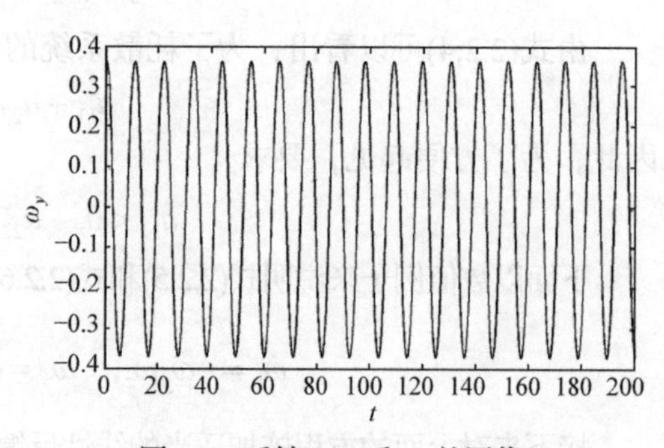

图 2.7　反馈 $-\omega_y$ 后 ω_y 的图像

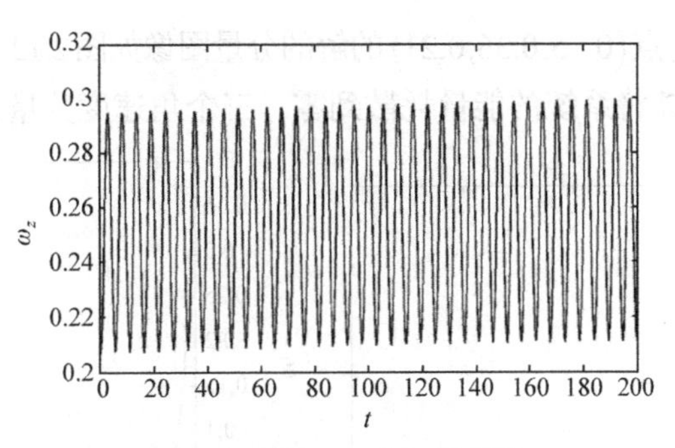

图 2.8　反馈 $-\omega_y$ 后 ω_z 的图像

(3) 对第一个方程施加线性反馈 $-0.1\omega_x$，那么有

$$\dot{\omega}_x = -\omega_y\omega_z - 0.1\omega_x, \quad \dot{\omega}_y = \omega_x\omega_z, \quad \dot{\omega}_z = -\frac{1}{3}\omega_x\omega_y$$

该方程组 $t=0$ 时过点 $(0.15,0.36,0.21)$ 的解的分量图像如图 2.9～图 2.11 所示。图 2.9～图 2.11 显示，这种反馈耗散系统的能量，ω_x 和 ω_y 两个角速度分量很快衰减到零，但没衰减 ω_z。

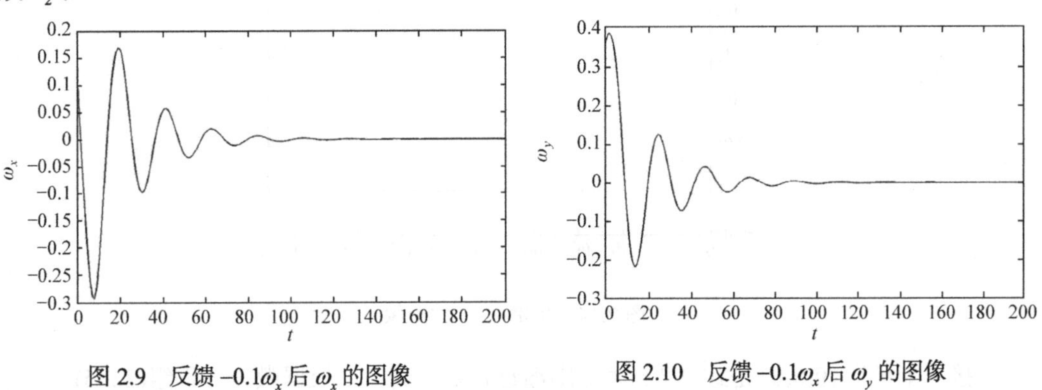

图 2.9　反馈 $-0.1\omega_x$ 后 ω_x 的图像

图 2.10　反馈 $-0.1\omega_x$ 后 ω_y 的图像

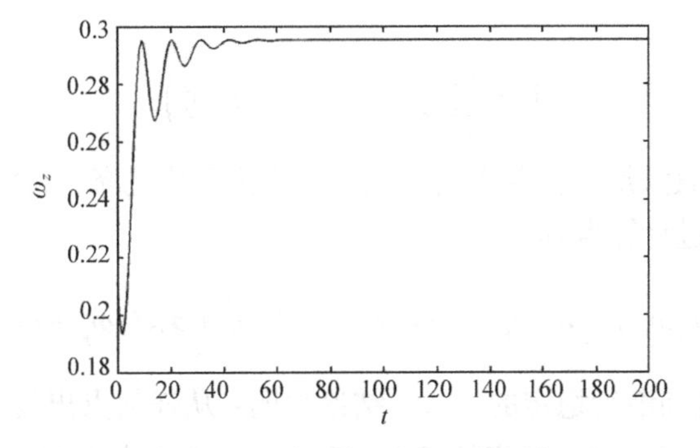

图 2.11　反馈 $-0.1\omega_x$ 后 ω_z 的图像

(4) 对三个方程施加如下线性反馈：

$$\dot{\omega}_x = -\omega_y\omega_z - 0.1\omega_x, \quad \dot{\omega}_y = \omega_x\omega_z - 0.2\omega_y, \quad \dot{\omega}_z = -\frac{1}{3}\omega_x\omega_y - 0.15\omega_z$$

该方程组 $t=0$ 时过点 $(0.15,0.36,0.21)$ 的解的分量图像如图 2.12～图 2.14 所示。图 2.12～图 2.14 显示，这种反馈将系统的能量耗散到零，三个角速度分量很快衰减到零。

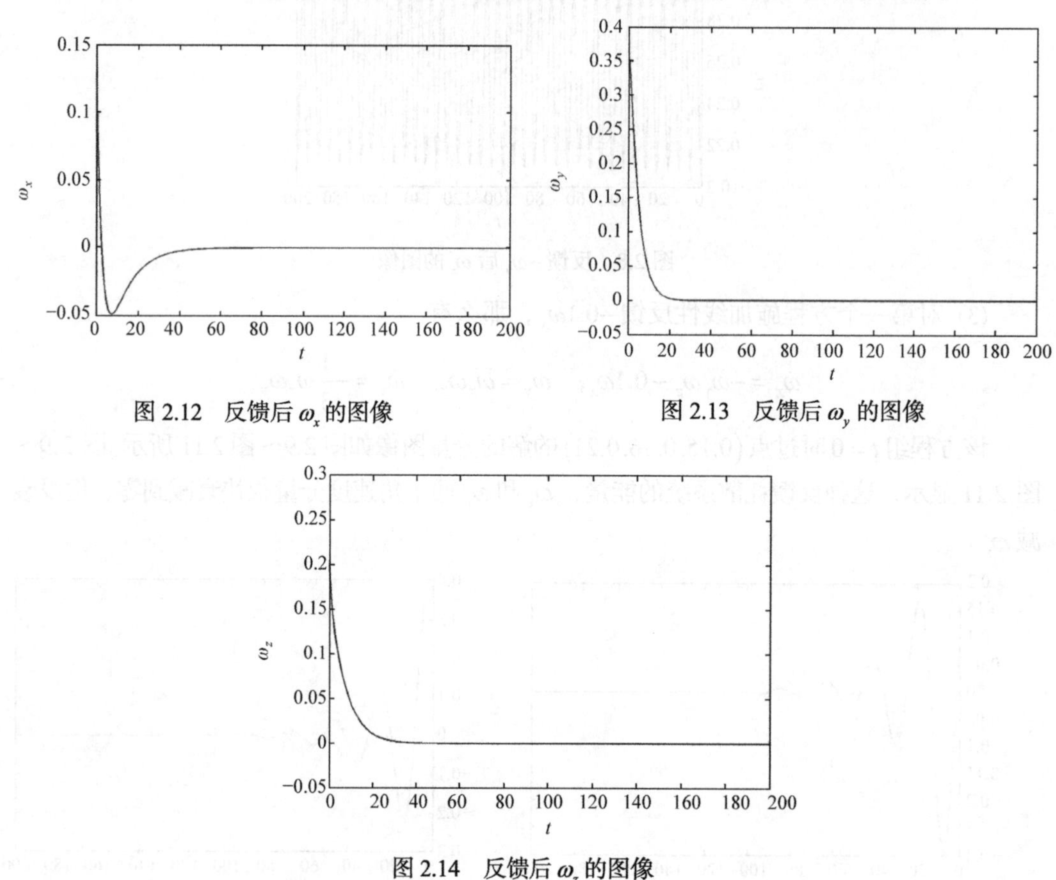

图 2.12　反馈后 ω_x 的图像

图 2.13　反馈后 ω_y 的图像

图 2.14　反馈后 ω_z 的图像

接下来证明 $(0,0,0)$ 是式(2.2.5)大范围渐近稳定的奇点。根据微分方程组(2.2.5)，构造函数

$$V=\frac{1}{2}\left(I_x\omega_x^2+I_y\omega_y^2+I_z\omega_z^2\right)$$

显然，上面的函数满足李雅普诺夫稳定性判定定理中的条件(1)。在条件式(2.2.6)下，利用方程组(2.2.5)通过计算得到

$$\frac{\mathrm{d}V}{\mathrm{d}t}=I_x\omega_x\dot{\omega}_x+I_y\omega_y\dot{\omega}_y+I_z\omega_z\dot{\omega}_z=a_{11}I_x\omega_x^2+a_{22}I_y\omega_y^2+a_{33}I_z\omega_z^2<0$$

因此，$(0,0,0)$ 是大范围渐近稳定的。这一结论表明：从任何点出发的轨道当 $t\to+\infty$ 时都趋于奇点 $(0,0,0)$，即只要进行适当的反馈控制，卫星从任何旋转状态都可以变为不旋转状态。

满足条件(2.2.6)的反馈控制在工程上可以通过喷气的方式来实现。

例 2.16　考虑洛伦兹系统在奇点 $(0,0,0)$ 的李雅普诺夫稳定性。构造函数

$$V=\frac{1}{2}\left(x^2+\lambda y^2+\lambda z^2\right),\quad \lambda>0$$

根据洛伦兹方程(2.1.8)，不难计算得

$$\frac{\mathrm{d}V}{\mathrm{d}t}=-\sigma x^2-\lambda y^2-b\lambda z^2+(\sigma+\mu\lambda)xy$$

上面方程的右边是一个二次型，它的系数矩阵是

$$\begin{pmatrix} -\sigma & \frac{1}{2}(\sigma+\mu\lambda) & 0 \\ \frac{1}{2}(\sigma+\mu\lambda) & -\lambda & 0 \\ 0 & 0 & -b\lambda \end{pmatrix}$$

由线性代数知识，该矩阵是负定的充要条件是$\sigma>0$，$\mu<1$和$b>0$，并且在这一条件下奇点$(0,0,0)$是大范围渐近稳定的。因此，在这一参数范围内，洛伦兹系统的动力学行为相当简单，从任何点出发的轨道当$t\to+\infty$时都趋于奇点$(0,0,0)$。然而，当不在这一参数范围内考虑问题时，洛伦兹系统的动力学行为十分复杂。

例 2.17　考虑三维系统

$$\begin{cases}\dot{x}=-3x+y-z+3x\left(6x^2+5y^2+2z^2\right)\\ \dot{y}=-2x-5y+z+5y\left(6x^2+5y^2+2z^2\right)\\ \dot{z}=2x-y-2z+2z\left(6x^2+5y^2+2z^2\right)\end{cases}\tag{2.2.7}$$

显然$(0,0,0)$是系统的奇点，构造函数

$$V=2x^2+y^2+z^2$$

利用式(2.2.7)，直接计算得

$$\frac{\mathrm{d}V}{\mathrm{d}t}=-2\left(6x^2+5y^2+2z^2\right)\left[1-\left(6x^2+5y^2+2z^2\right)\right]$$

上式表明在椭球$6x^2+5y^2+2z^2=1$的内部有$\frac{\mathrm{d}V}{\mathrm{d}t}<0$(除奇点$(0,0,0)$外)。显然奇点在该椭球的内部，因此，奇点$(0,0,0)$在椭球内部是渐近稳定的。而在椭球的外部有$\frac{\mathrm{d}V}{\mathrm{d}t}>0$，因此从椭球外部任一点出发的轨道不会进入椭球内部，且趋于无穷远处，于是奇点$(0,0,0)$是局部渐近稳定的。

例 2.18　考虑二维非自治系统

$$\begin{cases}\dot{x}=p(t)x+q(t)xy^2\\ \dot{y}=p(t)y-q(t)x^2y\end{cases}$$

$(0,0)$是该系统的一个奇点，将上面的方程组的第一个方程两边乘以x加上第二个方程两边乘以y得

$$\frac{1}{2}\frac{\mathrm{d}}{\mathrm{d}t}\left(x^2+y^2\right)=p(t)\left(x^2+y^2\right)$$

将上式积分得

$$x^2+y^2=\left[x^2(0)+y^2(0)\right]\exp\left[2\int_0^t p(t)\mathrm{d}t\right]$$

如果取 $p(t)=-t$，那么

$$\left|(x,y)-(0,0)\right|=\sqrt{x^2+y^2}=\sqrt{x^2(0)+y^2(0)}\exp\left(-t^2\right)\to 0,\quad t\to+\infty$$

因而，在这种情况下奇点 $(0,0)$ 是渐近稳定的。

如果取 $P(t)=t$，那么

$$\left|(x,y)-(0,0)\right|=\sqrt{x^2(0)+y^2(0)}\exp\left(t^2\right)\to+\infty,\quad t\to+\infty$$

因而，在这种情况下奇点 $(0,0)$ 是不稳定的。

如果取 $P(t)=\sin t$，那么

$$\left|(x,y)-(0,0)\right|=\sqrt{x^2(0)+y^2(0)\exp 2(1-\cos t)}\leqslant e^4\sqrt{x^2(0)+y^2(0)}$$

说明在这种情况下奇点 $(0,0)$ 是李雅普诺夫稳定的，但也表明极限 $\lim\limits_{t\to+\infty}\left(x(t),y(t)\right)$ 不存在。因此奇点 $(0,0)$ 不是渐近稳定的。

在上面的几个例子中，我们所构造的李雅普诺夫函数都是二次型，因为线性代数理论中有一个判定二次型正定性的简单方法。对于一个常微分方程组来说，构造出一个适当的李雅普诺夫函数是很不容易的，那么是否有别的判定奇点是李雅普诺夫稳定的方法呢？在只要求局部李雅普诺夫稳定且系统是自治的情况下，特征根方法是一个相当有效的方法，并且有下面两个充分性定理。

定理 2.2 设 $\boldsymbol{x}_0$ 是自治微分方程组(2.1.12)的一个奇点，如果函数 $\boldsymbol{f}$ 在奇点 $\boldsymbol{x}_0$ 处的雅可比矩阵 $\boldsymbol{Df}(\boldsymbol{x}_0)$ 的所有特征根的实部都是负的，那么奇点 $\boldsymbol{x}_0$ 是局部渐近稳定的。

定理 2.2 的证明可以在一般的《常微分方程理论》书中找到，其证明不在这里给出。

定理 2.3 设 $\boldsymbol{x}_0$ 是自治微分方程组(2.1.12)的一个奇点，如果函数 $\boldsymbol{f}$ 在奇点 $\boldsymbol{x}_0$ 处的雅可比矩阵 $\boldsymbol{Df}(\boldsymbol{x}_0)$ 有一个正实部特征根，那么奇点 $\boldsymbol{x}_0$ 是不稳定的。

如果雅可比矩阵 $\boldsymbol{Df}(\boldsymbol{x}_0)$ 有一个正实部特征根，下一章将会看到在对应于该特征根的特征向量方向有一个不稳定的解的不变子流形，在这个解的不变子流形中的解随着时间的增加而远离奇点 $\boldsymbol{x}_0$。因此，奇点 $\boldsymbol{x}_0$ 是不稳定的。

定理 2.2 和定理 2.3 表明，对于自治微分方程组(2.1.12)的奇点 $\boldsymbol{x}_0$，如果雅可比矩阵 $\boldsymbol{Df}(\boldsymbol{x}_0)$ 没有零实部特征根，那么该奇点的局部稳定性完全可以用特征根方法解决。如果雅可比矩阵 $\boldsymbol{Df}(\boldsymbol{x}_0)$ 有零实部特征根，那么系统的动力学行为要复杂得多。

定理 2.2 和定理 2.3 也说明，对于自治系统的奇点 $\boldsymbol{x}_0$，如果该奇点的雅可比矩阵的所有特征根的实部都是非零的，那么其谱稳定性与李雅普诺夫局部稳定性等价。

例 2.19　考虑如下系统

$$\begin{cases}\dot{x}=10yz-0.4x+y\\ \dot{y}=5xz-x-0.4y\\ \dot{z}=-5xy+\alpha z\end{cases} \tag{2.2.8}$$

$(0,0,0)$ 是系统的奇点，构造函数

$$V=\frac{1}{2}\left(x^2+y^2+3z^2\right)$$

不难计算得

$$\frac{\mathrm{d}V}{\mathrm{d}t}=-0.4x^2-0.4y^2+3\alpha z^2$$

由此可以看出，当 $\alpha\leqslant 0$ 时，$\mathrm{d}V/\mathrm{d}t\leqslant 0$，奇点 $(0,0,0)$ 是李雅普诺夫稳定的。而当 $\alpha<0$ 时，在 $\mathbf{R}^3-\{(0,0,0)\}$ 上，$\mathrm{d}V/\mathrm{d}t<0$，奇点 $(0,0,0)$ 是大范围渐近稳定的。

微分方程组(2.2.9)在奇点 $(0,0,0)$ 的雅可比矩阵是

$$\begin{pmatrix}-0.4 & 1 & 0\\ -1 & -0.4 & 0\\ 0 & 0 & \alpha\end{pmatrix}$$

该矩阵的三个特征根是

$$\lambda_1=\alpha,\ \ \lambda_2=-0.4+i,\ \ \lambda_3=-0.4-i$$

由定理 2.2 知，当 $\alpha<0$ 时，奇点 $(0,0,0)$ 是局部渐近稳定的。由定理 2.3 知，当 $\alpha>0$ 时，奇点 $(0,0,0)$ 是不稳定的。

例 2.19 表明，特征根方法简单直接。特别地，对于不稳定性的判定更是如此。对于要判定大范围渐近稳定性，特征根方法失效。因此，特征根方法与李雅普诺夫方法各有优势。

2.3　常微分方程组的奇点形式稳定性判别方法

对于有限维系统奇点的形式稳定性与李雅普诺夫稳定性是等价的。因此，形式稳定性的判别方法也是李雅普诺夫稳定性的判别方法。

对于经典哈密顿系统(2.1.22)的奇点 $(\boldsymbol{q}_0,\boldsymbol{p}_0)$ 的李雅普诺夫稳定性(或形式稳定性)的判定有一个著名的定理：拉格朗日-狄利克雷定理。

定理 2.4(拉格朗日-狄利克雷定理)　设 $(\boldsymbol{q}_0,\boldsymbol{p}_0)$ 是哈密顿系统(2.1.22)的一个奇点，则当哈密顿函数 H 在奇点的黑塞矩阵 $\boldsymbol{D}^2H(\boldsymbol{q}_0,\boldsymbol{p}_0)$ 是正定或负定时，奇点 $(\boldsymbol{q}_0,\boldsymbol{p}_0)$ 是形式稳定的，也是李雅普诺夫稳定的。

这个定理的几何证明是非常简单的。首先奇点 $(\boldsymbol{q}_0,\boldsymbol{p}_0)$ 是哈密顿函数 H 的迷向点，然后哈密顿函数 H 在奇点的黑塞矩阵 $\boldsymbol{D}^2H(\boldsymbol{q}_0,\boldsymbol{p}_0)$ 是正定或负定的，表明对于足够小的常数 c 等势面 $H(\boldsymbol{q}_0,\boldsymbol{p}_0)=c$ 是一封闭曲面。因此，奇点 $(\boldsymbol{q}_0,\boldsymbol{p}_0)$ 是形式稳定的。

因为哈密顿函数 H 是系统(2.1.22)的一个守恒量，所以从等势面 $H(\boldsymbol{q}_0,\boldsymbol{p}_0)=c$ 上任一点出发的轨道只能在该等势面上运动。因此，只要常数 c 足够小，封闭的等势面 $H(\boldsymbol{q}_0,\boldsymbol{p}_0)=c$ 将解空间分为互不相交的两个部分：等势面内部区域和等势面外部区域。从等势面内部区域的点出发的轨道只能在等势面内部区域运动，从等势面外部区域的点出发的轨道不会进入等势面内部区域。因此，奇点 $(\boldsymbol{q}_0,\boldsymbol{p}_0)$ 是李雅普诺夫稳定的。

同理可证，在有限维情况下，形式稳定必定李雅普诺夫稳定。但在无穷维情形下，这个结论不成立。

经典哈密顿系统(2.1.22)是 $2n$ 维的。因此，拉格朗日-狄利克雷定理不适用于奇数维系统。接下来将拉格朗日-狄利克雷定理推广到奇数维系统情况。首先将哈密顿系统(2.1.22)写成矩阵形式。记

$$\boldsymbol{z}=(\boldsymbol{q}_0,\boldsymbol{p}_0)^{\mathrm{T}}=(q_1,q_2,\cdots,q_n;p_1,p_2,\cdots,p_n)^{\mathrm{T}}$$

$$\nabla H(z)=\left(\frac{\partial H}{\partial q_1}(z),\frac{\partial H}{\partial q_2}(z),\cdots,\frac{\partial H}{\partial q_n}(z);\frac{\partial H}{\partial p_1}(z),\frac{\partial H}{\partial p_2}(z),\cdots,\frac{\partial H}{\partial p_n}(z)\right)^{\mathrm{T}}$$

及

$$\boldsymbol{J}=\begin{pmatrix}0 & \boldsymbol{I}_n\\ -\boldsymbol{I}_n & 0\end{pmatrix}$$

式中，$\boldsymbol{I}_n$ 是阶单位矩阵，$\nabla H(z)$ 是哈密顿函数 H 的梯度向量。哈密顿系统(2.1.22)可以写为如下形式

$$\dot{z}=\boldsymbol{J}\cdot\nabla H(z) \tag{2.3.1}$$

任何函数都有梯度向量，从哈密顿方程(2.3.1)可以看出，能改造的只有反对称常数矩阵 $\boldsymbol{J}$。矩阵 $\boldsymbol{J}$ 的反对称在证明哈密顿函数 H 是守恒量时起着关键作用，因此应保留。由此可以看出，只能将反对称常数矩阵 $\boldsymbol{J}$ 用一般的反对称矩阵代替，其元素是坐标的函数。

定义 2.7 n 维自治常微分方程组

$$\dot{\boldsymbol{x}}=\boldsymbol{f}(\boldsymbol{x}),\quad \boldsymbol{x}\in\mathbf{R}^n \tag{2.3.2}$$

称为广义哈密顿系统，如果存在哈密顿函数 $H(\boldsymbol{x})$ 及反对称矩阵

$$\boldsymbol{J}(\boldsymbol{x})=\left[J_{ij}(\boldsymbol{x})\right]_{n\times n}$$

使得该方程组可写为如下形式

$$\dot{\boldsymbol{x}}=\boldsymbol{J}(\boldsymbol{x})\cdot\nabla H(\boldsymbol{x})=\boldsymbol{f}(\boldsymbol{x}),\quad \boldsymbol{x}\in\mathbf{R}^n \tag{2.3.3}$$

并且反对称矩阵 $\boldsymbol{J}(\boldsymbol{x})$ 满足下面的雅可比恒等式

$$\sum_{i=1}^{n}\left[J_{il}(\boldsymbol{x})\frac{\partial J_{jk}(\boldsymbol{x})}{\partial x_l}+J_{jl}(\boldsymbol{x})\frac{\partial J_{ki}(\boldsymbol{x})}{\partial x_l}+J_{kl}(\boldsymbol{x})\frac{\partial J_{ij}(\boldsymbol{x})}{\partial x_l}\right]=0$$

式中，$i,j,k=1,2,\cdots,n$，反对称矩阵 $\boldsymbol{J}(\boldsymbol{x})$ 称为泊松结构。

在定义 2.7 中，反对称矩阵 $\boldsymbol{J}(\boldsymbol{x})$ 的作用与反对称常数矩阵 $\boldsymbol{J}$ 的作用相同。而要求 $\boldsymbol{J}(\boldsymbol{x})$ 满足下面的雅可比恒等式只是为了得到更多的守恒量，以便于构造一个新的满足形

式稳定性定义中的条件的守恒量。

性质 2.1　定义 2.7 中哈密顿函数 $H(\boldsymbol{x})$ 是守恒量。

证明　利用式(2.3.3)，直接计算得到

$$\frac{\mathrm{d}H(\boldsymbol{x})}{\mathrm{d}t}=\sum_{i=1}^{n}\frac{\partial H(\boldsymbol{x})}{\partial x_i}\frac{\mathrm{d}x_i}{\mathrm{d}t}=\left[\nabla H(\boldsymbol{x})\right]^{\mathrm{T}}\cdot\boldsymbol{J}(\boldsymbol{x})\cdot\nabla H(\boldsymbol{x})$$

因为 $\boldsymbol{J}(\boldsymbol{x})$ 反对称，所以

$$\frac{\mathrm{d}H(\boldsymbol{x})}{\mathrm{d}t}=0$$

因此，哈密顿函数 $H(\boldsymbol{x})$ 是守恒量。

例 2.20　在经典动力学中，有一个著名的定理，自由刚体绕长轴或短轴旋转是稳定的，而绕中轴旋转是不稳定的。我们用前面的方法无法证明这一结论，因此，必须考虑用别的方法。在自由刚体运动方程(2.2.1)中作变换

$$\omega_x=\frac{x}{I_x},\ \omega_y=\frac{y}{I_y},\ \omega_z=\frac{z}{I_z}$$

那么式(2.2.1)化为

$$\dot{x}=\left(\frac{1}{I_z}-\frac{1}{I_y}\right)yz,\ \dot{y}=\left(\frac{1}{I_x}-\frac{1}{I_z}\right)xz,\ \dot{z}=\left(\frac{1}{I_y}-\frac{1}{I_x}\right)xy \tag{2.3.4}$$

取

$$\boldsymbol{J}(x,y,z)=\begin{pmatrix}0&-z&y\\z&0&-x\\-y&x&0\end{pmatrix}$$

显然，$\boldsymbol{J}(x,y,z)$ 是反对称并且满足雅可比恒等式。因此，$\boldsymbol{J}(x,y,z)$ 是泊松结构，它在《李群与李代数理论》一书中容易找到。再取

$$H(x,y,z)=\frac{1}{2}\left(\frac{1}{I_x}x^2+\frac{1}{I_y}y^2+\frac{1}{I_z}z^2\right)$$

通过计算得到

$$\begin{pmatrix}\dot{x}\\\dot{y}\\\dot{z}\end{pmatrix}=\boldsymbol{J}(x,y,z)\cdot\nabla H(x,y,z)=\begin{pmatrix}0&-z&y\\z&0&-x\\-y&x&0\end{pmatrix}\begin{pmatrix}\frac{1}{I_x}x\\\frac{1}{I_y}y\\\frac{1}{I_z}z\end{pmatrix}$$

展开上面矩阵形式方程后正是自由刚体运动方程(2.3.4)。因此，自由刚体运动方程(2.3.4)是一个三维广义哈密顿系统。

例 2.21(重刚体)　重刚体有许多重要的工程应用，如抽取地下深层石油的机器就是一

重刚体凸轮机构。重刚体绕固定点转动的运动方程为

$$\begin{cases}\dot{m}_1=\dfrac{I_2-I_3}{I_2I_3}m_2m_3+Mglv_2\\ \dot{m}_2=\dfrac{I_3-I_1}{I_1I_3}m_1m_3-Mglv_1\,,\\ \dot{m}_3=\dfrac{I_1-I_2}{I_1I_2}m_1m_2\end{cases}\quad\begin{cases}\dot{v}_1=\dfrac{1}{I_3}m_3v_2-\dfrac{1}{I_2}m_2v_3\\ \dot{v}_2=\dfrac{1}{I_1}m_1v_3-\dfrac{1}{I_3}m_3v_1\\ \dot{v}_3=\dfrac{1}{I_2}m_2v_1-\dfrac{1}{I_1}m_1v_2\end{cases}\tag{2.3.5}$$

在《李群与李代数理论》一书中可以找到下面的泊松结构。

$$\boldsymbol{J}(\boldsymbol{m},\boldsymbol{v})=\begin{pmatrix}0&-m_3&m_2&0&-v_3&v_2\\ m_3&0&-m_1&v_3&0&-v_1\\ -m_2&m_1&0&-v_2&v_1&0\\ 0&-v_3&v_2&0&0&0\\ v_3&0&-v_1&0&0&0\\ -v_2&v_1&0&0&0&0\end{pmatrix}$$

式中，$\boldsymbol{m}=(m_1,m_2,m_3)^{\mathrm{T}}$，$\boldsymbol{v}=(v_1,v_2,v_3)^{\mathrm{T}}$。微分方程组(2.3.5)有守恒量

$$H(\boldsymbol{m},\boldsymbol{v})=\frac{1}{2}\left(\frac{m_1^2}{I_1}+\frac{m_2^2}{I_2}+\frac{m_3^2}{I_3}\right)+Mglv_3$$

将广义哈密顿系统

$$\begin{pmatrix}\dot{\boldsymbol{m}}\\ \dot{\boldsymbol{v}}\end{pmatrix}=\dot{J}(\boldsymbol{m},\boldsymbol{v})\cdot\nabla H(\boldsymbol{m},\boldsymbol{v})$$

写成矩阵形式得

$$\begin{pmatrix}\dot{m}_1\\ \dot{m}_2\\ \dot{m}_3\\ \dot{v}_1\\ \dot{v}_2\\ \dot{v}_3\end{pmatrix}=\begin{pmatrix}0&-m_3&m_2&0&-v_3&v_2\\ m_3&0&-m_1&v_3&0&-v_1\\ -m_2&m_1&0&-v_2&v_1&0\\ 0&-v_3&v_2&0&0&0\\ v_3&0&-v_1&0&0&0\\ -v_2&v_1&0&0&0&0\end{pmatrix}\begin{pmatrix}\dfrac{m_1}{I_1}\\ \dfrac{m_2}{I_2}\\ \dfrac{m_3}{I_3}\\ 0\\ 0\\ Mgl\end{pmatrix}$$

通过计算，上面的哈密顿方程正是刚体绕固定点转动的运动方程(2.3.5)。这就证明了重刚体绕固定点转动的运动方程(2.3.5)是广义哈密顿系统。

虽然证明了自由刚体运动方程(2.3.4)和重刚体绕固定点转动的运动方程(2.3.5)是广义哈密顿系统，但是例 2.20 和例 2.21 中的哈密顿函数在判定稳定性时并不满足形式稳定性定义中的条件。因此，我们必须改造哈密顿函数。我们的思路是在原哈密顿函数基础上增加一个函数得到一个新的哈密顿函数。这里有两个要求。首先，新哈密顿函数生成的广义哈密顿方程与原方程相同，即所增加的函数不能改变广义哈密顿方程的形式。然

后，新哈密顿函数应满足形式稳定性定义中的条件。

接下来介绍构造不改变广义哈密顿方程形式增加的函数。设新哈密顿函数

$$\bar{H}(\boldsymbol{x})=H(\boldsymbol{x})+C(\boldsymbol{x})$$

式中，$C(\boldsymbol{x})$是新增加的函数，新哈密顿函数生成的广义哈密顿方程为

$$\dot{\boldsymbol{x}}=\boldsymbol{J}(\boldsymbol{x})\cdot\nabla\bar{H}(\boldsymbol{x})=\boldsymbol{J}(\boldsymbol{x})\cdot\nabla H(\boldsymbol{x})+\boldsymbol{J}(\boldsymbol{x})\cdot\nabla C(\boldsymbol{x})$$

利用由原哈密顿函数$H(\boldsymbol{x})$生成的广义哈密顿方程(2.3.3)，上面的哈密顿方程可化为

$$\dot{\boldsymbol{x}}=\boldsymbol{J}(\boldsymbol{x})\cdot\nabla\bar{H}(\boldsymbol{x})=\boldsymbol{f}(\boldsymbol{x})+\boldsymbol{J}(\boldsymbol{x})\cdot\nabla C(\boldsymbol{x})$$

由此可以看出，要使新哈密顿函数$\bar{H}(\boldsymbol{x})$生成的广义哈密顿方程形式不变，所增加的函数$C(\boldsymbol{x})$应满足一阶线性偏微分方程组

$$\boldsymbol{J}(\boldsymbol{x})\cdot\nabla C(\boldsymbol{x})=0 \tag{2.3.6}$$

假设反对称矩阵$\boldsymbol{J}(\boldsymbol{x})$的秩为$k$，那么方程组(2.3.6)有$n-k$个函数无关特解$\rho_1(\boldsymbol{x}),\rho_2(\boldsymbol{x}),\cdots,\rho_{n-k}(\boldsymbol{x})$。若$\varphi$是任意关于$n-k$个变量的函数，那么一阶线性偏微分方程组(2.3.6)的通解可写

$$C(\boldsymbol{x})=\varphi(\rho_1(\boldsymbol{x}),\rho_2(\boldsymbol{x}),\cdots,\rho_{n-k}(\boldsymbol{x}))$$

对于奇数维系统，反对称矩阵$\boldsymbol{J}(\boldsymbol{x})$的行列式等于零。因此，在这种情况下一阶线性偏微分方程组(2.3.6)一定存在非平凡解。

定义 2.8　满足一阶线性偏微分方程组(2.3.6)的函数$C(\boldsymbol{x})$称为泊松结构$\boldsymbol{J}(\boldsymbol{x})$的开西米尔函数(或中心)。

性质 2.2　开西米尔函数$C(\boldsymbol{x})$是广义哈密顿方程(2.3.3)的一个守恒量。

证明　计算得

$$\frac{\mathrm{d}C(\boldsymbol{x})}{\mathrm{d}t}=\sum_{i=1}^{n}\frac{\partial C(\boldsymbol{x})}{\partial x_i}\frac{\mathrm{d}x_i}{\mathrm{d}t}=\left[\nabla H(\boldsymbol{x})\right]^{\mathrm{T}}\cdot\boldsymbol{J}(\boldsymbol{x})\cdot\nabla C(\boldsymbol{x})$$

利用式(2.3.5)，有

$$\frac{\mathrm{d}C(\boldsymbol{x})}{\mathrm{d}t}=0$$

因此，$C(\boldsymbol{x})$是哈密顿方程(2.3.3)的一个守恒量。

例 2.22　求例 2.20 中的泊松结构$\boldsymbol{J}(x,y,z)$的开西米尔函数。开西米尔函数应满足下列一阶线性偏微分方程组

$$\begin{pmatrix}0 & -z & y\\ z & 0 & -x\\ -y & x & 0\end{pmatrix}\begin{pmatrix}\dfrac{\partial C}{\partial x}\\ \dfrac{\partial C}{\partial y}\\ \dfrac{\partial C}{\partial z}\end{pmatrix}=0$$

写成分量形式得

$$y\frac{\partial C}{\partial z}-z\frac{\partial C}{\partial y}=0,\quad z\frac{\partial C}{\partial x}-x\frac{\partial C}{\partial z}=0,\quad x\frac{\partial C}{\partial y}-y\frac{\partial C}{\partial x}=0$$

显然$\boldsymbol{J}(x,y,z)$的秩是 2，因此，上面方程组只有一个特解。从第一个方程可看出函数$\rho(x,y,z)=\frac{1}{2}(y^2+z^2)+\sigma(x)$满足第一个方程，将它代入第二个方程和第三个方程得

$$z\sigma'(x)-xz=0,\quad xy-y\sigma'(x)=0$$

由此可得

$$\sigma'(x)=x$$

因此，$\sigma(x)=\frac{1}{2}x^2$，于是

$$\rho(x,y,z)=\frac{1}{2}(x^2+y^2+z^2)$$

从而得到泊松结构$\boldsymbol{J}(x,y,z)$的开西米尔函数为

$$C(x,y,z)=\varphi[\rho(x,y,z)]=\varphi\left[\frac{1}{2}(x^2+y^2+z^2)\right]$$

例 2.23 求例 2.21 中的泊松结构$\boldsymbol{J}(\boldsymbol{m},\boldsymbol{v})$的开西米尔函数。同样，$\boldsymbol{J}(\boldsymbol{m},\boldsymbol{v})$的开西米尔函数应满足下列一阶线性偏微分方程组

$$\begin{cases}m_2\frac{\partial C}{\partial m_3}-m_3\frac{\partial C}{\partial m_2}+v_2\frac{\partial C}{\partial v_3}-v_3\frac{\partial C}{\partial v_2}=0\\ m_3\frac{\partial C}{\partial m_1}-m_1\frac{\partial C}{\partial m_3}+v_3\frac{\partial C}{\partial v_1}-v_1\frac{\partial C}{\partial v_3}=0\\ m_1\frac{\partial C}{\partial m_2}-m_2\frac{\partial C}{\partial m_1}+v_1\frac{\partial C}{\partial v_2}-v_2\frac{\partial C}{\partial v_1}=0\\ v_2\frac{\partial C}{\partial m_3}-v_3\frac{\partial C}{\partial m_2}=0\\ v_3\frac{\partial C}{\partial m_1}-v_1\frac{\partial C}{\partial m_3}=0\\ v_1\frac{\partial C}{\partial m_2}-v_2\frac{\partial C}{\partial m_1}=0\end{cases}$$

因为泊松结构$\boldsymbol{J}(\boldsymbol{m},\boldsymbol{v})$的秩是 4，所以有两个特解。通过观察，求形如$C(\boldsymbol{m},\boldsymbol{v})=\rho(\boldsymbol{v})$的特解，以$C(\boldsymbol{m},\boldsymbol{v})=\rho(\boldsymbol{v})$代入原方程得

$$v_2\frac{\partial\rho}{\partial v_3}-v_3\frac{\partial\rho}{\partial v_2}=0,\quad v_3\frac{\partial\rho}{\partial v_1}-v_1\frac{\partial\rho}{\partial v_3}=0,\quad v_1\frac{\partial\rho}{\partial v_2}-v_2\frac{\partial\rho}{\partial v_1}=0$$

根据例 2.22，显然函数

$$\rho_1(\boldsymbol{m},\boldsymbol{v})=v_1^2+v_2^2+v_3^2=|\boldsymbol{v}|^2$$

是上面方程组的一个特解。

通过观察发现下列函数也是原方程的一个特解

$$\rho_2(\boldsymbol{m},\boldsymbol{v}) = m_1v_1 + m_2v_2 + m_3v_3 = \boldsymbol{m}\cdot\boldsymbol{v}$$

不难验证，$\rho_1(\boldsymbol{m},\boldsymbol{v})$ 和 $\rho_2(\boldsymbol{m},\boldsymbol{v})$ 是函数无关的，因此原方程组的通解是

$$C(\boldsymbol{m},\boldsymbol{v}) = \varphi(\rho_2(\boldsymbol{m},\boldsymbol{v}),\rho_1(\boldsymbol{m},\boldsymbol{v})) = \varphi(\boldsymbol{m}\cdot\boldsymbol{v},|\boldsymbol{v}|^2)$$

有了上面这些准备之后，我们就可以总结判定奇点形式稳定性的能量-开西米尔函数方法。能量-开西米尔函数方法描述如下。

(1) 构造适当的泊松结构 $\boldsymbol{J}(\boldsymbol{x})$ 和哈密顿函数 $H(\boldsymbol{x})$ 使得方程组 $\dot{\boldsymbol{x}} = \boldsymbol{f}(\boldsymbol{x})$ 成为广义哈密顿系统。

(2) 求出泊松结构 $\boldsymbol{J}(\boldsymbol{x})$ 的开西米尔函数的一般形式。

(3) 通过选择适当的开西米尔函数 $C(\boldsymbol{x})$ 使得新哈密顿函数 $\bar{H}(\boldsymbol{x}) = H(\boldsymbol{x}) + C(\boldsymbol{x})$ 满足形式稳定定义中的两个条件。

接下来用能量-开西米尔函数方法来证明关于刚体运动的两个著名定理：自由刚体转动稳定性定理和重刚体绕定点转动稳定性定理。这两个定理在工程上有许多重要的应用。

定理 2.5(自由刚体转动稳定性定理)　在自由刚体运动中，绕长轴或短轴转动是稳定的，绕中轴转动是不稳定的。

李雅普诺夫方法证明不了定理 2.5。下面用能量-开西米尔函数方法来证明定理 2.5。

从自由刚体转动方程(2.3.4)可求得其奇点为 $(x,0,0)$、$(0,y,0)$ 和 $(0,0,z)$，这也就是说三根坐标上每一个点都是奇点。显然方程组(2.3.4)还有守恒量

$$x^2 + y^2 + z^2 = c^2$$

上式可写为

$$\left(\frac{x}{c}\right)^2 + \left(\frac{y}{c}\right)^2 + \left(\frac{z}{c}\right)^2 = 1$$

由此可知，经过归一化处理后，只需判定三个奇点 $(1,0,0)$、$(0,1,0)$ 和 $(0,0,1)$ 的稳定性即可。不失一般性，只判定奇点 $(1,0,0)$ 的稳定性。

在例 2.20 中已证明了自由刚体转动方程(2.3.4)是广义哈密顿系统。根据例 2.20 和例 2.22，构造一个保证哈密顿方程形式不变的新哈密顿函数

$$\bar{H}(x,y,z) = \frac{1}{2}\left(\frac{1}{I_x}x^2 + \frac{1}{I_y}y^2 + \frac{1}{I_z}z^2\right) + \varphi\left[\frac{1}{2}\left(x^2 + y^2 + z^2\right)\right]$$

式中，φ 是任意一元二阶可导的函数。

新哈密顿函数 $\bar{H}$ 在奇点 $(1,0,0)$ 的梯度是

$$\boldsymbol{D}\bar{H}(1,0,0) = \left(\frac{1}{I_x} + \varphi'\left(\frac{1}{2}\right),0,0\right)$$

上式表明，原哈密顿函数 H 在奇点 $(1,0,0)$ 的梯度是不为零的。为了使新哈密顿函数 $\bar{H}$ 在奇点 $(1,0,0)$ 的梯度为零，选择一维函数 φ 满足下列条件即可

$$\varphi'\left(\frac{1}{2}\right)=-\frac{1}{I_x}$$

同样，新哈密顿函数 $\bar{H}$ 在奇点 $(1,0,0)$ 的黑塞矩阵是

$$\boldsymbol{D}^2\bar{H}(1,0,0)=\begin{pmatrix}\varphi''\left(\frac{1}{2}\right) & 0 & 0\\ 0 & \frac{1}{I_y}-\frac{1}{I_x} & 0\\ 0 & 0 & \frac{1}{I_z}-\frac{1}{I_x}\end{pmatrix}$$

该黑塞矩阵为正定的充要条件是

$$\varphi''\left(\frac{1}{2}\right)>0,\quad I_x>I_y,\quad I_x>I_z$$

取一维函数 φ 如下

$$\varphi(u)=-\frac{1}{I_x}u+\left(u-\frac{1}{2}\right)^2$$

容易验证，这样选取的一维函数 φ 使得新哈密顿函数 $\bar{H}$ 在奇点 $(1,0,0)$ 的梯度 $\boldsymbol{D}\bar{H}(1,0,0)$ 为零及黑塞矩阵 $\boldsymbol{D}^2\bar{H}(1,0,0)$ 为正定矩阵。因此，奇点 $(1,0,0)$ 是形式稳定的，从而也证明是李雅普诺夫稳定的。由此证明了，自由刚体绕长轴转动是稳定的。

新哈密顿函数 $\bar{H}$ 在奇点 $(1,0,0)$ 的黑塞矩阵 $\boldsymbol{D}^2\bar{H}(1,0,0)$ 为负定的充要条件是

$$\varphi''\left(\frac{1}{2}\right)<0,\quad I_x<I_y,\quad I_x<I_z$$

同样，取一维函数 φ 如下

$$\varphi(u)=-\frac{1}{I_x}u-\left(u-\frac{1}{2}\right)^2$$

这个函数能使新哈密顿函数 $\bar{H}$ 在奇点 $(1,0,0)$ 的梯度 $\boldsymbol{D}\bar{H}(1,0,0)$ 为零及黑塞矩阵 $\boldsymbol{D}^2\bar{H}(1,0,0)$ 为负定矩阵。这就证明了，自由刚体绕短轴转动是稳定的。

从上面可以看出，开西米尔函数在证明中起了关键作用。

方程组(2.3.4)在奇点 $(1,0,0)$ 的雅可比矩阵为

$$\begin{pmatrix}0 & 0 & 0\\ 0 & 0 & \left(\frac{1}{I_x}-\frac{1}{I_z}\right)\\ 0 & \left(\frac{1}{I_y}-\frac{1}{I_x}\right) & 0\end{pmatrix}$$

如果 $I_y<I_x<I_z$，那么该矩阵的三个特征根是

$$\lambda_1=0,\quad \lambda_2=-\sqrt{\left(\frac{1}{I_x}-\frac{1}{I_z}\right)\left(\frac{1}{I_y}-\frac{1}{I_x}\right)},\quad \lambda_3=\sqrt{\left(\frac{1}{I_x}-\frac{1}{I_z}\right)\left(\frac{1}{I_y}-\frac{1}{I_x}\right)}$$

有一个正特征根,这说明奇点$(1,0,0)$是不稳定的。因此,自由刚体绕中轴转动是不稳定的。

例 2.21 已证明了重刚体运动方程(2.3.5)是一个广义哈密顿系统。利用例 2.23，构造系统的新哈密顿函数

$$\bar{H}(\boldsymbol{m},\boldsymbol{v})=\frac{1}{2}\left(\frac{m_1^2}{I_1}+\frac{m_2^2}{I_2}+\frac{m_3^2}{I_3}\right)+Mglv_3+\varphi(u,v)$$

式中，$u=m_1v_1+m_2v_2+m_3v_3$，$v=v_1^2+v_2^2+v_3^2$，$\varphi(u,v)$是任意有二阶偏导的二元函数。

式(2.3.5)的奇点应满足下列代数方程组：

$$\begin{cases}\dfrac{I_2-I_3}{I_2I_3}m_2m_3+Mglv_2=0\\ \dfrac{I_3-I_1}{I_1I_3}m_1m_3-Mglv_1=0\\ \dfrac{I_1-I_2}{I_1I_2}m_1m_2=0\end{cases},\quad \begin{cases}\dfrac{1}{I_3}m_3v_2-\dfrac{1}{I_2}m_2v_3=0\\ \dfrac{1}{I_1}m_1v_3-\dfrac{1}{I_3}m_3v_1=0\\ \dfrac{1}{I_2}m_2v_1-\dfrac{1}{I_1}m_1v_2=0\end{cases}\tag{2.3.7}$$

由式(2.3.7)左边的方程组的第三个方程得$m_1=0$或$m_2=0$。下面分两种情况来考虑。

(1) 当$m_1=0$时，由式(2.3.7)左边的方程组的第二个方程得$v_1=0$，因此，式(2.3.7)可写为

$$\begin{cases}\dfrac{I_2-I_3}{I_2I_3}m_2m_3+Mglv_2=0\\ \dfrac{1}{I_3}m_3v_2-\dfrac{1}{I_2}m_2v_3=0\end{cases}\tag{2.3.8}$$

由式(2.3.8)的第一个方程得

$$v_2=\frac{I_3-I_2}{MglI_2I_3}m_2m_3$$

代入式(2.3.8)的第二个方程得

$$m_2\left(\frac{I_3-I_2}{MglI_3^2}m_3^2-v_3\right)=0$$

由此可知，在这种情况下系统有两组奇点。

第一组：$(\boldsymbol{m},\boldsymbol{v})$，$\boldsymbol{m}=(0,0,m_3)$，$\boldsymbol{v}=(0,0,v_3)$。

第二组：$(\boldsymbol{m},\boldsymbol{v})$，$\boldsymbol{m}=(0,m_2,m_3)$，$\boldsymbol{v}=\left(0,\ \dfrac{I_3-I_2}{MglI_2I_3}m_2m_3,\ \dfrac{I_3-I_2}{MglI_3^2}m_3^2\right)$，$m_2\neq 0$。

(2) 当$m_2=0$时，同理系统有两组奇点。

第一组：$(\boldsymbol{m},\boldsymbol{v})$，$\boldsymbol{m}=(0,0,m_3)$，$\boldsymbol{v}=(0,0,v_3)$。

第二组：$(\boldsymbol{m},\boldsymbol{v})$, $\boldsymbol{m}=(m_1,m_2,m_3)$, $\boldsymbol{v}=\left(\frac{I_3-I_1}{MglI_1I_3}m_1m_3,0,\frac{I_3-I_1}{MglI_3^2}m_3^2\right)$，$m_1\neq 0$。

综上所述，式(2.3.5)有三组奇点。

(1) $(\boldsymbol{m}_0,\boldsymbol{v}_0)$, $\boldsymbol{m}_0=(0,0,m_{03})$, $\boldsymbol{v}_0=(0,0,v_{03})$。

(2) $(\boldsymbol{m}_1,\boldsymbol{v}_1)$, $\boldsymbol{m}_1=(0,m_{02},m_{03})$, $\boldsymbol{v}_1=\left(0,\frac{I_3-I_2}{MglI_2I_3}m_{02}m_{03},\frac{I_3-I_2}{MglI_3^2}m_{03}^2\right)$，$m_{02}\neq 0$。

(3) $(\boldsymbol{m}_2,\boldsymbol{v}_2)$, $\boldsymbol{m}_2=(m_{01},0,m_{03})$, $\boldsymbol{v}_2=\left(\frac{I_3-I_1}{MglI_1I_3}m_{01}m_{03},0,\frac{I_3-I_1}{MglI_3^2}m_{03}^2\right)$，$m_{01}\neq 0$。

定理 2.6(重刚体绕定点转动稳定性定理) 对于重刚体绕定点转动运动方程(2.3.5)，下列结论成立。

(1) 如果$I_3>I_1$，$I_3>I_2$，$v_{03}<0$，那么奇点$(\boldsymbol{m}_0,\boldsymbol{v}_0)$是非线性稳定的。

(2) 如果$I_3>I_1$，$I_3>I_2$，$v_{03}>0$，且$m_{03}^2>\max\left\{\frac{MglI_3^2v_{03}}{I_3-I_1},\frac{MglI_3^2v_{03}}{I_3-I_2}\right\}$，那么奇点$(\boldsymbol{m}_0,\boldsymbol{v}_0)$是非线性稳定的。

(3) 如果$I_1\geqslant I_2$，$v_{03}<0$，且$I_3>\frac{2|m_{03}|I_1}{|m_{03}|+\sqrt{\varDelta_1}}$，那么奇点$(\boldsymbol{m}_0,\boldsymbol{v}_0)$是非线性稳定的，$\varDelta_1=m_{03}^2-4MglI_1v_{03}$。

(4) 如果$I_1\geqslant I_2$，$v_{03}>0$，$\varDelta_1>0$，且

$$\frac{2|m_{03}|I_1}{|m_{03}|+\sqrt{\varDelta_1}}<I_3<\frac{2|m_{03}|I_1}{|m_{03}|-\sqrt{\varDelta_1}}$$

那么奇点$(\boldsymbol{m}_0,\boldsymbol{v}_0)$是非线性稳定的。

证明 为了方便起见，记

$$a=a(u,v)=\frac{\partial\varphi}{\partial u}(u,v)$$

$$b=b(u,v)=\frac{\partial\varphi}{\partial v}(u,v)$$

$$c=c(u,v)=\frac{\partial^2\varphi}{\partial u^2}(u,v)$$

$$d=d(u,v)=\frac{\partial^2\varphi}{\partial u\partial v}(u,v)$$

$$e=e(u,v)=\frac{\partial^2\varphi}{\partial v^2}(u,v)$$

通过对新哈密顿函数直接计算得

$$
\begin{cases}
\dfrac{\partial \bar{H}}{\partial m_1}=\dfrac{m_1}{I_1}+v_1 a, \quad \dfrac{\partial \bar{H}}{\partial m_2}=\dfrac{m_2}{I_2}+v_2 a, \quad \dfrac{\partial \bar{H}}{\partial m_3}=\dfrac{m_3}{I_3}+v_3 a \\
\dfrac{\partial \bar{H}}{\partial v_1}=m_1 a+2v_1 b, \quad \dfrac{\partial \bar{H}}{\partial v_2}=m_2 a+2v_2 b \\
\dfrac{\partial \bar{H}}{\partial v_3}=Mgl+m_3 a+2v_3 b \\
\dfrac{\partial^2 \bar{H}}{\partial m_1^2}=\dfrac{1}{I_1}+v_1^2 c, \quad \dfrac{\partial^2 \bar{H}}{\partial m_1 \partial m_2}=v_1 v_2 c, \quad \dfrac{\partial^2 \bar{H}}{\partial m_1 \partial m_3}=v_1 v_3 c \\
\dfrac{\partial^2 \bar{H}}{\partial m_1 \partial v_1}=v_1\left(m_1 c+2v_1 d\right)+a, \quad \dfrac{\partial^2 \bar{H}}{\partial m_1 \partial v_2}=v_1\left(m_2 c+2v_2 d\right) \\
\dfrac{\partial^2 \bar{H}}{\partial m_1 \partial v_3}=v_1\left(m_3 c+2v_3 d\right), \quad \dfrac{\partial^2 \bar{H}}{\partial m_2^2}=\dfrac{1}{I_2}+v_2^2 c, \quad \dfrac{\partial^2 \bar{H}}{\partial m_2 \partial m_3}=v_2 v_3 c \\
\dfrac{\partial^2 \bar{H}}{\partial m_2 \partial v_1}=v_2\left(m_1 c+2v_1 d\right), \quad \dfrac{\partial^2 \bar{H}}{\partial m_2 \partial v_2}=v_2\left(m_2 c+2v_2 d\right)+a \\
\dfrac{\partial^2 \bar{H}}{\partial m_2 \partial v_3}=v_2\left(m_3 c+2v_3 d\right), \quad \dfrac{\partial^2 \bar{H}}{\partial m_3^2}=\dfrac{1}{I_3}+v_3^2 c \\
\dfrac{\partial^2 \bar{H}}{\partial m_3 \partial v_1}=v_3\left(m_1 c+2v_1 d\right), \quad \dfrac{\partial^2 \bar{H}}{\partial m_3 \partial v_2}=v_3\left(m_2 c+2v_2 d\right) \\
\dfrac{\partial^2 \bar{H}}{\partial m_3 \partial v_3}=v_3\left(m_3 c+2v_3 d\right)+a
\end{cases} \tag{2.3.9}
$$

$$
\begin{cases}
\dfrac{\partial^2 \bar{H}}{\partial v_1^2}=m_1^2 c+4m_1 v_1 d+4v_1^2 e+2b \\
\dfrac{\partial^2 \bar{H}}{\partial v_1 \partial v_2}=m_1 m_2 c+2\left(m_1 v_2+m_2 v_1\right)d+4v_1 v_2 e \\
\dfrac{\partial^2 \bar{H}}{\partial v_1 \partial v_3}=m_1 m_3 c+2\left(m_1 v_3+m_3 v_1\right)d+4v_1 v_3 e \\
\dfrac{\partial^2 \bar{H}}{\partial v_2^2}=m_2^2 c+4m_2 v_2 d+4v_2^2 e+2b \\
\dfrac{\partial^2 \bar{H}}{\partial v_2 \partial v_3}=m_2 m_3 c+2\left(m_2 v_3+m_3 v_2\right)d+4v_2 v_3 e \\
\dfrac{\partial^2 \bar{H}}{\partial v_3^2}=m_3^2 c+4m_3 v_3 d+4v_3^2 e+2b
\end{cases} \tag{2.3.10}
$$

应用能量-开西米尔函数方法时，首先要求新哈密顿函数在奇点的梯度为零。

仅考虑式(2.3.5)中的第一组奇点，以 $\boldsymbol{m}_0=\left(0,0,m_{03}\right)$，$\boldsymbol{v}_0=\left(0,0,v_{03}\right)$ 代入式(2.3.9)的前六个表达式得

$$
\begin{cases}
\dfrac{m_{03}}{I_3}+v_{03}a\left(m_{03}v_{03},v_{03}^2\right)=0 \\
Mgl+m_{03}a\left(m_{03}v_{03},v_{03}^2\right)+2v_{03}b\left(m_{03}v_{03},v_{03}^2\right)=0
\end{cases}
\tag{2.3.11}
$$

假设 $v_{03}\neq 0$，那么由式(2.3.11)得

$$
a\left(m_{03}v_{03},v_{03}^2\right)=-\frac{m_{03}}{I_3v_{03}},\ b\left(m_{03}v_{03},v_{03}^2\right)=\frac{1}{2v_{03}}\left(\frac{m_{03}^2}{I_3v_{03}}-Mgl\right)
\tag{2.3.12}
$$

这就是新哈密顿函数在奇点的梯度为零的条件。

选取开西米尔函数是二次多项式，即

$$
\varphi(u,v)=Au+Bv+Cu^2+Duv+Ev^2
\tag{2.3.13}
$$

由式(2.3.12)和式(2.3.13)，得

$$
\begin{cases}
A=-\dfrac{m_{03}}{I_3v_{03}}-2Cm_{03}v_{03}-Dv_{03}^2 \\
B=\dfrac{1}{2v_{03}}\left(\dfrac{m_{03}^2}{I_3v_{03}}-Mgl\right)-Dm_{03}v_{03}-2Ev_{03}^2
\end{cases}
\tag{2.3.14}
$$

因此，新哈密顿函数在奇点的梯度为零的条件是式(2.3.14)成立。

$$
c=\frac{\partial^2\varphi}{\partial u^2}=2C,\quad d=\frac{\partial^2\varphi}{\partial u\partial v}=D,\quad e=\frac{\partial^2\varphi}{\partial v^2}=2E
$$

由式(2.3.9)和式(2.3.10)得到新哈密顿函数在奇点的黑塞矩阵是

$$
\boldsymbol{D}^2\bar{H}(\boldsymbol{m}_0,\boldsymbol{v}_0)=\begin{pmatrix}
\dfrac{1}{I_1} & 0 & 0 & a & 0 & 0 \\
0 & \dfrac{1}{I_2} & 0 & 0 & a & 0 \\
0 & 0 & \dfrac{1}{I_3}+2v_{03}^2C & 0 & 0 & a+2m_{03}v_{03}C+2v_{03}^2D \\
a & 0 & 0 & 2b & 0 & 0 \\
0 & a & 0 & 0 & 2b & 0 \\
0 & 0 & a+2m_{03}v_{03}C+2v_{03}^2D & 0 & 0 & 2b+2m_{03}^2C+4m_{03}v_{03}D+8v_{03}^2E
\end{pmatrix}
$$

取

$$
C=0,\quad D=-\frac{a}{2v_{03}^2},\quad E=\frac{1}{8v_{03}^2}\left(1-2b-4m_{03}v_{03}D\right)
$$

那么该黑塞矩阵化为

$$
\boldsymbol{D}^2\bar{H}(\boldsymbol{m}_0,\boldsymbol{v}_0)=\begin{pmatrix} \frac{1}{I_1} & 0 & 0 & a & 0 & 0 \\ 0 & \frac{1}{I_2} & 0 & 0 & a & 0 \\ 0 & 0 & \frac{1}{I_3} & 0 & 0 & 0 \\ a & 0 & 0 & 2b & 0 & 0 \\ 0 & a & 0 & 0 & 2b & 0 \\ 0 & 0 & 0 & 0 & 0 & 1 \end{pmatrix}
$$

那么 $\boldsymbol{D}^2\bar{H}(\boldsymbol{m}_0,\boldsymbol{v}_0)$ 是正定矩阵的充要条件是

$$
\boldsymbol{B}=\begin{pmatrix} \frac{1}{I_1} & 0 & 0 & a & 0 \\ 0 & \frac{1}{I_2} & 0 & 0 & a \\ 0 & 0 & \frac{1}{I_3} & 0 & 0 \\ a & 0 & 0 & 2b & 0 \\ 0 & a & 0 & 0 & 2b \end{pmatrix}
$$

是正定矩阵。容易计算得到矩阵 $\boldsymbol{B}$ 的所有顺序主子式如下

$$
B_{11}=\frac{1}{I_1},\quad B_{22}=\frac{1}{I_1 I_2},\quad B_{33}=\frac{1}{I_1 I_2 I_3}
$$

$$
B_{44}=\left(\frac{2b}{I_1}-a^2\right)\frac{1}{I_2 I_3},\quad B_{55}=\left(\frac{2b}{I_1}-a^2\right)\left(\frac{2b}{I_2}-a^2\right)\frac{1}{I_3}
$$

根据线性代数理论，黑塞矩阵 $\boldsymbol{D}^2\bar{H}(\boldsymbol{m}_0,\boldsymbol{v}_0)$ 是正定的充要条件是上面的所有主子行列式的值为正，因此 $\boldsymbol{D}^2\bar{H}(\boldsymbol{m}_0,\boldsymbol{v}_0)$ 是正定矩阵的充要条件是

$$
\frac{2b}{I_1}-a^2>0,\quad \frac{2b}{I_2}-a^2>0 \tag{2.3.15}
$$

上面不等式组有解的必要条件是 $b>0$。由式(2.3.12)，$b>0$ 的充要条件是

$$
m_{03}^2>MglI_3 v_{03} \tag{2.3.16}
$$

由式(2.3.12)，不等式 $\frac{2b}{I_1}-a^2>0$ 可化为

$$
(I_3-I_1)m_{03}^2>MglI_3^2 v_{03} \tag{2.3.17}
$$

同样，不等式 $\frac{2b}{I_2}-a^2>0$ 可化为

$$
(I_3-I_1)m_{03}^2>MglI_3^2 v_{03} \tag{2.3.18}
$$

显然，如果 $I_3>I_1$，$I_3>I_2$，$v_{03}<0$，那么式(2.3.16)、式(2.3.17)和式(2.3.18)同时成立，因此，矩阵 $\boldsymbol{B}$ 是正定矩阵，从而 $\boldsymbol{D}^2\bar{H}(\boldsymbol{m}_0,\boldsymbol{v}_0)$ 是正定矩阵，这就证明了定理 2.6 中的结论

(1)成立。同理，如果$I_3>I_1$，$I_3>I_2$，$v_{03}>0$，且

$$m_{03}^2>\max\left\{\frac{MglI_3^2v_{03}}{I_3-I_1},\frac{MglI_3^2v_{03}}{I_3-I_2}\right\}$$

式(2.3.16)、式(2.3.17)和式(2.3.18)同时成立，于是$\boldsymbol{D}^2\bar{H}(\boldsymbol{m}_0,\boldsymbol{v}_0)$是正定矩阵，这就证明了定理 2.6 中的结论(2)成立。

不难验证，式(2.3.17)可化为

$$I_1m_{03}^2\left(\frac{1}{I_3}\right)^2-m_{03}^2\frac{1}{I_3}+Mglv_{03}<0$$

上面不等式有解的充要条件是

$$m_{03}^2>4MglI_1v_{03} \tag{2.3.19}$$

并且其解是

$$\frac{|m_{03}|-\sqrt{\Delta_1}}{2|m_{03}|I_1}<\frac{1}{I_3}<\frac{|m_{03}|+\sqrt{\Delta_1}}{2|m_{03}|I_1} \tag{2.3.20}$$

同理，式(2.3.18)可化为

$$I_2m_{03}^2\left(\frac{1}{I_3}\right)^2-m_{03}^2\frac{1}{I_3}+Mglv_{03}<0$$

上面不等式有解的充要条件是

$$m_{03}^2>4MglI_2v_{03} \tag{2.3.21}$$

并且其解是

$$\frac{|m_{03}|-\sqrt{\Delta_2}}{2|m_{03}|I_2}<\frac{1}{I_3}<\frac{|m_{03}|+\sqrt{\Delta_2}}{2|m_{03}|I_2} \tag{2.3.22}$$

$$\max\left\{0,\frac{|m_{03}|-\sqrt{\Delta_1}}{2|m_{03}|I_1}\right\}<\frac{1}{I_3}<\frac{|m_{03}|+\sqrt{\Delta_1}}{2|m_{03}|I_1}$$

注意到

$$\frac{m_{03}^2-4MglI_1v_{03}}{I_1^2}-\frac{m_{03}^2-4MglI_2v_{03}}{I_2^2}$$

$$=\frac{1}{I_1I_2}\left(\frac{1}{I_1}-\frac{1}{I_2}\right)\left[I_1\left(m_{03}^2-4MglI_2v_{03}\right)+I_2\left(m_{03}^2-4MglI_1v_{03}\right)\right]<0$$

因此，结论(3)和结论(4)成立。

推论 2.1(重刚体绕定点转动稳定性定理) 如果$m_{03}>2\sqrt{MglI_1}$，那么垂直自旋拉格朗日(Lagrange)重刚体($I_1=I_2>I_3$，重刚体的一种)的运动是稳定的。

对于奇点$(0,0,m_3,0,0,1)$，利用定理 2.6 中的结论(2)，可知当$m_{03}>2\sqrt{MglI_1}$时，该奇点是非线性稳定的，这说明推论 2.1 成立。

从定理 2.5 和定理 2.6 的证明过程可以看出，能量-开西米尔函数方法对于证明奇数维的广义哈密顿系统的奇点的李雅普诺夫稳定性起着关键作用。

例2.20和例2.21中的泊松结构是线性的，它们在《李群与李代数理论》中是经典的例子了。线性泊松结构也是不容易找到的。然而，泊松结构是能量-开西米尔函数方法的核心。因此，下面对如何构造三维泊松结构进行探讨，包括非线性泊松结构的构造。对于高维情况，由于太复杂，不在这里介绍。

2.4　三维自治常微分方程组的泊松结构

三维泊松结构$\boldsymbol{J}(x,y,z)$是3×3反对称矩阵

$$\boldsymbol{J}(x,y,z)=\begin{pmatrix} 0 & J_{12}(x,y,z) & -J_{31}(x,y,z) \\ -J_{12}(x,y,z) & 0 & J_{23}(x,y,z) \\ J_{31}(x,y,z) & -J_{23}(x,y,z) & 0 \end{pmatrix}$$

并且满足雅可比恒等式

$$J_{31}\frac{\partial J_{12}}{\partial x}-J_{12}\frac{\partial J_{31}}{\partial x}+J_{12}\frac{\partial J_{23}}{\partial y}-J_{23}\frac{\partial J_{12}}{\partial y}+J_{23}\frac{\partial J_{31}}{\partial z}-J_{31}\frac{\partial J_{23}}{\partial z}=0$$

奇数维泊松结构一定存在非平凡开西米尔函数，设$C(x,y,z)$是三维泊松结构$\boldsymbol{J}(x,y,z)$的非平凡开西米尔函数，那么

$$\boldsymbol{J}\cdot\nabla C=\begin{pmatrix} 0 & J_{12} & -J_{31} \\ -J_{12} & 0 & J_{23} \\ J_{31} & -J_{23} & 0 \end{pmatrix}\begin{pmatrix} \dfrac{\partial C}{\partial x} \\ \dfrac{\partial C}{\partial y} \\ \dfrac{\partial C}{\partial z} \end{pmatrix}=0$$

展开上面的矩阵方程得

$$\begin{cases} J_{12}\dfrac{\partial C}{\partial y}-J_{31}\dfrac{\partial C}{\partial z}=0 \\ J_{23}\dfrac{\partial C}{\partial z}-J_{12}\dfrac{\partial C}{\partial x}=0 \\ J_{31}\dfrac{\partial C}{\partial x}-J_{23}\dfrac{\partial C}{\partial y}=0 \end{cases} \tag{2.4.1}$$

因为开西米尔函数$C(x,y,z)$是非平凡的，不失一般性，假设$\dfrac{\partial C}{\partial x}\neq 0$，所以式(2.4.1)等价于下列方程：

$$\begin{cases} J_{12}=J_{23}\dfrac{\dfrac{\partial C}{\partial z}}{\dfrac{\partial C}{\partial x}} \\ J_{31}=J_{23}\dfrac{\dfrac{\partial C}{\partial y}}{\dfrac{\partial C}{\partial x}} \end{cases} \tag{2.4.2}$$

令

$$J_{23}(x,y,z)=\lambda(x,y,z)\frac{\partial C}{\partial x}(x,y,z)$$

那么式(2.4.2) 等价于下面的方程

$$J_{12}=\lambda\frac{\partial C}{\partial z},\quad J_{23}=\lambda\frac{\partial C}{\partial x},\quad J_{31}=\lambda\frac{\partial C}{\partial y} \tag{2.4.3}$$

以式(2.4.3)代入雅可比恒等式的左边，直接计算有

$$\begin{aligned}
&J_{31}\frac{\partial J_{12}}{\partial x}-J_{12}\frac{\partial J_{31}}{\partial x}+J_{12}\frac{\partial J_{23}}{\partial y}-J_{23}\frac{\partial J_{12}}{\partial y}+J_{23}\frac{\partial J_{31}}{\partial z}-J_{31}\frac{\partial J_{23}}{\partial z}\\
&=\lambda\frac{\partial C}{\partial y}\left(\lambda\frac{\partial^2 C}{\partial x\partial z}+\frac{\partial\lambda}{\partial x}\frac{\partial C}{\partial z}\right)-\lambda\frac{\partial C}{\partial z}\left(\lambda\frac{\partial^2 C}{\partial x\partial y}+\frac{\partial\lambda}{\partial x}\frac{\partial C}{\partial y}\right)\\
&\quad+\lambda\frac{\partial C}{\partial z}\left(\lambda\frac{\partial^2 C}{\partial x\partial y}+\frac{\partial\lambda}{\partial y}\frac{\partial C}{\partial x}\right)-\lambda\frac{\partial C}{\partial x}\left(\lambda\frac{\partial^2 C}{\partial y\partial z}+\frac{\partial\lambda}{\partial y}\frac{\partial C}{\partial z}\right)\\
&\quad+\lambda\frac{\partial C}{\partial x}\left(\lambda\frac{\partial^2 C}{\partial y\partial z}+\frac{\partial\lambda}{\partial z}\frac{\partial C}{\partial y}\right)-\lambda\frac{\partial C}{\partial y}\left(\lambda\frac{\partial^2 C}{\partial x\partial z}+\frac{\partial\lambda}{\partial z}\frac{\partial C}{\partial x}\right)\\
&=0
\end{aligned}$$

综上所述，任何一个三维泊松结构 $\boldsymbol{J}(x,y,z)$ 都可表示为如下形式

$$\boldsymbol{J}=\begin{pmatrix}0 & \lambda\frac{\partial C}{\partial z} & -\lambda\frac{\partial C}{\partial y}\\ -\lambda\frac{\partial C}{\partial z} & 0 & \lambda\frac{\partial C}{\partial x}\\ \lambda\frac{\partial C}{\partial y} & -\lambda\frac{\partial C}{\partial x} & 0\end{pmatrix}=\lambda\begin{pmatrix}0 & \frac{\partial C}{\partial z} & -\frac{\partial C}{\partial y}\\ -\frac{\partial C}{\partial z} & 0 & \frac{\partial C}{\partial x}\\ \frac{\partial C}{\partial y} & -\frac{\partial C}{\partial x} & 0\end{pmatrix} \tag{2.4.4}$$

式中，$\lambda=\lambda(x,y,z)$ 和 C 是任意函数，并且函数 C 是该泊松结构的开西米尔函数。

式(2.4.4)给出了三维泊松结构的一般形式，但如果不将其与三维微分方程组联系起来是没有任何意义的。考虑三维自治微分方程组

$$\begin{cases}\dot{x}=f(x,y,z)\\ \dot{y}=g(x,y,z)\\ \dot{z}=h(x,y,z)\end{cases} \tag{2.4.5}$$

由上面的结论可知，如果式(2.4.5)是一个广义哈密顿系统，那么必存在哈密顿函数 $H(x,y,z)$ 和两个任意函数 $\lambda(x,y,z)$ 和 $C(x,y,z)$ 使得

$$\begin{pmatrix}0 & \lambda\frac{\partial C}{\partial z} & -\lambda\frac{\partial C}{\partial y}\\ -\lambda\frac{\partial C}{\partial z} & 0 & \lambda\frac{\partial C}{\partial x}\\ \lambda\frac{\partial C}{\partial y} & -\lambda\frac{\partial C}{\partial x} & 0\end{pmatrix}\begin{pmatrix}\frac{\partial H}{\partial x}\\ \frac{\partial H}{\partial y}\\ \frac{\partial H}{\partial z}\end{pmatrix}=\begin{pmatrix}f\\ g\\ h\end{pmatrix}$$

展开上面矩阵方程得

$$\begin{cases}\dfrac{\partial C}{\partial z}\dfrac{\partial H}{\partial y}-\dfrac{\partial C}{\partial y}\dfrac{\partial H}{\partial z}=\mu f\\[2mm] \dfrac{\partial C}{\partial x}\dfrac{\partial H}{\partial z}-\dfrac{\partial C}{\partial z}\dfrac{\partial H}{\partial x}=\mu g\\[2mm] \dfrac{\partial C}{\partial y}\dfrac{\partial H}{\partial x}-\dfrac{\partial C}{\partial x}\dfrac{\partial H}{\partial y}=\mu h\end{cases} \tag{2.4.6}$$

式中，$\mu(x,y,z)=1/\lambda(x,y,z)$。

计算方程组(2.4.6)的散度得

$$\begin{aligned}\frac{\partial}{\partial x}(\mu f)+\frac{\partial}{\partial y}(\mu g)+\frac{\partial}{\partial z}(\mu h)&=\frac{\partial}{\partial x}\left(\frac{\partial C}{\partial z}\frac{\partial H}{\partial y}-\frac{\partial C}{\partial y}\frac{\partial H}{\partial z}\right)\\&\quad+\frac{\partial}{\partial y}\left(\frac{\partial C}{\partial x}\frac{\partial H}{\partial z}-\frac{\partial C}{\partial z}\frac{\partial H}{\partial x}\right)+\frac{\partial}{\partial z}\left(\frac{\partial C}{\partial y}\frac{\partial H}{\partial x}-\frac{\partial C}{\partial x}\frac{\partial H}{\partial y}\right)\\&=0\end{aligned}$$

上式是式(2.4.6)有解的必要条件。事实上，这也是式(2.4.6)有解的充分条件。

推论 2.2　微分方程组(2.4.5)是一个广义哈密顿系统的必要条件是

$$\frac{\partial}{\partial x}(\mu f)+\frac{\partial}{\partial y}(\mu g)+\frac{\partial}{\partial z}(\mu h)=0$$

不失一般性，假设秩$(J)=2$(事实上，秩$(J)=1$时，J只能是零矩阵)，因此，假设式(2.4.6)前两个方程是独立的，那么式(2.4.6)等价于下列方程组

$$\begin{cases}\dfrac{\partial C}{\partial z}\dfrac{\partial H}{\partial y}-\dfrac{\partial C}{\partial y}\dfrac{\partial H}{\partial z}=\mu f\\[2mm] \dfrac{\partial C}{\partial x}\dfrac{\partial H}{\partial z}-\dfrac{\partial C}{\partial z}\dfrac{\partial H}{\partial x}=\mu g\end{cases} \tag{2.4.7}$$

方程组(2.4.7)中，哈密顿函数H和开西米尔函数C在地位上完全相同。现在提出一个问题：在推论 2.2 的条件下，如果知道其中的一个，是否能求出另一个？

假设开西米尔函数C是已知的，从式(2.4.7)解出哈密顿函数H。不失一般性，假设$\dfrac{\partial C}{\partial z}\neq 0$，作坐标变换

$$x=x,\ y=y,\ w=C(x,y,z)$$

由隐函数定理，可以从上面的函数方程组中解出

$$x=x,\ y=y,\ z=\phi(x,y,w)$$

且

$$\frac{\partial \phi}{\partial x}=-\frac{\dfrac{\partial C}{\partial x}}{\dfrac{\partial C}{\partial z}},\quad \frac{\partial \phi}{\partial y}=-\frac{\dfrac{\partial C}{\partial y}}{\dfrac{\partial C}{\partial z}} \tag{2.4.8}$$

记

$$\bar{H}(x,y,w)=H(x,y,\phi(x,y,w))$$
$$\bar{\mu}(x,y,w)=\mu(x,y,\phi(x,y,w))$$
$$\bar{f}(x,y,w)=f(x,y,\phi(x,y,w))$$
$$\bar{g}(x,y,w)=g(x,y,\phi(x,y,w))$$
$$\bar{\sigma}(x,y,w)=\frac{\partial C}{\partial z}(x,y,\phi(x,y,w))$$

计算得

$$\frac{\partial \bar{H}}{\partial x}=\frac{\partial H}{\partial x}+\frac{\partial H}{\partial z}\frac{\partial \phi}{\partial x},\quad \frac{\partial \bar{H}}{\partial y}=\frac{\partial H}{\partial y}+\frac{\partial H}{\partial z}\frac{\partial \phi}{\partial y}$$

利用式(2.4.8)，有

$$\begin{cases}\dfrac{\partial \bar{H}}{\partial x}=\left(\dfrac{\partial C}{\partial z}\dfrac{\partial H}{\partial x}-\dfrac{\partial C}{\partial x}\dfrac{\partial H}{\partial z}\right)\Big/\dfrac{\partial C}{\partial z}\\ \dfrac{\partial \bar{H}}{\partial y}=\left(\dfrac{\partial C}{\partial z}\dfrac{\partial H}{\partial y}-\dfrac{\partial C}{\partial y}\dfrac{\partial H}{\partial z}\right)\Big/\dfrac{\partial C}{\partial z}\end{cases}$$

根据式(2.4.7)，上式可写为

$$\begin{cases}\dfrac{\partial \bar{H}}{\partial x}=-\dfrac{\bar{\mu}\bar{g}}{\bar{\sigma}}\\ \dfrac{\partial \bar{H}}{\partial y}=\dfrac{\bar{\mu}\bar{f}}{\bar{\sigma}}\end{cases}\tag{2.4.9}$$

不难直接验证，在推论 2.1 的条件下，有

$$\frac{\partial}{\partial y}\left(-\frac{\bar{\mu}\bar{g}}{\bar{\sigma}}\right)=\frac{\partial}{\partial x}\left(\frac{\bar{\mu}\bar{f}}{\bar{\sigma}}\right)$$

因此，式(2.4.9)有解，且解为

$$\bar{H}=-\int\frac{\bar{\mu}\bar{g}}{\bar{\sigma}}\mathrm{d}x-\int\left[\frac{\bar{\mu}\bar{f}}{\bar{\sigma}}+\frac{\partial}{\partial y}\left(\int\frac{\bar{\mu}\bar{g}}{\bar{\sigma}}\mathrm{d}x\right)\right]\mathrm{d}y\tag{2.4.10}$$

于是

$$H(x,y,z)=\bar{H}(x,y,C(x,y,z))$$

哈密顿函数H和开西米尔函数C都是三维自治微分方程组(2.4.5)的守恒量，即有

$$f\frac{\partial H}{\partial x}+g\frac{\partial H}{\partial y}+h\frac{\partial H}{\partial z}=0,\quad f\frac{\partial C}{\partial x}+g\frac{\partial C}{\partial y}+h\frac{\partial C}{\partial z}=0$$

由此有下面的定理。

定理 2.7　三维自系统(2.4.5)是一个广义哈密顿系统的充分必要条件是该系统存在一个守恒量，且关于函数$\mu(x,y,z)$的一阶偏微分方程有解

$$\frac{\partial}{\partial x}(\mu f)+\frac{\partial}{\partial y}(\mu g)+\frac{\partial}{\partial z}(\mu h)=0\tag{2.4.11}$$

事实上，三维自治微分方程组(2.4.5)的解与下面微分方组的解完全相同

$$\begin{cases}\dot{x}=\mu(x,y,z)f(x,y,z)\\ \dot{y}=\mu(x,y,z)g(x,y,z)\\ \dot{z}=\mu(x,y,z)h(x,y,z)\end{cases}\tag{2.4.12}$$

这是因为微分方程组(2.4.12)与微分方程组(2.4.5)都等价于二维系统

$$\begin{cases}\dfrac{\mathrm{d}y}{\mathrm{d}x}=\dfrac{g(x,y,z)}{f(x,y,z)}\\ \dfrac{\mathrm{d}z}{\mathrm{d}x}=\dfrac{h(x,y,z)}{f(x,y,z)}\end{cases}$$

因此，函数$\mu(x,y,z)$的意义就是使得式(2.4.12)的散度为零。

推论 2.3　如果微分方程组(2.4.5)的散度等于零，即

$$\frac{\partial f}{\partial x}+\frac{\partial g}{\partial y}+\frac{\partial h}{\partial z}=0$$

那么它是一个广义哈密顿系统的充分必要条件是该系统存在一个守恒量。

例 2.24　考虑二维洛特卡-沃尔泰拉系统

$$\begin{cases}\dot{x}=x(ax+by+c)\\ \dot{y}=y(dx+ey+f)\end{cases}\tag{2.4.13}$$

这个系统的生物学意义已在例1.1中给出。下面利用三维广义哈密顿系统理论求式(2.4.13)的含时间t的首次积分。提升二维系统(2.4.13)到如下三维系统。引入新的变量$z=t$，则式(2.4.13)等价于三维系统

$$\begin{cases}\dot{x}=x(ax+by+c)\\ \dot{y}=y(dx+ey+f)\\ \dot{z}=1\end{cases}\tag{2.4.14}$$

假设$\mu=x^{\alpha}y^{\beta}\exp(\gamma z)$，直接计算有

$$\begin{aligned}\frac{\partial(\mu f)}{\partial x}+\frac{\partial(\mu g)}{\partial y}+\frac{\partial(\mu h)}{\partial z}=&\ \mu(a\alpha+d\beta+2a+d)x\\&+\mu(b\alpha+e\beta+b+2e)y\\&+\mu(c\alpha+f\beta+\gamma+c+f)\end{aligned}$$

为了使上式右边等于零，必须有

$$\begin{cases}a\alpha+d\beta+2a+d=0\\ b\alpha+e\beta+b+2e=0\\ c\alpha+f\beta+\gamma+c+f=0\end{cases}\tag{2.4.15}$$

显然，线性代数方程组(2.4.15)在条件$ae-bd\neq 0$下是有解的。这时，式(2.4.14)是广义哈密顿系统的充分必要条件是式(2.4.13)有一守恒量。

引理 2.1　设$H=H(x,y)$是下列二维系统的一个守恒量

$$\begin{cases} \dot{x} = f(x,y) \\ \dot{y} = g(x,y) \end{cases} \tag{2.4.16}$$

那么一阶偏微分方程组

$$f(x,y)\frac{\partial U}{\partial x} + g(x,y)\frac{\partial U}{\partial y} = h(x,y) \tag{2.4.17}$$

有解，并且其解为

$$U(x,y) = \phi(x, H(x,y))$$

而

$$\phi(x,y) = \int \frac{h(x,y)}{f(x,y)} \mathrm{d}x + \chi(y)$$

式中，$\chi(y)$是任意一元函数。

证明　直接计算有

$$\frac{\partial U}{\partial x} = \frac{\partial \phi}{\partial x} + \frac{\partial \phi}{\partial H}\frac{\partial H}{\partial x}, \quad \frac{\partial U}{\partial y} = \frac{\partial \phi}{\partial H}\frac{\partial H}{\partial y}$$

以上式代入式(2.4.16)得

$$f\frac{\partial \phi}{\partial x} + \left(f\frac{\partial H}{\partial x} + g\frac{\partial H}{\partial y}\right)\frac{\partial \phi}{\partial H} = h \tag{2.4.18}$$

因为H是式(2.4.16)的一个守恒量，所以式(2.4.18)可写为

$$\frac{\partial \phi}{\partial x} = \frac{h}{f}$$

积分上式得到

$$\phi(x,y) = \int \frac{h(x,y)}{f(x,y)} \mathrm{d}x + \chi(y)$$

引理 2.2　设$H = H(x,y,z)$是三维系统(2.4.5)的一个守恒量，如果令

$$\mu(x,y,z) = \phi(x,y,H(x,y,z))$$

那么定理 2.7 中的条件(2.4.11)化为下列偏一阶线性微分方程

$$f\frac{\partial \phi}{\partial x} + g\frac{\partial \phi}{\partial y} + \left(\frac{\partial f}{\partial x} + \frac{\partial g}{\partial y} + \frac{\partial h}{\partial z}\right)\phi = 0 \tag{2.4.19}$$

证明　直接计算得到

$$\frac{\partial \mu}{\partial x} = \frac{\partial \phi}{\partial x} + \frac{\partial \phi}{\partial H}\frac{\partial H}{\partial x}, \quad \frac{\partial \mu}{\partial y} = \frac{\partial \phi}{\partial y} + \frac{\partial \phi}{\partial H}\frac{\partial H}{\partial y}, \quad \frac{\partial \mu}{\partial z} = \frac{\partial \phi}{\partial H}\frac{\partial H}{\partial z}$$

另外，条件(2.4.11)可写为

$$f\frac{\partial \mu}{\partial x} + g\frac{\partial \mu}{\partial y} + h\frac{\partial \mu}{\partial z} + \left(\frac{\partial f}{\partial x} + \frac{\partial g}{\partial y} + \frac{\partial h}{\partial z}\right)\mu = 0$$

由此可得

$$f\frac{\partial\phi}{\partial x}+g\frac{\partial\phi}{\partial y}+\left(f\frac{\partial H}{\partial x}+g\frac{\partial H}{\partial y}+h\frac{\partial H}{\partial z}\right)\frac{\partial\phi}{\partial H}+\left(\frac{\partial f}{\partial x}+\frac{\partial g}{\partial y}+\frac{\partial h}{\partial z}\right)\phi=0$$

因为 H 是三维系统(2.4.5)的一个守恒量，所以

$$f\frac{\partial H}{\partial x}+g\frac{\partial H}{\partial y}+h\frac{\partial H}{\partial z}=0$$

因此，有

$$f\frac{\partial\phi}{\partial x}+g\frac{\partial\phi}{\partial y}+\left(\frac{\partial f}{\partial x}+\frac{\partial g}{\partial y}+\frac{\partial h}{\partial z}\right)\phi=0$$

引理 2.2 中的方程(2.4.17)只是关于变量 x 和 y 的一阶偏微分线性方程，因此在求解过程中，变量 z 可视为常数。

思　考　题

2-1　构造一个谱稳定但线性不稳定的三维自治系统。

2-2　试构造一个线性稳定但李雅普诺夫不稳定的例子。

2-3　构造一个形式稳定但也可以用李雅普诺夫方法证明其稳定性的例子。

2-4　考察二维系统

$$\begin{cases}\dot{x}=xy-x^3+y\\ \dot{y}=x^4-x^2y-x^3\end{cases}$$

的李雅普诺夫稳定性。

2-5　考察二维非自治系统

$$\begin{cases}\dot{x}=-x+y\\ \dot{y}=x\cos t-y\end{cases}$$

的李雅普诺夫稳定性。

2-6　考察二维非自治系统

$$\begin{cases}\dot{x}=y\left(x^2+y^2-1\right)\\ \dot{y}=-x\left(x^2+y^2-1\right)\end{cases}$$

的李雅普诺夫稳定性，并在极坐标系下解此方程。

2-7　考虑谐振子方程

$$\begin{cases}\dot{x}=y\\ \dot{y}=-\dfrac{k}{m}\left(x+x^3\right)\end{cases}$$

试讨论系统的李雅普诺夫稳定性。

2-8　考虑洛伦兹系统

$$
\begin{cases}
\dot{x} = \sigma(y - x) \\
\dot{y} = \rho x - y - xz, \sigma > 0, \beta > 0 \\
\dot{z} = -\beta z + xy
\end{cases}
$$

取

$$
V = \frac{1}{2}\left(x^2 + \sigma y^2 + \sigma z^2\right)
$$

用这个函数找出该系统在原点是大范围渐近稳定的一个充分条件，试问这些条件是必要的吗?

2-9　考虑下列带有附加装置的刚体运动方程

$$
\begin{cases}
\dot{m}_1 = \left(\dfrac{1}{\lambda_3} - \dfrac{1}{\lambda_2}\right) m_2 m_3 - \dfrac{1}{\lambda_2} m_2 \\
\dot{m}_2 = \left(\dfrac{1}{\lambda_1} - \dfrac{1}{\lambda_3}\right) m_1 m_3 + \dfrac{1}{\lambda_1} m_1 \\
\dot{m}_3 = \left(\dfrac{1}{\lambda_2} - \dfrac{1}{\lambda_1}\right) m_1 m_2
\end{cases}
$$

(1) 证明

$$
J(m_1, m_2, m_3) = \begin{pmatrix} 0 & -m_3 - l & m_2 \\ m_3 + l & 0 & -m_1 \\ -m_2 & m_1 & 0 \end{pmatrix}
$$

是一个泊松结构。

(2) 如果取

$$
H(m_1, m_2, m_3) = \frac{1}{2}\left(\frac{m_1^2}{\lambda_1} + \frac{m_2^2}{\lambda_2} + \frac{m_3^2}{\lambda_3}\right)
$$

证明哈密顿系统

$$
\begin{pmatrix} \dot{m}_1 \\ \dot{m}_2 \\ \dot{m}_3 \end{pmatrix} = J(m_1, m_2, m_3) \begin{pmatrix} \dfrac{\partial H}{\partial m_1} \\ \dfrac{\partial H}{\partial m_2} \\ \dfrac{\partial H}{\partial m_3} \end{pmatrix}
$$

正是带有附加装置的刚体运动方程。这说明带有附加装置的刚体运动方程是一个广义哈密顿系统。

(3) 探讨带有附加装置的刚体运动的稳定性。

2-10　用谱分析方法证明当 $m_3 < \sqrt{MglI_1}$ 时，垂直自旋拉格朗日重刚体($I_1 = I_2 > I_3$ ，重刚体的一种)的运动是不稳定的。

第 3 章　不变流形与中心流形定理

从第 2 章已经看到，如果一个奇点的雅可比矩阵的所有特征根的实部都不为零，那么该奇点的李雅普诺夫稳定性可以完全确定，奇点附近的轨线的走向也可以完全确定。然而，当有一个特征根的实部为零时，该奇点的李雅普诺夫稳定性就不能确定了。

当微分方程组的解描述的是物体的运动轨迹时，轨道能到达的范围和形状是我们关注的问题之一，例如，微分方程组的周期解，即物体的运动轨道是封闭的曲线。另一个我们关注的问题是一些特殊轨道(如周期轨、同宿轨和异宿轨)与其他轨道的关系，尤其与其附近轨道的关系。

学过微分方程理论的人都知道，当我们画出平面上一个微分方程组的平面相图后，这个方程组解空间结构就清楚了。只要给出初始条件，就知道满足该初始条件的轨道的形状和关于时间变化的趋势。

3.1　线性微分方程组解的线性不变子空间

先从以下三个例子开始研究线性微分方程组解空间的结构。线性微分方程组解空间的结构与解的线性不变子空间密切相关。

n 维线性微分方程组的解空间是 n 维欧氏空间 $\mathbf{R}^n$ 。

例 3.1　考虑三维欧氏空间 $\mathbf{R}^3$ 上的线性微分方程组

$$\begin{cases}\dot{x}=4x+6y\\ \dot{y}=-3x-5y\\ \dot{z}=-3x-6y+z\end{cases}$$

将其写为矩阵形式为

$$\dot{\boldsymbol{X}}=\boldsymbol{A}\boldsymbol{X} \tag{3.1.1}$$

式中

$$\boldsymbol{X}=\begin{pmatrix}x\\ y\\ z\end{pmatrix},\quad \boldsymbol{A}=\begin{pmatrix}4&6&0\\ -3&-5&0\\ -3&-6&1\end{pmatrix}$$

微分方程组(3.1.1)有唯一的奇点 $(0,0,0)$ ，其雅可比矩阵就是该方程组的系数矩阵 $\boldsymbol{A}$ ，矩阵 $\boldsymbol{A}$ 的特征方程是

$$\det(\lambda\boldsymbol{I}-\boldsymbol{A})=(\lambda-1)^2(\lambda+2)=0$$

上面特征方程有两个特征根：单重特征根 $\lambda_1=-2$ ，二重特征根 $\lambda_2=\lambda_3=1$ 。对应于特征根

$\lambda_1=-2$ 的特征向量的三个分量由下面线性代数方程组决定

$$(\lambda_1 \boldsymbol{I}-\boldsymbol{A})\begin{pmatrix} x \\ y \\ z \end{pmatrix}=\begin{pmatrix} -6 & -6 & 0 \\ 3 & 3 & 0 \\ 3 & 6 & -3 \end{pmatrix}\begin{pmatrix} x \\ y \\ z \end{pmatrix}=0$$

解上面的线性代数方程组得 $y=z=-x$。因此，对应于特征根 $\lambda_1=-2$ 的特征向量是

$$\boldsymbol{e}_1=\begin{pmatrix} -1 \\ 1 \\ 1 \end{pmatrix}$$

同样可以求得对应于二重特征根 $\lambda_2=\lambda_3=1$ 的两个特征向量分别是

$$\boldsymbol{e}_2=\begin{pmatrix} -2 \\ 1 \\ 0 \end{pmatrix},\quad \boldsymbol{e}_3=\begin{pmatrix} 0 \\ 0 \\ 1 \end{pmatrix}$$

对于一个矩阵，一旦求出了它的所有特征向量，就可以通过相似变换将其化为对角矩阵或约当标准型。记

$$\boldsymbol{T}=(\boldsymbol{e}_1,\boldsymbol{e}_2,\boldsymbol{e}_3)=\begin{pmatrix} -1 & -2 & 0 \\ 1 & 1 & 0 \\ 1 & 0 & 1 \end{pmatrix}$$

那么由线性代数知识，有

$$\boldsymbol{T}^{-1}\boldsymbol{A}\boldsymbol{T}=\begin{pmatrix} -2 & 0 & 0 \\ 0 & 1 & 0 \\ 0 & 0 & 1 \end{pmatrix}=\boldsymbol{J}$$

由此有

$$\boldsymbol{A}=\boldsymbol{T}\boldsymbol{J}\boldsymbol{T}^{-1}$$

于是式(3.1.1)可写为

$$\dot{\boldsymbol{X}}=\boldsymbol{T}\boldsymbol{J}\boldsymbol{T}^{-1}\boldsymbol{X}$$

上式可化为

$$\frac{\mathrm{d}}{\mathrm{d}t}\left(\boldsymbol{T}^{-1}\boldsymbol{X}\right)=\boldsymbol{J}\boldsymbol{T}^{-1}\boldsymbol{X} \tag{3.1.2}$$

作变换

$$\boldsymbol{T}^{-1}\boldsymbol{X}=\begin{pmatrix} x_1 \\ y_1 \\ z_1 \end{pmatrix}$$

那么式(3.1.2)可写为

$$\begin{pmatrix} \dot{x}_1 \\ \dot{y}_1 \\ \dot{z}_1 \end{pmatrix}=\begin{pmatrix} -2 & 0 & 0 \\ 0 & 1 & 0 \\ 0 & 0 & 1 \end{pmatrix}\begin{pmatrix} x_1 \\ y_1 \\ z_1 \end{pmatrix}$$

解此微分方程组得

$$x_1 = c_1 e^{-2t}, \quad y_1 = c_2 e^{t}, \quad z_1 = c_3 e^{t}$$

因此微分方程组(3.1.1)的解是

$$\begin{pmatrix} x \\ y \\ z \end{pmatrix} = \boldsymbol{T}\begin{pmatrix} x_1 \\ y_1 \\ z_1 \end{pmatrix} = \begin{pmatrix} -1 & -2 & 0 \\ 1 & 1 & 0 \\ 1 & 0 & 1 \end{pmatrix}\begin{pmatrix} c_1 e^{-2t} \\ c_2 e^{t} \\ c_3 e^{t} \end{pmatrix}$$

即有

$$\begin{cases} x = -c_1 e^{-2t} - 2c_2 e^{t} \\ y = c_1 e^{-2t} + c_2 e^{t} \\ z = c_1 e^{-2t} + c_3 e^{t} \end{cases} \tag{3.1.3}$$

从解方程方面已完全解决了问题。从运动学角度来讲，假如式(3.1.1)是一个物体运动方程，式(3.1.3)说明只要知道该物体的初始状态，就可以知道它在任何时刻的位置、速度和加速度。然而，当要考虑物体的不同初始状态确定的不同运动之间的关系时，式(3.1.3)的作用很有限。为了研究物体各种运动状态之间的关系，引进解空间的两个线性子空间

$$\mathbf{E}^s = \operatorname{span}\{\boldsymbol{e}_1\} = \{\lambda \boldsymbol{e}_1 \mid \lambda \in \mathbf{R}\}$$

$$\mathbf{E}^u = \operatorname{span}\{\boldsymbol{e}_2, \boldsymbol{e}_3\} = \{\alpha \boldsymbol{e}_2 + \beta \boldsymbol{e}_3 \mid \alpha, \beta \in \mathbf{R}\}$$

$\mathbf{E}^s$ 是由特征根 $\lambda_1 = -2$ 对应的特征向量 $\boldsymbol{e}_1$ 张成的线性子空间，$\mathbf{E}^u$ 是由二重特征根 $\lambda_2 = \lambda_3 = 1$ 对应的特征向量 $\boldsymbol{e}_2$ 和 $\boldsymbol{e}_3$ 张成的线性子空间。因此，该系统的解空间可分解为 $\mathbf{E}^s$ 和 $\mathbf{E}^u$ 的直和，即

$$\mathbf{R}^3 = \mathbf{E}^s \oplus \mathbf{E}^u$$

上面的直和分解并没有与线性微分方程组(3.1.1)联系起来。事实上，$\mathbf{E}^s$ 和 $\mathbf{E}^u$ 是方程组(3.1.1)解的线性不变子空间。接下来先证明 $\mathbf{E}^s$ 是式(3.1.1)解的线性不变子空间。任取 $\mathbf{E}^s$ 中的点 $\boldsymbol{X}_0$，则 $\boldsymbol{X}_0$ 可表示为

$$\boldsymbol{X}_0 = \eta \boldsymbol{e}_1 = \begin{pmatrix} -\eta \\ \eta \\ \eta \end{pmatrix}$$

由式(3.1.3)，方程组(3.1.1)在 $t = 0$ 时过 $\boldsymbol{X}_0$ 点的解应满足

$$\begin{cases} x(0) = -c_1 - 2c_2 = -\eta \\ y(0) = c_1 + c_2 = \eta \\ z(0) = c_1 + c_3 = \eta \end{cases}$$

解上面的代数方程组得 $c_1 = -\eta$，$c_2 = c_3 = 0$。从而方程组(3.1.1)在 $t = 0$ 时过 $\boldsymbol{X}_0$ 点的解是

$$\begin{pmatrix} x \\ y \\ z \end{pmatrix} = \begin{pmatrix} -\eta e^{-2t} \\ \eta e^{-2t} \\ \eta e^{-2t} \end{pmatrix} = \eta e^{-2t}\begin{pmatrix} -1 \\ 1 \\ 1 \end{pmatrix} = \eta e^{-2t} \quad \boldsymbol{e}_1 \in \mathbf{E}^s$$

上式说明，微分方程组(3.1.1)从$\mathbf{E}^s$中的点出发的解永远在$\mathbf{E}^s$中，即$\mathbf{E}^s$是方程组(3.1.1)解的线性不变子空间。同时，当$t\to+\infty$时，微分方程组(3.1.1)从$\mathbf{E}^s$中的点出发的解趋于奇点$(0,0,0)$，因此，称$\mathbf{E}^s$是压缩的。

同样，任取$\mathbf{E}^u$中的一点

$$\boldsymbol{Y}_0=\alpha\boldsymbol{e}_2+\beta\boldsymbol{e}_3=\begin{pmatrix}-2\alpha\\ \alpha\\ \beta\end{pmatrix}$$

方程组(3.1.1)在$t=0$时过$\boldsymbol{Y}_0$点的解应满足

$$\begin{cases}-c_1-2c_2=-2\alpha\\ c_1+c_2=\alpha\\ c_1+c_3=\beta\end{cases}$$

不难得到$c_1=0$，$c_2=\alpha$，$c_3=\beta$，从而方程组(3.1.1)在$t=0$时过$\boldsymbol{Y}_0$点的解是

$$\begin{pmatrix}x\\ y\\ z\end{pmatrix}=\begin{pmatrix}-2\alpha\mathrm{e}^t\\ \alpha\mathrm{e}^t\\ \beta\mathrm{e}^t\end{pmatrix}=\alpha\mathrm{e}^t\begin{pmatrix}-2\\ 1\\ 0\end{pmatrix}+\beta\mathrm{e}^t\begin{pmatrix}0\\ 0\\ 1\end{pmatrix}=\left(\alpha\mathrm{e}^t\boldsymbol{e}_2+\beta\mathrm{e}^t\boldsymbol{e}_3\right)\in\mathbf{E}^u$$

因此，$\mathbf{E}^u$也是方程组(3.1.1)解的线性不变子空间。同时也看到，当$t\to+\infty$时，微分方程组(3.1.1)从$\mathbf{E}^u$中的点出发的解远离奇点$(0,0,0)$，因此，称$\mathbf{E}^u$是扩张的。

$\mathbf{E}^u$是二维平面，它将三维欧氏空间分为两个互不相交的部分：$\mathbf{E}^u$的上半平面部分D_+^u和下半平面部分D_-^u。根据微分方程解的存在唯一性定理，从D_+^u出发的轨道不会与$\mathbf{E}^u$相交，因而不会进入D_-^u。同样，从D_-^u出发的轨道也不会进入D_+^u。

事实上，在新坐标系下，三个坐标平面都是方程组(3.1.1)解的线性不变子空间(图3.1～图3.3)，它们将解空间分为八个卦限，每个卦限的解不会进入其他卦限。轨道x_1y_1平面上的投影如图3.4所示。

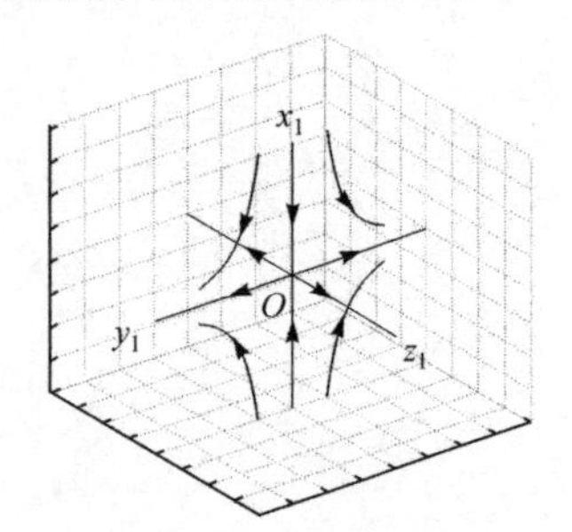

图 3.1　x_1y_1平面是不变子空间

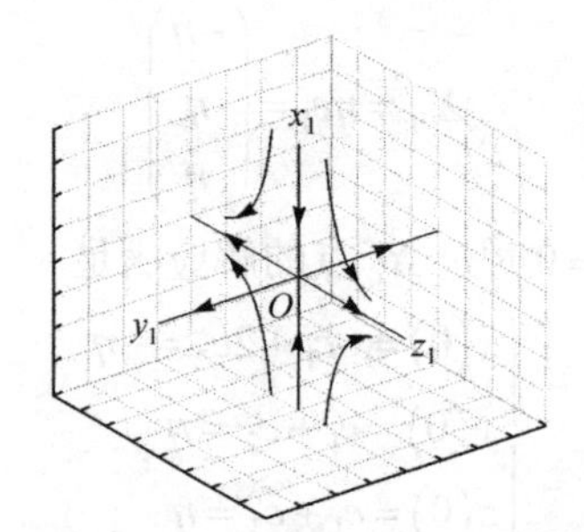

图 3.2　x_1z_1平面是不变子空间

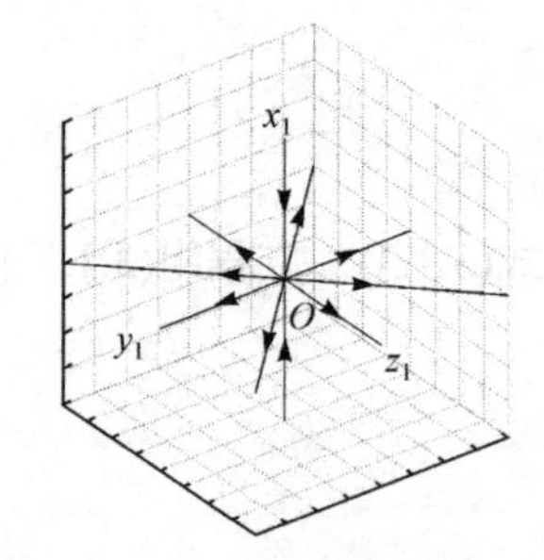

图 3.3　y_1z_1平面是不变子空间

从相图中可以方便地了解到，一旦知道初始条件，就知道该初始条件确定的轨道的形状和关于时间的运动趋势。

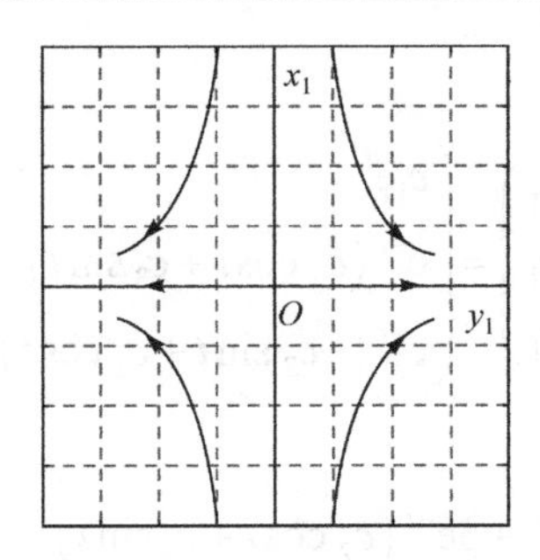

图 3.4　在 x_1y_1 平面上的投影

例 3.2　考虑如下三维线性微分方程组

$$\dot{\boldsymbol{X}} = \boldsymbol{B}\boldsymbol{X} \tag{3.1.4}$$

式中

$$\boldsymbol{X} = \begin{pmatrix} x \\ y \\ z \end{pmatrix}, \quad \boldsymbol{B} = \begin{pmatrix} 1 & -3 & 3 \\ 0 & -2 & 2 \\ 0 & -1 & 0 \end{pmatrix}$$

该微分方程组有唯一的奇点 $(0,0,0)$，其在奇点的雅可比矩阵有三个不同的特征根

$$\lambda_1 = 1, \quad \lambda_2 = -1+\mathrm{i}, \quad \lambda_3 = -1-\mathrm{i}$$

对应于这三个特征根的特征向量分别是

$$\boldsymbol{e}_1 = \begin{pmatrix} 1 \\ 0 \\ 0 \end{pmatrix}, \quad \boldsymbol{e}_2 = \begin{pmatrix} 3 \\ 3 \\ 1 \end{pmatrix} + \begin{pmatrix} 0 \\ 1 \\ 2 \end{pmatrix}\mathrm{i}, \quad \boldsymbol{e}_3 = \begin{pmatrix} 3 \\ 3 \\ 1 \end{pmatrix} - \begin{pmatrix} 0 \\ 1 \\ 2 \end{pmatrix}\mathrm{i}$$

作变换

$$\boldsymbol{T} = \begin{pmatrix} 1 & 3 & 0 \\ 0 & 3 & 1 \\ 0 & 1 & 2 \end{pmatrix}$$

直接计算得

$$\boldsymbol{T}^{-1}\boldsymbol{B}\boldsymbol{T} = \begin{pmatrix} 1 & 0 & 0 \\ 0 & -1 & 1 \\ 0 & -1 & -1 \end{pmatrix} = \boldsymbol{J}$$

作变换

$$\boldsymbol{T}^{-1}\boldsymbol{X} = \begin{pmatrix} x_1 \\ y_1 \\ z_1 \end{pmatrix}$$

式(3.1.4)化为

$$\begin{pmatrix} \dot{x}_1 \\ \dot{y}_1 \\ \dot{z}_1 \end{pmatrix} = \begin{pmatrix} 1 & 0 & 0 \\ 0 & -1 & 1 \\ 0 & -1 & -1 \end{pmatrix} \begin{pmatrix} x_1 \\ y_1 \\ z_1 \end{pmatrix}$$

解此方程组得

$$\begin{pmatrix} x_1 \\ y_1 \\ z_1 \end{pmatrix} = \begin{pmatrix} c_1 \mathrm{e}^t \\ \mathrm{e}^{-t}\left(c_2 \cos t + c_3 \sin t\right) \\ \mathrm{e}^{-t}\left(-c_2 \sin t + c_3 \cos t\right) \end{pmatrix}$$

由此可得方程组(3.1.4)的解是

$$\begin{cases} x = c_1 \mathrm{e}^t + 3\mathrm{e}^{-t}\left(c_2 \cos t + c_3 \sin t\right) \\ y = \mathrm{e}^{-t}\left[\left(3c_2 + c_3\right)\cos t + \left(-c_2 + 3c_3\right)\sin t\right] \\ z = \mathrm{e}^{-t}\left[\left(c_2 + 2c_3\right)\cos t + \left(-2c_2 + c_3\right)\sin t\right] \end{cases}$$

记

$$\mathbf{E}^u = \operatorname{span}\left\{\boldsymbol{e}_1\right\} = \left\{\lambda \boldsymbol{e}_1 \mid \lambda \in \mathbf{R}\right\}$$

$$\mathbf{E}^s = \operatorname{span}\left\{\frac{1}{2}\left(\boldsymbol{e}_2 + \boldsymbol{e}_3\right), \frac{1}{2i}\left(\boldsymbol{e}_2 - \boldsymbol{e}_3\right)\right\} = \left\{\alpha \begin{pmatrix} 3 \\ 3 \\ 1 \end{pmatrix} + \beta \begin{pmatrix} 0 \\ 1 \\ 2 \end{pmatrix} \mid \alpha, \beta \in \mathbf{R}\right\}$$

类似于例 3.1，很容易证明 $\mathbf{E}^s$ 和 $\mathbf{E}^u$ 是微分方程组(3.1.4)的解的线性不变子空间。同样，$\mathbf{E}^s$ 将式(3.1.4)的解空间 $\mathbf{R}^3$ 分解成两个不相交的部分。微分方程组(3.1.4)的相图如图 3.5 和图 3.6 所示。图 3.5 显示，$\mathbf{E}^s$ 上半平面的轨道不会进入其下半平面，$\mathbf{E}^s$ 下半平面的轨道不会进入其上半平面，上半平面的轨道和下半平面的轨道都是越来越靠近 x_1 轴的螺线(图 3.5)。

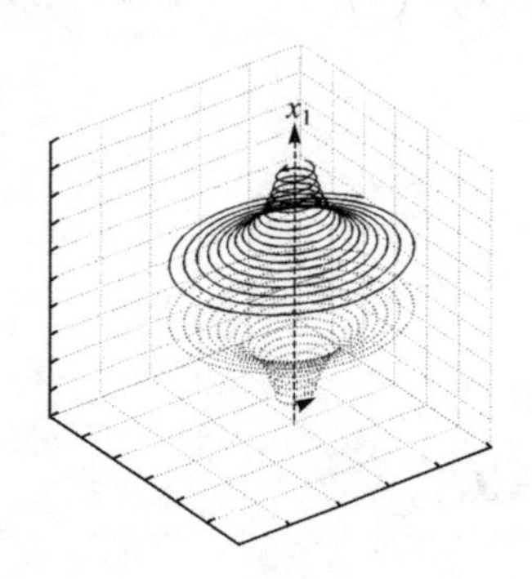

图 3.5　半径变化螺线

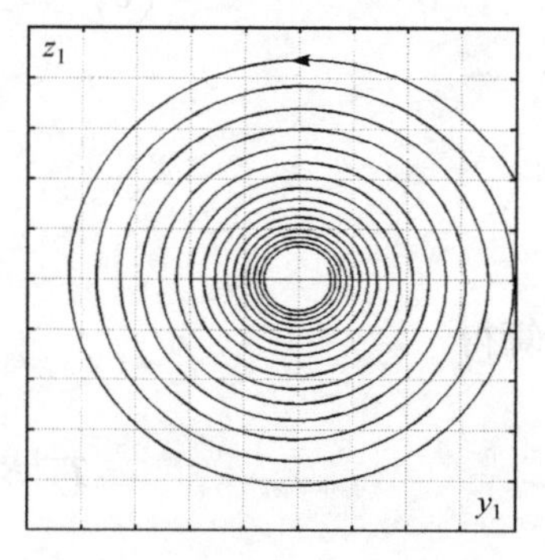

图 3.6　轨道在 y_1z_1 平面的投影

例 3.3　考虑如下三维线性微分方程组

$$\dot{\boldsymbol{X}} = \boldsymbol{C}\boldsymbol{X} \tag{3.1.5}$$

式中

$$\boldsymbol{X} = \begin{pmatrix} x \\ y \\ z \end{pmatrix}, \quad \boldsymbol{C} = \begin{pmatrix} 1 & -3 & 3 \\ 0 & 1 & 2 \\ 0 & -1 & -1 \end{pmatrix}$$

式(3.1.5)有奇点$(0,0,0)$，其在该奇点处的雅可比矩阵有三个不同的特征根

$$\lambda_1=1,\ \lambda_2=\mathrm{i},\ \lambda_3=-\mathrm{i}$$

对应于这三个特征根的特征向量分别是

$$\boldsymbol{e}_1=\begin{pmatrix}1\\0\\0\end{pmatrix},\quad \boldsymbol{e}_2=\begin{pmatrix}3\\-2\\2\end{pmatrix}+\begin{pmatrix}9\\-2\\0\end{pmatrix}\mathrm{i},\quad \boldsymbol{e}_3=\begin{pmatrix}3\\-2\\2\end{pmatrix}-\begin{pmatrix}9\\-2\\0\end{pmatrix}\mathrm{i}$$

记

$$\boldsymbol{T}=\begin{pmatrix}1&3&9\\0&-2&-2\\0&2&0\end{pmatrix}$$

容易得到

$$\boldsymbol{T}^{-1}\boldsymbol{B}\boldsymbol{T}=\begin{pmatrix}1&0&0\\0&-1&2\\0&-1&-1\end{pmatrix}=\boldsymbol{J}$$

作变换

$$\boldsymbol{T}^{-1}\boldsymbol{X}=\begin{pmatrix}x_1\\y_1\\z_1\end{pmatrix}$$

式(3.1.5)化为

$$\begin{pmatrix}\dot{x}_1\\\dot{y}_1\\\dot{z}_1\end{pmatrix}=\begin{pmatrix}1&0&0\\0&-1&2\\0&-1&-1\end{pmatrix}\begin{pmatrix}x_1\\y_1\\z_1\end{pmatrix}$$

解此方程组得

$$\begin{pmatrix}x_1\\y_1\\z_1\end{pmatrix}=\begin{pmatrix}c_1\mathrm{e}^t\\c_2\cos t+c_3\sin t\\-c_2\sin t+c_3\cos t\end{pmatrix}$$

由此可得方程组(3.1.5)的解是

$$\begin{cases}x=c_1\mathrm{e}^t+3(c_2\cos t+c_3\sin t)\\y=(3c_2+c_3)\cos t+(-c_2+3c_3)\sin t\\z=(c_2+2c_3)\cos t+(-2c_2+c_3)\sin t\end{cases}$$

记

$$\mathbf{E}^u=\operatorname{span}\{\boldsymbol{e}_1\}=\{\lambda\boldsymbol{e}_1\mid\lambda\in\mathbf{R}\}$$

$$\mathbf{E}^s=\operatorname{span}\left\{\frac{1}{2}(\boldsymbol{e}_2+\boldsymbol{e}_3),\frac{1}{2i}(\boldsymbol{e}_2-\boldsymbol{e}_3)\right\}=\left\{\alpha\begin{pmatrix}3\\3\\1\end{pmatrix}+\beta\begin{pmatrix}0\\1\\2\end{pmatrix}\mid\alpha,\beta\in\mathbf{R}\right\}$$

类似于例 3.1，很容易证明$\mathbf{E}^s$和$\mathbf{E}^u$是微分方程组(3.1.5)的解的线性不变子空间。同样，$\mathbf{E}^s$将解空间$\mathbf{R}^3$分解成两个不相交的部分，各部分的轨道不会进入另一部分。微分方程组(3.1.5)解的相图如图 3.7 和图 3.8 所示。

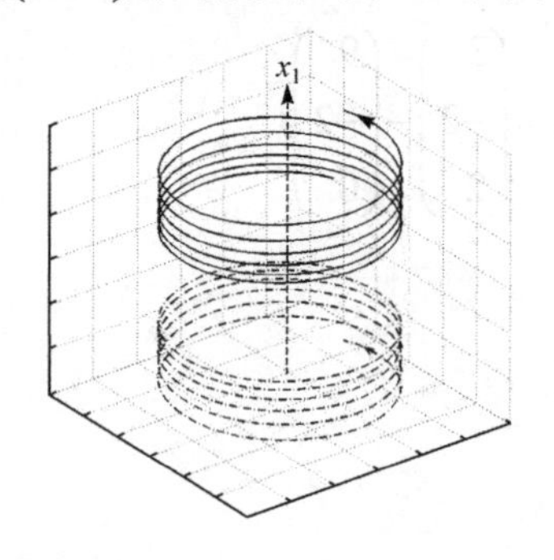

图 3.7 半径不变螺线

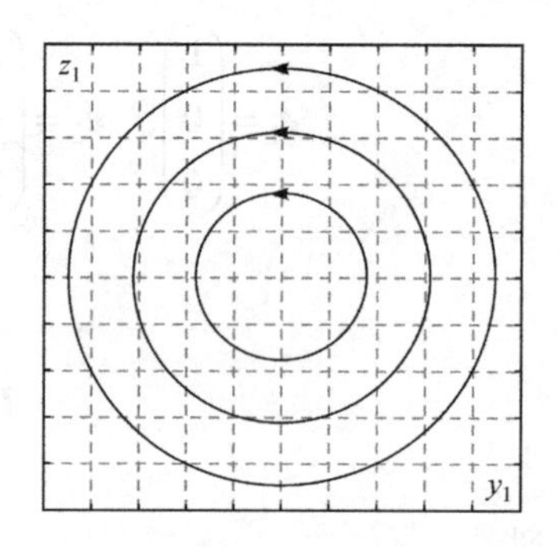

图 3.8 轨道在y_1z_1平面的投影

从上面三个例子可以看出，三维线性系统的解的线性不变子空间可将解空间分为若干个区域，每个区域的解不会进入其他区域。因此，对于三维线性系统来说，解的线性不变子空间决定解空间的结构。对于一般的线性系统是否也有这样的结论呢？

考虑常系数n维线性微分方程组(1.2.1)，设$\sigma(\boldsymbol{A}_n)$是其系数矩阵$\boldsymbol{A}_n$的所有特征根组成的集合，将$\sigma(\boldsymbol{A}_n)$分成三个部分，一部分是由所有实部小于零的特征根组成的，一部分是由所有实部大于零的特征根组成的，最后一部分是由所有实部等于零的特征根组成的，用集合表示为

$$\sigma_s(\boldsymbol{A}_n)=\{\lambda\in\sigma(\boldsymbol{A}_n)\,|\,\mathrm{Re}(\lambda)<0\}$$
$$\sigma_u(\boldsymbol{A}_n)=\{\lambda\in\sigma(\boldsymbol{A}_n)\,|\,\mathrm{Re}(\lambda)>0\}$$
$$\sigma_c(\boldsymbol{A}_n)=\{\lambda\in\sigma(\boldsymbol{A}_n)\,|\,\mathrm{Re}(\lambda)=0\}$$

以$\mathbf{E}^s$、$\mathbf{E}^u$和$\mathbf{E}^c$分别表示对应于上述三类特征根的特征向量张成的线性特征子空间，则解空间$\mathbf{R}^n$可分解为

$$\mathbf{R}^n=\mathbf{E}^s\oplus\mathbf{E}^u\oplus\mathbf{E}^c$$

那么$\mathbf{E}^s$、$\mathbf{E}^u$和$\mathbf{E}^c$是否为n维线性微分方程组(1.2.1)解的线性不变子空间？为了回答这一问题，定义投影映射

$$\boldsymbol{\pi}_s:\mathbf{R}^n\to\mathbf{E}^s,\ \boldsymbol{\pi}_u:\mathbf{R}^n\to\mathbf{E}^u,\ \boldsymbol{\pi}_c:\mathbf{R}^n\to\mathbf{E}^c$$

这些投影映射的零空间分别为

$$\mathrm{ker\,nel}(\boldsymbol{\pi}_s)=\mathbf{E}^u\oplus\mathbf{E}^c,\mathrm{ker\,nel}(\boldsymbol{\pi}_u)=\mathbf{E}^s\oplus\mathbf{E}^c,\mathrm{ker\,nel}(\boldsymbol{\pi}_c)=\mathbf{E}^u\oplus\mathbf{E}^s$$

并且

$$\boldsymbol{\pi}_s\cdot\boldsymbol{A}_n=\boldsymbol{A}_n\cdot\boldsymbol{\pi}_s,\quad \boldsymbol{\pi}_u\cdot\boldsymbol{A}_n=\boldsymbol{A}_n\cdot\boldsymbol{\pi}_u,\quad \boldsymbol{\pi}_c\cdot\boldsymbol{A}_n=\boldsymbol{A}_n\cdot\boldsymbol{\pi}_c$$

利用上面的关系，有

$$\boldsymbol{\pi}_s \cdot \boldsymbol{A}_n^k = \boldsymbol{A}_n^k \cdot \boldsymbol{\pi}_s, \quad \boldsymbol{\pi}_u \cdot \boldsymbol{A}_n^k = \boldsymbol{A}_n^k \cdot \boldsymbol{\pi}_u, \quad \boldsymbol{\pi}_c \cdot \boldsymbol{A}_n^k = \boldsymbol{A}_n^k \cdot \boldsymbol{\pi}_c$$

$$\boldsymbol{\pi}_s \cdot \mathrm{e}^{\boldsymbol{A}_n t} = \mathrm{e}^{\boldsymbol{A}_n t} \cdot \boldsymbol{\pi}_s, \quad \boldsymbol{\pi}_u \cdot \mathrm{e}^{\boldsymbol{A}_n t} = \mathrm{e}^{\boldsymbol{A}_n t} \cdot \boldsymbol{\pi}_u, \quad \boldsymbol{\pi}_c \cdot \mathrm{e}^{\boldsymbol{A}_n t} = \mathrm{e}^{\boldsymbol{A}_n t} \cdot \boldsymbol{\pi}_c$$

接下来证明 $\mathbf{E}^s$ 、$\mathbf{E}^u$ 和 $\mathbf{E}^c$ 都是 n 维线性微分方程组(1.2.1)解的线性不变子空间。微分方程组(1.2.1)在 $t=0$ 时过 $\boldsymbol{x}_0$ 点的解是

$$\boldsymbol{x}(t) = \mathrm{e}^{\boldsymbol{A}_n t} \cdot \boldsymbol{x}_0$$

于是当 $\boldsymbol{x}_0 \in \mathbf{E}^u$ 时，有

$$\boldsymbol{x}_0 = \boldsymbol{\pi}_u(\boldsymbol{x}_0)$$

因此

$$\boldsymbol{x}(t) = \mathrm{e}^{\boldsymbol{A}_n t} \cdot \boldsymbol{x}_0 = \mathrm{e}^{\boldsymbol{A}_n t} \cdot \boldsymbol{\pi}_u(\boldsymbol{x}_0) = \boldsymbol{\pi}_u\left(\mathrm{e}^{\boldsymbol{A}_n t} \cdot \boldsymbol{x}_0\right)$$

上式说明：从 $\mathbf{E}^u$ 中任一点出发的轨道只能在 $\mathbf{E}^u$ 中运动，因此，$\mathbf{E}^u$ 是式(1.2.1)解的线性不变子空间。同理可证，$\mathbf{E}^s$ 和 $\mathbf{E}^c$ 也都是式(1.2.1)解的线性不变子空间。

利用解空间分解式 $\mathbf{R}^n = \mathbf{E}^s \oplus \mathbf{E}^u \oplus \mathbf{E}^c$(图 3.9 和图 3.10)、定理 2.2 和定理 2.3，可得出下列结论。

(1) $\mathbf{E}^s = \mathbf{R}^n, \mathbf{E}^u = \mathbf{E}^c = \phi$，线性微分方程组(1.2.1)在原点是大范围渐近稳定的，原点是“汇”。

(2) $\mathbf{E}^c = \phi, \mathbf{E}^u \neq \phi$，$\mathbf{E}^s \neq \phi$，线性微分方程组(1.2.1)在原点是不稳定的，原点是鞍点。

(3) $\mathbf{E}^s = \mathbf{E}^c = \phi, \mathbf{E}^u = \mathbf{R}^n$，线性微分方程组(1.2.1)在原点是不稳定的，原点是“源”。

(4) $\mathbf{E}^u = \mathbf{E}^s = \phi, \mathbf{E}^c = \mathbf{R}^n$，线性微分方程组(1.2.1)的原点是中心。在没有重特征的情况下，所有的轨道都是周期轨。

(5) $\mathbf{E}^u \neq \phi$，$\mathbf{E}^s \neq \phi$，$\mathbf{E}^c \neq \phi$，线性微分方程组(1.2.1)在原点是不稳定的，但在 $\mathbf{E}^c$ 上的轨道走向不能确定。

(6) $\mathbf{E}^u = \phi$，$\mathbf{E}^s \neq \phi$，$\mathbf{E}^c \neq \phi$，线性微分方程组(1.2.1)在原点的稳定性和轨道走向都不能确定。

(7) $\mathbf{E}^u \neq \phi$，$\mathbf{E}^s = \phi$，$\mathbf{E}^c \neq \phi$，线性微分方程组(1.2.1)在原点是不稳定的，但在 $\mathbf{E}^c$ 上的轨道走向不能确定。

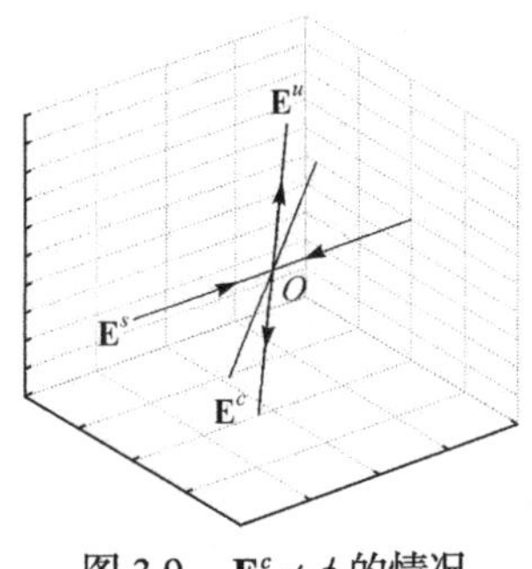

图 3.9　$\mathbf{E}^c \neq \phi$ 的情况

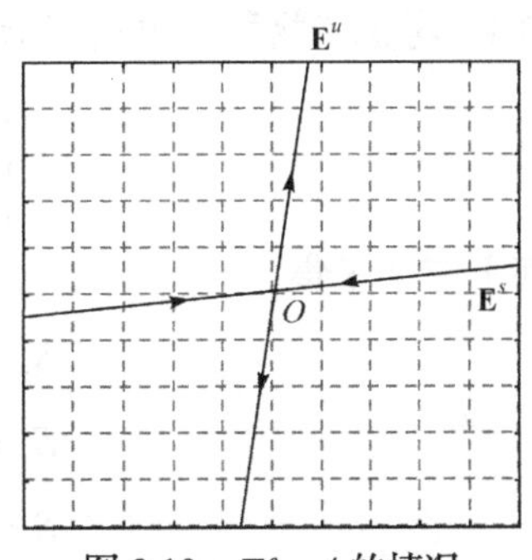

图 3.10　$\mathbf{E}^c = \phi$ 的情况

3.2　不变流形定义

对于线性常微分方程组，解空间的结构完全由解的不变线性子空间决定。对于三维系统，解空间由解的不变线性子空间划分为若干个不相交区域，各个区域里的轨道不会进入其他区域。但这一性质能否推广到非线性系统呢？显然，这是不可能的。首先，线性系统解空间有代数运算，即两个解相加还是解，解乘以一个数还是解。非线性系统不具有代数运算，因而也不会有解的线性不变子空间。其次，线性系统的解空间全局上可用解的线性不变子空间进行划分，非线性系统不具有这种划分。虽然对于非线性系统来说没有解的线性不变子空间，但是是否可以用解的类似子集合来代替解的线性不变子空间呢？

定义 3.1　$\mathbf{R}^n$ 中的一个非空子集 S 称为微分方程组(2.1.10)的解的不变子流形，如果对于 S 中的任一点 $\boldsymbol{x}_0$，在 $t=0$ 时，过 $\boldsymbol{x}_0$ 的解 $\boldsymbol{x}(t,0,\boldsymbol{x}_0)\in S$，对于一切可能的 $t>0$。

从几何上来讲，S 是微分方程组解的不变子流形的充要条件是从 S 中任一点出发的轨道不会跑到 S 的外面(图 3.11)。由微分方程组解的存在唯一性定理，S 是微分方程组解的不变子流形的充要条件是从 S 的边界上任一点出发的轨道随着时间的增加而跑向 S 的内部或与边界相切(图 3.12)。

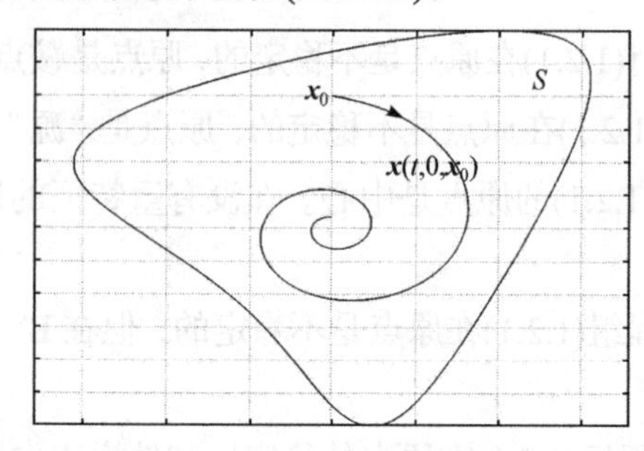

图 3.11　解永远在 S 中运动

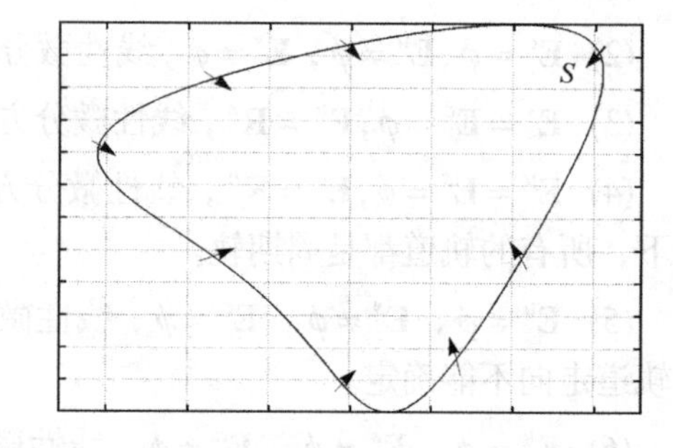

图 3.12　过边界上的轨道都进入 S 中

线性系统存在解的不变子流形(解的线性不变子空间)，下面说明非线性系统也存在解的不变子流形，但它们的几何结构有本质的区别。

例 3.4　考虑二物种竞争洛特卡-沃尔泰拉系统

$$\begin{cases}\dot{x}=x(ax+by+c)\\ \dot{y}=y(dx+ey+f)\end{cases}\tag{3.2.1}$$

定义平面上三个子集

$$S_x=\{(x,0)\mid x\in\mathbf{R}\}$$
$$S_y=\{(0,y)\mid y\in\mathbf{R}\}$$
$$S=\{(x,y)\mid x>0,y>0\}$$

显然，S_x 就是 x 轴，S_y 就是 y 轴，S 就是第一象限。

显然微分方程组

$$\begin{cases}\dot{x}=x(ax+c)\\ y=0\end{cases}$$

的解是洛特卡-沃尔泰拉系统(3.2.1)的解，而上面方程组的解在 y 轴上的分量为零，即其解只能在 x 轴上运动，由微分方程解的存在唯一性定理，S_x 是洛特卡-沃尔泰拉系统(3.2.1)解的不变子流形。同理可证，S_y 是洛特卡-沃尔泰拉系统(3.2.1)解的不变子流形。同样，由微分方程解的存在唯一性定理，第一象限的轨道不会进入其他象限(图 3.13)。因此，S 也是洛特卡-沃尔泰拉系统(3.2.1)解的不变子流形。如果取 $a=-11.1$，$b=-3.5$，$c=5$，$d=-3.8$，$e=-2.5$，$f=2.6$，数值结果显示，第一象限的轨道不会进入其他象限(图 3.14)。

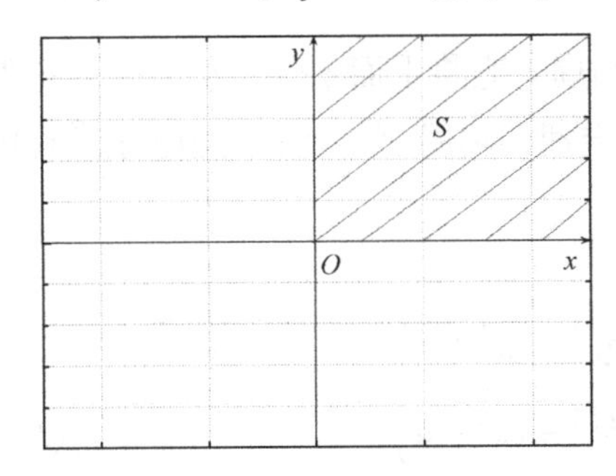

图 3.13　第一象限是变子流形

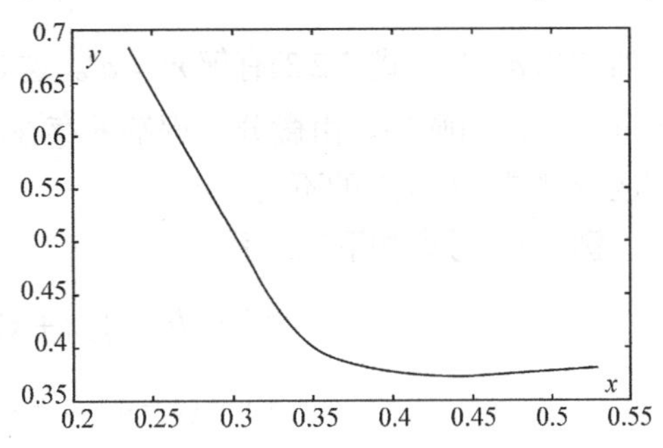

图 3.14　第一象限的轨道

式(3.2.1)解的不变子流形 S_x 和 S_y 将解空间分为四个互不相交的区域：四个象限。每个象限的轨道都不会进入其他象限。这与线性系统类似。

S 是式(3.2.1)解的不变子流形的生物学意义就是两种动物同时共存，没有一种动物会消失。

类似地，对于 n 维系统

$$\begin{cases}\dot{x}_1=x_1g_1(x_1,x_2,\cdots,x_n,t)\\ \dot{x}_2=x_2g_2(x_1,x_2,\cdots,x_n,t)\\ \quad\vdots\\ \dot{x}_n=x_ng_n(x_1,x_2,\cdots,x_n,t)\end{cases}$$

也有同样的结论。n 维欧氏空间的 n 个 $n-1$ 维超坐标平面

$$\Sigma_i=\{(x_1,x_2,\cdots,x_n)\,|\,x_i=0\},\quad i=1,2,\cdots,n$$

都是上面方程组的不变子流形，从而各个象限也是不变子流形。

例 3.5　考虑如下平面系统

$$\begin{cases}\dot{x}=-y+x\left[a-\left(x^2+y^2\right)\right]\\ \dot{y}=x+y\left[a-\left(x^2+y^2\right)\right]\end{cases}\tag{3.2.2}$$

作极坐标变换

$$x = r\cos\theta, \quad y = r\sin\theta$$

计算有

$$r\dot{r} = \frac{1}{2}\frac{\mathrm{d}r^2}{\mathrm{d}t} = \frac{1}{2}\frac{\mathrm{d}}{\mathrm{d}t}\left(x^2+y^2\right) = x\dot{x} + y\dot{y} = r^2\left(a-r^2\right)$$

$$\dot{\theta} = \frac{\mathrm{d}}{\mathrm{d}t}\left(\arctan\frac{y}{x}\right) = \frac{x\dot{y}-y\dot{x}}{x^2+y^2} = 1$$

因此，式(3.2.2)化为

$$\begin{cases}\dot{r} = r\left(a-r^2\right)\\ \dot{\theta} = 1\end{cases} \tag{3.2.3}$$

显然如果$a>0$，式(3.2.3)有解$r^2=a$。这是一个圆周，它将平面划分为互不相交的两个部分：圆内和圆外。由微分方程解的存在唯一性定理，圆周$x^2+y^2=a$的内部区域和外部区域都是式(3.2.2)的不变子流形。

例 3.6 考虑如下三维系统

$$\begin{cases}\dot{x} = (b-c)yz + x\left(ax^2+by^2+cz^2+d\right)\\ \dot{y} = (c-a)xz + y\left(ax^2+by^2+cz^2+d\right)\\ \dot{z} = (a-b)xy + z\left(ax^2+by^2+cz^2+d\right)\end{cases} \tag{3.2.4}$$

容易计算得

$$\frac{\mathrm{d}}{\mathrm{d}t}\left(ax^2+by^2+cz^2\right) = 2\left(ax^2+by^2+cz^2\right)\left(ax^2+by^2+cz^2+d\right)$$

由此可得

$$ax^2+by^2+cz^2 = \frac{c\,\mathrm{e}^{2dt}}{1-c\,\mathrm{e}^{2dt}}$$

上式显示，如果a、b和c中有两个是异号的，二次曲面$ax^2+by^2+cz^2=0$是式(3.2.4)解的不变子流形。因为如果(x_0,y_0,z_0)是二次曲面$ax^2+by^2+cz^2=0$上的任一点，那么在$t=0$时过该点的解的必要性满足

$$ax_0^2+by_0^2+cz_0^2 = \frac{c_0}{1-c_0}$$

得到$c_0=0$。这就说明，从二次曲面$ax^2+by^2+cz^2=0$上的任一点出发的轨道只能在该曲面上运动。因此，二次曲面$ax^2+by^2+cz^2=0$是解的不变子流形，它将解空间划分为两个或三个互不相交的区域，每个区域的轨道不会进入其他区域。取$a=b=1$和$c=-1$，二次曲面$x^2+y^2-z^2=0$是一个圆锥面，圆锥面在$xy-$上半平面的内部区域、在$xy-$下半平面的内部区域和圆锥面的外部区域都是解的不变子流形。

从例 3.6 可以看出，微分方程组解的不变子流形有其特殊的动力学行为。但没有如第 2 章那样，我们将微分方程组解的不变子流形与其奇点的几何结构联系起来。

3.3 不变流形和中心流形定理

设 $\boldsymbol{x}_0$ 是自治微分方程组(2.1.12)的一个奇点，作平移变换 $\boldsymbol{x}=\boldsymbol{y}+\boldsymbol{x}_0$，那么式(2.1.12)化为

$$\dot{\boldsymbol{y}}=\boldsymbol{f}\left(\boldsymbol{y}+\boldsymbol{x}_0\right) \tag{3.3.1}$$

显然，式(3.3.1)也可以写为

$$\dot{\boldsymbol{y}}=\boldsymbol{Df}\left(\boldsymbol{x}_0\right)\cdot\boldsymbol{y}+\left(\boldsymbol{f}\left(\boldsymbol{y}+\boldsymbol{x}_0\right)-\boldsymbol{Df}\left(\boldsymbol{x}_0\right)\cdot\boldsymbol{y}\right)$$

记 $\boldsymbol{R}\left(\boldsymbol{y}\right)=\boldsymbol{f}\left(\boldsymbol{y}+\boldsymbol{x}_0\right)-\boldsymbol{Df}\left(\boldsymbol{x}_0\right)\cdot\boldsymbol{y}$，那么上式可写为

$$\dot{\boldsymbol{y}}=\boldsymbol{Df}\left(\boldsymbol{x}_0\right)\cdot\boldsymbol{y}+\boldsymbol{R}\left(\boldsymbol{y}\right) \tag{3.3.2}$$

由高等数学知识可知，在奇点 $\boldsymbol{x}_0$ 的附近有 $\boldsymbol{R}\left(\boldsymbol{y}\right)=O\left(\left|\boldsymbol{y}\right|^2\right)$。记 $\boldsymbol{A}=\boldsymbol{Df}\left(\boldsymbol{x}_0\right)$，那么方程组(3.3.2)可化为

$$\dot{\boldsymbol{y}}=\boldsymbol{Ay}+\boldsymbol{R}\left(\boldsymbol{y}\right)$$

由线性代数理论可知存在矩阵 $\boldsymbol{T}$，使得

$$\boldsymbol{T}^{-1}\boldsymbol{AT}=\begin{pmatrix}\boldsymbol{A}_s & 0 & 0\\ 0 & \boldsymbol{A}_u & 0\\ 0 & 0 & \boldsymbol{A}_c\end{pmatrix}$$

式中，$\boldsymbol{A}_s$ 是 s 阶矩阵，并且其所有特征根的实部都小于零；$\boldsymbol{A}_u$ 是 u 阶矩阵，其所有特征根的实部都大于零；$\boldsymbol{A}_c$ 是 c 阶矩阵，其所有特征根的实部都等于零。还有 $s+u+c=n$。特别对于可对角化的矩阵，有

$$\boldsymbol{A}_s=\begin{pmatrix}\lambda_1 & 0 & \cdots & 0\\ 0 & \lambda_2 & \cdots & 0\\ \vdots & \vdots & \cdots & \vdots\\ 0 & 0 & \cdots & \lambda_s\end{pmatrix},\quad \boldsymbol{A}_u=\begin{pmatrix}\lambda_{s+1} & 0 & \cdots & 0\\ 0 & \lambda_{s+2} & \cdots & 0\\ \vdots & \vdots & \cdots & \vdots\\ 0 & 0 & \cdots & \lambda_{s+u}\end{pmatrix}$$

$$\boldsymbol{A}_c=\begin{pmatrix}\lambda_{s+u+1} & 0 & \cdots & 0\\ 0 & \lambda_{s+u+2} & \cdots & 0\\ \vdots & \vdots & \cdots & \vdots\\ 0 & 0 & \cdots & \lambda_{s+u+c}\end{pmatrix}$$

对于不可对角化的矩阵，$\boldsymbol{A}_s$、$\boldsymbol{A}_u$ 和 $\boldsymbol{A}_c$ 是由一些约当块组成的。因此，方程组(3.3.3)可写为

$$\dot{\boldsymbol{y}}=\boldsymbol{T}\begin{pmatrix}\boldsymbol{A}_s & 0 & 0\\ 0 & \boldsymbol{A}_u & 0\\ 0 & 0 & \boldsymbol{A}_c\end{pmatrix}\boldsymbol{T}^{-1}\boldsymbol{y}+\boldsymbol{R}\left(\boldsymbol{y}\right)$$

从而有

$$\boldsymbol{T}^{-1}\dot{\boldsymbol{y}}=\begin{pmatrix}\boldsymbol{A}_s & 0 & 0\\ 0 & \boldsymbol{A}_u & 0\\ 0 & 0 & \boldsymbol{A}_c\end{pmatrix}\boldsymbol{T}^{-1}\boldsymbol{y}+\boldsymbol{T}^{-1}\boldsymbol{R}(\boldsymbol{y})$$

作坐标变换$\boldsymbol{T}^{-1}\boldsymbol{y}=(\boldsymbol{u},\boldsymbol{v},\boldsymbol{w})\in\mathbf{E}^s\times\mathbf{E}^u\times\mathbf{E}^c$，$\boldsymbol{T}^{-1}\boldsymbol{R}(\boldsymbol{y})$仍记作$\boldsymbol{R}(\boldsymbol{y})$，且令

$$\boldsymbol{R}(\boldsymbol{y})=\left(\boldsymbol{R}_s(\boldsymbol{y}),\boldsymbol{R}_u(\boldsymbol{y}),\boldsymbol{R}_c(\boldsymbol{y})\right)^{\mathrm{T}}$$

因此，有

$$\begin{pmatrix}\dot{\boldsymbol{u}}\\ \dot{\boldsymbol{v}}\\ \dot{\boldsymbol{w}}\end{pmatrix}=\begin{pmatrix}\boldsymbol{A}_s & 0 & 0\\ 0 & \boldsymbol{A}_u & 0\\ 0 & 0 & \boldsymbol{A}_c\end{pmatrix}\begin{pmatrix}\boldsymbol{u}\\ \boldsymbol{v}\\ \boldsymbol{w}\end{pmatrix}+\begin{pmatrix}\boldsymbol{R}_s(\boldsymbol{u},\boldsymbol{v},\boldsymbol{w})\\ \boldsymbol{R}_u(\boldsymbol{u},\boldsymbol{v},\boldsymbol{w})\\ \boldsymbol{R}_c(\boldsymbol{u},\boldsymbol{v},\boldsymbol{w})\end{pmatrix}$$

将上面方程组写成分量形式得

$$\begin{cases}\dot{\boldsymbol{u}}=\boldsymbol{A}_s\boldsymbol{u}+\boldsymbol{R}_s(\boldsymbol{u},\boldsymbol{v},\boldsymbol{w})\\ \dot{\boldsymbol{v}}=\boldsymbol{A}_u\boldsymbol{v}+\boldsymbol{R}_u(\boldsymbol{u},\boldsymbol{v},\boldsymbol{w})\\ \dot{\boldsymbol{w}}=\boldsymbol{A}_c\boldsymbol{w}+\boldsymbol{R}_c(\boldsymbol{u},\boldsymbol{v},\boldsymbol{w})\end{cases}\tag{3.3.3}$$

综上所述，对于非线性微分方程组(2.1.12)，在其奇点$\boldsymbol{x}_0$附近，可经过适当的线性变换将其化为标准形式(3.3.3)，并且式(2.1.12)的奇点$\boldsymbol{x}_0$变为式(3.3.3)的奇点$(0,0,0)$，方程组(3.3.3)在奇点$(0,0,0)$的雅可比矩阵的特征根由各分块矩阵决定。

非线性微分方程组(2.1.12)在奇点$\boldsymbol{x}_0$附近的是否有类似于线性系统那样的几何结构，亦即是否可由若干个解的不变子流形决定。不变流形与中心流形定理就回答了这一问题。这个定理的证明很长，不在本书中给出。

定理 3.1(不变流形与中心流形定理)　$\mathbf{E}^s$、$\mathbf{E}^u$和$\mathbf{E}^c$的定义如 3.1 节，那么存在微分方程组(3.3.3)在奇点$(0,0,0)$的一个邻域U及U中的C^r-流形$W^s_{\text{loc}}(0)$、$W^u_{\text{loc}}(0)$和$W^c_{\text{loc}}(0)$满足以下条件：

(1) 在奇点$(0,0,0)$处，$W^u_{\text{loc}}(0)$、$W^s_{\text{loc}}(0)$和$W^c_{\text{loc}}(0)$分别与$\mathbf{E}^s$、$\mathbf{E}^u$和$\mathbf{E}^c$相切。

(2) $W^s_{\text{loc}}(0)$、$W^u_{\text{loc}}(0)$和$W^c_{\text{loc}}(0)$都是方程组(3.3.3)的解的不变子流形。

(3) 微分方程组(3.3.3)的解在$W^s_{\text{loc}}(0)$上是压缩的，而在$W^u_{\text{loc}}(0)$上是扩张的。

(4) $W^s_{\text{loc}}(0)$和$W^u_{\text{loc}}(0)$是唯一的，但$W^c_{\text{loc}}(0)$不是唯一的。

(5) $\dim\left(W^s_{\text{loc}}(0)\right)=\dim\mathbf{E}^s$，$\dim\left(W^u_{\text{loc}}(0)\right)=\dim\mathbf{E}^u$，$\dim\left(W^c_{\text{loc}}(0)\right)=\dim\mathbf{E}^c$。

在上述定理中，虽然$W^s_{\text{loc}}(0)$、$W^u_{\text{loc}}(0)$和$W^c_{\text{loc}}(0)$都是式(3.3.3)的解的不变子流形，但在小扰动条件下，$W^s_{\text{loc}}(0)$和$W^u_{\text{loc}}(0)$是结构稳定的，$W^c_{\text{loc}}(0)$却是结构不稳定的。式(3.3.3)的解在$W^s_{\text{loc}}(0)$上是压缩的，而在$W^u_{\text{loc}}(0)$上是扩张的。

定理 3.1 的几何解析如图 3.15 所示。

事实上，可以证明，微分方程组(3.3.3)在奇点$(0,0,0)$附近的解拓扑等价于下列方程组的解

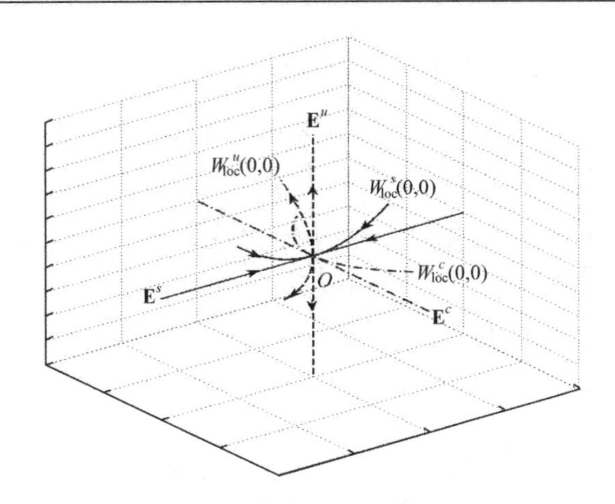

图 3.15　解空间在奇点附近的分解

$$\dot{\boldsymbol{\eta}}=-\boldsymbol{\eta},\quad \dot{\boldsymbol{\rho}}=\boldsymbol{\rho},\quad \dot{\boldsymbol{\xi}}=g(\boldsymbol{\xi})$$

$(\boldsymbol{\eta},\boldsymbol{\rho},\boldsymbol{\xi})\in W^s_{\text{loc}}(0)\times W^u_{\text{loc}}(0)\times W^c_{\text{loc}}(0)$。由此可以看出，不变流形和中心流形定理起到了约化维数的作用。

称 $W^s_{\text{loc}}(0)$ 为式(3.3.3)解的稳定不变子流形，$W^u_{\text{loc}}(0)$ 为式(3.3.3)解的不稳定不变子流形，$W^c_{\text{loc}}(0)$ 为式(3.3.3)解的中心不变子流形。

不变流形与中心流形定理说明，对于自治非线性微分方程组(2.1.12)，其奇点附近的几何结构与其线性化方程在同一奇点的几何结构相似，只是平直的解的线性不变子空间以弯曲的解的不变子流形代替了。

3.4　不变流形和中心流形的计算

从不变流形与中心流形定理可以看出，奇点附近的轨道在稳定子流形 $W^s_{\text{loc}}(0)$ 上和不稳定子流形 $W^u_{\text{loc}}(0)$ 上的走向是明确的，而在中心子流形 $W^c_{\text{loc}}(0)$ 上的走向是不确定的。因此，为了确定奇点的稳定性，将中心子流形 $W^c_{\text{loc}}(0)$ 计算出来是十分必要的。另外，为了了解奇点附近的几何结构，将稳定子流形 $W^s_{\text{loc}}(0)$ 和不稳定子流形 $W^u_{\text{loc}}(0)$ 计算出来也是重要的。要在整个解空间整体上计算出解的不变子流形是很困难的，甚至在局部上也只能近似给出。

下面以 $W^s_{\text{loc}}(0)$ 为例。因为 $W^s_{\text{loc}}(0)$ 与 $\mathbf{E}^s$ 在奇点 $(0,0,0)$ 是相切的，并且它们的维数是相等的，因此，由微分方程组(2.1.12)在奇点的线性化方程的解空间分解式 $\mathbf{R}^n=\mathbf{E}^s\oplus\mathbf{E}^u\oplus\mathbf{E}^c$ 可知，$W^s_{\text{loc}}(0)$ 中任一点的坐标 $(\boldsymbol{u},\boldsymbol{v},\boldsymbol{w})^{\mathrm{T}}\in\mathbf{E}^s\times\mathbf{E}^u\times\mathbf{E}^c$ 中的分量 $\boldsymbol{v}$ 和 $\boldsymbol{w}$ 是分量 $\boldsymbol{u}$ 的函数(图 3.16)，即有

$$W^s_{\text{loc}}(0)=\left\{(\boldsymbol{u},\boldsymbol{v},\boldsymbol{w})\in\mathbf{E}^s\times\mathbf{E}^u\times\mathbf{E}^c\left|\begin{array}{l}\boldsymbol{v}=\boldsymbol{h}(\boldsymbol{u}),\boldsymbol{w}=\boldsymbol{k}(\boldsymbol{u}),\boldsymbol{h}(0)=0\\ \boldsymbol{k}(0)=0,\boldsymbol{Dh}(0)=0,\boldsymbol{Dk}(0)=0\\ \|\boldsymbol{u}\|\text{充分小}\end{array}\right.\right\}$$

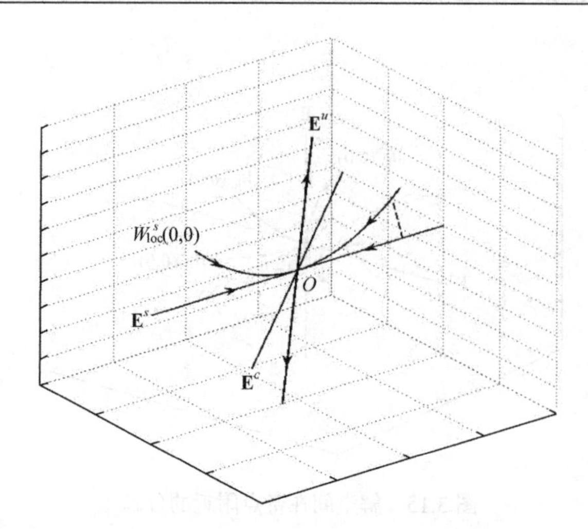

图 3.16　$W^s_{\text{loc}}(0,0)$中的点在$\mathbf{E}^s$中的投影

式中，$\boldsymbol{h}(\boldsymbol{u})$和$\boldsymbol{k}(\boldsymbol{u})$是两个未知待求函数，$\boldsymbol{h}(0)=0$和$\boldsymbol{k}(0)=0$是子流形$W^s_{\text{loc}}(0)$过原点的条件，$\boldsymbol{Dh}(0)=0$和$\boldsymbol{Dk}(0)=0$是子流形$W^s_{\text{loc}}(0)$与$\mathbf{E}^s$在原点相切的条件，而$|\boldsymbol{u}|$充分小是为了利用泰勒展开近似计算子流形$W^s_{\text{loc}}(0)$。

类似地，有

$$W^u_{\text{loc}}(0)=\left\{(\boldsymbol{u},\boldsymbol{v},\boldsymbol{w})\in\mathbf{E}^s\times\mathbf{E}^u\times\mathbf{E}^c\left|\begin{array}{l}\boldsymbol{u}=\boldsymbol{h}(\boldsymbol{v}),\boldsymbol{w}=\boldsymbol{k}(\boldsymbol{v}),\boldsymbol{h}(0)=0\\ \boldsymbol{k}(0)=0,\boldsymbol{Dh}(0)=0,\boldsymbol{Dk}(0)=0\\ |\boldsymbol{v}|\text{充分小}\end{array}\right.\right\}$$

$$W^c_{\text{loc}}(0)=\left\{(\boldsymbol{u},\boldsymbol{v},\boldsymbol{w})\in\mathbf{E}^s\times\mathbf{E}^u\times\mathbf{E}^c\left|\begin{array}{l}\boldsymbol{u}=\boldsymbol{h}(\boldsymbol{w}),\boldsymbol{v}=\boldsymbol{k}(\boldsymbol{w}),\boldsymbol{h}(0)=0\\ \boldsymbol{k}(0)=0,\boldsymbol{Dh}(0)=0,\boldsymbol{Dk}(0)=0\\ |\boldsymbol{w}|\text{充分小}\end{array}\right.\right\}$$

我们已经写出描述各子流形的函数形式和所要满足的条件，剩下的问题是如何确定两个待求函数$\boldsymbol{h}$和$\boldsymbol{k}$。下面先以一个例子开始。

例 3.7　考虑平面系统

$$\begin{cases}\dot{x}=x\\ \dot{y}=-y+x^2\end{cases},\quad (x,y)\in\mathbf{R}^2$$

该系统有唯一奇点$(0,0)$，在该奇点处的雅可比矩阵为

$$\boldsymbol{Df}(0,0)=\begin{pmatrix}1 & 0\\ 0 & -1\end{pmatrix}$$

其特征根是$\lambda_1=1$和$\lambda_2=-1$。对应于特征根$\lambda_1=1$的特征向量是$\boldsymbol{e}_1=(1,0)^{\mathrm{T}}$，而对应于特征根$\lambda_2=-1$的特征向量是$\boldsymbol{e}_2=(0,1)^{\mathrm{T}}$，于是

$$\mathbf{E}^s=\operatorname{span}\{\boldsymbol{e}_2\}=\left\{(x,y)\in\mathbf{R}^2\,\middle|\,x=0\right\}$$

$$\mathbf{E}^u = \operatorname{span}\{\boldsymbol{e}_1\} = \left\{(x,y)\in\mathbf{R}^2 \,\middle|\, y=0\right\}$$

显然，$\mathbf{E}^s$ 是 $y-$ 轴，$\mathbf{E}^u$ 是 $x-$ 轴。

根据前面对不变子流形的描述，有

$$W^s(0,0) = \left\{(x,y)\in\mathbf{R}^2 \,\middle|\, x=k(y), k(0)=k'(0)=0\right\}$$

$$W^u(0,0) = \left\{(x,y)\in\mathbf{R}^2 \,\middle|\, y=h(x), h(0)=h'(0)=0\right\}$$

显然，该系统有一个首次积分

$$xy - \frac{x^3}{3} = C$$

(1) 求 $W^s(0,0)$，以 $x=k(y)$ 代入前面首次积分得

$$yk(y) - \frac{1}{3}\left[k(y)\right]^3 = C$$

因为 $k(0)=0$，所以 $C=0$，有

$$k(y)\left\{y - \frac{1}{3}\left[k(y)\right]^2\right\} = 0$$

由此可得 $k(y)=0$ 或 $y=\frac{1}{3}k^2(y)$，即 $x=0$ 或 $y=\frac{1}{3}x^2$，但抛物线 $y=\frac{1}{3}x^2$ 与 $\mathbf{E}^s$ 不相切，因此可得

$$W^s(0,0) = \left\{(x,y)\in\mathbf{R}^2 \,\middle|\, x=0\right\}$$

即 $W^s(0,0)$ 是 $y-$ 轴。

(2) 求 $W^u(0,0)$，以 $y=h(x)$ 代入上面首次积分得

$$xh(x) - \frac{x^3}{3} = C$$

由于 $W^u(0,0)$ 过 $(0,0)$ 点，所以 $C=0$，从而

$$x\left(h(x) - \frac{x^2}{3}\right) = 0$$

因为 x 是任意的，所以 $h(x)=x^2/3$，从而可得

$$W^u(0,0) = \left\{(x,y)\in\mathbf{R}^2 \,\middle|\, y=\frac{x^2}{3}\right\}$$

不稳定子流形是一条抛物线。

容易画出该系统的两个不变子流形和相图如图 3.17 和图 3.18 所示。

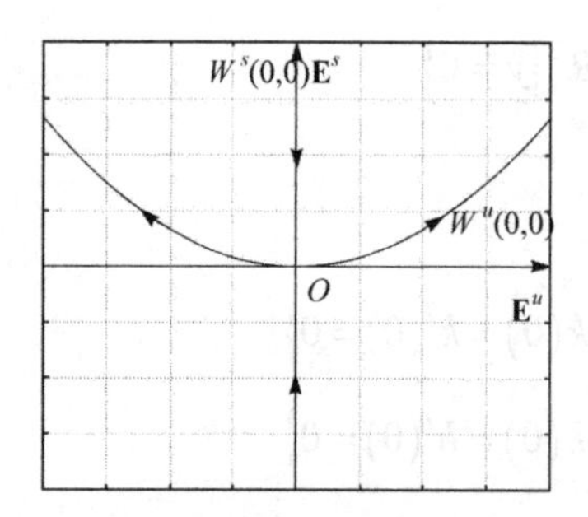

图 3.17　解的不变子流形

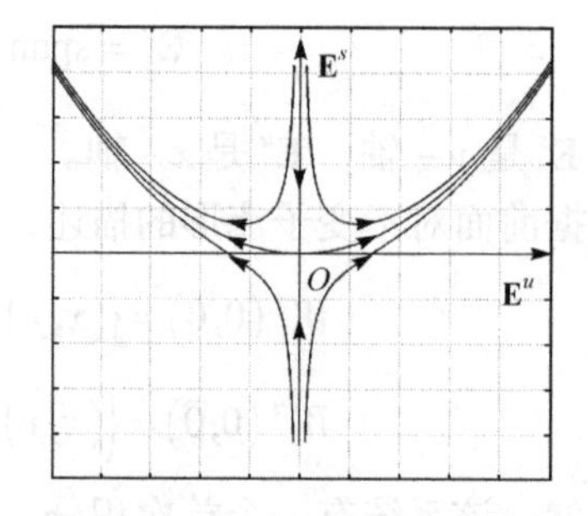

图 3.18　系统的相图

图 3.17 显示$W^s(0,0)$与$W^u(0,0)$将解平面分为四个互不相交的区域，每个区域都是解的不变子流形，每个区域内的轨道不会进入另一区域。

例 3.8　考虑平面系统

$$\begin{cases}\dot{x}=y\\ \dot{y}=x-x^3\end{cases},\quad (x,y)\in\mathbf{R}^2$$

该系统有三个奇点：$(0,0)$，$(1,0)$和$(-1,0)$。下面计算关于奇点$(0,0)$的解的不变子流形。

该系统在奇点$(0,0)$的雅可比矩阵为

$$\boldsymbol{Df}(0,0)=\begin{pmatrix}0&1\\1&0\end{pmatrix}$$

上面矩阵的特征根是$\lambda_1=1$和$\lambda_2=-1$。对应于$\lambda_1=1$的特征向量是$\boldsymbol{e}_1=(1,1)^{\mathrm{T}}$，而对应于$\lambda_2=-1$的特征向量是$\boldsymbol{e}_2=(1,-1)^{\mathrm{T}}$。作坐标变换

$$\begin{pmatrix}x\\y\end{pmatrix}=\begin{pmatrix}1&1\\1&-1\end{pmatrix}\begin{pmatrix}u\\v\end{pmatrix}$$

将原方程化为标准形式

$$\begin{cases}\dot{u}=u-\dfrac{1}{2}(u+v)^3\\ \dot{v}=-v+\dfrac{1}{2}(u+v)^3\end{cases},\quad (u,v)\in\mathbf{R}^2$$

这个方程组就是将坐标系旋转了 45° 后得到的。显然，对于上面微分方程组在奇点$(u_0,v_0)=(0,0)$处$\mathbf{E}^u$是$u-$轴，$\mathbf{E}^s$是$v-$轴。因此，有

$$W^s(0,0)=\left\{(u,v)\in\mathbf{R}^2\,\middle|\,u=k(v),k(0)=k'(0)=0\right\}$$

$$W^u(0,0)=\left\{(u,v)\in\mathbf{R}^2\,\middle|\,v=h(u),h(0)=h'(0)=0\right\}$$

利用原系统计算有

$$\frac{1}{2}\frac{\mathrm{d}}{\mathrm{d}t}\left(y^2-x^2\right)=-x^3y=-x^3\dot{x}$$

将上式两边对时间t积分得到原系统的一个首次积分

$$\frac{1}{2}\left(y^2-x^2\right)+\frac{1}{4}x^4=C$$

式中，C 是积分常数。因此，利用坐标变换表达式，得到坐标变换后的方程组有首次积分

$$-2uv+\frac{1}{4}(u+v)^4=C$$

式中，变量 u 和 v 的地位完全相同，由初等代数知识，可以将 u 解成 v 的函数，也可以将 v 解成 u 的函数，这两个函数的表达式完全相同，只是变量的位置互换。

由上面首次积分得

$$W^s(0,0)=\left\{(u,v)\in\mathbf{R}^2\left|-2vk(v)+\frac{1}{4}(k(v)+v)^4=0\right.\right\}$$

$$W^u(0,0)=\left\{(u,v)\in\mathbf{R}^2\left|-2uh(u)+\frac{1}{4}(u+h(u))^4=0\right.\right\}$$

因此，$W^s(0,0)$ 与 $W^u(0,0)$ 所描绘的曲线是同一条曲线，且就是原系统中的解曲线

$$\frac{1}{2}\left(y^2-x^2\right)+\frac{1}{4}x^4=0$$

也就是说，在奇点 $(u_0,v_0)=(0,0)$ 处的稳定流形与不稳定流形是同一解曲线。

为了画出 $W^s(0,0)$ 与 $W^u(0,0)$ 所描绘的曲线，不采用新坐标系下的首次积分表达式，而是采用旧坐标系下的首次积分表达式。由上面的表达式有

$$y=\pm x\sqrt{1-\frac{x^2}{2}} \tag{3.4.1}$$

上面曲线与 $x-$轴的交点是 $\left(-\sqrt{2},0\right)$、$(0,0)$ 和 $\left(\sqrt{2},0\right)$。不难计算得

$$y'=\pm\frac{1}{\sqrt{1-\dfrac{x^2}{2}}}\left(1-x^2\right)$$

由上式得出该曲线的极大点是 $x=1$ 和 $x=-1$。考虑对称性，可以画出该曲线为 ∞ 字型(图 3.19)。

事实上，由式(3.3.1)得

$$\dot{x}=\pm x\sqrt{1-\frac{x^2}{2}}$$

上式右边取正号为例解上面微分方程。在上式右边取正号得

$$\dot{x}=x\sqrt{1-\frac{x^2}{2}} \tag{3.4.2}$$

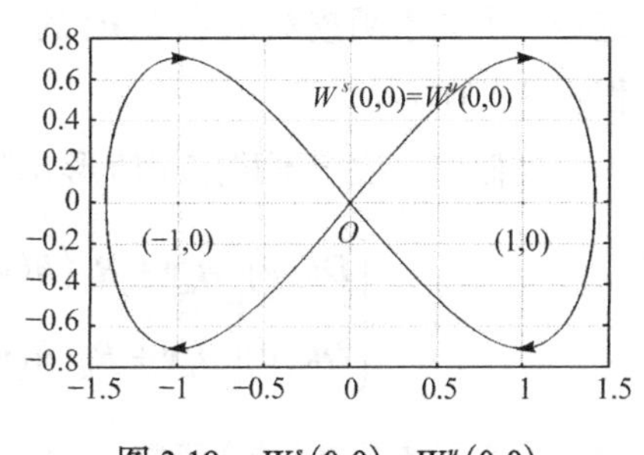

图 3.19　$W^s(0,0)=W^u(0,0)$

式(3.4.2)可化为

$$\frac{\mathrm{d}x}{x\sqrt{1-x^2/2}}=\mathrm{d}t$$

两边积分得

$$\int\frac{\mathrm{d}x}{x\sqrt{1-x^2/2}}=t+c \tag{3.4.3}$$

因为式(3.4.3)右边的$t+c$只相当于将时间平移了c个单位，取$c=0$，通过查基本积分表公式得到

$$x=\pm\sqrt{2}\,\mathrm{sech}\,t \tag{3.4.4}$$

以式(3.4.4)代入式(3.4.1)，得

$$y=\mp\sqrt{2}\,\mathrm{sech}\,t\tanh t \tag{3.4.5}$$

从上面两个例子中可以求出全局的解不变子流形。之所以能求出这些解的不变子流形，主要是因为方程组精确可解。然而，对于不能求出其解析解的系统，很难全局上求出其解的不变子流形，但可以局部上近似地求出解的不变子流形。近似方法的基础是函数的泰勒展开。接下来以计算稳定子流形$W_{\mathrm{loc}}^{s}(0)$为例来介绍这一方法。

以决定稳定子流形$W_{\mathrm{loc}}^{s}(0)$的函数$\boldsymbol{v}=\boldsymbol{h}(\boldsymbol{u})$和$\boldsymbol{w}=\boldsymbol{k}(\boldsymbol{u})$代入式(3.3.3)得

$$\begin{cases}\dot{\boldsymbol{u}}=\boldsymbol{A}_s\boldsymbol{u}+\boldsymbol{R}_s(\boldsymbol{u},\boldsymbol{h}(\boldsymbol{u}),\boldsymbol{k}(\boldsymbol{u}))\\ \boldsymbol{D}\boldsymbol{h}(\boldsymbol{u})\dot{\boldsymbol{u}}=\boldsymbol{A}_u\boldsymbol{h}(\boldsymbol{u})+\boldsymbol{R}_u(\boldsymbol{u},\boldsymbol{h}(\boldsymbol{u}),\boldsymbol{k}(\boldsymbol{u}))\\ \boldsymbol{D}\boldsymbol{k}(\boldsymbol{u})\dot{\boldsymbol{u}}=\boldsymbol{A}_c\boldsymbol{k}(\boldsymbol{u})+\boldsymbol{R}_c(\boldsymbol{u},\boldsymbol{h}(\boldsymbol{u}),\boldsymbol{k}(\boldsymbol{u}))\end{cases} \tag{3.4.6}$$

为了得到决定函数$\boldsymbol{h}(\boldsymbol{u})$和$\boldsymbol{k}(\boldsymbol{u})$的方程，以式(3.4.6)的第一个方程代入其后面两个方程得到

$$\begin{cases}\boldsymbol{D}\boldsymbol{h}(\boldsymbol{u})\left[\boldsymbol{A}_s\boldsymbol{u}+\boldsymbol{R}_s(\boldsymbol{u},\boldsymbol{h}(\boldsymbol{u}),\boldsymbol{k}(\boldsymbol{u}))\right]=\boldsymbol{A}_u\boldsymbol{h}(\boldsymbol{u})+\boldsymbol{R}_u(\boldsymbol{u},\boldsymbol{h}(\boldsymbol{u}),\boldsymbol{k}(\boldsymbol{u}))\\ \boldsymbol{D}\boldsymbol{k}(\boldsymbol{u})\left[\boldsymbol{A}_s\boldsymbol{u}+\boldsymbol{R}_s(\boldsymbol{u},\boldsymbol{h}(\boldsymbol{u}),\boldsymbol{k}(\boldsymbol{u}))\right]=\boldsymbol{A}_c\boldsymbol{k}(\boldsymbol{u})+\boldsymbol{R}_c(\boldsymbol{u},\boldsymbol{h}(\boldsymbol{u}),\boldsymbol{k}(\boldsymbol{u}))\end{cases} \tag{3.4.7}$$

这是一个关于函数$\boldsymbol{h}(\boldsymbol{u})$和$\boldsymbol{k}(\boldsymbol{u})$的一阶偏微分方程组。事实上，解式(3.4.7)并不比解原方程组(3.3.3)容易。

类似地，决定不稳定子流形$W_{\mathrm{loc}}^{u}(0)$函数$\boldsymbol{u}=\boldsymbol{h}(\boldsymbol{v})$和$\boldsymbol{w}=\boldsymbol{k}(\boldsymbol{v})$的一阶偏微分方程组是

$$\begin{cases}\boldsymbol{D}\boldsymbol{h}(\boldsymbol{v})\left[\boldsymbol{A}_u\boldsymbol{v}+\boldsymbol{R}_u(\boldsymbol{h}(\boldsymbol{v}),\boldsymbol{v},\boldsymbol{k}(\boldsymbol{v}))\right]=\boldsymbol{A}_s\boldsymbol{h}(\boldsymbol{v})+\boldsymbol{R}_s(\boldsymbol{h}(\boldsymbol{v}),\boldsymbol{v},\boldsymbol{k}(\boldsymbol{v}))\\ \boldsymbol{D}\boldsymbol{k}(\boldsymbol{v})\left[\boldsymbol{A}_u\boldsymbol{v}+\boldsymbol{R}_u(\boldsymbol{h}(\boldsymbol{v}),\boldsymbol{v},\boldsymbol{k}(\boldsymbol{v}))\right]=\boldsymbol{A}_c\boldsymbol{k}(\boldsymbol{v})+\boldsymbol{R}_c(\boldsymbol{h}(\boldsymbol{v}),\boldsymbol{v},\boldsymbol{k}(\boldsymbol{v}))\end{cases} \tag{3.4.8}$$

决定中心子流形$W_{\mathrm{loc}}^{c}(0)$函数$\boldsymbol{u}=\boldsymbol{h}(\boldsymbol{w})$和$\boldsymbol{v}=\boldsymbol{k}(\boldsymbol{w})$的一阶偏微分方程组是

$$\begin{cases} \boldsymbol{Dh}(\boldsymbol{w})\left[\boldsymbol{A}_c\boldsymbol{w}+\boldsymbol{R}_c\left(\boldsymbol{h}(\boldsymbol{w}),\boldsymbol{k}(\boldsymbol{w}),\boldsymbol{w}\right)\right]=\boldsymbol{A}_s\boldsymbol{h}(\boldsymbol{w})+\boldsymbol{R}_s\left(\boldsymbol{h}(\boldsymbol{w}),\boldsymbol{k}(\boldsymbol{w}),\boldsymbol{w}\right) \\ \boldsymbol{Dk}(\boldsymbol{w})\left[\boldsymbol{A}_c\boldsymbol{w}+\boldsymbol{R}_c\left(\boldsymbol{h}(\boldsymbol{w}),\boldsymbol{k}(\boldsymbol{w}),\boldsymbol{w}\right)\right]=\boldsymbol{A}_u\boldsymbol{k}(\boldsymbol{w})+\boldsymbol{R}_u\left(\boldsymbol{h}(\boldsymbol{w}),\boldsymbol{k}(\boldsymbol{w}),\boldsymbol{w}\right) \\ \dot{\boldsymbol{w}}=\boldsymbol{A}_c\boldsymbol{w}+\boldsymbol{R}_c\left(\boldsymbol{h}(\boldsymbol{w}),\boldsymbol{k}(\boldsymbol{w}),\boldsymbol{w}\right) \end{cases} \tag{3.4.9}$$

方程组(3.4.9)中多了一个常微分方程，这个方程是确定中心子流形 $W_{\text{loc}}^c(0)$ 中轨道走向的。因为稳定子流形 $W_{\text{loc}}^s(0)$ 和不稳定子流形 $W_{\text{loc}}^u(0)$ 中轨道走向已确定了。

当 $W_{\text{loc}}^u(0)\neq\phi$ 时或当 $W_{\text{loc}}^c(0)=\phi$ 时，不用计算解的不变子流形，奇点的稳定性就能完全确定。但是当 $W_{\text{loc}}^c(0)=\phi$ 时，必须计算出中心子流形 $W_{\text{loc}}^c(0)$ 以确定其中心轨道的走向。当 $W_{\text{loc}}^u(0)\neq\phi$ 时，为了了解奇点附近的几何结构，仍需要计算出 $W_{\text{loc}}^s(0)$ 和 $W_{\text{loc}}^c(0)$。以计算 $W_{\text{loc}}^s(0)$ 为例，在这种情况下，式(3.4.9)变为

$$\begin{cases} \boldsymbol{Dh}(\boldsymbol{w})\left[\boldsymbol{A}_c\boldsymbol{w}+\boldsymbol{R}_c\left(\boldsymbol{h}(\boldsymbol{w}),\boldsymbol{w}\right)\right]=\boldsymbol{A}_s\boldsymbol{h}(\boldsymbol{w})+\boldsymbol{R}_s\left(\boldsymbol{h}(\boldsymbol{w}),\boldsymbol{w}\right) \\ \dot{\boldsymbol{w}}=\boldsymbol{A}_c\boldsymbol{w}+\boldsymbol{R}_c\left(\boldsymbol{h}(\boldsymbol{w}),\boldsymbol{w}\right) \end{cases} \tag{3.4.10}$$

下面举例说明如何用近似方法求解的不变子流形。

例 3.9　考虑平面系统

$$\begin{cases} \dot{x}=xy \\ \dot{y}=-y+\alpha x^2 \end{cases},\quad (x,y)\in\mathbf{R}^2$$

式中，α 为常数。

该系统有唯一奇点 $(0,0)$，在 $(0,0)$ 的雅可比矩阵是

$$\boldsymbol{Df}(0,0)=\begin{pmatrix} 0 & 0 \\ 0 & -1 \end{pmatrix}$$

它有两个特征根 $\lambda_1=0$ 和 $\lambda_2=-1$。有一个零特征根，因此不能用特征根方法决定奇点 $(0,0)$ 的稳定性。

类似于例 3.7 和例 3.8，奇点 $(0,0)$ 的 $\mathbf{E}^s$ 是 $y-$ 轴，$\mathbf{E}^c$ 是 $x-$ 轴。

注意到原方程已是标准形式，那么有

$$W_{\text{loc}}^c(0,0)=\left\{(x,y)\middle|y=k(x),k(0)=k'(0)=0,|x|\text{充分小}\right\}$$

由式(3.4.10)，决定 $W_{\text{loc}}^c(0,0)$ 的方程是

$$\begin{cases} xk'(x)k(x)=-k(x)+\alpha x^2 \\ \dot{x}=xk(x) \end{cases} \tag{3.4.11}$$

这是一个关于一元函数的一阶线性微分方程。为了近似求出 $k(x)$，将它在 $x=0$ 点附近展开成幂级数

$$k(x)=c_0+c_1x+c_2x^2+c_3x^3+O\left(x^4\right)$$

式中，$|x|$充分小。因为$k(0)=k'(0)=0$，所以$c_0=c_1=0$，于是

$$k(x)=c_2x^2+c_3x^3+O(x^4)$$

以上式代入式(3.4.11)的第一个方程得

$$\left(2c_2x^2+3c_3x^3+O(x^4)\right)\left(c_2x^2+c_3x^3+O(x^4)\right)=(\alpha-c_2)x^2-c_3x^3+O(x^4)$$

注意到左边最低次数是 4，比较两边同次项的系数得

$$c_2=\alpha,\ c_3=0$$

因此，有

$$k(x)=\alpha x^2+O(x^4)$$

于是

$$W_{\mathrm{loc}}^c(0,0)=\left\{(x,y)\middle|y=\alpha x^2+O(x^4)\right\}$$

也就是说，在奇点$(0,0)$附近中心流形$W_{\mathrm{loc}}^c(0,0)$近似于抛物线$y=\alpha x^2+O(x^4)$。

接下来确定中心流形$W_{\mathrm{loc}}^c(0,0)$中的轨道的走向。以$h(x)=\alpha x^2+O(x^4)$代入式(3.4.11)的第二个方程得

$$\dot{x}=\alpha x^3+O(x^5) \tag{3.4.12}$$

有以下三种情况。

(1) 当$\alpha>0$时，如果$x>0$，由式(3.4.12)得$\dot{x}>0$，于是当时间增加时，中心流形$W_{\mathrm{loc}}^c(0,0)$中的轨道远离奇点；而当$x<0$时，由式(3.4.12)得$\dot{x}<0$，于是当时间增加时，中心流形$W_{\mathrm{loc}}^c(0,0)$中的轨道远离奇点。因此，奇点$(0,0)$是不稳定的。

(2) 当$\alpha<0$时，如果$x>0$，由式(3.4.12)得$\dot{x}<0$，于是当时间增加时，中心流形$W_{\mathrm{loc}}^c(0,0)$中的轨道趋于奇点；而当$x<0$时，由式(3.4.12)得$\dot{x}>0$，于是当时间增加时，中心流形$W_{\mathrm{loc}}^c(0,0)$中的轨道趋于奇点。因此，奇点$(0,0)$是稳定的。

这时奇点的不变子流形如图 3.20 所示，奇点附近的相图如图 3.21 所示。

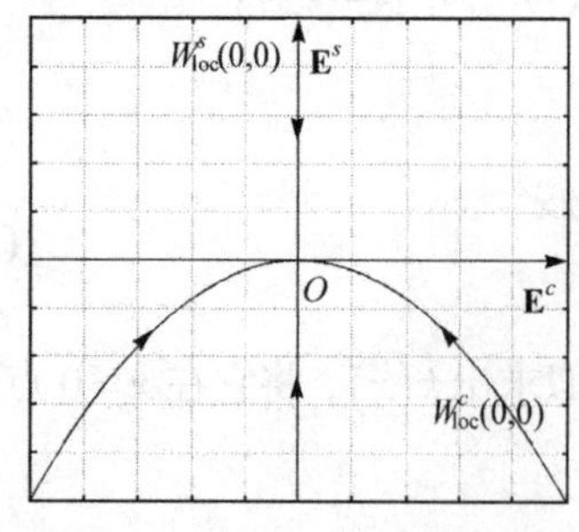

图 3.20　$\alpha<0$时的不变子流形

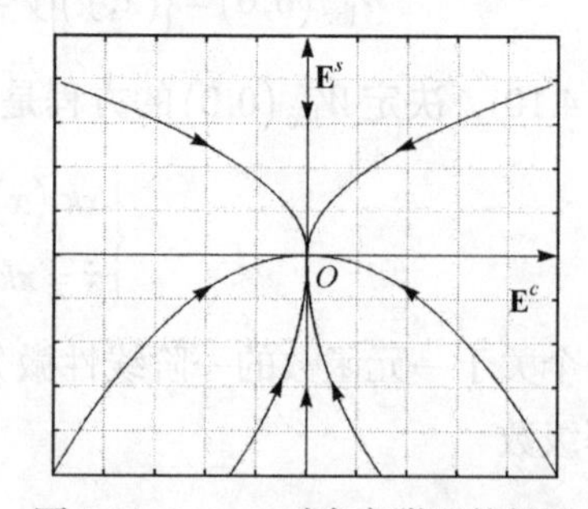

图 3.21　$\alpha<0$时奇点附近的相图

(3) 当$\alpha=0$时，不能用式(3.4.12)确定中心流形$W_{\text{loc}}^{c}(0,0)$中轨道的走向。将$k(x)$展开到4次项，通过计算得到4次项系数等于零。用同样的方法，可证$h(x)=0$。因此，$W_{\text{loc}}^{c}(0,0)$就是$x-$轴。于是式(3.4.12)的第二个方程变为$\dot{x}=0$，这个方程不能确定中心流形$W_{\text{loc}}^{c}(0,0)$中轨道的走向。

为了画出奇点附近的几何结构，必须计算出稳定子流形$W_{\text{loc}}^{s}(0,0)$。因为

$$W_{\text{loc}}^{s}(0,0)=\{(x,y)|x=h(y),h(0)=h'(0)=0\}$$

由此可得

$$h'(y)\left[-y+\alpha h^{2}(y)\right]=yh(y)$$

用类似方法得到$h(y)=0$，于是稳定子流形$W_{\text{loc}}^{s}(0,0)$就是$y-$轴。

例 3.10　考虑平面系统

$$\begin{cases}\dot{x}=x^{2}y-x^{5}\\ \dot{y}=-y+x^{2}\end{cases},\quad (x,y)\in\mathbf{R}^{2}$$

显然原点$(0,0)$是一个奇点，在$(0,0)$的雅可比矩阵是

$$\boldsymbol{Df}(0,0)=\begin{pmatrix}0 & 0\\ 0 & -1\end{pmatrix}$$

其两个特征根是$\lambda_{1}=0$和$\lambda_{2}=-1$。容易计算得在奇点$(0,0)$处的$\mathbf{E}^{s}$是$y-$轴，$\mathbf{E}^{c}$是$x-$轴。

显然，有

$$W_{\text{loc}}^{c}(0,0)=\{(x,y)|y=k(x),k(0)=k'(0)=0,|x|充分小\}$$

因此，函数$y=k(x)$应满足下列微分方程

$$\left[x^{2}k(x)-x^{5}\right]k(x)=-k(x)+x^{2}$$

因为$k(0)=k'(0)=0$，所以可设函数$k(x)$在点$x=0$附近的幂级数展开为

$$k(x)=c_{2}x^{2}+c_{3}x^{3}+O(x^{4})$$

因此，得到

$$\left[x^{2}\left(c_{2}x^{2}+c_{3}x^{3}+O(x^{4})\right)-x^{5}\right]\left(2c_{2}x+3c_{3}x^{2}+O(x^{3})\right)=(1-c_{2})x^{2}-c_{3}x^{3}+O(x^{4})$$

由上式可得$c_{2}=1$，$c_{3}=0$，从而

$$k(x)=x^{2}+O(x^{4})$$

$$W_{\text{loc}}^{c}(0,0)=\{(x,y)|y=x^{2}+O(x^{4})\}$$

这说明在奇点$(0,0)$附近中心流形$W_{\text{loc}}^{c}(0,0)$近似于抛物线$y=x^{2}$。

类似于例 3.9，计算得稳定子流形$W_{\text{loc}}^{s}(0,0)$是$y-$轴。奇点附近解的局部不变子流形

如图 3.22 所示，奇点附近的相图如图 3.23 所示。

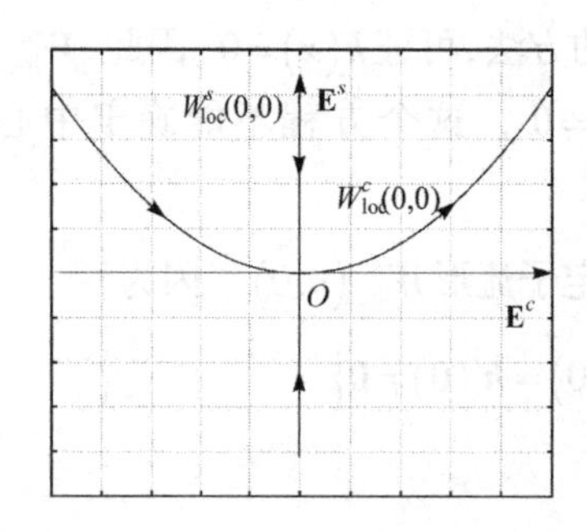

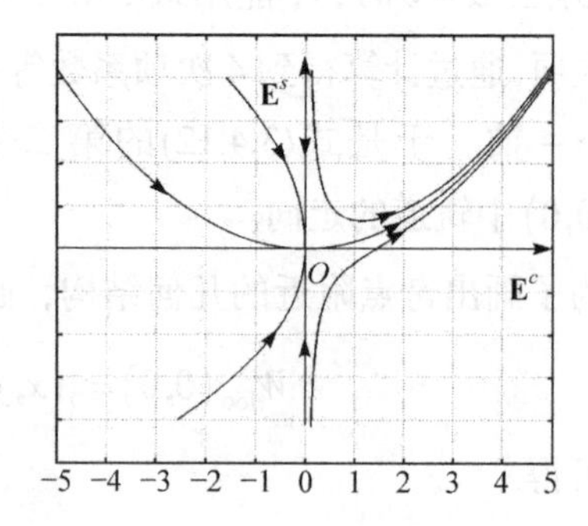

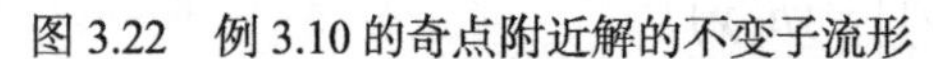

图 3.22　例 3.10 的奇点附近解的不变子流形　　　　图 3.23　例 3.10 的奇点附近的相图

例 3.9 和例 3.10 说明，如果奇点的雅可比矩阵有零实部特征根，通过近似地计算出中心流形就可以判断其稳定性。另外，例 3.9 和例 3.10 中的微分方程组都是标准形式，标准形式便于确定 $\mathbf{E}^u$ 、$\mathbf{E}^s$ 和 $\mathbf{E}^c$ 以及计算三个解的不变子流形。然而，在许多情况下所考虑的系统是非标准形式的，我们必须先将其化为标准形式，这在例 3.8 中求解的全局不变子流形时已做过。下面用这种方法来求解局部的不变子流形。

例 3.11　考虑含参数的平面系统

$$\begin{cases}\dot{u}=v\\ \dot{v}=-v+\alpha u^2+\beta uv\end{cases},\quad (u,v)\in\mathbf{R}^2$$

式中，α 和 β 是常数。该系统有唯一奇点 $(0,0)$，在 $(0,0)$ 的雅可比矩阵的两个特征根是 $\lambda_1=0$ 和 $\lambda_2=-1$，它们对应的特征向量分别是

$$\boldsymbol{e}_1=(1,0)^{\mathrm{T}},\quad \boldsymbol{e}_2=(1,-1)^{\mathrm{T}}$$

作坐标变换

$$\begin{pmatrix}u\\ v\end{pmatrix}=\begin{pmatrix}1&1\\ 0&-1\end{pmatrix}\begin{pmatrix}x\\ y\end{pmatrix}$$

原方程组化为

$$\begin{cases}\dot{x}=\alpha(x+y)^2-\beta\left(xy+y^2\right)\\ \dot{y}=-y-\alpha(x+y)^2+\beta\left(xy+y^2\right)\end{cases}\tag{3.4.13}$$

容易计算得在奇点 $(0,0)$ 的 $\mathbf{E}^s$ 是 $y-$ 轴，$\mathbf{E}^c$ 是 $x-$ 轴。

下面先计算中心子流形 $W^c_{\mathrm{loc}}(0,0)$：

$$W^c_{\mathrm{loc}}(0,0)=\left\{(x,y)\middle|\,y=k(x),k(0)=k'(0)=0,|x|\text{充分小}\right\}$$

以 $y=k(x)$ 代入式(3.4.13)得

$$k'(x)\left[\alpha\left(x+k(x)\right)^2-\beta\left(x+k(x)\right)k(x)\right]=-k(x)-\alpha\left(x+k(x)\right)^2+\beta\left(x+k(x)\right)k(x)$$

以 $k(x)=c_2x^2+c_3x^3+O(x^4)$ 代入上式得到

$$c_2=-\alpha,\ c_3=\alpha(2\alpha-\beta)$$

于是

$$k(x)=-\alpha x^2+\alpha(2\alpha-\beta)x^3+O(x^4)$$

从而有

$$\dot{x}=\alpha x^2+O(x^3)$$

由此可知，如果 $\alpha>0$，那么当 $|x|$ 充分小时，$\dot{x}>0$；如果 $\alpha<0$，那么当 $|x|$ 充分小时，$\dot{x}<0$。

其次计算 $W_{\text{loc}}^s(0,0)$：

$$W_{\text{loc}}^s(0,0)=\{(x,y)|x=h(y),h(0)=h'(0)=0,|y|\text{充分小}\}$$

以 $x=h(y)$ 代入式(3.4.13)得

$$h'(y)\left[-y-\alpha(h(y)+y)^2+\beta(yh(y)+y^2)\right]$$
$$=\alpha(h(y)+y)^2-\beta(yh(y)+y^2)$$

以 $h(y)=d_2y^2+O(y^3)$ 代入上式得

$$d_2=\frac{1}{2}(\beta-\alpha)$$

由此可得

$$h(y)=\frac{1}{2}(\beta-\alpha)y^2+O(y^3)$$

于是

$$W_{\text{loc}}^s(0,0)=\left\{(x,y)\middle|x=\frac{1}{2}(\beta-\alpha)y^2+O(y^3)\right\}$$

稳定子流形 $W_{\text{loc}}^s(0,0)$ 近似于抛物线 $x=\frac{1}{2}(\beta-\alpha)y^2$。

如果 $\beta>\alpha>0$，画出在奇点附近的局部不变子流形如图 3.24 所示，奇点附近的相图如图 3.25 所示。

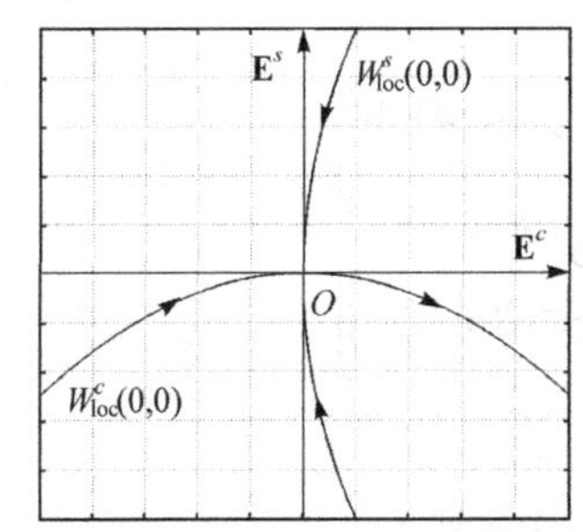

图 3.24　例 3.11 的奇点附近解的不变子流形

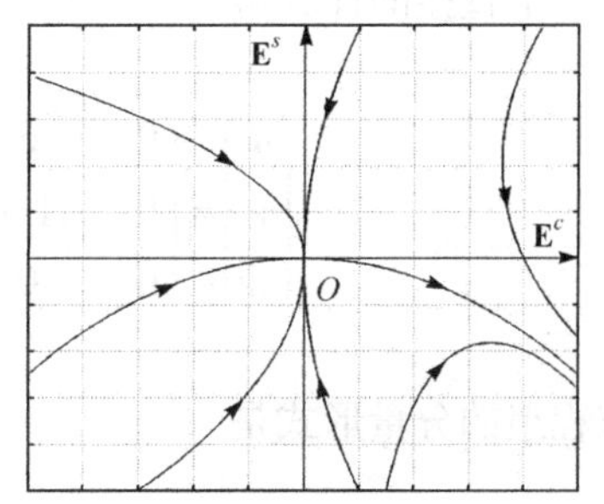

图 3.25　例 3.11 的奇点附近的相图

对于其他情况，大家可以自己去画。值得注意的是，当$\alpha=0$或$\alpha=\beta$时，中心子流形$W_{\text{loc}}^{c}(0,0)$和子流形$W_{\text{loc}}^{s}(0,0)$需要重新计算，其幂级数要展开到更高的次项，直到有一个系数不为零。

系统维数越高，其解的不变子流形的计算越难。下面是一个三维例子。

例 3.12　考虑洛伦兹系统。该系统总是有奇点$(0,0,0)$，在这个奇点处的雅可比矩阵为

$$\begin{pmatrix} -\sigma & \sigma & 0 \\ \mu & -1 & 0 \\ 0 & 0 & -b \end{pmatrix}$$

该系统的三个特征根是

$$\lambda_{1,2}=\frac{1}{2}\left[-(1+\sigma)\pm\sqrt{(1+\sigma)^2+4(\mu-1)\sigma}\right],\quad \lambda_3=-b$$

为了使洛伦兹系统非平凡，必须要求$\sigma\neq 0$且$b\neq 0$。因此，洛伦兹系统有零特征根当且仅当$\mu=1$时，三个特征根为

$$\lambda_1=0,\quad \lambda_2=-(1+\sigma),\quad \lambda_3=-b$$

它们对应的特征向量分别是

$$\boldsymbol{e}_1=(1,1,0)^{\mathrm{T}},\quad \boldsymbol{e}_2=(\sigma,-1,0)^{\mathrm{T}},\quad \boldsymbol{e}_3=(0,0,1)^{\mathrm{T}}$$

为了计算解的不变子流形，先将洛伦兹系统化成标准形式。作坐标变换

$$\begin{pmatrix} x \\ y \\ z \end{pmatrix}=\begin{pmatrix} 1 & \sigma & 0 \\ 1 & -1 & 0 \\ 0 & 0 & 1 \end{pmatrix}\begin{pmatrix} u \\ v \\ w \end{pmatrix}$$

这个变换的逆变换是

$$\begin{pmatrix} u \\ v \\ w \end{pmatrix}=\begin{pmatrix} \dfrac{1}{1+\sigma} & \dfrac{\sigma}{1+\sigma} & 0 \\ \dfrac{1}{1+\sigma} & -\dfrac{\sigma}{1+\sigma} & 0 \\ 0 & 0 & 1 \end{pmatrix}\begin{pmatrix} x \\ y \\ z \end{pmatrix}$$

于是，一个直接的计算得

$$\begin{pmatrix} \dot{u} \\ \dot{v} \\ \dot{w} \end{pmatrix}=\begin{pmatrix} 0 & 0 & 0 \\ 0 & -(1+\sigma) & 0 \\ 0 & 0 & -b \end{pmatrix}\begin{pmatrix} u \\ v \\ w \end{pmatrix}+\begin{pmatrix} -\dfrac{\sigma}{1+\sigma}(u+\sigma v)w \\ \dfrac{1}{1+\sigma}(u+\sigma v)w \\ (u+\sigma v)(u-v) \end{pmatrix}$$

上面方程组的分量形式是

$$\begin{cases}\dot{u}=-\dfrac{\sigma}{1+\sigma}(u+\sigma v)w\\ \dot{v}=-(1+\sigma)v+\dfrac{1}{1+\sigma}(u+\sigma v)w\\ \dot{w}=-bw+(u+\sigma v)(u-v)\end{cases}\tag{3.4.14}$$

如果$\mu=1$，$\sigma>1$且$b>0$，那么洛伦兹系统在奇点$(0,0,0)$的雅可比矩阵有一个零特征根和两个负特征根。由此可知中心子流形是一维的，稳定子流形是二维的。中心子流形可表示如下：

$$W_{\text{loc}}^{c}(0,0,0)=\left\{(u,v,w)\middle|\begin{array}{l}v=\varphi(u),w=\phi(u),\varphi(0)=\varphi'(0)=0\\ \phi(0)=\phi'(0)=0,|u|\text{充分小}\end{array}\right\}$$

因此，由式(3.4.14)有

$$\begin{cases}-\dfrac{\sigma}{1+\sigma}(u+\sigma\varphi(u))\phi(u)\varphi'(u)u=-(1+\sigma)\varphi(u)+\dfrac{1}{1+\sigma}(u+\sigma\varphi(u))\phi(u)\\ -\dfrac{\sigma}{1+\sigma}(u+\sigma\varphi(u))\phi(u)\phi'(u)=-b\phi(u)+(u+\sigma\varphi(u))(u-\varphi(u))\end{cases}$$

以$\varphi(u)=c_2u^2+c_3u^3+O(u^4)$和$\phi(u)=d_2u^2+O(u^3)$代入上面的方程组得

$$c_2=0,\quad c_3=\frac{1}{b(1+\sigma)^2},\quad d_2=\frac{1}{b}$$

于是

$$\varphi(u)=\frac{u^3}{b(1+\sigma)^2}+O(u^4),\quad \phi(u)=\frac{u^2}{b}+O(u^3)$$

从而

$$W_{\text{loc}}^{c}(0,0,0)=\left\{(u,v,w)\middle|v=\frac{u^3}{b(1+\sigma)^2}+O(u^4),w=\frac{u^2}{b}+O(u^3)\right\}$$

由式(3.4.14)和中心子流形得

$$\dot{u}=-\frac{\sigma}{b(1+\sigma)}u^3+O(u^4)\tag{3.4.15}$$

从式(3.4.15)可以得出：如果$\dfrac{\sigma}{b(1+\sigma)}>0$，当$u>0$时，$\dot{u}<0$，而当$u<0$时，$\dot{u}>0$，因此，中心子流形是压缩的，即奇点是稳定的；如果$\dfrac{\sigma}{b(1+\sigma)}<0$，当$u>0$时，$\dot{u}>0$，而当$u<0$时，$\dot{u}<0$，因此，中心子流形是扩张的，即奇点是不稳定的。

接下来计算稳定子流形

$$W_{\mathrm{loc}}^{s}(0,0,0)=\left\{(u,v,w)\left|\begin{array}{l}u=h(v,w),h(0,0)=0,\\ \dfrac{\partial h}{\partial v}(0,0)=\dfrac{\partial h}{\partial u}(0,0)=0,\\ |v|\text{和}|w|\text{充分小}\end{array}\right.\right\}$$

以 $u=h(v,w)$ 代入式(3.4.14)得

$$\begin{cases}\dfrac{\partial h}{\partial v}\dot{v}+\dfrac{\partial h}{\partial w}\dot{w}=-\dfrac{\sigma}{1+\sigma}\big(h(v,w)+\sigma v\big)w\\ \dot{v}=-(1+\sigma)v+\dfrac{1}{1+\sigma}\big(h(v,w)+\sigma v\big)w\\ \dot{w}=-bw+\big(h(v,w)+\sigma v\big)\big(h(v,w)-v\big)\end{cases}\tag{3.4.16}$$

以式(3.4.16)后两个方程代入第一个方程得

$$\frac{\partial h}{\partial v}\left[-(1+\sigma)v+\frac{1}{1+\sigma}\big(h(v,w)+\sigma v\big)w\right]+\frac{\partial h}{\partial w}\Big[-bw+\big(h(v,w)+\sigma v\big)\big(h(v,w)-v\big)\Big]$$
$$=-\frac{\sigma}{1+\sigma}\big(h(v,w)+\sigma v\big)w$$

以 $h(v,w)=a_1v^2+b_1vw+c_1w^2+O\left(\left(v^2+w^2\right)^{3/2}\right)$ 代入上式，比较两边同次项的系数得

$$a_1=c_1=0,\quad b_1=\frac{\sigma^2}{(1+\sigma)(1+\sigma+b)}$$

因此

$$W_{\mathrm{loc}}^{s}(0,0,0)=\left\{(u,v,w)\left|u=\frac{\sigma^2vw}{(1+\sigma)(1+\sigma+b)}+O\left(\left(v^2+w^2\right)^{3/2}\right)\right.\right\}$$

为了研究含参数的动力系统的奇点的稳定性问题，接下来介绍含参数系统奇点的不变流形的计算。考虑含参数的动力系统

$$\dot{\boldsymbol{x}}=\boldsymbol{f}(\boldsymbol{x},\boldsymbol{\mu}),\boldsymbol{x}\in U\subset\boldsymbol{R}^n,\boldsymbol{\mu}\in\mathbf{R}^m\tag{3.4.17}$$

式中，$\boldsymbol{\mu}$ 是参数。这种形式的系统在工程问题中是常见的。现在假设 $\boldsymbol{\mu}=0$ 时，系统(3.4.17)有奇点 $\boldsymbol{x}_0=0$。与不含参数情况类似，可以将式(3.4.17)化为如下标准形式

$$\begin{cases}\dot{\boldsymbol{u}}=\boldsymbol{A}_s(\boldsymbol{\mu})\boldsymbol{u}+\boldsymbol{R}_s(\boldsymbol{u},\boldsymbol{v},\boldsymbol{w},\boldsymbol{\mu})\\ \dot{\boldsymbol{v}}=\boldsymbol{A}_u(\boldsymbol{\mu})\boldsymbol{v}+\boldsymbol{R}_u(\boldsymbol{u},\boldsymbol{v},\boldsymbol{w},\boldsymbol{\mu})\\ \dot{\boldsymbol{w}}=\boldsymbol{A}_c(\boldsymbol{\mu})\boldsymbol{w}+\boldsymbol{R}_c(\boldsymbol{u},\boldsymbol{v},\boldsymbol{w},\boldsymbol{\mu})\end{cases}\tag{3.4.18}$$

式中，矩阵 $\boldsymbol{A}_s(\boldsymbol{\mu})$、$\boldsymbol{A}_u(\boldsymbol{\mu})$ 和 $\boldsymbol{A}_c(\boldsymbol{\mu})$ 与不含参数情况类似，只是这些矩阵含有参数 $\boldsymbol{\mu}$。

在考虑含参数系统(3.4.17)的分叉时，必须考虑参数 $\boldsymbol{\mu}$ 的变化。为了达到这个目的，将 n 维系统(3.4.17)提升到 $n+m$ 维系统

$$\begin{cases}\dot{\boldsymbol{x}}=\boldsymbol{f}(\boldsymbol{x},\boldsymbol{\mu})\\ \dot{\boldsymbol{\mu}}=0\end{cases} \tag{3.4.19}$$

例 3.13　考虑含有参数的系统

$$\begin{cases}\dot{x}=y\\ \dot{y}=\mu x-y-x^2\end{cases},\ (x,y)\in\mathbf{R}^2,\ \mu\in\mathbf{R} \tag{3.4.20}$$

当 $\mu=0$ 时，式(3.4.20)有唯一奇点 $(0,0)$，其雅可比矩阵为

$$\begin{pmatrix}0 & 1\\ 0 & -1\end{pmatrix}$$

该矩阵有两个特征根 $\lambda_1=0$ 和 $\lambda_2=-1$，它们所对应的特征向量分别是

$$\boldsymbol{e}_1=(1,0)^{\mathrm{T}},\boldsymbol{e}_2=(1,-1)^{\mathrm{T}}$$

作变换

$$\begin{pmatrix}x\\ y\end{pmatrix}=\begin{pmatrix}1 & 1\\ 0 & -1\end{pmatrix}\begin{pmatrix}u\\ v\end{pmatrix}$$

式(3.4.20)变为

$$\begin{cases}\dot{u}=\mu(u+v)-(u+v)^2\\ \dot{v}=-v-\mu(u+v)+(u+v)^2\end{cases} \tag{3.4.21}$$

从式(3.4.21)可以看出，如果将参数 μ 看成是常量，式(3.4.21)的中心子流形是一维的。如果将参数 μ 看成是变量，$\mu(u+v)$ 就是二次项。将式(3.4.21)提升到三维系统

$$\begin{cases}\dot{u}=\mu(u+v)-(u+v)^2\\ \dot{\mu}=0\\ \dot{v}=-v-\mu(u+v)+(u+v)^2\end{cases} \tag{3.4.22}$$

由此可以看出式(3.4.22)的中心子流形是二维的，且

$$W_{\mathrm{loc}}^{c}(0,0,0)=\left\{(u,\mu,v)\left|\begin{array}{l}v=h(u,\mu),h(0,0)=0,\\ \dfrac{\partial h}{\partial u}(0,0)=\dfrac{\partial h}{\partial \mu}(0,0)=0,\\ |u|\text{和}|\mu|\text{充分小}\end{array}\right.\right\}$$

由上式和式(3.4.22)得

$$\left[\mu(u+h(u,\mu))-(u+h(u,\mu))^2\right]\frac{\partial h}{\partial u}=-v-\mu(u+h(u,\mu))+(u+h(u,\mu))^2$$

以

$$h(u,\mu)=a_1u^2+b_1u\mu+c_1\mu^2+O\left(\left(u^2+\mu^2\right)^{3/2}\right)$$

代入上式并比较两边同次项的系数得

$$a_1 = 1,\ b_1 = -1,\ c_1 = 0$$

因而

$$h(u,\mu) = u^2 - \mu u + O\left(\left(u^2 + \mu^2\right)^{3/2}\right)$$

由此可得，中心子流形上的解满足

$$\begin{cases} \dot{u} = \mu u - u^2 + O\left(\left(u^2 + \mu^2\right)^{3/2}\right) \\ \dot{\mu} = 0 \end{cases}$$

从上面方程组可以得到：如果$0 < u < \mu$，$\dot{u} > 0$，那么当$t \to +\infty$时，轨道远离奇点；如果$\mu < u < 0$或$u > \max\{0,\mu\}$，$\dot{u} < 0$，那么当$t \to +\infty$时，轨道趋于奇点。

3.5 PB 规范型计算

3.4 节是以多项式近似求解不变子流形的，以此为基础确定奇点附近解空间的结构。在没有中心子流形的情况下，定理 3.1 说明微分方程组(3.3.3)在奇点$(0,0,0)$附近的解拓扑等价于下列方程组的解

$$\dot{\boldsymbol{\eta}} = -\boldsymbol{\eta},\ \dot{\boldsymbol{\rho}} = \boldsymbol{\rho}$$

$(\boldsymbol{\eta},\boldsymbol{\rho}) \in W_{\text{loc}}^s(0) \times W_{\text{loc}}^u(0)$。这就是说，在没有中心子流形的情况下，非线性自治系统在奇点附近可以线性化。然而，定理 3.1 和 3.4 节的例子说明，当有中心子流形时，中心子流形不一定能线性化。本节的思想就是利用一系列近似于恒等变换的变换将自治微分方程组(2.1.12)右边的函数用尽可能简单的多项式逼近，这种多项式称为 PB **规范型**。中心子流形与 PB 规范型密切相关。事实上，这也是一个考察系统在奇点附近是否能线性化的关键。

设$\boldsymbol{x}_0 = 0$是式(2.1.12)的一个奇点。将式(2.1.12)右边的函数在奇点$\boldsymbol{x}_0 = 0$附近作高阶泰勒展开

$$\boldsymbol{f}(\boldsymbol{x}) = \boldsymbol{A}\boldsymbol{x} + \boldsymbol{P}_2(\boldsymbol{x}) + \cdots + \boldsymbol{P}_k(\boldsymbol{x}) + O\left(|\boldsymbol{x}|^{k+1}\right)$$

式中，$\boldsymbol{A} = \boldsymbol{D}\boldsymbol{f}(0)$，$\boldsymbol{P}_i(\boldsymbol{x})$是$i$次齐次多项式。因此，微分方程组(2.1.12)可写为

$$\dot{\boldsymbol{x}} = \boldsymbol{A}\boldsymbol{x} + \boldsymbol{P}_2(\boldsymbol{x}) + \cdots + \boldsymbol{P}_k(\boldsymbol{x}) + O\left(|\boldsymbol{x}|^{k+1}\right) \tag{3.5.1}$$

由不变流形和中心流形定理，如果没有中心子流形，式(3.5.1)在奇点附近拓扑等价于线性系统。然而，当有中心子流形时，是否可以通过适当的变换将式(3.5.1)的各阶齐次多项式化为最简单的形式，这种最简单的形式称为 PB 规范型。如果能通过适当的变换将式(3.5.1)的各阶齐次多项式化为零，那么式(3.5.1)就可以线性化。用近似于恒等变换的变换来化简式(3.5.1)中的各阶齐次多项式。近似于恒等变换的变换用解析式表示如下

$$\boldsymbol{x} = \boldsymbol{y} + \boldsymbol{P}_k(y) \tag{3.5.2}$$

式中，$\boldsymbol{P}_k(y)$是k齐次多项式。因此，当$|\boldsymbol{y}|$是小量时，$\boldsymbol{P}_k(y)$也是小量。于是式(3.5.2)近

似于恒等变换 $\boldsymbol{x}=\boldsymbol{y}$。式(3.5.2)有一个优点，就是经过变换后式(3.5.1)中次数小于 k 的项形式不变。因此，可以一个一个地将齐次多项式化简。

为了方便叙述，先引进齐次多项式空间的概念。$\mathbf{R}^n$ 上 k 次齐次多项式空间定义为其上所有 k 次齐次多项式的集合，记为 $\boldsymbol{H}_k\left(\mathbf{R}^n\right)$，即

$$\boldsymbol{H}_k\left(\mathbf{R}^n\right)=\left\{\begin{array}{l}\boldsymbol{p}_k(\boldsymbol{x})=\left(p_1(\boldsymbol{x}),p_2(\boldsymbol{x}),\cdots,p_n(\boldsymbol{x})\right)\mid p_i(\boldsymbol{x})\\ \quad=\sum\limits_{j_1+j_2+\cdots+j_n=k}a_{j_1j_2\cdots j_n}x_1^{j_1}x_2^{j_2}\cdots x_n^{j_n},i=1,2,\cdots,n\end{array}\right\}$$

显然这是一个实数集 $\mathbf{R}$ 上的加法群。

我们先化简二次齐次多项式 $\boldsymbol{P}_2(x)$。以 $\boldsymbol{x}=\boldsymbol{y}_2+\boldsymbol{p}_2(\boldsymbol{y}_2)$ 代入式(3.5.1)得

$$\begin{aligned}\left(\boldsymbol{I}+\boldsymbol{D}\boldsymbol{p}_2(\boldsymbol{y}_2)\right)\cdot\dot{\boldsymbol{y}}_2&=\boldsymbol{A}\left(\boldsymbol{y}_2+\boldsymbol{p}_2(\boldsymbol{y}_2)\right)+\boldsymbol{P}_2\left(\boldsymbol{y}_2+\boldsymbol{p}_2(\boldsymbol{y}_2)\right)\\&\quad+\cdots+\boldsymbol{P}_k\left(\boldsymbol{y}_2+\boldsymbol{p}_2(\boldsymbol{y}_2)\right)+O\left(|\boldsymbol{y}_2|^{k+1}\right)\end{aligned}$$

因为当 $|\boldsymbol{y}_2|$ 是小量时，$\boldsymbol{p}_2(\boldsymbol{y}_2)$ 也是小量，所以矩阵 $\boldsymbol{I}+\boldsymbol{D}\boldsymbol{p}_2(\boldsymbol{y}_2)$ 是可逆的，于是上式可写为

$$\begin{aligned}\dot{\boldsymbol{y}}_2=&\left(\boldsymbol{I}+\boldsymbol{D}\boldsymbol{p}_2(\boldsymbol{y}_2)\right)^{-1}\left[\boldsymbol{A}\left(\boldsymbol{y}_2+\boldsymbol{p}_2(\boldsymbol{y}_2)\right)+\boldsymbol{P}_2\left(\boldsymbol{y}_2+\boldsymbol{p}_2(\boldsymbol{y}_2)\right)\right.\\&\left.+\cdots+\boldsymbol{P}_k\left(\boldsymbol{y}_2+\boldsymbol{p}_2(\boldsymbol{y}_2)\right)\right]+O\left(|\boldsymbol{y}_2|^{k+1}\right)\end{aligned}$$

注意到 $\left(\boldsymbol{I}+\boldsymbol{D}\boldsymbol{p}_2(\boldsymbol{y}_2)\right)^{-1}=\boldsymbol{I}-\boldsymbol{D}\boldsymbol{p}_2(\boldsymbol{y}_2)+\cdots$，由上式可得

$$\begin{aligned}\dot{\boldsymbol{y}}_2=&\boldsymbol{A}\boldsymbol{y}_2+\boldsymbol{P}_2(\boldsymbol{y}_2)-\Omega_A^2\left(\boldsymbol{p}_2(\boldsymbol{y}_2)\right)\\&+\boldsymbol{P}_3^1(\boldsymbol{y}_2)+\cdots+\boldsymbol{P}_k^1(\boldsymbol{y}_2)+O\left(|\boldsymbol{y}_2|^{k+1}\right)\end{aligned}\tag{3.5.3}$$

式中，$\boldsymbol{P}_j^1(\boldsymbol{y}_2)\in\boldsymbol{H}_j\left(\mathbf{R}^n\right)(j=1,2,\cdots,n)$，而

$$\Omega_A^2\left(\boldsymbol{p}_2(\boldsymbol{y}_2)\right)=\boldsymbol{D}\boldsymbol{p}_2(\boldsymbol{y}_2)\cdot\boldsymbol{A}\boldsymbol{y}_2-\boldsymbol{A}\boldsymbol{p}_2(\boldsymbol{y}_2)$$

显然，Ω_A^2 将二次齐次多项映为二次齐次多项，因此

$$\Omega_A^2:\boldsymbol{H}_2\left(\mathbf{R}^n\right)\to\boldsymbol{H}_2\left(\mathbf{R}^n\right)$$

是线性变换。设 $R\left(\Omega_A^2\right)$ 是 Ω_A^2 的值域，即

$$R\left(\Omega_A^2\right)=\Omega_A^2\left(\boldsymbol{H}_2\left(\mathbf{R}^n\right)\right)$$

记 $R\left(\Omega_A^2\right)$ 在 $\boldsymbol{H}_2\left(\mathbf{R}^n\right)$ 中的补子空间为 $R^{\perp}\left(\Omega_A^2\right)$，那么

$$\boldsymbol{H}_2\left(\mathbf{R}^n\right)=R\left(\Omega_A^2\right)\oplus R^{\perp}\left(\Omega_A^2\right)\tag{3.5.4}$$

式(3.5.4)表明：可以用近似恒等变换的变换消除二次齐次多项式 $\boldsymbol{P}_2(\boldsymbol{y}_2)$ 当且仅当补子空间 $R^{\perp}\left(\Omega_A^2\right)$ 是空集。由直和分解式(3.5.4)可知，对于任意的二次齐次多项式 $\boldsymbol{P}_2(\boldsymbol{y}_2)$，它有如下分解

$$\boldsymbol{P}_2(\boldsymbol{y}_2)=\boldsymbol{h}_2(\boldsymbol{y}_2)+\boldsymbol{g}_2(\boldsymbol{y}_2)$$

式中，$\boldsymbol{h}_2(\boldsymbol{y}_2)\in R\left(\Omega_A^2\right)$，$\boldsymbol{g}_2(\boldsymbol{y}_2)\in R^{\perp}\left(\Omega_A^2\right)$。由上式可知，在值域 $R\left(\Omega_A^2\right)$ 中的部分 $\boldsymbol{h}_2(\boldsymbol{y}_2)$ 是

可以消除的，而在补子空间 $R^{\perp}\left(\Omega_A^2\right)$ 中的部分 $\boldsymbol{g}_2(\boldsymbol{y}_2)$ 是不能消除的。选取 $\boldsymbol{p}_2(\boldsymbol{x})\in \boldsymbol{H}_2\left(\mathbf{R}^n\right)$ 使得

$$\Omega_A^2\left(\boldsymbol{p}_2(\boldsymbol{y}_2)\right)=\boldsymbol{h}_2(\boldsymbol{y}_2)$$

因此式(3.5.3)变为

$$\dot{\boldsymbol{y}}_2=\boldsymbol{A}\boldsymbol{y}_2+\boldsymbol{g}_2(\boldsymbol{y}_2)+\boldsymbol{P}_3^1(\boldsymbol{y}_2)+\cdots+\boldsymbol{P}_k^1(\boldsymbol{y}_2)+O\left(|\boldsymbol{y}_2|^{k+1}\right) \tag{3.5.5}$$

式(3.5.5)表明：线性项的形式没有变，二次齐次多项式 $\boldsymbol{g}_2(\boldsymbol{y}_2)$ 是不能再化解了。

类似地，为了简化式(3.5.5)中的三次齐次多项式 $\boldsymbol{P}_3^1(\boldsymbol{y}_2)$，作三次近似恒等变换的变换

$$\boldsymbol{y}_2=\boldsymbol{y}_3+\boldsymbol{p}_3(\boldsymbol{y}_3),\boldsymbol{p}_3(\boldsymbol{y}_3)\in \boldsymbol{H}_3\left(\mathbf{R}^n\right)$$

将式(3.5.5)化为

$$\begin{aligned}\dot{\boldsymbol{y}}_3=&\boldsymbol{A}\boldsymbol{y}_3+\boldsymbol{g}_2(\boldsymbol{y}_3)+\boldsymbol{P}_3^1(\boldsymbol{y}_3)-\Omega_A^3\left(\boldsymbol{p}_3(\boldsymbol{y}_3)\right)\\&+\boldsymbol{P}_4^2(\boldsymbol{y}_3)+\cdots+\boldsymbol{P}_k^2(\boldsymbol{y}_3)+O\left(|\boldsymbol{y}_3|^{k+1}\right)\end{aligned} \tag{3.5.6}$$

式中，$\boldsymbol{P}_j^2(\boldsymbol{y}_3)\in \boldsymbol{H}_j\left(\mathbf{R}^n\right)(j=4,5,\cdots,n)$，而

$$\Omega_A^3\left(\boldsymbol{p}_3(\boldsymbol{y}_3)\right)=\boldsymbol{D}\boldsymbol{p}_3(\boldsymbol{y}_3)\cdot \boldsymbol{A}\boldsymbol{y}_3-\boldsymbol{A}\boldsymbol{p}_3(\boldsymbol{y}_3)$$

因此，有

$$\boldsymbol{H}_3\left(\mathbf{R}^n\right)=R\left(\Omega_A^3\right)\oplus R^{\perp}\left(\Omega_A^3\right) \tag{3.5.7}$$

由直和分解式(3.5.7)可知，对于任意的三次齐次多项式 $\boldsymbol{P}_3^1(\boldsymbol{y}_3)$，它有如下分解

$$\boldsymbol{P}_3^1(\boldsymbol{y}_3)=\boldsymbol{h}_3(\boldsymbol{y}_3)+\boldsymbol{g}_3(\boldsymbol{y}_3)$$

式中，$\boldsymbol{h}_3(\boldsymbol{y}_3)\in R\left(\Omega_A^3\right)$，$\boldsymbol{g}_3(\boldsymbol{y}_3)\in R^{\perp}\left(\Omega_A^3\right)$。选取 $\boldsymbol{p}_3(\boldsymbol{x})\in \boldsymbol{H}_3\left(\mathbf{R}^n\right)$ 使得

$$\Omega_A^3\left(\boldsymbol{p}_3(\boldsymbol{y}_3)\right)=\boldsymbol{h}_3(\boldsymbol{y}_3)$$

因此式(3.5.6)变为

$$\begin{aligned}\dot{\boldsymbol{y}}_3=&\boldsymbol{A}\boldsymbol{y}_3+\boldsymbol{g}_2(\boldsymbol{y}_3)+\boldsymbol{g}_3(\boldsymbol{y}_3)\\&+\boldsymbol{P}_4^2(\boldsymbol{y}_3)+\cdots+\boldsymbol{P}_k^2(\boldsymbol{y}_3)+O\left(|\boldsymbol{y}_3|^{k+1}\right)\end{aligned}$$

重复上面的过程，可以利用近似恒等变换的变换将式(3.5.1)化为

$$\dot{\boldsymbol{y}}_k=\boldsymbol{A}\boldsymbol{y}_k+\boldsymbol{g}_2(\boldsymbol{y}_k)+\boldsymbol{g}_3(\boldsymbol{y}_k)+\cdots+\boldsymbol{g}_k(\boldsymbol{y}_k)+O\left(|\boldsymbol{y}_k|^{k+1}\right) \tag{3.5.8}$$

式中，$\boldsymbol{g}_i(\boldsymbol{x})\in R^{\perp}\left(\Omega_A^i\right)$。去掉式(3.5.8)最后一项得

$$\dot{\boldsymbol{y}}_k=\boldsymbol{A}\boldsymbol{y}_k+\boldsymbol{g}_2(\boldsymbol{y}_k)+\boldsymbol{g}_3(\boldsymbol{y}_k)+\cdots+\boldsymbol{g}_k(\boldsymbol{y}_k) \tag{3.5.9}$$

式(3.5.9)称为式(3.5.1)的 k 阶 PB 规范型。因此，PB 规范型的计算主要是确定所有的补子空间 $R^{\perp}\left(\Omega_A^i\right)$。显然，如果 $R^{\perp}\left(\Omega_A^i\right)$ 是空集，那么 $\boldsymbol{g}_i(\boldsymbol{x})=0$。

因为 $\boldsymbol{g}_i(\boldsymbol{x})\in R^{\perp}\left(\Omega_A^i\right)$，所以式(3.5.9)右边的项数要比式(3.5.1)少得多，这有利于对其奇点的稳定性的研究。然而，式(3.5.9)与式(3.5.1)在奇点附近的几何结构并不一定完全相

同。在什么条件下完全相同仍然是一个没有解决的问题。

接下来要研究在什么条件下 $R^{\perp}\left(\Omega_A^i\right)$ 是空集？设方程组(2.1.12)在奇点 $\boldsymbol{x}_0=\boldsymbol{0}$ 的雅可比矩阵 $\boldsymbol{Df}\left(\boldsymbol{x}_0\right)$ 的所有特征根为 $\lambda_1,\lambda_2,\cdots,\lambda_n$。如果存在一组非负整数 $\boldsymbol{K}=\left(k_1,k_2,\cdots,k_n\right)$ 满足 $|\boldsymbol{k}|=\sum\limits_{i=1}^{n}k_i\geqslant 2$，且至少存在一个正整数 $j(1\leqslant j\leqslant n)$ 使得

$$\lambda_j=\sum_{i=1}^{n}k_i\lambda_i$$

则称特征根 $\lambda_1,\lambda_2,\cdots,\lambda_n$ 为 $|\boldsymbol{k}|$ **阶共振的**，否则称为 $|\boldsymbol{k}|$ **阶非共振的**。若对于任意整数 $j\geqslant 2$，特征根 $\lambda_1,\lambda_2,\cdots,\lambda_n$ 都是 j 阶非共振的，则称特征根 $\lambda_1,\lambda_2,\cdots,\lambda_n$ 为非共振的。

事实上，已证明若特征根 $\lambda_1,\lambda_2,\cdots,\lambda_n$ 是 j 阶非共振的，那么 $R^{\perp}\left(\Omega_A^j\right)$ 是空集，因而 $\boldsymbol{g}_j(\boldsymbol{x})=0$。若特征根 $\lambda_1,\lambda_2,\cdots,\lambda_n$ 是非共振的，那么对于任意整数 $j\geqslant 2$，$R^{\perp}\left(\Omega_A^j\right)$ 是空集，从而有对于任意正整数 $k\geqslant 2$，式(3.5.8)可写为

$$\dot{\boldsymbol{y}}_k=\boldsymbol{A}\boldsymbol{y}_k+O\left(|\boldsymbol{y}_k|^{k+1}\right)$$

上式表明，在非共振条件下，方程组(2.1.12)在奇点附近可以进行任意阶精度的线性化。

对于任意整数 $j\geqslant 2$，如何计算映射 Ω_A^j 的补子空间 $R^{\perp}\left(\Omega_A^j\right)$ 呢？映射 Ω_A^j 是一个线性变换，由线性代数理论可知，线性变换完全由其变换矩阵决定。

设 m 是线性空间 $\boldsymbol{H}_j\left(\mathbf{R}^n\right)$ 的维数，$\boldsymbol{e}_1,\boldsymbol{e}_2,\cdots,\boldsymbol{e}_m$ 是 $\boldsymbol{H}_j\left(\mathbf{R}^n\right)$ 的一组基。由于

$$\Omega_A^j:\boldsymbol{H}_j\left(\mathbf{R}^n\right)\to\boldsymbol{H}_j\left(\mathbf{R}^n\right)$$

是线性变换，那么有

$$\Omega_A^j\left(\boldsymbol{e}_i\right)=\sum_{n=1}^{m}a_{in}^j\boldsymbol{e}_n,\quad i=1,2,\cdots,m$$

将上面的变换写成矩阵形式得

$$\Omega_A^j\left(\boldsymbol{e}_1,\boldsymbol{e}_2,\cdots,\boldsymbol{e}_m\right)=\left(\boldsymbol{e}_1,\boldsymbol{e}_2,\cdots,\boldsymbol{e}_m\right)\boldsymbol{L}_j$$

式中，$\boldsymbol{L}_j=\left(a_{in}^j\right)_{m\times m}$。由线性代数理论可知，$\boldsymbol{L}_j$ 的复共轭转置 $\boldsymbol{L}_j^*$ 的零空间 $\mathrm{Kernel}\left(\boldsymbol{L}_j^*\right)$ 是值域 $R\left(\boldsymbol{L}_j\right)$ 的正交补 $R^{\perp}\left(\boldsymbol{L}_j\right)$，即 $\mathrm{Kernel}\left(\boldsymbol{L}_j^*\right)=R^{\perp}\left(\boldsymbol{L}_j\right)$，这样确定了 $R^{\perp}\left(\boldsymbol{L}_j\right)$。接下来举例说明这一方法。

例 3.14　考虑二维系统

$$\begin{pmatrix}\dot{x}\\ \dot{y}\end{pmatrix}=\begin{pmatrix}0&1\\0&0\end{pmatrix}\begin{pmatrix}x\\y\end{pmatrix}+\begin{pmatrix}a_{11}x^2+2a_{12}xy+a_{22}y^2\\ b_{11}x^2+2b_{12}xy+b_{22}y^2\end{pmatrix}+O\left(\left(x^2+y^2\right)^{3/2}\right)\tag{3.5.10}$$

显然

$$\boldsymbol{A}=\begin{pmatrix}0&1\\0&0\end{pmatrix}$$

对于任意

$$P_2(x,y)=\begin{pmatrix} p_1(x,y) \\ p_2(x,y) \end{pmatrix}\in H_2(\mathbf{R}^2)$$

计算得

$$\begin{aligned}
\Omega_A^2\left(P_2(x,y)\right)&=DP_2(x,y)\cdot A\begin{pmatrix} x \\ y \end{pmatrix}-AP_2(x,y)\\
&=\begin{pmatrix} \dfrac{\partial p_1}{\partial x} & \dfrac{\partial p_1}{\partial y} \\ \dfrac{\partial p_2}{\partial x} & \dfrac{\partial p_2}{\partial y} \end{pmatrix}\begin{pmatrix} 0 & 1 \\ 0 & 0 \end{pmatrix}\begin{pmatrix} x \\ y \end{pmatrix}-\begin{pmatrix} 0 & 1 \\ 0 & 0 \end{pmatrix}\begin{pmatrix} p_1 \\ p_2 \end{pmatrix}\\
&=\begin{pmatrix} y\dfrac{\partial p_1}{\partial x}-p_2 \\ y\dfrac{\partial p_2}{\partial x} \end{pmatrix}
\end{aligned}\tag{3.5.11}$$

选取 $H_2(\mathbf{R}^2)$ 的一组基

$$e_1(x,y)=\begin{pmatrix} 0 \\ x^2 \end{pmatrix},\quad e_2(x,y)=\begin{pmatrix} 0 \\ xy \end{pmatrix},\quad e_3(x,y)=\begin{pmatrix} 0 \\ y^2 \end{pmatrix}$$

$$e_4(x,y)=\begin{pmatrix} x^2 \\ 0 \end{pmatrix},\quad e_5(x,y)=\begin{pmatrix} xy \\ 0 \end{pmatrix},\quad e_6(x,y)=\begin{pmatrix} y^2 \\ 0 \end{pmatrix}$$

由式(3.5.10)有

$$\Omega_A^2(e_1)=\begin{pmatrix} -x^2 \\ 2xy \end{pmatrix}=2e_2-e_4,\quad \Omega_A^2(e_2)=\begin{pmatrix} -xy \\ y^2 \end{pmatrix}=e_3-e_5$$

$$\Omega_A^2(e_3)=-e_6,\quad \Omega_A^2(e_4)=2e_5,\quad \Omega_A^2(e_5)=e_6,\quad \Omega_A^2(e_6)=0$$

于是 Ω_A^2 在基 e_1,e_2,e_3,e_4,e_5,e_6 上的矩阵是

$$L_2=\begin{pmatrix} 0 & 0 & 0 & 0 & 0 & 0 \\ 2 & 0 & 0 & 0 & 0 & 0 \\ 0 & 1 & 0 & 0 & 0 & 0 \\ -1 & 0 & 0 & 0 & 0 & 0 \\ 0 & -1 & 0 & 2 & 0 & 0 \\ 0 & 0 & -1 & 0 & 1 & 0 \end{pmatrix}$$

接下来确定 $\mathrm{Kernel}\left(L_j^*\right)$。设

$$\eta=(\eta_1,\eta_2,\eta_3,\eta_4,\eta_5,\eta_6)^{\mathrm{T}}\in \mathrm{Kernel}\left(L_j^*\right)$$

那么 $L_j^*\eta=0$ ，即

$$\begin{pmatrix} 0 & 2 & 0 & -1 & 0 & 0 \\ 0 & 0 & 1 & 0 & -1 & 0 \\ 0 & 0 & 0 & 0 & 0 & -1 \\ 0 & 0 & 0 & 0 & 2 & 0 \\ 0 & 0 & 0 & 0 & 0 & 1 \\ 0 & 0 & 0 & 0 & 0 & 0 \end{pmatrix}\begin{pmatrix} \eta_1 \\ \eta_2 \\ \eta_3 \\ \eta_4 \\ \eta_5 \\ \eta_6 \end{pmatrix}=0$$

该齐次线性方程组的基础解系是

$$\boldsymbol{\eta}_1=(1,0,0,0,0,0)^{\mathrm{T}},\quad \boldsymbol{\eta}_2=(0,1,0,2,0,0)^{\mathrm{T}}$$

于是

$$\mathrm{Kernel}\left(\boldsymbol{L}_j^*\right)=\{a_1\eta_1+a_2\eta_2 \mid a_1,a_2\in\mathbf{R}\}$$

定义

$$\theta:\boldsymbol{H}_2\left(\mathbf{R}^2\right)\to\mathbf{R}^6$$

使得

$$\theta(\boldsymbol{e}_1)=(1,0,0,0,0,0)^{\mathrm{T}},\quad \theta(\boldsymbol{e}_2)=(0,1,0,0,0,0)^{\mathrm{T}}$$
$$\theta(\boldsymbol{e}_3)=(0,0,1,0,0,0)^{\mathrm{T}},\quad \theta(\boldsymbol{e}_4)=(0,0,0,1,0,0)^{\mathrm{T}}$$
$$\theta(\boldsymbol{e}_5)=(0,0,0,0,1,0)^{\mathrm{T}},\quad \theta(\boldsymbol{e}_6)=(0,0,0,0,0,1)^{\mathrm{T}}$$

显然，θ 是一个同构映射，因此

$$R^{\perp}\left(\Omega_A^2\right)=\{a_1\boldsymbol{e}_1+a_2(\boldsymbol{e}_2+2\boldsymbol{e}_4)\mid a_1,a_2\in\mathbf{R}\}$$

从而 $\boldsymbol{g}_2(x,y)\in R^{\perp}\left(\Omega_A^2\right)$ 可表示为

$$\boldsymbol{g}_2(x,y)=a_1\boldsymbol{e}_1+a_2(\boldsymbol{e}_2+2\boldsymbol{e}_4)=\begin{pmatrix} 2a_2x^2 \\ a_2xy+a_1x^2 \end{pmatrix}$$

从而式(3.5.9)的二阶 PB 规范型为

$$\begin{pmatrix} \dot{x} \\ \dot{y} \end{pmatrix}=\begin{pmatrix} 0 & 1 \\ 0 & 0 \end{pmatrix}\begin{pmatrix} x \\ y \end{pmatrix}+\begin{pmatrix} 2a_2x^2 \\ a_2xy+a_1x^2 \end{pmatrix}+O\left(\left(x^2+y^2\right)^{3/2}\right)$$

写成分量形式为

$$\begin{cases} \dot{x}=y+2a_2x^2+O\left(\left(x^2+y^2\right)^{3/2}\right) \\ \dot{y}=a_2xy+a_1x^2+O\left(\left(x^2+y^2\right)^{3/2}\right) \end{cases}$$

为了研究式(3.4.17)在奇点处的稳定性，必须要计算出其扩展系统(3.4.19)的 PB 规范型。在作近似恒等变换的变换时，必须始终保持方程 $\dot{\boldsymbol{\mu}}=0$ 不变。由此可知近似恒等变换的变换应具有下列形式：

$$\begin{cases} \boldsymbol{x} = \boldsymbol{y} + \boldsymbol{P}_k(\boldsymbol{y}, \boldsymbol{\mu}) \\ \boldsymbol{\mu} = \boldsymbol{\mu} \end{cases}$$

式中，$\boldsymbol{P}_k(\boldsymbol{y}, \boldsymbol{\mu})$是关于变量$y_1, y_2, \cdots, y_n; \mu_1, \mu_2, \cdots, \mu_m$的$k$次齐次多项式。

思 考 题

3-1　考虑二维达芬方程

$$\begin{cases} \dot{x} = y \\ \dot{y} = \beta x - x^2 - \delta y \end{cases}$$

式中，$\delta > 0$。

(1) 试画出$\beta > 0$时在原点$(0,0)$附近的轨道分布图；

(2) 试画出$\beta < 0$时在原点$(0,0)$附近的轨道分布图。

3-2　计算下列三维系统的解不变子流形

$$\begin{cases} \dot{x} = x^2 y + a z^2 \\ \dot{y} = -y + x^2 + z y \\ \dot{z} = z - y^2 + x y \end{cases}$$

3-3　计算在不同的参数情况下洛伦兹系统在奇点$(0,0,0)$的解的不变子流形。

3-4　研究方程组

$$\begin{pmatrix} \dot{x} \\ \dot{y} \end{pmatrix} = \begin{pmatrix} 0 & -1 \\ 1 & 0 \end{pmatrix} \begin{pmatrix} x \\ y \end{pmatrix} + \boldsymbol{P}_2(x, y) + \boldsymbol{P}_3(x, y) + O\left(\left(x^2 + y^2\right)^2\right)$$

式中，$\boldsymbol{P}_2(x, y) \in \boldsymbol{H}_2\left(\mathbf{R}^2\right)$和$\boldsymbol{P}_3(x, y) \in \boldsymbol{H}_3\left(\mathbf{R}^2\right)$。试用矩阵法求该方程组在奇点$(0,0)$的三阶 PB 规范型，并用极坐标表示这个三阶 PB 规范型。

第4章　平面系统奇点的分类与极限环

第2章和第3章已经给出自治系统奇点的一个初步的分类。由不变流形和中心流形定理可知，奇点的稳定子流形、不稳定子流形和中心子流形决定奇点附近的轨道的走向。本章将对平面系统的奇点给出一个更细致的分类。平面常系数线性微分方程组是很容易解出来的，可画出其相图。对于非线性平面自治系统，将其看作通过线性系统的扰动而来的。平面常系数线性微分方程组的奇点，有的对扰动不敏感(如鞍点)，有的对扰动很敏感(如中心)。在什么样的扰动条件下，线性系统奇点的几何结构能保留到非线性系统中。中心子流形对扰动十分敏感。第5章将会介绍，同缩轨和异缩圈对扰动也十分敏感，很小的扰动就会使它们破裂，甚至会导致混沌。

4.1　平面常系数线性微分方程组奇点的几何分类

给定平面系统

$$\begin{cases} \dot{x} = ax + by \\ \dot{y} = cx + dy \end{cases} \tag{4.1.1}$$

式中，a、b、c 和 d 是常数。显然，原点 $(0,0)$ 是式(4.1.1)的一个奇点，在 $(0,0)$ 处的雅可比矩阵是

$$\boldsymbol{Df}(0,0) = \begin{pmatrix} a & b \\ c & d \end{pmatrix}$$

上面矩阵的特征方程为

$$\lambda^2 - (a+d)\lambda + ad - bc = \lambda^2 + p\lambda + q = 0 \tag{4.1.2}$$

式中，$p = -(a+d)$，$q = ad - bc$。式(4.1.2)的两个根是

$$\lambda_1 = \frac{-p + \sqrt{p^2 - 4q}}{2}, \quad \lambda_2 = \frac{-p - \sqrt{p^2 - 4q}}{2}$$

下面分几种情况来画出式(4.1.1)在奇点 $(0,0)$ 处的几何结构图。

(1) 鞍点。若 $q < 0$，则 $p^2 - 4q > 0$，因此，λ_1 和 λ_2 是两个不同的实根。因为 $\lambda_1\lambda_2 = q < 0$，所以 λ_1 和 λ_2 是两个异号实根。由此可得式(4.1.1)的系数矩阵可对角化。如果 $c \neq 0$，作变换

$$\begin{cases} x' = -cx + (a - \lambda_1)y \\ y' = -cx + (a - \lambda_2)y \end{cases}$$

计算得

$$\begin{aligned}\dot{x}' &= -c\dot{x} + (a-\lambda_1)\dot{y} \\ &= -c(ax+by) + (a-\lambda_1)(cx+dy) \\ &= -c\lambda_1 x + (ad-bc-d\lambda_1)y \\ &= -c\lambda_1 x + \left[ad-bc-(a+d)\lambda_1+\lambda_1^2\right]y + \left(a\lambda_1-\lambda_1^2\right)y \\ &= -c\lambda_1 x + \left(a\lambda_1-\lambda_1^2\right)y \\ &= \lambda_1 x'\end{aligned}$$

同样，计算得

$$\dot{y}' = \lambda_2 y'$$

于是在新坐标变换下，式(4.1.1)化为下列变量分离了的系统

$$\dot{x}' = \lambda_1 x', \quad \dot{y}' = \lambda_2 y'$$

上面方程组的解是

$$x' = c_1\exp(\lambda_1 t), \quad y' = c_2\exp(\lambda_2 t)$$

从上面两式中消去时间t，得

$$y' = c_3|x'|^{\lambda_2/\lambda_1}$$

因为$\lambda_2/\lambda_1<0$，解曲线类似双曲线，所以除了沿坐标轴上的轨道外，其他轨道当$t\to+\infty$时都远离奇点$(0,0)$，这种奇点称为**鞍点**。不失一般性，假设$\lambda_1>0$，$\lambda_2<0$，于是当$t\to+\infty$时，有

$$x' = c_1\exp(\lambda_1 t)\to\infty, \quad c_1\neq 0$$

$$y' = c_2\exp(\lambda_2 t)\to 0$$

由此可以看出，从y'－轴上的点出发的轨道满足

$$x' = 0$$

$$y' = c_2\exp(\lambda_2 t)\to 0, \quad t\to+\infty$$

而从x'－轴上的点出发的轨道满足

$$x' = c_1\exp(\lambda_1 t)\to\infty, \quad t\to+\infty$$

$$y' = 0$$

综上所述，奇点的相图如图 4.1 所示。

从图 4.1 可以看出，从y'－轴上的点出发的轨道随着时间的增加而趋于奇点$(0,0)$，而从x'－轴上的点出发的轨道随着时间的增加而远离奇点$(0,0)$。

如果$c=0$，$b\neq 0$，只须作变换

$$\begin{cases} x' = (d-\lambda_1)x - by \\ y' = (d-\lambda_2)x - by \end{cases}$$

就可以将微分方程组(4.1.1)进行变量分离，其相图如图 4.1 所示。

(2) 稳定结点。若$q>0$，$p>0$，$p^2-4q>0$，则λ_1和λ_2是两个不同的负实根。类

似于鞍点情况，可以将式(4.1.1)化为

$$\dot{x}' = \lambda_1 x', \quad \dot{y}' = \lambda_2 y'$$

从而

$$x' = c_1 \exp(\lambda_1 t), \quad y' = c_2 \exp(\lambda_2 t)$$

从上面两式中消去t，得

$$y' = c_3 |x'|^{\lambda_2/\lambda_1}$$

因为$\lambda_2/\lambda_1 > 0$，解曲线是指数曲线，所以轨道经过点$(0,0)$且与x'－轴相切于$(0,0)$。所有的轨道当$t \to +\infty$时都趋于奇点$(0,0)$，这种奇点称为**稳定结点**。奇点的相图如图 4.2 所示。

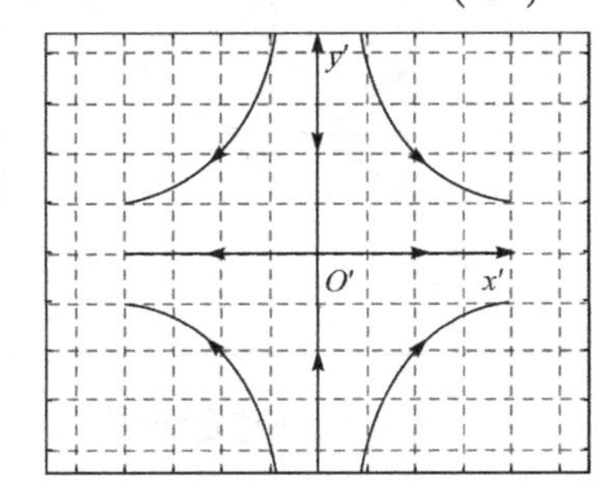

图 4.1　鞍点

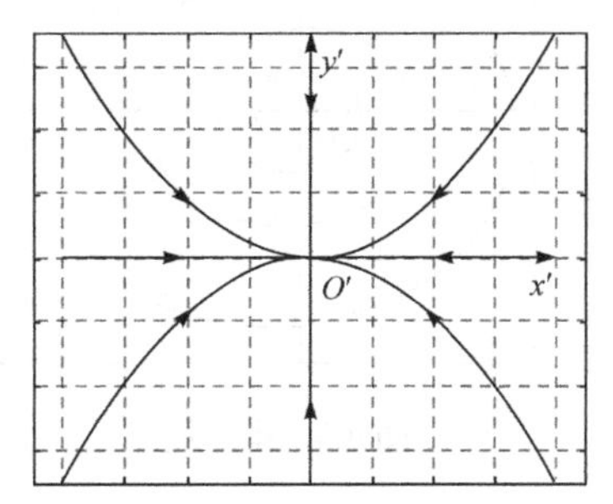

图 4.2　稳定结点

(3) 稳定焦点。若$q>0$，$p>0$，$p^2-4q<0$，则λ_1和λ_2是一对共轭复根，记$u_1=-p/2$，$u_2=\sqrt{4q-p^2}$，那么

$$\lambda_1 = u_1 + \mathrm{i}u_2, \quad \lambda_2 = u_1 - \mathrm{i}u_2$$

由线性代数知识，可将式(4.1.1)化为

$$\dot{x}' = u_1 x' + u_2 y', \quad \dot{y}' = -u_2 x' + u_1 y'$$

作极坐标变换$x' = r\cos\theta$，$y' = r\sin\theta$，则上面的方程组化为

$$\dot{r} = u_1 r, \quad \dot{\theta} = -u_2$$

上面极坐标方程的解是

$$r = r(0)\exp(u_1 t), \quad \theta = -u_2 t + \theta(0)$$

因为$u_1<0$，所以所有的轨道当$t \to +\infty$时顺时针方向螺旋式趋于奇点$(0,0)$，这种奇点称为**稳定焦点**。稳定焦点的相图如图 4.3 所示。

(4) 不稳定结点。若$q>0$，$p<0$，$p^2-4q>0$，则λ_1和λ_2同是正实根。在式(4.1.1)中以$-t$代替t，得

$$\begin{cases} \dot{x} = -ax - by \\ \dot{y} = -cx - dy \end{cases}$$

在奇点$(0,0)$的雅可比矩阵是

$$\boldsymbol{Df}(0,0)=\begin{pmatrix}-a & -b\\ -c & -d\end{pmatrix}$$

上面矩阵的特征方程为

$$\lambda^2-p\lambda+q=0$$

它有两个不同的负实根。因此，与稳定结点类似，所有的解曲线都是指数曲线，只是当$t\to+\infty$时所有的轨道都远离奇点$(0,0)$，称这种奇点为**不稳定结点**。奇点$(0,0)$的相图如图 4.4 所示。

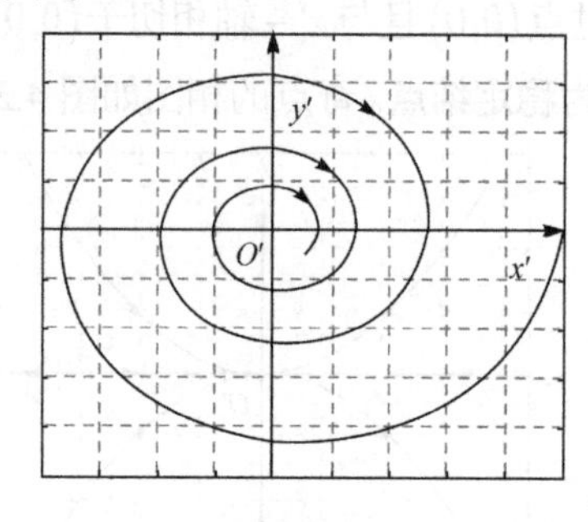

图 4.3　稳定焦点

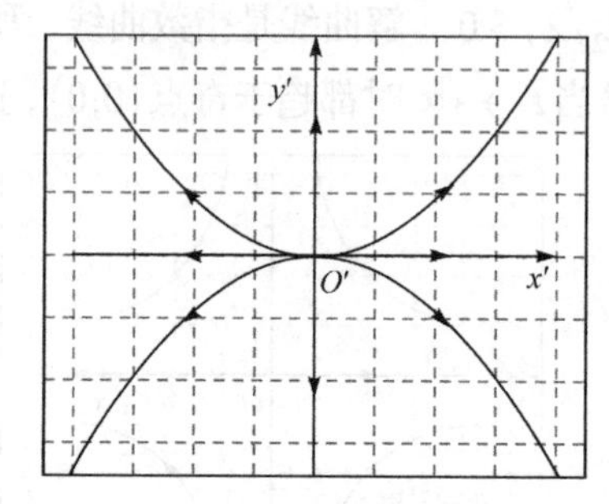

图 4.4　不稳定结点

(5) 不稳定焦点。若$q>0$，$p<0$，$p^2-4q<0$，则λ_1和λ_2是一对共轭复根，即有

$$\lambda_1=u_1+\mathrm{i}u_2,\quad \lambda_2=u_1-\mathrm{i}u_2$$

因为$u_1>0$，所以所有的轨道当$t\to+\infty$时顺时针方向螺旋式远离奇点$(0,0)$，这种奇点称为**不稳定焦点**。不稳定焦点的相图如图 4.5 所示。

(6) 中心。若$q>0$，$p=0$，则λ_1和λ_2是一对共轭根，即有

$$\lambda_1=\mathrm{i}u_2,\quad \lambda_2=-\mathrm{i}u_2$$

与稳定焦点类似，在这种情况下，式(4.1.1)化为

$$\dot{r}=0,\quad \dot{\theta}=-u_2$$

其解为

$$r=r(0),\quad \theta=-u_2t+\theta(0)$$

由此可知，所有的轨道当$t\to+\infty$时逆时针方向以奇点$(0,0)$为中心做圆周运动，这种奇点称为**中心**。中心的相图如图 4.6 所示。

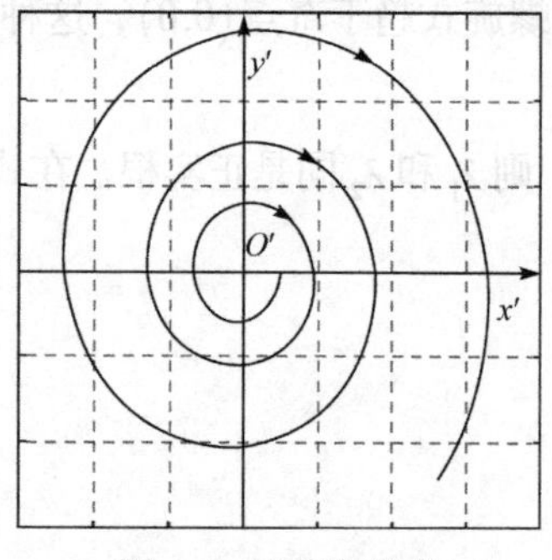

图 4.5　不稳定焦点

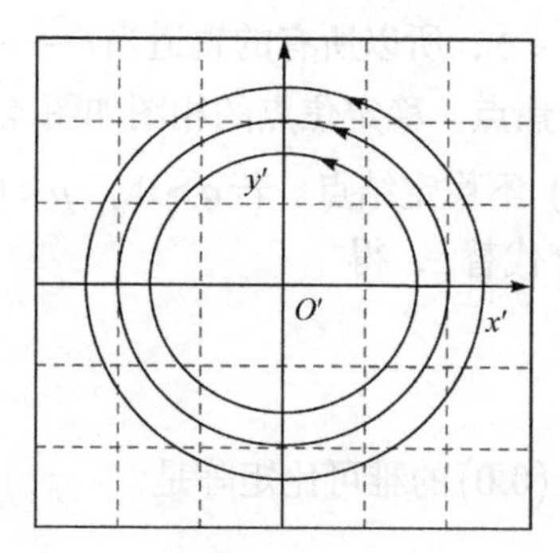

图 4.6　中心

(7) 稳定临界和退化结点。若 $q>0$， $p>0$， $p^2-4q=0$，则 $\lambda_1=\lambda_2=-p/2$ 是一个二重负根。下面分两种情况。

① 如果初等因子是单的，那么式(4.1.1)可化为

$$\dot{x}'=\lambda_1 x',\quad \dot{y}'=\lambda_1 y'$$

由此可得

$$x'=c_1\exp(\lambda_1 t),\quad y'=c_2\exp(\lambda_1 t)$$

从上面两式中消去时间 t，得

$$y'=c_3 x'$$

因此，所有的轨道当 $t\to+\infty$ 时都趋于奇点 $(0,0)$，这种奇点称为**稳定临界结点**。稳定临界结点相图如图 4.7 所示。

② 如果初等因子是二重的，那么式(4.1.1)可化为

$$\dot{x}'=\lambda_1 x',\quad \dot{y}'=\sigma x'+\lambda_1 y'$$

其解为

$$x'=c_1\exp(\lambda_1 t),\quad y'=(c_2+\sigma c_1 t)\exp(\lambda_1 t)$$

从上面两式中消去时间 t，得

$$y'=x'\left(c_3+\frac{\sigma}{\lambda_1}\ln|x'|\right)$$

显然，当 $t\to+\infty$ 时， $x'\to 0$， $y'\to 0$，而且

$$\lim_{t\to+\infty}\frac{y'}{x'}=\lim_{t\to+\infty}\left(c_3+\frac{\sigma}{\lambda_1}\ln|x'|\right)=\begin{cases}+\infty, & \sigma>0\\ -\infty, & \sigma<0\end{cases}$$

因此，所有的轨道当 $t\to+\infty$ 时都趋于奇点 $(0,0)$，并且在奇点 $(0,0)$ 处与 y'－轴相切。这种奇点称为**稳定退化结点**。稳定退化结点相图如图 4.8 所示。

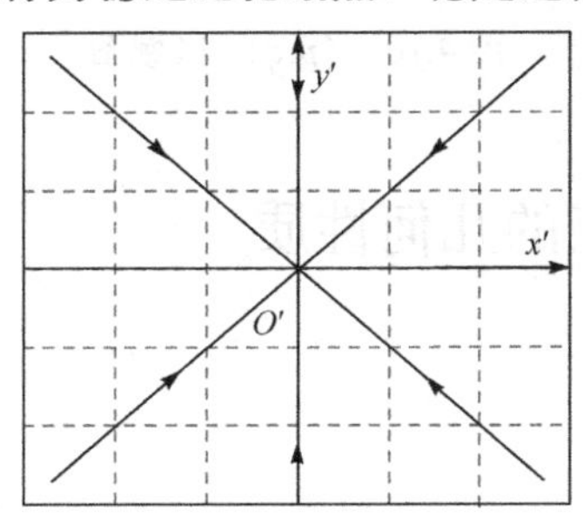

图 4.7　稳定临界结点

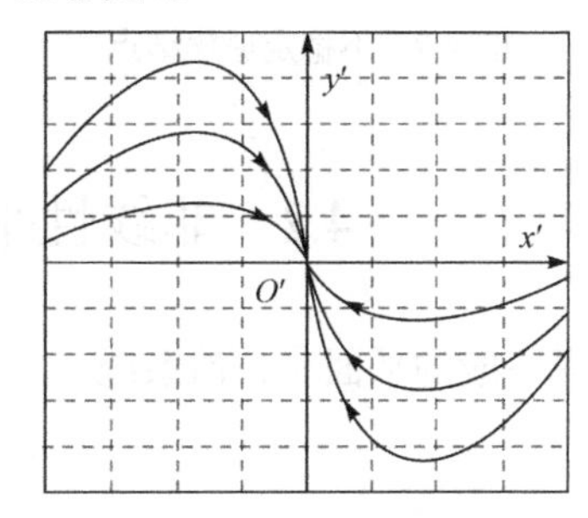

图 4.8　稳定退化结点

(8) 若 $q>0$， $p<0$， $p^2-4q=0$，这种情况与(7)类似，只是当 $t\to+\infty$ 时所有轨道远离奇点 $(0,0)$。下面也有两种情况。

① 如果初等因子是单的，所有的轨道当 $t\to+\infty$ 时远离奇点 $(0,0)$，这种奇点称为**不稳定临界结点**。不稳定临界结点相图与图 4.7 类似，但轨道的走向相反。

② 如果初等因子是二重的，所有的轨道当 $t\to+\infty$ 时都远离奇点 $(0,0)$，并且在奇点 $(0,0)$ 与 y'－轴相切。这种奇点称为**不稳定退化结点**。不稳定退化结点相图如图 4.9 所示。

(9) 若 $q=0$，有 $ad=bc$，不失一般性，假设 $c=\sigma a$，$d=\sigma b$，因此，式(4.1.1)可化为

$$\begin{cases}\dot{x}=ax+by\\ \dot{y}=\sigma(ax+by)\end{cases}$$

因此，有 $\dot{y}=\sigma\dot{x}$，从而

$$y=\sigma x+c_3$$

且

$$\dot{x}=(a+b\sigma)x+bc_3$$

不难得到

$$x=c_4\exp\left[(a+b\sigma)t\right]-\frac{bc_3}{(a+b\sigma)}$$

本书已解出了这个方程组，读者可自行画出奇点 $(0,0)$ 的相图。事实上，这个系统有无穷多个奇点，而且在奇点 $(0,0)$ 的雅可比矩阵的两个特征根是 $\lambda_1=0$ 和 $\lambda_2=-p$，因为有一个零特征根，即系统在奇点 $(0,0)$ 有中心子流形，所以其动力学行为要复杂一些。

以 (p,q) 坐标系区域图 4.10 来总结本节。

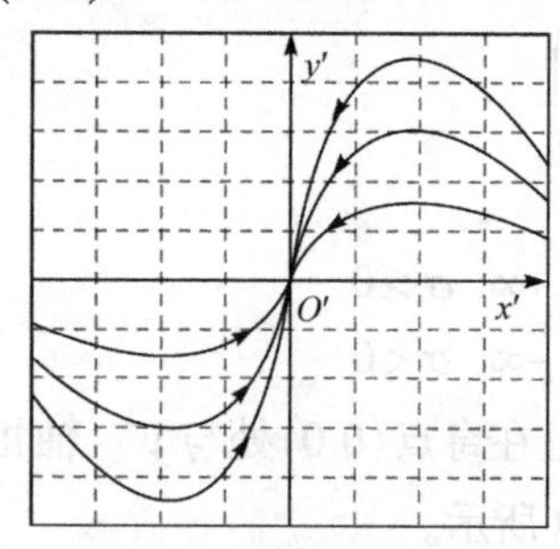

图 4.9　不稳定退化结点

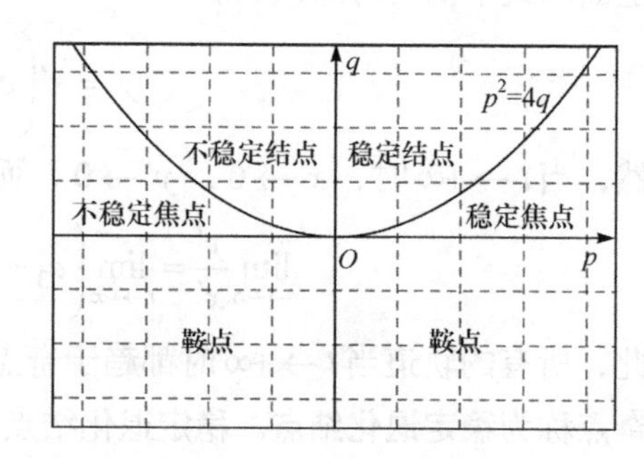

图 4.10　(p,q)－区域图

4.2　非线性平面系统奇点的几何性质

考虑一般的平面非自治系统

$$\begin{cases}\dot{x}=f(x,y)\\ \dot{y}=g(x,y)\end{cases}\tag{4.2.1}$$

假设 $(0,0)$ 是式(4.2.1)的一个奇点，即有 $f(0,0)=g(0,0)=0$。为了简单起见，假设函数 $f(x,y)$ 和 $g(x,y)$ 存在一阶偏导数，那么在奇点 $(0,0)$ 处式(4.2.1)可写为

$$\begin{cases}\dot{x}=\dfrac{\partial f}{\partial x}(0,0)x+\dfrac{\partial f}{\partial y}(0,0)y+\phi(x,y)\\ \dot{y}=\dfrac{\partial g}{\partial x}(0,0)x+\dfrac{\partial g}{\partial y}(0,0)y+\varphi(x,y)\end{cases}\tag{4.2.2}$$

式中

$$\begin{cases}\phi(x,y)=f(x,y)-\dfrac{\partial f}{\partial x}(0,0)x-\dfrac{\partial f}{\partial y}(0,0)y\\\varphi(x,y)=g(x,y)-\dfrac{\partial g}{\partial x}(0,0)x-\dfrac{\partial g}{\partial y}(0,0)y\end{cases}$$

如果函数 $f(x,y)$ 和 $g(x,y)$ 是连续可微的，那么有

$$\phi(x,y)=O\left(x^2+y^2\right),\quad \varphi(x,y)=O\left(x^2+y^2\right)$$

与第 2 章类似，这里要研究的问题是：函数 $\phi(x,y)$ 和 $\varphi(x,y)$ 满足什么样的条件，才能使式(4.2.1)在奇点的线性化方程附近的动力学行为能保留下来？为了方便起见，考虑比式(4.2.2)更一般的系统

$$\begin{cases}\dot{x}=ax+by+\phi(x,y)\\\dot{y}=cx+dy+\varphi(x,y)\end{cases}\tag{4.2.3}$$

式中，a、b、c 和 d 都是常数。为了保证 $(0,0)$ 是式(4.2.3)的奇点，要求

$$\phi(0,0)=\varphi(0,0)=0$$

式(4.2.3)是式(4.1.1)通过扰动得到的。引入以下两组条件。

条件 1： $\phi(x,y)=o(r)$，$\varphi(x,y)=o(r)$，$r=\sqrt{x^2+y^2}\to 0$。

条件 2： $\phi(x,y)$ 与 $\varphi(x,y)$ 在奇点 $(0,0)$ 的某邻域内连续可微。

注意，条件 $\phi(x,y)=O\left(x^2+y^2\right)$ 和 $\varphi(x,y)=O\left(x^2+y^2\right)$ 比条件 1 强。

下面给出一个定义。

定义 4.1　式(4.2.1)的奇点 $(0,0)$ 称为稳定(不稳定)吸引子，如果存在 $\delta>0$，使对于式(4.2.1)的任意解 $x=x(t)$，$y=y(t)$，当其初始条件满足

$$x^2(t_0)+y^2(t_0)<\delta$$

时，恒有

$$\lim_{t\to+\infty}\left[x^2(t)+y^2(t)\right]=0\left(\text{或}\lim_{t\to-\infty}\left[x^2(t)+y^2(t)\right]=0\right)$$

从几何上来讲，如果存在奇点 $(0,0)$ 的一个以 $\delta>0$ 为半径的圆，使得从圆周内任一点出发的轨道当 $t\to+\infty$ 时都趋于奇点 $(0,0)$，那么奇点 $(0,0)$ 就是稳定吸引子。显然，稳定焦点、稳定结点、稳定退化结点和稳定临界结点都是稳定吸引子。

在式(4.2.1)中以 $-t$ 代替 t，得

$$\begin{cases}\dot{x}=-f(x,y)\\\dot{y}=-g(x,y)\end{cases}\tag{4.2.4}$$

显然，$(0,0)$ 也是式(4.2.4)的一个奇点。因此，$(0,0)$ 是式(4.2.1)的一个不稳定吸引子当且仅当 $(0,0)$ 是式(4.2.4)的一个稳定吸引子。不稳定焦点、不稳定结点、不稳定退化结点和不稳定临界结点都是不稳定吸引子。

鞍点和中心既不是稳定吸引子也不是不稳定吸引子。

下面这个定理表明，在一定的条件下，稳定吸引子和不稳定吸引子是结构稳定的，亦即在一定的条件下，非线性扰动并不会改变吸引子的性质。

定理 4.1 设$(0,0)$是式(4.1.1)的一个稳定(不稳定)吸引子，且函数$\phi(x,y)$和$\varphi(x,y)$满足条件 1，且$\phi(0,0)=\varphi(0,0)=0$，那么$(0,0)$也是式(4.2.3)的一个稳定(不稳定)吸引子。

证明 当$(0,0)$是式(4.1.1)的一个稳定(不稳定)吸引子时，由 4.1 节可知

$$q=ad-bc>0,\ p=-(a+d)>0(<0)$$

为了确定式(4.2.3)的奇点$(0,0)$附近轨道的走向，构造一个正定的二次多项

$$\boldsymbol{V}(x,y)=(ad-bc)\left(x^2+y^2\right)+(ay-cx)^2+(by-dx)^2$$

显然，$\boldsymbol{V}(0,0)=0$，当$x^2+y^2\neq 0$时，$\boldsymbol{V}(x,y)>0$，且有

$$\left.\frac{\mathrm{d}\boldsymbol{V}}{\mathrm{d}t}\right|_{(4.1.1)}=2(a+d)(ad-bc)\left(x^2+y^2\right)<0(>0)$$

$$\left.\frac{\mathrm{d}\boldsymbol{V}}{\mathrm{d}t}\right|_{(4.2.3)}=2(a+d)(ad-bc)\left(x^2+y^2\right)+o\left(x^2+y^2\right)$$

因此，一定存在$\delta>0$，使得当$x^2+y^2<\delta$时，有

$$\left.\frac{\mathrm{d}\boldsymbol{V}}{\mathrm{d}t}\right|_{(4.2.3)}=2(a+d)(ad-bc)\left(x^2+y^2\right)+o\left(x^2+y^2\right)<0(>0)$$

由此可知，$(0,0)$也是式(4.2.3)的一个吸引子，且稳定性不变。

定理 4.1 说明，在条件 1 下，奇点的稳定性不变，并不能保证奇点的几何性质不变，即不能保证焦点还是焦点、结点还是结点、临界结点或退化结点还是临界结点或退化结点。事实上，条件 1 能保证焦点还是焦点，但不能保证结点还是结点、临界结点或退化结点还是临界结点或退化结点。

定理 4.2 设$(0,0)$是式(4.1.1)的一个奇点，那么下列结论成立。

(1) 若$(0,0)$是式(4.1.1)的一个稳定(不稳定)焦点，且函数$\phi(x,y)$和$\varphi(x,y)$满足条件 1，那么$(0,0)$也是式(4.2.3)的一个稳定(不稳定)焦点。

(2) 若$(0,0)$是式(4.1.1)的一个鞍点或正常结点，函数$\phi(x,y)$和$\varphi(x,y)$满足条件 1 和条件 2，那么$(0,0)$也是式(4.2.3)的一个鞍点或正常结点，且稳定性不变。

(3) 若$(0,0)$是式(4.1.1)的一个稳定(不稳定)临界结点或退化结点，且函数$\phi(x,y)$和$\varphi(x,y)$满足下列条件

$$\phi(x,y)=o\left(r^{1+\varepsilon}\right),\quad \varphi(x,y)=o\left(r^{1+\varepsilon}\right)$$

式中，$\varepsilon>0$，那么$(0,0)$也是式(4.2.3)的一个稳定(不稳定)临界结点或退化结点。

中心是十分敏感的，扰动后可以不再是中心。事实上，当奇点$(0,0)$具有中心子流形时，只要有扰动，其几何结构就会发生本质的改变。从例 3.10 可以看到，系统

$$\begin{cases}\dot{x}=x^2y-x^5\\ \dot{y}=-y+x^2\end{cases} \tag{4.2.5}$$

就是通过线性系统

$$\begin{cases}\dot{x}=0\\ \dot{y}=-y\end{cases} \tag{4.2.6}$$

加非线性扰动得来的。

式(4.2.5)只有两个奇点 $(0,0)$ 和 $(1,1)$，而式(4.2.6)有无穷多个奇点(整个 $x-$ 轴)。式(4.2.5)在奇点 $(0,0)$ 附近的几何结构如例 3.10 中图 3.23，而式(4.2.6)的任一解都是平行于 $y-$ 轴的直线。由此可以看出，非线性扰动使得式(4.2.6)在奇点 $(0,0)$ 附近的几何结构发生了本质的改变。

4.3　平面系统周期解

设 $x=x(t)$，$y=y(t)$ 是式(4.2.1)的一组解，如果存在一个固定时间 T，使得

$$x(t+T)=x(t),\quad y(t+T)=y(t) \tag{4.3.1}$$

对于所有的时间 t 成立，那么称该组解为**周期解**。从几何上来讲，周期解就是从某点出发经过时间 T 后又回到了该点的解。因此，周期解是封闭的，因而也称为**闭轨**。

满足式(4.3.1)的最小固定时间 T 称为周期解的**周期**。

周期解在工程上有许多应用。卫星飞行的轨道是二体问题的一个周期解，是一根椭圆曲线。周期解振动也是工程中经常碰到的问题。

对于高维系统，闭轨的定义与二维情形完全相同。

对于周期解来说，了解它与其附近的轨道的关系是一个基础的问题。下面举例子说明。

例 4.1　在例 3.5 中，利用极坐标变换将系统

$$\begin{cases}\dot{x}=-y+x\left[a-\left(x^2+y^2\right)\right]\\ \dot{y}=x+y\left[a-\left(x^2+y^2\right)\right]\end{cases} \tag{4.3.2}$$

变为

$$\begin{cases}\dot{r}=r\left(a-r^2\right)\\ \dot{\theta}=1\end{cases} \tag{4.3.3}$$

从式(4.3.3)可以看出，如果 $a>0$，$x^2+y^2=r^2=a$ 就是一个以 2π 为周期的闭轨。根据式(4.3.3)的第一个方程可以得到，从圆周内除奇点外的任一点出发的解满足 $\dot{r}=r\left(a-r^2\right)>0$，即 $r(t)$ 在圆周 $x^2+y^2=a$ 内是严格单调递增的。由微分方程解的存在唯一性定理，从圆周内除奇点外的任一点出发的解当 $t\to+\infty$ 时趋于该圆周。类似地，从圆周外任一点出发的解满足 $\dot{r}=r\left(a-r^2\right)<0$，即 $r(t)$ 在圆周 $x^2+y^2=a$ 外是严格单调递减的。

从而圆周外任一点出发的解当 $t \to +\infty$ 时也趋于该圆周。综上所述，式(4.3.2)只有唯一孤立的闭轨 $x^2+y^2=a$。从图中可以看出，孤立的闭轨 $x^2+y^2=a$ 是由于圆周内的轨道当 $t \to +\infty$ 时远离奇点与圆周外的轨道当 $t \to +\infty$ 时趋于奇点相互作用的结果(图 1.9)。

例 4.1 说明可以按闭轨附近轨道的走向进行分类。

定义 4.2　设 $x=x(t)$，$y=y(t)$ 是式(4.2.1)的一条闭轨，如果从闭轨内部闭轨附近的任意点出发的轨道当 $t \to +\infty$ 时趋于该闭轨，那么称这条闭轨是**内侧稳定的**，否则就称为**内侧不稳定的**。如果从闭轨外部闭轨附近的任意点出发的轨道当 $t \to +\infty$ 时趋于该闭轨，那么称这条闭轨是**外侧稳定的**，否则就称为**外侧不稳定的**。内侧和外侧都稳定的闭轨称为**稳定极限环**。内侧和外侧都不稳定的闭轨称为不**稳定极限环**。只有一侧稳定的闭轨称为**半稳定极限环**。这些定义的几何解析如图 1.9～图 1.12 所示。

例 4.1 中的孤立的闭轨 $x^2+y^2=a$ 是稳定极限环。类似地，如果 $a>0$，下列系统只有唯一的一个闭轨，并且是不稳定极限环

$$\begin{cases}\dot{x}=-y+x\left(x^2+y^2-a\right)\\ \dot{y}=x+y\left(x^2+y^2-a\right)\end{cases}$$

例 4.2　考虑平面系统

$$\begin{cases}\dot{x}=-y+x\left(1-r^2\right)\left(2-r^2\right)\cdots\left(n-r^2\right)\\ \dot{y}=x+y\left(1-r^2\right)\left(2-r^2\right)\cdots\left(n-r^2\right)\end{cases} \tag{4.3.4}$$

式中，$r^2=x^2+y^2$，n 是整数。在极坐标系统下，式(4.3.4)可以化为

$$\begin{cases}\dot{r}=r^2\left(1-r^2\right)\left(2-r^2\right)\cdots\left(n-r^2\right)\\ \dot{\theta}=1\end{cases}$$

由此可知，系统(4.3.4)有 n 个闭轨

$$x^2+y^2=r^2=i,\ i=1,2,\cdots,n$$

记 $S_i=\left\{(x,y)\,|\,x^2+y^2=i\right\}\ (i=1,2,\cdots,n)$ 是第 i 个闭轨，那么在环形区域 $D_i=\{(x,y)\,|\,i<x^2+y^2=r^2=i+1, 0\leqslant i\leqslant n-1\}$ 内，有

$$\dot{r}=(-1)^i r^2\left|\left(1-r^2\right)\left(2-r^2\right)\cdots\left(n-r^2\right)\right|$$

因此，如果 i 是奇数，那么在 D_i 内，$\dot{r}<0$，从而 S_i 是外侧稳定的，而 S_{i+1} 内侧不稳定的，并且在 D_i 内没有其他闭轨。同样，如果 i 是偶数，那么在 D_i 内，$\dot{r}>0$，从而 S_i 是外侧不稳定的，而 S_{i+1} 是内侧稳定的，并且在 D_i 内没有其他闭轨。

同样，可以证明，式(4.3.4)在区域 $D=\left\{(x,y)\,|\,x^2+y^2>n\right\}$ 内没有闭轨，在 S_i 和 S_{i+1} 之间也没有闭轨。综上所述，式(4.3.4)只有 n 个闭轨，并且都是半稳定极限环。n 个闭轨将平面划分 n 个互不相交的区域，每个区域都是解的不变子流形。

极限环的稳定性在工程上有重要的应用。卫星飞行的轨道是平面椭圆曲线，如果它

是稳定的极限环，这就表明，如果卫星受到外部干扰而偏离了原来的轨道，在外部干扰撤除后卫星将回复到原来的轨道。稳定轨道并不影响卫星的使用寿命。

例 4.1 和例 4.2 中的微分方程组可以精确求解出来。然而，对于不能精确求解的平面系统，怎样确定其存在闭轨呢？庞加莱-本迪克松环域(Poincare-Bendixson)定理提供了一个不必解方程就可判断闭轨的存在性的方法。

定理 4.3(庞加莱-本迪克松环域定理)　设 D 是两条单闭曲线(不自相交) l_1 和 l_2 所围成的环域，并且在 D 内无奇点，又当时间 t 增加时，从 l_1 和 l_2 上的点出发的式(4.2.1)的轨道都进入区域 D (或都离开区域 D)，则在区域 D 内存在式(4.2.1)的介于 l_1 与 l_2 之间闭轨 l。

为了方便起见，称 l_1 为区域 D 的**内境界线**，称 l_2 为区域 D 的**外境界线**。这个定理的几何解析见图 4.11 和图 4.12。

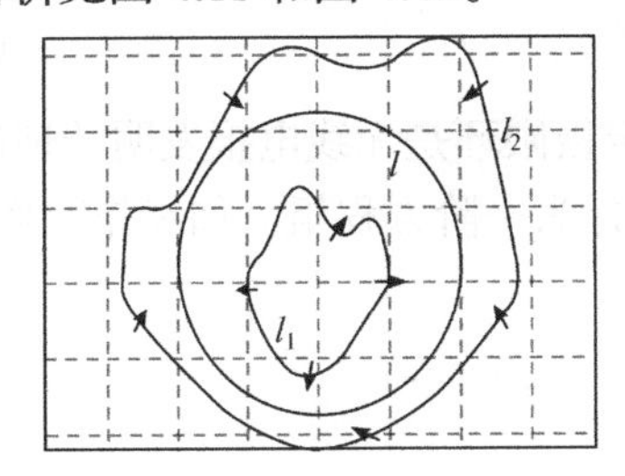

图 4.11　稳定闭轨

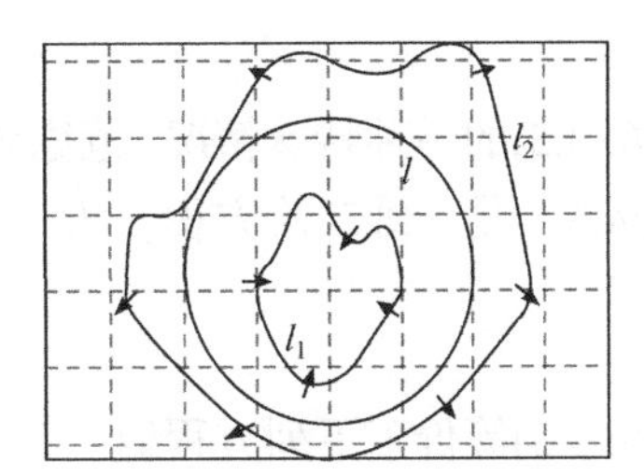

图 4.12　不稳定闭轨

如果在 l_1 和 l_2 上有有限条式(4.2.1)的轨道与它们相切，定理仍然成立。然而，例 4.2 说明，如果有无限多条式(4.2.1)的轨道与 l_1 和 l_2 相切，定理 4.3 不成立。区域 D 的内境界线 l_1 可以退化为一个奇点。

定理 4.3 的证明可以在许多微分方程教材上找到，不在此给出。

应用定理 4.3 的关键是判断式(4.2.1)的轨道在区域 D 的边界上的走向。适当地构造区域 D，其实就是要适当地构造内境界线 l_1 和外境界线 l_2。

例 4.3　用庞加莱-本迪克松环域定理，证明如果 $a>0$，那么二维微分方程组(4.3.2)存在一个闭轨。构造内境界线 l_1 如下

$$l_1: x^2+y^2=r_1^2, r_1^2<a$$

外境界线 l_2 如下

$$l_2: x^2+y^2=r_2^2, r_2^2>a$$

接下来利用能量函数来判断式(4.3.2)的轨道在 l_1 和 l_2 上的走向。构造正定函数

$$V(x,y)=\frac{1}{2}\left(x^2+y^2\right)$$

直接计算得

$$\left.\frac{\mathrm{d}V}{\mathrm{d}t}\right|_{(4.3.2)}=\left(x^2+y^2\right)\left[a-\left(x^2+y^2\right)\right]$$

因此

$$\left.\frac{\mathrm{d}V}{\mathrm{d}t}\right|_{l_1}>0,\ \left.\frac{\mathrm{d}V}{\mathrm{d}t}\right|_{l_2}<0$$

上式说明，当$t\to+\infty$时，式(4.3.2)的过l_1和l_2上的点的轨道都进入由l_1和l_2围成的区域，因此，存在l_1与l_2之间的一条闭轨。由于r_1和r_2的任意性，式(4.3.2)只有唯一闭轨，因此，该闭轨是稳定极限环。

还有一种构造内外境界线的方法：李纳(Lienard)作图法。下面举例介绍这种方法。

工程上经常见到的李纳方程如下：

$$\ddot{x}+f(x)\dot{x}+g(x)=0 \tag{4.3.5}$$

描述无线电波振荡的范德波尔方程

$$\ddot{x}+\left(x^2-1\right)\dot{x}+x=0 \tag{4.3.6}$$

就是式(4.3.5)的一种特殊情况。范德波尔方程存在稳定极限环是无线电报发明的理论基础。

式(4.3.5)是一维二阶方程，为了方便起见，将其化为一阶方程组。如果作变换

$$\dot{x}=y-\int_0^x f(x)\mathrm{d}x$$

那么式(4.3.5)等价于下列方程组

$$\begin{cases}\dot{x}=y-F(x)\\ \dot{y}=-g(x)\end{cases} \tag{4.3.7}$$

式中，$F(x)=\int_0^x f(x)\mathrm{d}x$。

下面以$g(x)=x$为例介绍李纳作图法。此时，式(4.3.7)变为

$$\begin{cases}\dot{x}=y-F(x)\\ \dot{y}=-x\end{cases} \tag{4.3.8}$$

式(4.3.8)表明，过点$P(x,y)$的轨道的切线方向是$\left(y-F(x),-x\right)$，切线的斜率是

$$k=\tan\theta=-\frac{x}{y-F(x)}$$

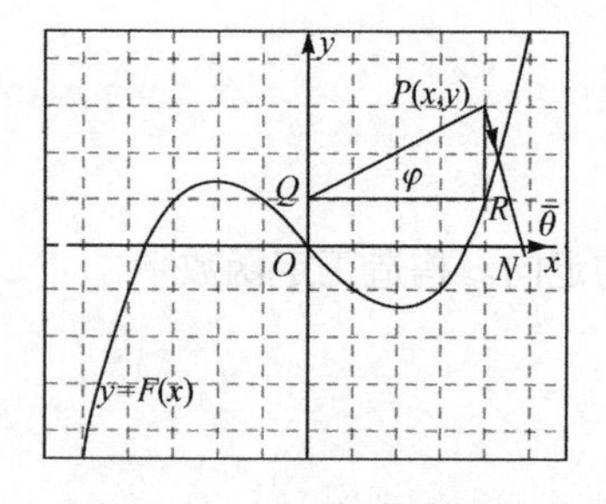

图 4.13　过P点的切线方向

但是仍然不知道切线方向在平面上的具体走向。接下来的目的就是在平面上画出切线具体走向。分以下几步来进行。

(1) 画出函数$y=F(x)$的图像如图 4.13 所示。

(2) $P(x,y)$是平面上任一点，过点P作$PR\parallel y-$轴，交曲线$y=F(x)$于点$R(x,F(x))$。

(3) 过点$R(x,F(x))$作$QR\parallel x-$轴，交$y-$轴于点$Q(0,F(x))$。

(4) 连接PQ，过点P作PQ的垂直线PN，交$x-$轴于点N，那么过点P的轨道的切线方向就在直线PN上。这是因为

$$\tan\varphi=\frac{y-F(x)}{x}$$

$$\tan\bar{\theta}=\tan\left(\frac{\pi}{2}+\varphi\right)=-\cot\varphi=-\frac{1}{\tan\varphi}=-\frac{x}{y-F(x)}=\tan\theta$$

(5) 如果点 P 在第一、第四象限，因为 $\dot{y}=-x<0$，所以切线指向向下；如果点 P 在第二、第三象限，因为 $\dot{y}=-x>0$，所以切线指向向上。

综上所述，用这种方法能完全确定式(4.3.8)过任一点的轨道的切线的走向。这种方法称为李纳作图法。

例 4.4　显然范德波尔方程等价于平面系统

$$\begin{cases}\dot{x}=y-\left(\dfrac{x^3}{3}-x\right)\\ \dot{y}=-x\end{cases}\tag{4.3.9}$$

证明式(4.3.9)存在闭轨。

证明　先作内境界线 l_1。有两种方法：奇点法和能量函数法。

(1) 奇点法。显然 $(0,0)$ 是式(4.3.9)的一个奇点，在 $(0,0)$ 处的雅可比矩阵是

$$\begin{pmatrix}1 & 1\\ -1 & 0\end{pmatrix}$$

上面矩阵的特征根是

$$\lambda_1=\frac{1}{2}+\frac{\sqrt{3}}{2}\mathrm{i},\quad \lambda_2=\frac{1}{2}-\frac{\sqrt{3}}{2}\mathrm{i}$$

因此 $(0,0)$ 是不稳定焦点，从 $(0,0)$ 附近的点出发的轨道随着时间的增加远离 $(0,0)$。由此可以选取内境界线 l_1 就是不稳定焦点 $(0,0)$。

(2) 能量函数法。构造函数

$$V(x,y)=\frac{1}{2}\left(x^2+y^2\right)$$

那么

$$\left.\frac{\mathrm{d}V}{\mathrm{d}t}\right|_{(4.3.9)}=x^2\left(1-\frac{x^2}{3}\right)\tag{4.3.10}$$

显然，当 $|x|<\sqrt{3}$ 时，$\left.\dfrac{\mathrm{d}V}{\mathrm{d}t}\right|_{(4.3.9)}=x^2\left(1-\dfrac{x^2}{3}\right)\geqslant 0$，仅在三个点 $x=-\sqrt{3}$、$x=0$ 和 $x=\sqrt{3}$ 等于零。因此，构造内境界线 l_1 如下

$$l_1: x^2+y^2=c^2,\quad 0<c<\sqrt{3}$$

l_1 是一个以 $(0,0)$ 为圆心、c 为半径的圆周。由式(4.3.10)可知，式(4.3.9)过 l_1 上的轨道除了在点 $x=-\sqrt{3}$、$x=0$ 和 $x=\sqrt{3}$ 相切外，其余轨道随着时间的增加都是从 l_1 的内部走向 l_1 的外部。

其次，构造外境界线 l_2。如图 4.14 所示，作外境界线 l_2 如下

$$l_2=\widehat{AB}\cup\overline{BC}\cup\widehat{CD}\cup\widehat{DE}\cup\overline{EF}\cup\widehat{FA}$$

式中，$\widehat{AB}$和$\widehat{CD}$是以$O_1(0,-2/3)$为圆心的圆弧，它们的半径分别是$x_1+4/3$和$x_1>0$，而$P_1(1,-2/3)$是曲线$y=x^3/3-x$的极小点，直线段$\overline{BC}$的方程是$x=x_1$，$\widehat{DE}$、$\overline{EF}$和$\widehat{FA}$分别与$\widehat{AB}$、$\overline{BC}$和$\widehat{CD}$关于原点对称。接下来分几步说明。

① 当x_1充分大时，B点在曲线$y=x^3/3-x$的下方。因为直线$x=x_1$与圆

$$x^2+(y+2/3)=(x_1+3/4)^2$$

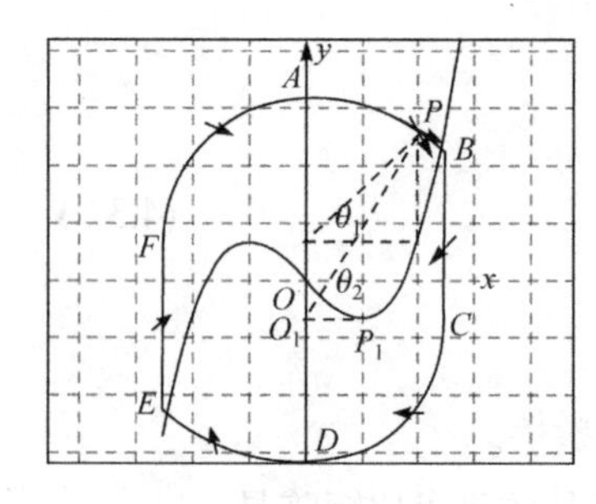

图 4.14　外境界线

在第一象限的交点的纵坐标

$$y=-\frac{2}{3}+\sqrt{\frac{8}{3}x_1+\frac{16}{9}}<\frac{x_1^3}{3}-x_1,\quad 当x_1足够大时$$

② 判断从$\widehat{AB}$上的点出发的轨道在该点的切向。连接O_1P，如图 4.14 所示，有$\theta_1<\theta_2$，因此，过点P的轨道只能从外向里穿。

③ 判断从$\overline{BC}$上的点出发的轨道在该点的切向。$\overline{BC}$在曲线$y=x^3/3-x$的下方，并在右半平面，于是

$$\begin{cases}\dot{x}|_{\overline{BC}}=y-\left(\dfrac{x^3}{3}-x\right)<0\\ \dot{y}|_{\overline{BC}}=-x<0\end{cases}$$

因此，从$\overline{BC}$上的点出发的轨道当时间增加时，都是从右向左穿过$\overline{BC}$。

④ 类似于②可判断从$\widehat{CD}$上的点出发的轨道的走向。

⑤ 由对称性可确定过左边$\widehat{DE}$、$\overline{EF}$和$\widehat{FA}$的点的轨道的走向。

综上所述，由庞加莱-本迪克松环域定理可知，系统(4.3.9)至少存在一根闭轨。

平面系统极限环存在性是数学上的一个难题。庞加莱-本迪克松环域定理是证明极限环存在的一个有效方法，但应用起来还是有难度的，对于一般的平面系统仍无能为力。

接下来介绍两个证明极限环不存在的定理。

定理 4.4(庞加莱-本迪克松切性曲线法)　设$F(x,y)=c$为一曲线族，且$F(x,y)$是连续可微函数及

$$\left.\frac{\mathrm{d}F}{\mathrm{d}t}\right|_{(4.2.1)}=\frac{\partial F}{\partial x}\dot{x}+\frac{\partial F}{\partial y}\dot{y}=f\frac{\partial F}{\partial x}+g\frac{\partial F}{\partial y}$$

在区域G内保持常号，还有

$$f\frac{\partial F}{\partial x}+g\frac{\partial F}{\partial y}$$

不含式(4.2.1)的整条轨道，则式(4.2.1)在G内无闭轨。

证明　用反证法。假设式(4.2.1)在G内有闭轨l，对函数

$$f\frac{\partial F}{\partial x}+g\frac{\partial F}{\partial y}$$

按时间增加的方向沿着l一周积分，得

$$\oint_l \left(f\frac{\partial F}{\partial x} + g\frac{\partial F}{\partial y} \right) \mathrm{d}t = \oint_l \frac{\mathrm{d}F}{\mathrm{d}t} \mathrm{d}t$$

显然上式右边为零，但左边不为零，矛盾。

定理 4.5(本迪克松-迪拉克定理)　设G是单连通区域，$f(x,y)$和$g(x,y)$是区域G上的连续可微函数，并存在G上的连续可微函数$B(x,y)$使得

$$\frac{\partial(Bf)}{\partial x} + \frac{\partial(Bg)}{\partial y}$$

在G中保持常号，且不在G的任何子区域中恒为零，则式(4.2.1)在G中不存在闭轨。

证明　用反证法。假设式(4.2.1)在G内有闭轨l，设D是由闭轨l围成的区域，由格林公式得

$$\oint_l Bf\mathrm{d}y - Bg\mathrm{d}x = \iint_D \left[\frac{\partial(Bf)}{\partial x} + \frac{\partial(Bg)}{\partial y} \right] \mathrm{d}x\mathrm{d}y$$

因在闭轨l上处处有$f\mathrm{d}y = g\mathrm{d}x$，所以上式左边为零，但右边不为零，矛盾。

例 4.5　证明平面系统

$$\begin{cases} \dot{x} = P(x,y) = -y + lx + mxy + ny^2 \\ \dot{y} = Q(x,y) = x \end{cases}$$

当$ml \neq 0$，$n = 0$时，不存在闭轨。

证明　取迪拉克函数

$$B(x,y) = \exp\left(mx - 2y - \frac{m^2}{2} y^2 \right)$$

容易计算得

$$\frac{\partial(BP)}{\partial x} + \frac{\partial(BQ)}{\partial y} = mlx^2 \exp\left(mx - 2y - \frac{m^2}{2} y^2 \right)$$

因$ml \neq 0$，上式除在直线$x = 0$上的点外，在全平面保持常号，因而在整个平面上不存在闭轨。

思　考　题

4-1　画出平面系统

$$\begin{cases} \dot{x} = x + \mathrm{e}^y - \cos y \\ \dot{y} = \sin x - \sin y \end{cases}$$

在原点附近的相图。

4-2　考虑平面系统

$$\begin{cases}\dot{x}=y\\ \dot{y}=-x+y\left(1-x^2-2y^2\right)\end{cases}$$

试用能量函数法证明该系统至少存在一个闭轨。

4-3　证明当$\delta\neq 0$时，系统

$$\ddot{x}+\delta\dot{x}-\beta x+x^2=0$$

无周期解。

4-4　证明系统

$$\begin{cases}\dot{x}=-y+x\left(\mu+x^2+y^2\right)\\ \dot{y}=x+y\left(\mu+x^2+y^2\right)\end{cases}$$

当$\mu<0$时存在唯一不稳定极限环。

第5章　同缩轨、异缩轨、庞加莱映射及其应用

同缩轨和异缩轨是微分方程组的两种联系到奇点的特殊轨道，也是引起分叉和混沌的两个基本因素。同缩轨、异缩轨和异缩圈是结构不稳定的，也就是说在扰动下这些因素的性质会改变，如同缩轨和异缩圈会破裂，同缩轨会变成异缩轨，这就会使系统产生十分复杂的动力学行为，如同缩轨和异缩圈破裂会导致混沌。同缩轨和异缩轨是由奇点的稳定子流形和不稳定子流形决定的，即它们是稳定子流形和不稳定子流形中的解。庞加莱-本迪克松环域定理为判断平面系统闭轨存在性提供了一个方法。然而，庞加莱-本迪克松环域定理不能推广到三维以上的系统，庞加莱映射就是由此产生的。

5.1　同缩轨和异缩轨的定义

第3章的不变流形和中心流形定理说明，稳定子流形中的轨道当时间增加时趋于奇点，不稳定子流形中的轨道当时间增加时远离奇点。事实上，在自治系统(2.1.12)中以 $-t$ 代 t 替得

$$\dot{\boldsymbol{x}}=-\boldsymbol{f}(\boldsymbol{x}) \tag{5.1.1}$$

式(5.1.1)与式(2.1.12)有相同的奇点，只是式(2.1.12)不稳定子流形变成了式(5.1.1)的稳定子流形，式(2.1.12)的稳定子流形变成了式(5.1.1)的不稳定子流形。因此，式(2.1.12)的不稳定子流形中的轨道当 $t\to-\infty$ 时趋于奇点。这与稳定子流形中的轨道当 $t\to+\infty$ 时趋于奇点对应起来。

设 $\boldsymbol{x}_0$ 是自治系统(2.1.12)的奇点，式(2.1.12)在奇点 $\boldsymbol{x}_0$ 的稳定子流形记为 $W^s(\boldsymbol{x}_0)$，不稳定子流形记为 $W^u(\boldsymbol{x}_0)$。

定义 5.1　设 $\boldsymbol{x}_0$ 是自治系统(2.1.12)的奇点，如果 $W^s(\boldsymbol{x}_0)=W^u(\boldsymbol{x}_0)$，则称 $W^s(\boldsymbol{x}_0)=W^u(\boldsymbol{x}_0)$ 中的轨道为**同缩轨**。

根据前面的说明，对于 $W^s(\boldsymbol{x}_0)=W^u(\boldsymbol{x}_0)$ 中的任一条同缩轨 $\boldsymbol{x}_{hm}(t)$，有

$$\lim_{t\to+\infty}\boldsymbol{x}_{hm}(t)=\boldsymbol{x}_0,\quad \lim_{t\to-\infty}\boldsymbol{x}_{hm}(t)=\boldsymbol{x}_0$$

上式表明，平面上的同缩轨与奇点 $\boldsymbol{x}_0$ 构成一根封闭曲线，这一封闭曲线称为**奇异闭轨**(图5.1)。之所以称为奇异闭轨，是因为它是由式(2.1.11)的两个解构成的：与时无关的解 $\boldsymbol{x}_0$ 和同缩轨 $\boldsymbol{x}_{hm}(t)$。

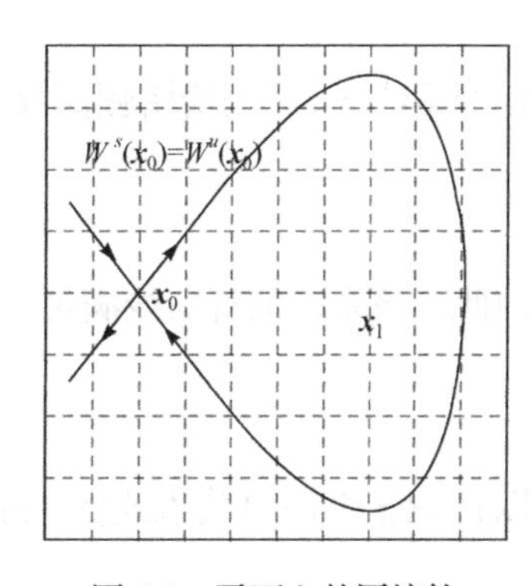

图5.1　平面上的同缩轨

例 3.8 已求出了系统

$$\begin{cases}\dot{x}=y\\ \dot{y}=x-x^3\end{cases}$$

在奇点$(0,0)$的稳定子流和不稳定子流如下

$$W^s(0,0)=W^u(0,0)=\left\{(x,y)\in\mathbf{R}^2\,\middle|\,y^2-x^2+\frac{1}{2}x^4=0\right\}$$

例 3.8 中画出的曲线$y^2-x^2+\frac{1}{2}x^4=0$的图像表明该系统有两根同缩轨。两根同缩轨将平面分为三个互不相交的区域，两根同缩轨的内部区域各有一个中心(图 3.19)。

定义 5.2 设$\boldsymbol{x}_1$和$\boldsymbol{x}_2$是自治系统(2.1.12)的两个不同的奇点，若$W^s(\boldsymbol{x}_1)=W^u(\boldsymbol{x}_2)$，则称$W^s(\boldsymbol{x}_1)=W^u(\boldsymbol{x}_2)$中的轨道为**异缩轨**。

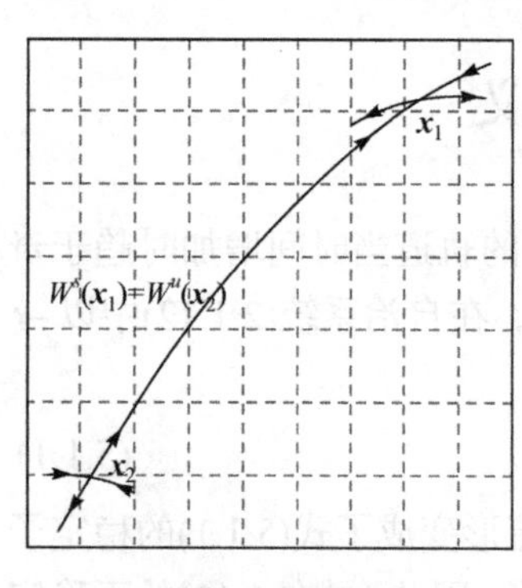

图 5.2 异缩轨

异缩轨的几何解释如图 5.2 所示。

对于$W^s(\boldsymbol{x}_1)=W^u(\boldsymbol{x}_2)$中的任一条异缩轨$\boldsymbol{x}_{ht}(t)$，有

$$\lim_{t\to+\infty}\boldsymbol{x}_{ht}(t)=\boldsymbol{x}_1,\quad \lim_{t\to-\infty}\boldsymbol{x}_{ht}(t)=\boldsymbol{x}_2$$

上式表明，异缩轨$\boldsymbol{x}_{ht}(t)$是连接两个奇点的曲线段。

例 5.1 考虑单摆运动方程

$$\ddot{\theta}=-\sin\theta$$

它等价于平面系统

$$\begin{cases}\dot{\theta}=v\\ \dot{v}=-\sin\theta\end{cases}\tag{5.1.2}$$

在区间$[-\pi,\pi]$内，$(-\pi,0)$、$(0,0)$和$(\pi,0)$是式(5.1.2)的三个奇点，其中$(-\pi,0)$和$(\pi,0)$是两个鞍点，而$(0,0)$是中心。

解偏微分方程组

$$\frac{\partial H}{\partial v}=v,\quad \frac{\partial H}{\partial\theta}=\sin\theta$$

得到系统(5.1.2)的哈密顿函数

$$H=\frac{1}{2}v^2-\cos\theta$$

因此，该系统的解曲线满足

$$\frac{1}{2}v^2-\cos\theta=c\tag{5.1.3}$$

以$\theta=\pm\pi$和$v=0$代入式(5.1.3)得$c=1$。从而异缩轨必须满足

$$\frac{1}{2}v^2-\cos\theta=1$$

由此可得

$$v = \pm\sqrt{2(1+\cos\theta)} \tag{5.1.4}$$

为了画出两条异缩轨，要确定两个鞍点$(-\pi,0)$和$(\pi,0)$的稳定子流形和不稳定子流形的走向。对于奇点$(\pi,0)$，容易求得

$$\mathbf{E}_{\pi}^{s} = \{(\theta,v) \mid v = \pi - \theta\},\quad \mathbf{E}_{\pi}^{u} = \{(\theta,v) \mid v = \theta - \pi\}$$

类似地，可以确定鞍点$(-\pi,0)$的稳定子流形和不稳定子流形的走向。于是画出两条异缩轨的图像如图 5.3 所示。

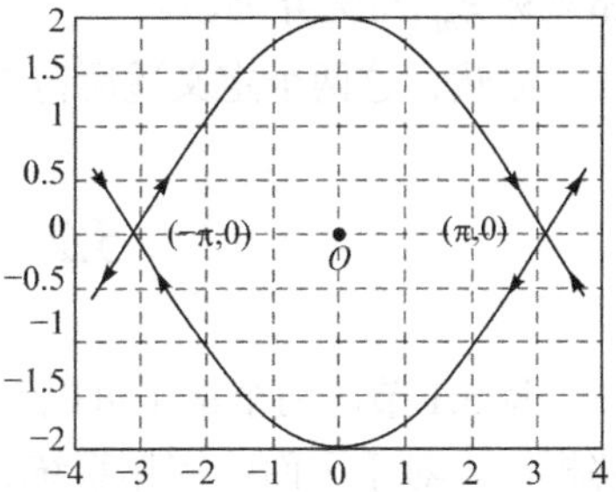

图 5.3　两条异缩轨

很容易求出两条异缩轨关于时间的表达式。由式(5.1.4)，有

$$\dot{\theta} = \pm\sqrt{2(1+\cos\theta)}$$

上式可化为

$$\frac{\mathrm{d}\theta}{\sqrt{2(1+\cos\theta)}} = \pm\mathrm{d}t$$

利用$1+\cos\theta = 2\cos\dfrac{\theta}{2}$，上式可写为

$$\frac{\mathrm{d}\theta}{\cos\dfrac{\theta}{2}} = \pm 2\mathrm{d}t$$

两边积分得

$$\frac{1}{2}\ln\left(\frac{1+\sin\dfrac{\theta}{2}}{1+\sin\dfrac{\theta}{2}}\right) = \pm t + c$$

取$c=0$(因为不同的c只相当于同一轨道的时间平移了c个单位)，由上式得

$$\sin\frac{\theta}{2} = \frac{\mathrm{e}^{\pm 2t}-1}{\mathrm{e}^{\pm 2t}+1} = \tanh(\pm t)$$

于是上半平面内异缩轨关于时间的表达式为

$$\theta_{+}(t) = 2\arcsin(\tanh t),\quad v_{+}(t) = 2\operatorname{sech} t$$

而下半平面内异缩轨关于时间的表达式为

$$\theta_{-}(t) = 2\arcsin(\tanh(-t)),\quad v_{-}(t) = -2\operatorname{sech} t$$

定义 5.1 和定义 5.2 都是利用了稳定子流形和不稳定子流形，是否可以不基于稳定子流形和不稳定子流形定义同缩轨和异缩轨呢？下面的定义表明是可以的。

定义 5.3 设 $\boldsymbol{x}_0$ 是自治系统(2.1.12)的奇点，如果式(2.1.12)的轨道 $\boldsymbol{x}_{hm}(t)$ 满足

$$\lim_{t\to+\infty}\boldsymbol{x}_{hm}(t)=\boldsymbol{x}_0,\quad \lim_{t\to-\infty}\boldsymbol{x}_{hm}(t)=\boldsymbol{x}_0$$

那么称 $\boldsymbol{x}_{hm}(t)$ 为同缩轨。

定义 5.4 设 $\boldsymbol{x}_1$ 和 $\boldsymbol{x}_2$ 是自治系统(2.1.12)的两个不同的奇点，如果式(2.1.12)的轨道 $\boldsymbol{x}_{ht}(t)$ 满足

$$\lim_{t\to+\infty}\boldsymbol{x}_{ht}(t)=\boldsymbol{x}_1,\quad \lim_{t\to-\infty}\boldsymbol{x}_{ht}(t)=\boldsymbol{x}_2$$

那么称 $\boldsymbol{x}_{ht}(t)$ 为异缩轨。

显然，这两个定义适用范围更广。

5.2 同缩轨和异缩轨的计算

从 5.1 节的两个例子可以看出，要计算同缩轨和异缩轨，必须要求出所考虑的系统的解析解。对于平面哈密顿系统，由于哈密顿函数是首次积分，求出了系统的解析解，因此，容易求出系统的同缩轨和异缩轨。对于高维系统，如果能求出系统足够多的守恒量，也能求出其同缩轨和异缩轨。

例 5.2 例 2.20 中求出了刚体运动方程

$$\dot{x}=\left(\frac{1}{I_z}-\frac{1}{I_y}\right)yz,\quad \dot{y}=\left(\frac{1}{I_x}-\frac{1}{I_z}\right)xz,\quad \dot{z}=\left(\frac{1}{I_y}-\frac{1}{I_x}\right)xy \tag{5.2.1}$$

的两个守恒量

$$x^2+y^2+z^2=c_1,\quad \frac{1}{I_x}x^2+\frac{1}{I_y}y^2+\frac{1}{I_z}z^2=c_2$$

假设 $I_x<I_y<I_z$，$(0,1,0)$ 是它的一个奇点。如果存在过 $(0,1,0)$ 的同缩轨(奇异闭轨)，那么由上面两个守恒量得 $c_1=1$ 及 $c_2=1/I_y$，于是同缩轨满足

$$x^2+y^2+z^2=1,\quad \frac{1}{I_x}x^2+\frac{1}{I_y}y^2+\frac{1}{I_z}z^2=\frac{1}{I_y}$$

由此可得

$$x=kz,\quad y=\pm\sqrt{1-\left(1+k^2\right)z^2} \tag{5.2.2}$$

式中，$k=\pm\sqrt{\dfrac{I_x\left(I_z-I_y\right)}{I_z\left(I_y-I_x\right)}}$。因为当 $t\to\pm\infty$ 时，$z\to0$，而 $y\to1$，所以式(5.2.2)中的第二个方程右边只能取正号。于是

$$x=kz,\quad y=\sqrt{1-\left(1+k^2\right)z^2} \tag{5.2.3}$$

以式(5.2.3)代入式(5.2.1)的第三个方程得

$$\dot{z} = hz\sqrt{1-\left(1+k^2\right)z^2}$$

式中，$h=-\left(\dfrac{I_y - I_x}{I_x I_y}\right)k$。上式可以化为

$$\frac{\mathrm{d}\left(z^2\right)}{z^2\sqrt{1-\left(1+k^2\right)z^2}} = 2h\mathrm{d}t$$

积分上式得到

$$z(t) = \pm\frac{1}{\sqrt{1+k^2}}\operatorname{sech}(2ht)$$

因此，得到系统(5.2.1)在奇点$(0,1,0)$有四根同缩轨

$$\begin{cases} x(t) = \pm\dfrac{k}{\sqrt{1+k^2}}\operatorname{sech}(2ht) \\ y(t) = \tanh(2ht) \\ z(t) = \pm\dfrac{1}{\sqrt{1+k^2}}\operatorname{sech}(2ht) \end{cases}$$

$y-$轴上所有的点都是刚体运动方程的奇点。于是，$y-$轴上每一个点都有四根同缩轨，所以刚体自由转动方程有无穷多根同缩轨。

5.3　平面哈密顿系统相图的画法

如果能画出一个平面系统的相图，那么该系统的动力学行为就一目了然。可以从相图上看出过任一点的轨道的形状和走向。

如果平面系统(4.2.1)是哈密顿系统，那么偏微分方程组

$$\frac{\partial H}{\partial y} = f(x,y),\quad \frac{\partial H}{\partial x} = -g(x,y) \tag{5.3.1}$$

有解。因哈密顿函数$H(x,y)$是式(4.2.1)的一个守恒量，所以式(4.2.1)的解曲线满足

$$H(x,y) = c \tag{5.3.2}$$

式中，c由初始条件决定。于是，画哈密顿系统相图就是画一系列等高线。

例 5.3　在例 3.8 中有平面系统

$$\begin{cases} \dot{x} = y \\ \dot{y} = x - x^3 \end{cases} \tag{5.3.3}$$

的一个守恒量

$$\frac{1}{2}\left(y^2 - x^2\right) + \frac{1}{4}x^4 = c \tag{5.3.4}$$

并且当$c=0$时，系统(5.3.3)的两根同缩轨满足

$$y^2-x^2+\frac{1}{2}x^4=0$$

已在例 3.8 中画出了两根同缩轨的图像(图 3.19)。由式(5.3.4)得

$$y=\pm\sqrt{2\left[c-V(x)\right]} \tag{5.3.5}$$

式中

$$V(x)=-\frac{x^2}{2}+\frac{x^4}{4}$$

下面分几步来画出式(5.3.5)的图像。

① 画函数$V(x)$的图像。$V(x)$与$x-$轴相交于点$\left(-\sqrt{2},0\right)$、$(0,0)$和$\left(\sqrt{2},0\right)$，$V(x)$有两个极小点$\left(-1,-\frac{1}{4}\right)$和$\left(1,-\frac{1}{4}\right)$及一个极大点$(0,0)$，画出$V(x)$的图像如图 5.4 所示。

根据函数$V(x)$的单调区间来画式(5.3.5)的图像。

② 画函数$y=\pm\sqrt{2\left[c-V(x)\right]}$的图像。当$c=0$时，两条同缩轨已在例 3.8 中画出(图 3.19)。当起点在同缩轨内部时，以右半平面为例，任取$x-$轴上一点$(x_0,0)(0<x_0<1)$，由于轨道过$(x_0,0)$点，那么$(x_0,0)$点应满足式(5.3.4)，则

$$c=-\frac{1}{2}x_0^2+\frac{1}{4}x_0^4$$

x的取值范围由$V(x)\leqslant c$决定，即由不等式$-\frac{x^2}{2}+\frac{x^4}{4}\leqslant-\frac{1}{2}x_0^2+\frac{1}{4}x_0^4$确定，解此不等式得

$$x_0\leqslant x\leqslant\sqrt{2-x_0^2}$$

上面区间的两个端点就是过$(x_0,0)$点的轨道与$x-$轴的两个交点。由式(5.3.5)，过$(x_0,0)$点的轨道的表达式为

$$y=\pm\sqrt{2\left[-\frac{1}{2}x_0^2+\frac{1}{4}x_0^4-V(x)\right]}$$

因此，结合函数$V(x)$的单调区间可知过$(x_0,0)$点的轨道是包含中心$(1,0)$的闭轨(图 5.5)。

同理可画出从同缩轨外部任一点出发的轨道是闭轨。系统的相图如图 5.5 所示。

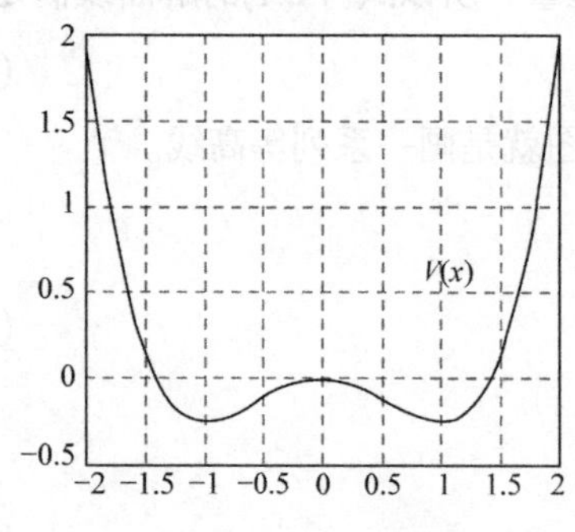

图 5.4　$V(x)$的图像

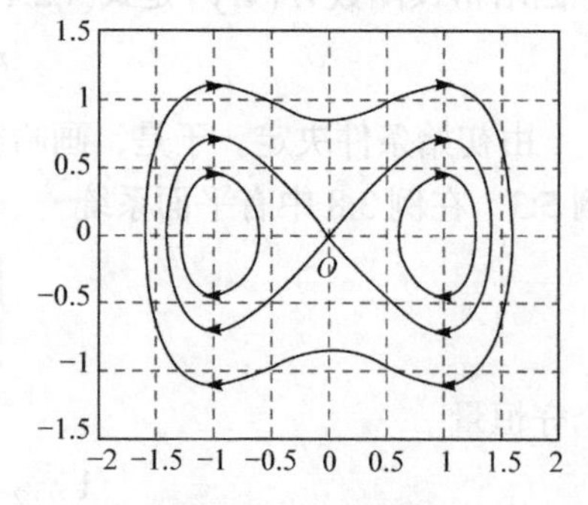

图 5.5　系统相图

从相图可以看出，同缩轨内部的轨道是包含一个中心的闭轨，同缩轨外部的轨道是包含三个奇点的闭轨。

例 5.4　画出单摆系统在区间$[-\pi,\pi]$上的相图。在例 5.1 中已求出了单摆系统

$$\begin{cases}\dot{\theta}=v\\ \dot{v}=-\sin\theta\end{cases}$$

的一个守恒量

$$\frac{1}{2}v^2-\cos\theta=c$$

以及两条异缩轨

$$v=\pm\sqrt{2(1+\cos\theta)}$$

类似于例 5.3，画出单摆系统的两条异缩轨图像如图 5.3 所示，系统的相图如图 5.6 所示。

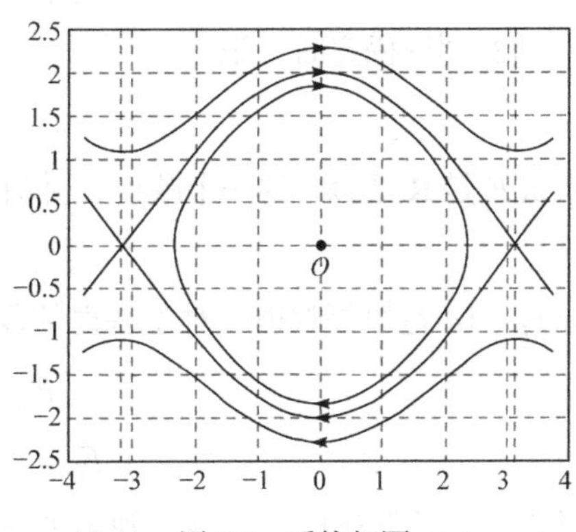

图 5.6　系统相图

从相图可以看出，两条异缩轨构成一个异缩圈，异缩圈内部的轨道是包含中心$(0,0)$的闭轨。异缩圈外部的轨道是闭区间$[-\pi,\pi]$上的弧段。

5.4　常微分方程组解的渐近行为

奇点的稳定性是研究奇点与其附近轨道之间的关系。本节考虑解空间上任意两点，研究其中一个点与过另一点的轨道上的点之间的关系。引进微分方程流的概念，这一概念虽然抽象，但对处理问题很方便。

假设自治常微分方程组(2.1.12)满足解的存在唯一性条件，并且其解可延拓到整个实数集$\mathbf{R}$上。记$t=0$时，微分方程组(2.1.12)过点$\boldsymbol{x}_0\in\mathbf{R}^n$的解为$\phi(t,\boldsymbol{x}_0)$，由微分方程解的存在唯一性定理，有

$$\phi(0,\boldsymbol{x}_0)=\boldsymbol{x}_0$$

如果在上式中让$\boldsymbol{x}_0$在$\mathbf{R}^n$中变化，那么ϕ是$\mathbf{R}\times\mathbf{R}^n$到$\mathbf{R}^n$的映射，即

$$\phi:\mathbf{R}\times\mathbf{R}^n\to\mathbf{R}^n,\quad (t,\boldsymbol{x})\to\phi(t,\boldsymbol{x}) \tag{5.4.1}$$

显然，若$\boldsymbol{x}_0$是式(2.1.12)的一个奇点，那么，对于任意的时间t，有

$$\phi(t,\boldsymbol{x}_0)=\boldsymbol{x}_0$$

因此，奇点$\boldsymbol{x}_0$是映射ϕ的不动点。称映射ϕ是自治常微分方程组(2.1.12)的**流**。流ϕ是基于式(2.1.12)的解定义的，这就是说流ϕ相当于将式(2.1.12)进行了积分。

流ϕ具有如下性质。

(1) 当$\boldsymbol{x}$固定时，$l_{\boldsymbol{x}}(t)=\phi(t,\boldsymbol{x})$是微分方程组(2.1.12)在$t=0$时过点$\boldsymbol{x}$的解，即有$\phi(0,\boldsymbol{x})=\boldsymbol{x}$。

(2) $\phi(t+s,\boldsymbol{x})=\phi(t,\phi(s,\boldsymbol{x}))$。基于微分方程解的存在唯一性定理，很容易证明这一结

论。根据流的定义，$\phi(t,\phi(s,\boldsymbol{x}))$是式(2.1.12)在$t=0$时过点$\phi(s,\boldsymbol{x})$的解，$\phi(t+s,\boldsymbol{x})$也是式(2.1.12)在$t=0$时过点$\phi(s,\boldsymbol{x})$的解，由解的唯一性，必有

$$\phi(t+s,\boldsymbol{x})=\phi(t,\phi(s,\boldsymbol{x}))$$

(3) 当t固定时，记

$$F_t(\boldsymbol{x})=\phi(t,\boldsymbol{x})$$

那么F_t是$\mathbf{R}^n$到$\mathbf{R}^n$的一个映射，并有如下性质

$$F_0(\boldsymbol{x})=\boldsymbol{x}$$

即$F_0=\mathrm{i}d$是恒等映射。对于映射的复合运算“$\circ$”，下列关系成立

$$F_{t+s}=F_t\circ F_s=F_s\circ F_t$$

$$F_0=F_{t-t}=F_t\circ F_{-t}=F_{-t}\circ F_t$$

因此，映射集合$\{F_t\}_{t\in\mathbf{R}}$关于映射的复合运算“$\circ$”构成一个乘法交换群。

为了考察解空间上任意两个点，其中一个点与过另一点的轨道上的点之间的关系，下面先给出两个定义。

定义 5.5　设$\phi(t,\boldsymbol{x})$是式(2.1.12)的流，点$\boldsymbol{x}_0$称为点$\boldsymbol{x}$的$\omega-$极限点，如果存在一个时间序列$\{t_i\}_{i\in\mathbf{N}}$，当$t_i\to+\infty$时

$$\phi(t_i,\boldsymbol{x})\to\boldsymbol{x}_0$$

式中，$\mathbf{N}$是正整数集。点$\boldsymbol{x}$的所有$\omega-$极限点的集合记为$\omega(\boldsymbol{x})$，称为点$\boldsymbol{x}$的$\omega-$极限集。

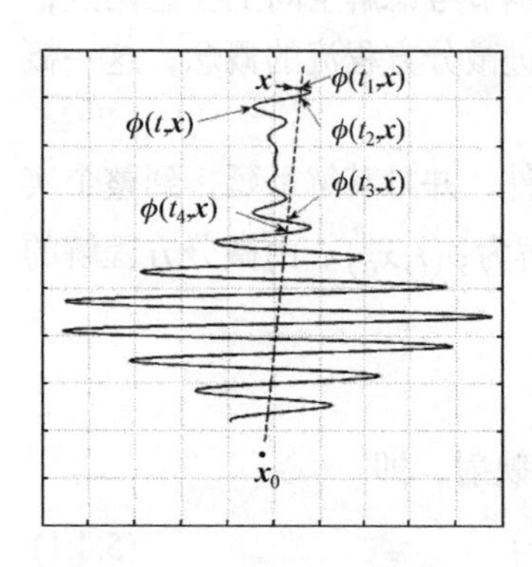

图 5.7　$\boldsymbol{x}_0$是$\boldsymbol{x}$的$\omega-$极限点

点$\boldsymbol{x}_0$是点$\boldsymbol{x}$的$\omega-$极限点当且仅当存在过$\boldsymbol{x}$点的轨道上的以它为极限的无穷点列(按时间增加的方向)。点$\boldsymbol{x}$的$\omega-$极限点的几何解析如图 5.7 所示。

定义 5.6　设$\phi(t,\boldsymbol{x})$是式(2.1.12)的流，点$\boldsymbol{x}_0$称为点$\boldsymbol{x}$的$\alpha-$极限点，如果存在一个时间序列$\{t_i\}_{i\in\mathbf{N}}$，当$t_i\to-\infty$时

$$\phi(t_i,\boldsymbol{x})\to\boldsymbol{x}_0$$

点$\boldsymbol{x}$的所有$\alpha-$极限点的集合记为$\alpha(\boldsymbol{x})$，称为点$\boldsymbol{x}$的$\alpha-$极限集。

在系统(2.1.12)中点$\boldsymbol{x}_0$是点$\boldsymbol{x}$的$\alpha-$极限点当且仅当在系统(5.1.1)中点$\boldsymbol{x}_0$是点$\boldsymbol{x}$的$\omega-$极限点。

例 5.5　设$\boldsymbol{x}_0$是平面系统(4.2.1)的一个鞍点，那么奇点$\boldsymbol{x}_0$有稳定子流形$W^s(\boldsymbol{x}_0)$和不稳定子流形$W^u(\boldsymbol{x}_0)$，显然，奇点$\boldsymbol{x}_0$是稳定子流形$W^s(\boldsymbol{x}_0)$上任一点的$\omega-$极限点，也是不稳定子流形$W^u(\boldsymbol{x}_0)$上任一点的$\alpha-$极限点(图 5.8)。

例 5.6　设l是平面系统(4.2.1)的一个稳定极限环，那么过极限环l附近任一点$\boldsymbol{x}$的轨道当时间增加时以螺旋方式无限靠近极限环l(图 5.9)，所以$\omega(\boldsymbol{x})=l$。

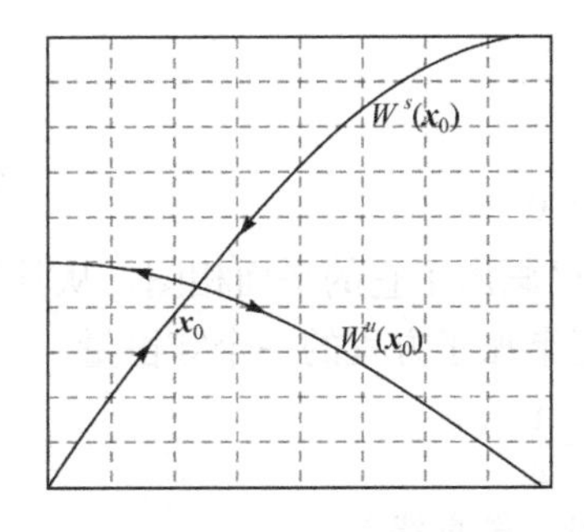

图 5.8　鞍点既是 $\omega-$极限点又是 $\alpha-$极限点

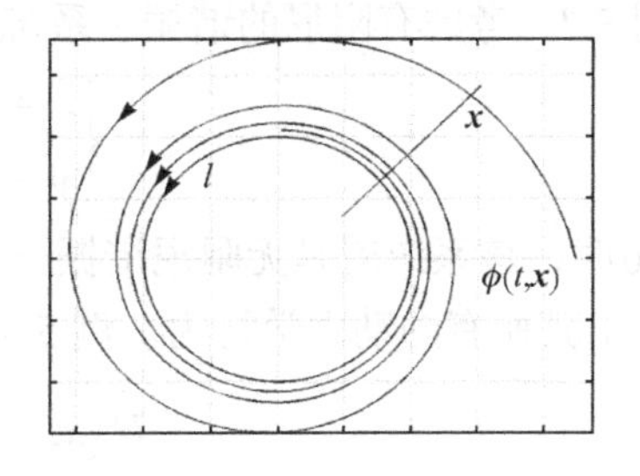

图 5.9　$\omega-$极限集是一条闭轨

如果 l 是平面系统(4.2.1)的一个不稳定极限环，那么 $\alpha(\boldsymbol{x})=l$。

从例 5.6 可以看出，稳定极限环吸引过其附近点的轨道，即当时间增加时，过其附近点的轨道越来越靠近该极限环。稳定极限环是一个维点集，与第 4 章中的吸引子只是一个点不同。接下来扩展第 4 章的吸引子的概念。

定义 5.7　设 $\phi(t,\boldsymbol{x})$ 是式(2.1.12)的流，集合 $\Lambda\subset\mathbf{R}^n$ 称为流 $\phi(t,\boldsymbol{x})$ 的吸引集，如果存在 Λ 的一个邻域 U，使得

$$\forall \boldsymbol{x}\in U,\forall t>0,\phi(t,\boldsymbol{x})\in U$$

并且当 $t\to+\infty$ 时，有 $\phi(t,\boldsymbol{x})\to\Lambda$ (图 5.10)。

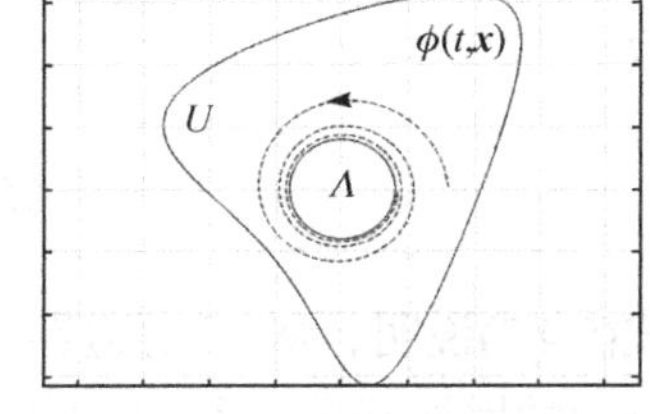

图 5.10　Λ 是吸引集

从几何上来看，吸引集附近的轨道随着时间的增加越来越靠近吸引集。

定义 5.8　如果 Λ 是系统(5.1.1)的一个吸引集，那么称 Λ 是式(2.1.12)的排斥集。

如果 Λ 是系统(2.1.12)的一个吸引集，那么定义 5.7 中的邻域 U 最大的那个称为**吸引域(或吸引盆)**。如果知道一个 U，是否可以利用它来构造吸引域呢？事实上，吸引域就是 $\bigcup\limits_{t\leqslant 0}\phi(t,U)$，式中，$\phi(t,U)=\{\phi(t,\boldsymbol{x})\,|\,\boldsymbol{x}\in U\}$。从吸引域内任一点出发的轨道当 $t\to+\infty$ 时而趋于 Λ。

如果 U 是一个吸引域，且 $t_1<t_2$，那么 $\phi(t_2,U)\subseteq\phi(t_1,U)$。

定义 5.9　设 $\phi(t,\boldsymbol{x})$ 是式(2.1.12)的流，连通集 M 称为流 ϕ 的捕捉区，如果 $\forall t\geqslant 0$，$\phi(t,M)\subset M$ (即 M 是流的正不变集)。

从定义上可以看出，只要过连通集 M 边界上的任一点的轨道随着时间的增加都进入 M 的内部，那么 M 就是捕捉区。本节的目的是利用捕捉区构造系统的吸引集。显然，如果连通集 M 是一捕捉区，那么集合

$$\Lambda=\bigcap_{t>0}\phi(t,M)$$

就是一个吸引集。由此可知，要构造一个吸引集(或吸引子)，只需构造一个捕捉区即可。对于一个连通集 M，可以用能量函数法判断其过边界上的点的轨道走向。

例 5.7　考虑有阻尼的谐振子系统

$$\begin{cases}\dot{x}=y\\ \dot{y}=x-x^3-\delta y,\ \delta>0\end{cases}\tag{5.4.2}$$

当$\delta=0$时，该系统就是无阻尼谐振子，在例 5.3 中已画出了它的平面相图，从其相图中可以看出其所有的动力学行为。例 5.3 求出了无阻尼谐振子方程的一个守恒量

$$H(x,y)=\frac{1}{2}\left(y^2-x^2\right)+\frac{1}{4}x^4$$

从无阻尼谐振子方程的相图可以看出，当c足够大时，等高线

$$\frac{1}{2}\left(y^2-x^2\right)+\frac{1}{4}x^4=c$$

内包含有阻尼的谐振子系统(5.4.2)的三奇点$(-1,0)$、$(0,0)$和$(1,0)$。不难计算得

$$\left.\frac{\mathrm{d}H}{\mathrm{d}t}\right|_{(5.3.7)}=y\dot{y}-x\dot{x}+x^3\dot{x}=-\delta y^2\tag{5.4.3}$$

取

$$M=\left\{(x,y)\mid\frac{1}{2}\left(y^2-x^2\right)+\frac{1}{4}x^4<c\right\}$$

式(5.4.3)说明，从M的边界上的点出发的式(5.4.2)的轨道除在点$y=0$外，其他轨道随着时间的增加都进入了M内部。因此，M是一个捕捉区，如图 5.11 所示。不难看出

$$\Lambda=\bigcap_{t>0}\phi(t,M)=\{(-1,0),(1,0)\}$$

为有阻尼的谐振子系统的吸引子。

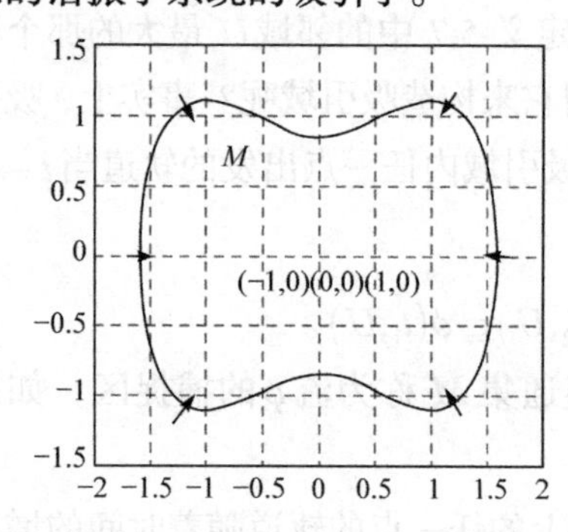

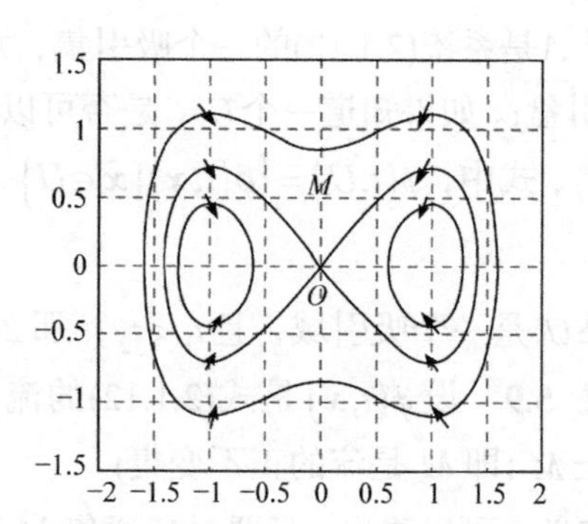

图 5.11　M是捕捉区

例 5.8　在例 2.5 中的洛伦兹模型中取$\sigma=10$、$\mu=28$和$b=\frac{8}{3}$，得

$$\begin{cases}\dot{x}=10(-x+y)\\ \dot{y}=28x-y-xz\\ \dot{z}=-\frac{8}{3}z+xy\end{cases}\tag{5.4.4}$$

该系统有三个奇点：$(0,0,0)$、$\left(6\sqrt{2},6\sqrt{2},27\right)$和$\left(-6\sqrt{2},-6\sqrt{2},27\right)$。对应于奇点$(0,0,0)$的雅可比矩阵的特征根是$\lambda_1=-\dfrac{8}{3}$、$\lambda_2=11.83$和$\lambda_3=-22.83$；对应于奇点$\left(6\sqrt{2},6\sqrt{2},27\right)$的雅可比矩阵的特征根是$\lambda_1=-13.85$、$\lambda_2=0.094+10.19\mathrm{i}$和$\lambda_3=0.094-10.19\mathrm{i}$；对应于奇点$\left(-6\sqrt{2},-6\sqrt{2},27\right)$的雅可比矩阵的特征根是$\lambda_1=-13.85$、$\lambda_2=0.094+10.19\mathrm{i}$和$\lambda_2=0.094-10.19\mathrm{i}$。因此，三个奇点都是不稳定的。这三个奇点不稳定子流形中的轨道随着时间的增加而远离奇点。

构造正定函数(正定二次型)

$$V(x,y,z)=14x^2+5y^2+5(z-56)^2$$

直接计算得

$$\left.\frac{\mathrm{d}V}{\mathrm{d}t}\right|_{(5.4.4)}=-10\left[28x^2+y^2+\frac{8}{3}(z-28)^2-\frac{6272}{3}\right] \tag{5.4.5}$$

由式(5.4.5)，在椭球$28x^2+y^2+\dfrac{8}{3}(z-28)^2=\dfrac{6272}{3}$的外部有$\left.\dfrac{\mathrm{d}V}{\mathrm{d}t}\right|_{(5.4.4)}<0$。选取$c^2>\dfrac{6272}{3}$，使得椭球$28x^2+y^2+\dfrac{8}{3}(z-28)^2=c^2$包含三个奇点，记

$$M=\left\{(x,y,z)\mid 28x^2+y^2+\frac{8}{3}(z-28)^2<c^2\right\}$$

显然M是一个捕捉区，因此

$$\Lambda=\bigcap_{t>0}\phi(t,M)$$

是一个吸引集。现在已证明Λ的维数不是整数，因此，洛伦兹系统的吸引集Λ也称为奇怪吸引子。奇怪吸引子是远离奇点的轨道与外部趋于奇点的轨道相互作用的结果。

上面两个例子说明，构造捕捉区是构造吸引集的简单有效途径。

平面哈密顿系统是精确可解的，可以很容易求出其同缩轨和异缩轨。同缩轨和异缩轨将解空间划分为若干互不相交的区域，每个区域内的解都有其独特的动力学行为。然而，对于一般的平面系统，很难求出其精确解，不能像哈密顿系统那样容易确定其同缩轨和异缩轨，但仍然有方法确定其稳定子流形和不稳定子流形的走向。为此，先介绍庞加莱-本迪克松定理。

定理 5.1(庞加莱-本迪克松定理)　设M是平面上一个紧致集，并且是系统(4.2.1)的一个正不变集，设$p\in M$，那么下列可能性成立：

(1) $\omega(p)$是一个奇点。

(2) $\omega(p)$是一条闭轨。

(3) $\omega(p)$由有限个奇点$p_1,p_2,\cdots,p_n$和有限条轨道γ_i($\alpha(\gamma_i)=p_i$，$\omega(\gamma_i)=p_j$，同缩轨，异缩轨)构成。

这个定理的证明要用到一些拓扑知识，不在这里给出。对于$\alpha-$极限集也有类似的定理。

例 5.9　画出有阻尼谐振子系统

$$\begin{cases} \dot{x} = y \\ \dot{y} = x - x^3 - \delta y, 0 < \delta < 2\sqrt{2} \end{cases} \tag{5.4.6}$$

的平面相图。

式(5.4.6)不是哈密顿系统，很难求出其解析解。因此，不能像哈密顿系统那样求出其划分解空间的同缩轨或异缩轨。但可以利用庞加莱-本迪克松定理确定稳定子流形和不稳定子流形的走向。稳定子流形和不稳定子流形也能将解空间划分为若干个区域，每个区域都是解的不变子流形。

式(5.4.6)有三个奇点$(-1,0)$、$(0,0)$和$(1,0)$。$(0,0)$是鞍点，$(-1,0)$和$(1,0)$是两个稳定焦点。由例 5.7 可知当c足够大时，区域

$$M = \left\{ (x,y) \mid \frac{1}{2}\left(y^2 - x^2\right) + \frac{1}{4}x^4 < c \right\}$$

包含该系统的三个奇点，并且是解的正不变集(图 5.12)。

接下来画式(5.4.6)的相图，分三步进行。

(1) 计算式(5.4.6)的散度得

$$\frac{\partial}{\partial x}(y) + \frac{\partial}{\partial y}\left(x - x^3 - \delta y\right) = -\delta < 0$$

因此该系统不存在闭轨和奇异闭轨。

(2) 因为$(0,0)$是鞍点，那么$(0,0)$有不稳定子流形$W^u(0,0)$(图 5.12)。在区域M内，任取$W^u(0,0)$上在第一象限内的一点p，那么$\omega(p)$不是闭轨或同缩轨。$\omega(p)$也不是异缩轨，因为除了奇点外从p点出发能在有限时间内到达$W^u(0,0)$上任一点。因此，$\omega(p)$只能由奇点构成。显然，$(0,0)$不在$\omega(p)$中。接下来证明$(-1,0) \notin \omega(p)$。显然，如果$(-1,0) \in \omega(p)$，那么$W^u(0,0)$在第一象限部分会延伸到奇点$(-1,0)$成为一条异缩轨，同理$W^u(0,0)$在第三象限部分会延伸到奇点$(1,0)$成为另一条异缩轨，因此，这两条异缩轨必相交，矛盾，从而$\omega(p) = \{(1,0)\}$，即$W^u(0,0)$在第一象限部分会延伸到奇点$(1,0)$成为一条异缩轨(图 5.13)。同理可证，$W^u(0,0)$在第三象限部分会延伸到奇点$(-1,0)$成为另一条异缩轨(图 5.13)。

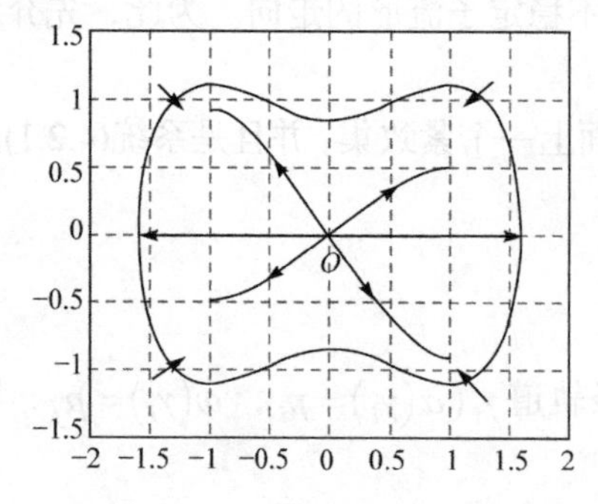

图 5.12　奇点的不变子流形

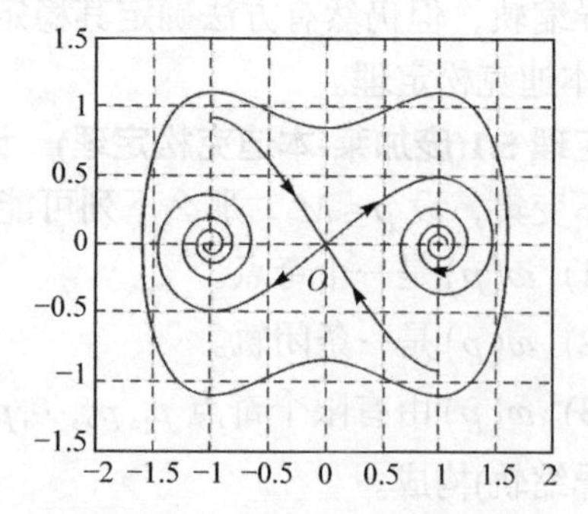

图 5.13　系统的两条异缩轨

(3) 画出式(5.4.6)的相图如图 5.14 所示。

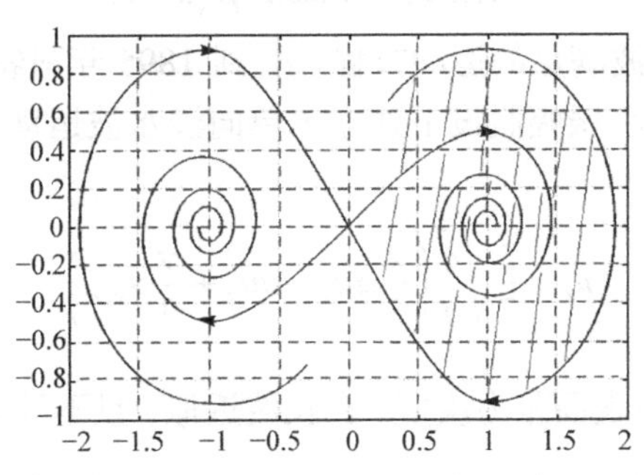

图 5.14　有阻尼系统相图

从斜线部分区域任一点出发的轨道当$t\to+\infty$时趋于奇点$(1,0)$，而从白色部分区域任一点出发的轨道当$t\to+\infty$时趋于奇点$(-1,0)$。

5.5　利用同缩轨、异缩轨求解孤立波

孤立波是由英国科学家罗素(Russell)发现的。1834 年，罗素在爱丁堡道格拉斯哥运河中偶然发现一种保持其原有形状和速度不变，圆而光滑，轮廓分明，孤立的水波。当时他观察一次船的运动，这条船被两匹马拉着沿狭长的运河迅速前进着。突然，船停了下来，而被船所推动的大堆河水却并不停止，它们积聚在船头周围激烈地扰动着。然后，水浪突然呈现出一个滚圆而光滑、轮廓分明的巨大孤立波峰，它以巨大的速度向前滚动，急速地离开船头。在行进中它没有明显的形状改变和速度减小。罗素骑着马追踪它，它仍以 8～9 英里每小时的速度向前滚动，并保持原来的形状，即大约 30 英尺长，1～1.5 英尺高。最后，高度慢慢减小，在运行 1～2 英里后消失在河道的弯弯曲曲处。

罗素观察到的波在前进开始很长一段时间内，具有波形变化很小、速度变化很小。即在前进中，能量基本守恒、动量基本守恒和质量基本守恒。罗素首先观察到这种高度稳定的波，并用“孤立波”(Solitary)命名它。随后，罗素在浅水槽中进行了实验研究。罗素将一长条形浅水槽放入了适当高度的水，然后用重锤落入浅水槽的一端，当重锤落下去后就产生一个孤立波，从开始端传到另一端，波在传播过程中形状和速度几乎没有变化(图 5.15)。罗素还从实验中得出，孤立波的传播速度c与浅水槽中静止水深d及孤立波的波幅A之间有如下关系

$$c^2=g\left(d+A\right)\tag{5.5.1}$$

式中，g是重力加速度。式(5.5.1)说明，波幅越高的孤立波其传播速度也越快。

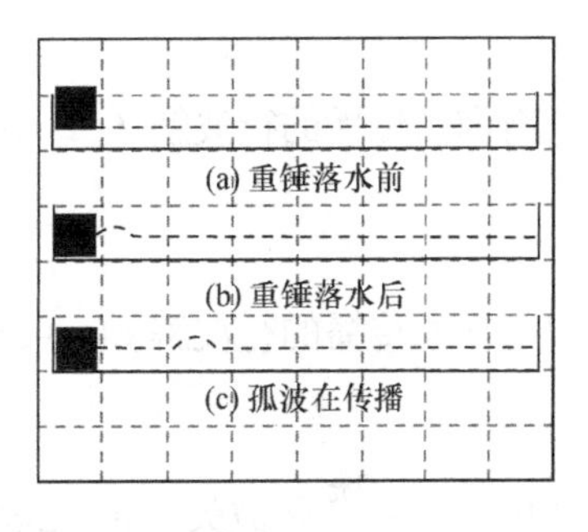

图 5.15　实验示意图

罗素将他的发现写成报告呈送给了皇家科学院，希望有人能从流体力学理论将他的发现进行合理的解析。然而，当时他的发现未能引起物理学家的重视。1871 年布西内斯克(Boussinesq)和 1876 年瑞利(Rayleigh)在假定孤立波的尺度比槽中静止水深大很多的情况下，从理想流体的运动方程导出公式(5.5.1)，并推出孤立波的波形具有如下形式

$$u = u(x,t) = A\operatorname{sech}^2 \beta(x-ct) \tag{5.5.2}$$

但他们未能给出上述孤立波满足的运动方程。直到 1895 年科特韦格(Korteweg)和德弗里斯(de.Vries)在浅水长波和小振幅假设下建立了单向浅水波运动方程。这个方程就是著名的 KdV 方程

$$u_t = \frac{3}{2}\sqrt{\frac{q}{d}}\left(\frac{2}{3}\alpha u_x + uu_x + \frac{\sigma}{3}u_{xxx}\right) \tag{5.5.3}$$

式中，α 和 q 为常数，σ 由表面张力决定。在长波近似，且不计表面张力条件下 $\sigma = \frac{d^3}{3}$，并当 $|x| \to +\infty$ 时，要求 u 和 u_x 都趋于零，那么式(5.5.3)的解是

$$u = A\operatorname{sech}^2\sqrt{\frac{3A}{4d^3}}(x-ct) \tag{5.5.4}$$

式中，$c = \sqrt{gd}\left(1+\frac{A}{2d}\right)$，并且当 $\frac{A}{d} \ll 1$ 时，这里的 c 与罗素从实验中得出式(5.5.1)中的 c 一致。显然，式(5.5.4)与式(5.5.2)在形式上完全相同。式(5.5.3)可以用来描述罗素所发现的现象，这就从流体力学解析了罗素所发现的孤立波。由式(5.5.4)可以看出，孤立波波泡的宽度与 $\sqrt{A}$ 成反比，振幅越高孤立波宽度越窄，但式(5.5.5)的传播速度也越快。

经过适当的变换，KdV 方程(5.5.3)可以化为下列标准形式

$$u_t + u_x + uu_x + u_{xxx} = 0 \tag{5.5.5}$$

下面，以式(5.5.5)为例解析孤立波的成因。波动是自然界中最常见的现象之一。电磁波、声波、水波和地震波等都是波动现象。最典型的一维波动方程是

$$\frac{\partial^2 u}{\partial t^2} - c^2\frac{\partial^2 u}{\partial x^2} = 0 \tag{5.5.6}$$

式中，$u(x,t)$ 是波幅，可以是电磁场的强度、声压、水面高度或地面高度等振动变化的物理量，c 是孤立波传播速度。式(5.5.5)的通解为

$$u(x,t) = f(x-ct) + g(x+ct)$$

$f(x-ct)$ 是向右传播的波，$g(x+ct)$ 是向左传播的波，波速是 c。$f(x-ct)$ 和 $g(x+ct)$ 称为行波解。方程

$$\frac{\partial u}{\partial t} + c\frac{\partial u}{\partial x} = 0$$

只有向右传播的行波解 $f(x-ct)$，而方程

$$\frac{\partial u}{\partial t} - c\frac{\partial u}{\partial x} = 0$$

只有向左传播的行波解 $g(x+ct)$。典型的单色平面波解是

$$u(x,t) = A_0\cos(kx - \omega t)$$

式中，$k = \frac{2\pi}{\lambda}$ 是波矢，$\omega = 2\pi f = \frac{2\pi}{T}$ 是圆频率，λ、f 和 T 分别是波长、频率和周期(对

于高维系统，k 由矢量 $\boldsymbol{k}$ 代替，$\boldsymbol{k}$ 的方向是波前传播方向)，波速是 $c=\dfrac{\omega}{k}$ 。

更复杂的波形变化可由许多不同振幅、波矢和频率的平面波叠加而成。波包则由一些波矢和频率相近的波组成，波包运动的群速度是 $c=\dfrac{\mathrm{d}\omega}{\mathrm{d}k}$ ，它也是波的能量传输速度。

构成波包的每一个单色平面波的波前以各自的波速向前传播，可见只有当 c 与 k 无关时，波包才能保持形状不变。显然，当 $\omega=\omega(k)$ 是 k 的线性函数时，即 c 与 k 无关时，构成波包的不同 ω 的单色平面波的波前速度不相同，波包将逐渐变形弥散，这就是色散引起的效应。关系式 $\omega=\omega(k)$ 称为**色散关系**。

下面说明波的色散与非线性对孤立波形成所起的作用。以 KdV 方程式(5.5.5)为例。略去式(5.5.5)中的非线性项得

$$u_t+u_x+u_{xxx}=0 \tag{5.5.7}$$

这是一个三阶线性偏微分方程。以 $u=u_0\exp\left[\mathrm{i}(kx-\omega t)\right]$ 代入式(5.5.7)可得到

$$\omega=k-k^3 \tag{5.5.8}$$

式(5.5.8)中三次项是由式(5.5.7)中的三阶偏导数 u_{xxx} 引起的，因而存在色散。以速度

$$c=\frac{\mathrm{d}\omega}{\mathrm{d}k}=1-3k^2$$

运动的波包将因不同波长的波其速度不同而发生色散，导致波形弥散(只有正弦波例外，因为正弦波是单一波长的波)。

另外，与色散导致波形弥散相反，非线性导致波形聚拢。略去式(5.5.5)中色散项 u_{xxx} ，得

$$u_t+(1+u)u_x=0 \tag{5.5.9}$$

通过对式(5.5.9)的数值计算发现，波幅较高部分的速度比较低部分快，出现波的“追赶”现象，其结果是，在波的前沿部分波形越来越陡，形成不连续激波，最终出现坍塌如图 5.16 所示。

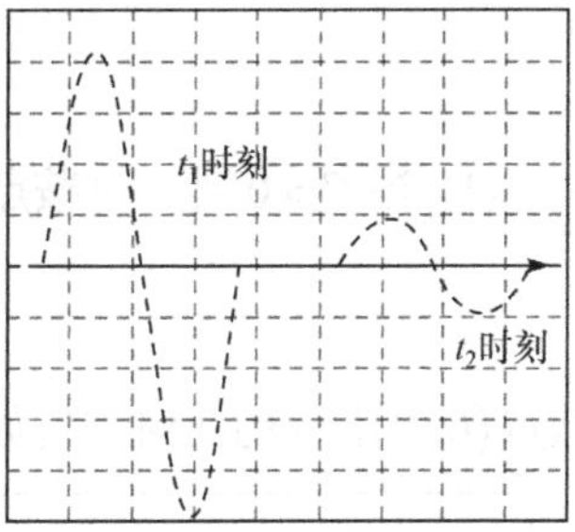

综上所述，在 KdV 方程中，色散导致波包弥散，非线性引起波包聚集，色散与非线性平衡是形成孤立波的机制。

怎样求 KdV 方程孤立波解呢？获得孤立波的有效途径之一就是利用同缩轨和异缩轨。KdV 方程的孤立波解(5.5.4)满足边值条件：当 $|x|\to+\infty$ 时，$u\to 0$ 和 $u_x\to 0$ 。对于式(2.1.12)，若 $\boldsymbol{x}_0$ 是其一个奇点，解 $\boldsymbol{x}_{hm}(t)$ 是同缩轨，那么

$$\lim_{t\to+\infty}\boldsymbol{x}_{hm}(t)=\lim_{t\to-\infty}\boldsymbol{x}_{hm}(t)=\boldsymbol{x}_0$$

上面等式将同缩轨与孤立波的边界条件联系起来了。对于异缩轨也有相同的情况。

图 5.16　波的坍塌

例 5.10　考虑 KdV 方程

$$u_t+uu_x+\beta u_{xxx}=0 \tag{5.5.10}$$

式中，$\beta \neq 0$ 且是常数，βu_{xxx} 是色散项，uu_x 是非线性项。接下来求式(5.5.10)的行波解，即求下列形式的解

$$u = u(\xi) = u(x - ct) \tag{5.5.11}$$

式中，$c > 0$ 是波的传播速度。由式(5.5.11)得

$$\frac{\partial u}{\partial x} = \frac{\mathrm{d}u}{\mathrm{d}\xi}, \quad \frac{\partial u}{\partial t} = -c\frac{\mathrm{d}u}{\mathrm{d}\xi}, \quad \frac{\partial^3 u}{\partial x^3} = \frac{\mathrm{d}^3 u}{\mathrm{d}\xi^3}$$

以上式代入式(5.5.10)得

$$\beta\frac{\mathrm{d}^3 u}{\mathrm{d}\xi^3} + u\frac{\mathrm{d}u}{\mathrm{d}\xi} - c\frac{\mathrm{d}u}{d\xi} = 0$$

积分上式得

$$\beta\frac{\mathrm{d}^2 u}{\mathrm{d}\xi^2} + \frac{1}{2}u^2 - cu = A$$

注意到罗素发现的孤立波的特点：离波峰越远，波幅越小，波幅变化的速度和加速度越小，即有当 $|x| \to +\infty$ 时，$u \to 0$、$u_x \to 0$ 和 $u_{xx} \to 0$。因此，由上式可得

$$\beta\frac{\mathrm{d}^2 u}{\mathrm{d}\xi^2} + \frac{1}{2}u^2 - cu = 0 \tag{5.5.12}$$

式(5.5.12)等价于平面系统

$$\begin{cases} \dfrac{\mathrm{d}u}{\mathrm{d}\xi} = v \\ \dfrac{\mathrm{d}v}{\mathrm{d}\xi} = -\dfrac{1}{2\beta}u^2 + \dfrac{c}{\beta}u \end{cases} \tag{5.5.13}$$

显然，式(5.5.13)有两个奇点，$(0,0)$ 和 $(2c,0)$。当 $\beta > 0$ 时，$(0,0)$ 是鞍点，$(2c,0)$ 是中心，当 $\beta < 0$ 时，$(0,0)$ 是中心，$(2c,0)$ 是鞍点。不难验证式(5.5.13)是哈密顿系统，且有守恒量

$$\frac{\beta}{2}v^2 + \frac{1}{6}u^3 - \frac{c}{2}u^2 = B$$

(1) 当 $\beta > 0$ 时，过鞍点 $(0,0)$ 的同缩轨是

$$\frac{\beta}{2}v^2 + \frac{1}{6}u^3 - \frac{c}{2}u^2 = 0$$

鞍点 $(0,0)$ 附近的几何结构如图 5.17 所示。

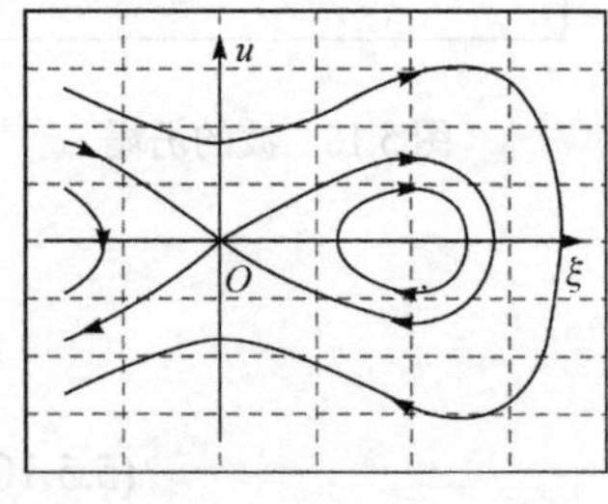

图 5.17　奇点与其附近轨道的关系

由上式可得

$$\left(\frac{\mathrm{d}u}{\mathrm{d}\xi}\right)^2 = \frac{1}{3\beta}\left(3cu^2 - u^3\right)$$

因此，有

$$\frac{\mathrm{d}u}{\mathrm{d}\xi} = \pm\frac{1}{\sqrt{3\beta}}u\sqrt{3c - u}$$

于是

$$\frac{\mathrm{d}u}{u\sqrt{3c-u}}=\pm\frac{1}{\sqrt{3\beta}}$$

两边积分得

$$\int\frac{\mathrm{d}u}{u\sqrt{3c-u}}=\pm\frac{1}{\sqrt{3\beta}}\xi+c_0$$

取 $c_0=0$，通过查积分表得

$$u(\xi)=3\operatorname{sech}^2\sqrt{\frac{c}{3\beta}}\xi$$

以 $\xi=x-ct$ 代入上式得

$$u(x,t)=3\operatorname{sech}^2\sqrt{\frac{c}{3\beta}}(x-ct) \tag{5.5.14}$$

这是 KdV 方程的一个孤立波，其波形如图 5.18 所示，波的连续传播如图 5.19 所示。

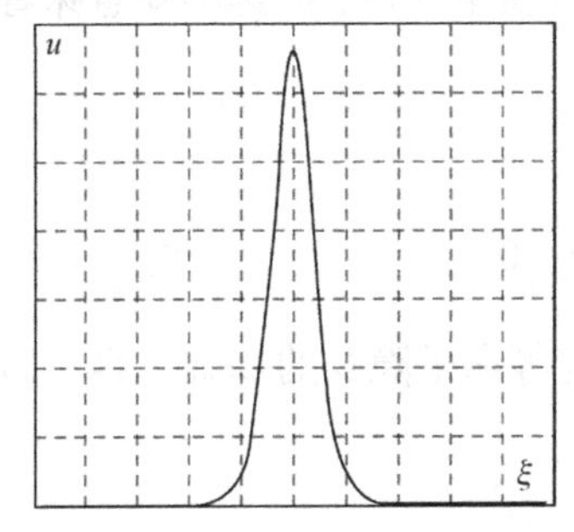

图 5.18　波形图($\beta>0$)

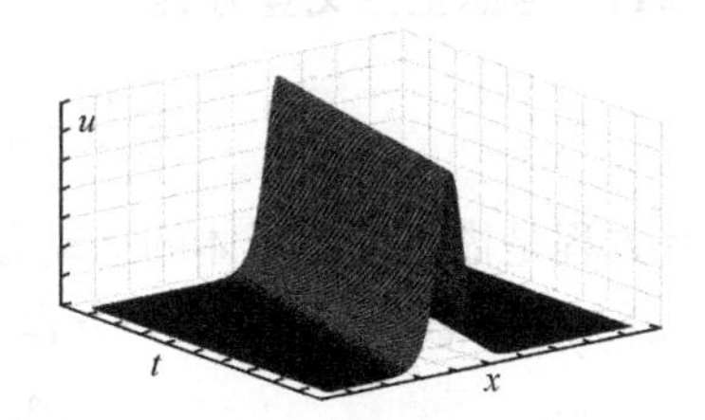

图 5.19　波的连续传播($\beta>0$)

(2) 当 $\beta<0$ 时，过鞍点 $(2c,0)$ 的同缩轨是

$$\frac{\beta}{2}v^2+\frac{1}{6}u^3-\frac{c}{2}u^2=-\frac{2}{3}c^3$$

由上式可得

$$\left(\frac{\mathrm{d}u}{\mathrm{d}\xi}\right)^2=\frac{1}{3\beta}(u-2c)^2(u+c)$$

由此有

$$\frac{\mathrm{d}u}{\mathrm{d}\xi}=\pm\sqrt{\frac{1}{3\beta}}(u-2c)\sqrt{(u+c)}$$

可以得到在这种情况下的孤立波是

$$u(x,t)=c\left[1-4\operatorname{sech}^2\sqrt{-\frac{c}{4\beta}}(x-ct)\right] \tag{5.5.15}$$

式(5.5.15)的波形如图 5.20 所示，波的连续传播如图 5.21 所示。

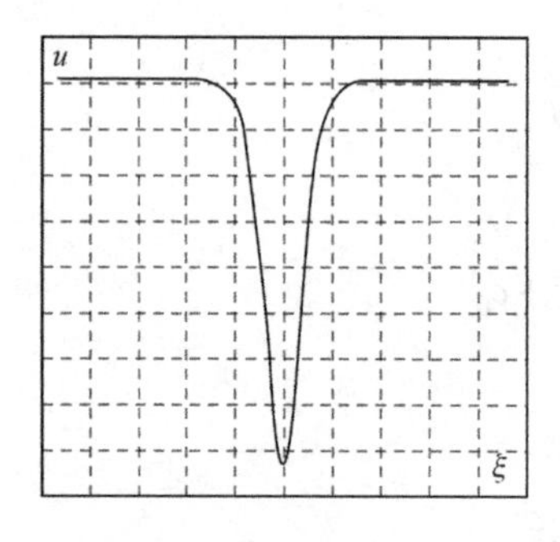

图 5.20　波形图($\beta<0$)

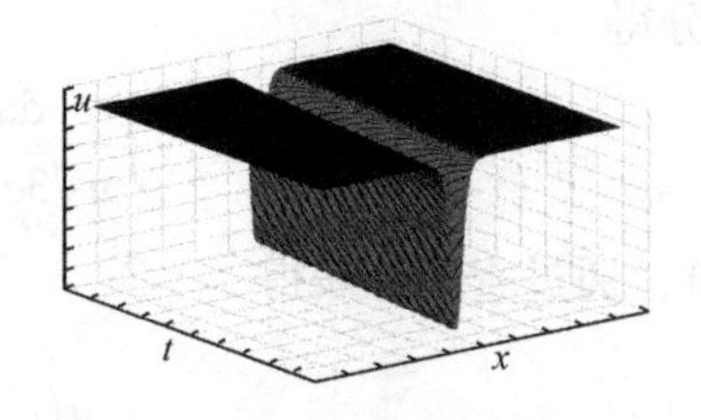

图 5.21　波的连续传播($\beta<0$)

如果要求孤立波只满足边值条件，当 $|x|\to+\infty$ 时， $u\to 0$ 和 $u_x\to 0$ ，那么孤立波与积分常数 A 有关，用类似的方法求出同缩轨对应的孤立波。

从式(5.5.14)、式(5.5.15)和波的传播过程图 5.21 可以看出，波在传播过程中波形没有变，波速总是 c 。波形不变意味着孤立波在传播过程中质量守恒，波速不变意味着孤立波在传播过程中动量守恒和能量守恒。

例 5.11　考虑正弦戈登方程

$$\frac{\partial^2 u}{\partial t^2}-c_0^2\frac{\partial^2 u}{\partial x^2}+f_0^2\sin u=0$$

正弦戈登方程是描述等离子体的运动方程，它是研究等离子隐身的基础。容易验证其行波解 $u=u(\xi)=u(x-ct)$ 满足下列方程

$$\frac{\mathrm{d}^2u}{\mathrm{d}\xi^2}+m^2\sin u=0 \tag{5.5.16}$$

式中， $m^2=\dfrac{f_0^2}{c^2-c_0^2}, c^2>c_0^2$ 。式(5.5.16)就是单摆运动方程，它等价于平面系统

$$\begin{cases}\dfrac{\mathrm{d}u}{\mathrm{d}\xi}=v\\[2mm] \dfrac{\mathrm{d}v}{\mathrm{d}\xi}=-m^2\sin u\end{cases} \tag{5.5.17}$$

式(5.5.17)在区间 $[-\pi,\pi]$ 内有三个奇点，中心 $(0,0)$ 及两个鞍点 $(-\pi,0)$ 和 $(\pi,0)$ ，其相图在例 5.4 已画出(图 5.6)。例 5.4 中已给出式(5.5.17)在区间 $[-\pi,\pi]$ 上的两条异缩轨是

$$v^2=2m^2(1+\cos u)$$

由此可得

$$\frac{\mathrm{d}u}{\mathrm{d}\xi}=\pm\sqrt{2}m\sqrt{(1+\cos u)}$$

分离变量得

$$\frac{\mathrm{d}u}{\sqrt{(1+\cos u)}}=\pm\sqrt{2}m\mathrm{d}\xi$$

与例 5.10 类似，将上式积分可得

$$u_{\pm}(\xi)=2\arcsin\tanh(\pm m\xi)$$

如果上式取+号，那么，当$\xi\to+\infty$时，$u_+(\xi)\to\pi$，而当$\xi\to-\infty$时，$u_+(\xi)\to-\pi$。同样，如果上式取−号，那么，当$\xi\to+\infty$时，$u_+(\xi)\to-\pi$，而当$\xi\to-\infty$时，$u_+(\xi)\to\pi$。于是有下面两种情况。

(1) $u_+(x,t)=2\arcsin\tanh\big(m(x-ct)\big)$是扭结解，其波形如图 5.22 所示，波的连续传播如图 5.23 所示。

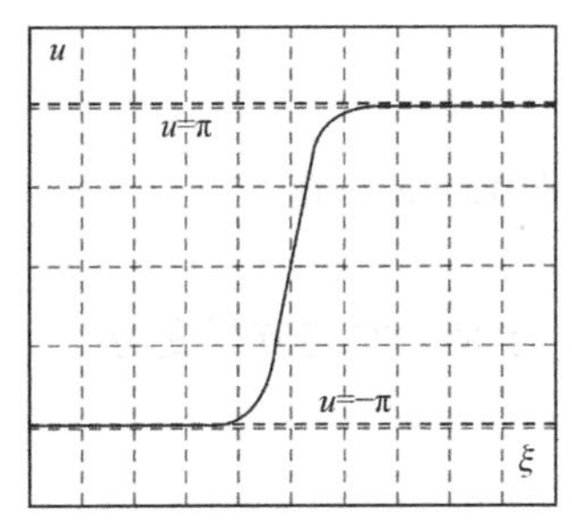

图 5.22　$u_+(x, t)$波形图

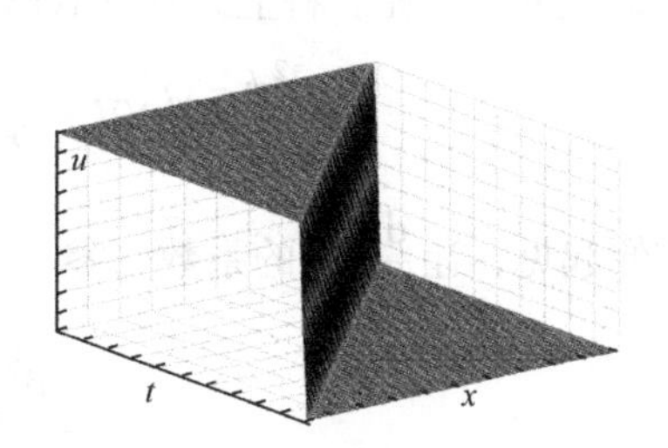

图 5.23　$u_+(x, t)$波的连续传播图

(2) $u_-(x,t)=2\arcsin\tanh\big(-m(x-ct)\big)$是反扭结解，其波形如图 5.24 所示，波的连续传播如图 5.25 所示。

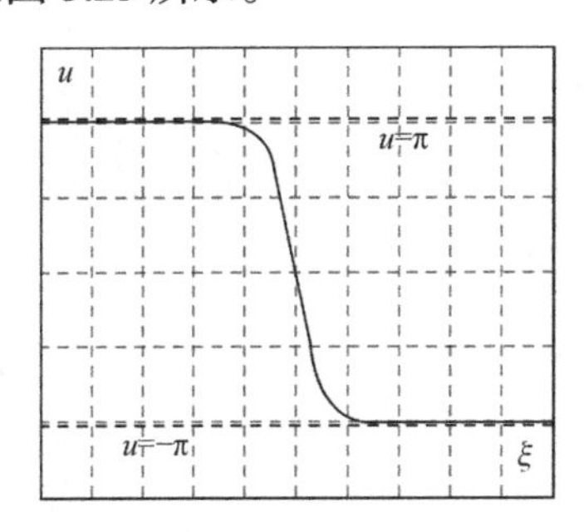

图 5.24　$u_-(x, t)$波形图

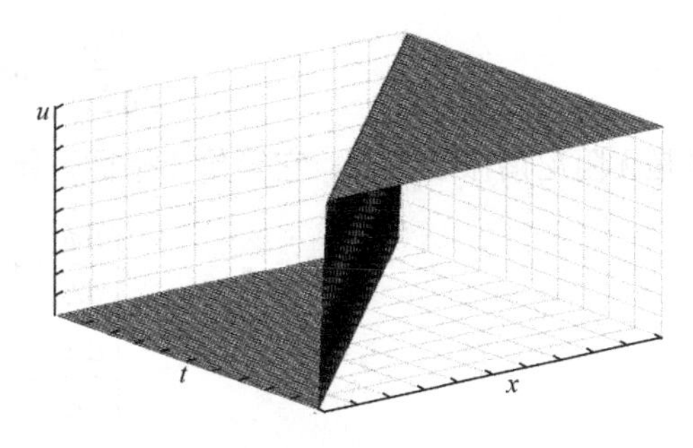

图 5.25　$u_-(x, t)$波的连续传播图

例 5.10 和例 5.11 是通过求非线性偏微分方程的行波解，再利用同缩轨或异缩轨求得的孤立波解。下面这个例子是通过求波包解，再利用同缩轨或异缩轨求得的孤立波解。

例 5.12　非线性薛定谔(Erwin Schrödinger)方程是量子力学中的一个基本方程，也是量子通信的基础。薛定谔方程的数学表达式是

$$\mathrm{i}\frac{\partial u}{\partial t}\pm\frac{\partial^2 u}{\partial x^2}+\alpha u+|u|^2u=0 \tag{5.5.18}$$

求薛定谔方程波包形式的解

$$u=\phi(\xi)\exp\big(\mathrm{i}(kx-\omega t)\big),\quad \xi=x-c_g t$$

不难计算得

$$
\begin{cases}
\dfrac{\partial u}{\partial t}=\left(-c_g\dfrac{\mathrm{d}\phi}{\mathrm{d}\xi}-\mathrm{i}\omega\phi\right)\exp\left(\mathrm{i}\left(kx-\omega t\right)\right)\\
\dfrac{\partial u}{\partial x}=\left(\dfrac{\mathrm{d}\phi}{\mathrm{d}\xi}+\mathrm{i}k\phi\right)\exp\left(\mathrm{i}\left(kx-\omega t\right)\right)\\
\dfrac{\partial^2 u}{\partial x^2}=\left(\dfrac{\mathrm{d}^2\phi}{\mathrm{d}\xi^2}+2\mathrm{i}k\dfrac{\mathrm{d}\phi}{\mathrm{d}\xi}-k^2\phi\right)\exp\left(\mathrm{i}\left(kx-\omega t\right)\right)\\
|u|^2 u=uu^*u=\phi^3\exp\left(\mathrm{i}\left(kx-\omega t\right)\right)
\end{cases}
$$

式中，u^*是u的共轭。将上式代入式(5.5.18)得

$$
\pm\frac{\mathrm{d}^2\phi}{\mathrm{d}\xi^2}+\mathrm{i}\left(\pm 2k-c_g\right)\frac{\mathrm{d}\phi}{\mathrm{d}\xi}+\left(\alpha+\omega\mp k^2\right)\phi+\phi^3=0
$$

为了方便起见，让$\dfrac{\mathrm{d}\phi}{\mathrm{d}\xi}$前的系数为零，即令$c_g=\pm 2k$，于是上面的方程变为

$$
\pm\frac{\mathrm{d}^2\phi}{\mathrm{d}\xi^2}+a\phi+\phi^3=0 \tag{5.5.19}
$$

式中，$a=\alpha+\omega\mp\dfrac{c_g^2}{4}$。为了简单起见，只考虑$a<0$的情况。分两种情况来考虑。

(1) 如果式(5.5.19)的二阶导数项前取+号，那么式(5.5.19)变为

$$
\frac{\mathrm{d}^2\phi}{\mathrm{d}\xi^2}+a\phi+\phi^3=0
$$

这是无阻尼谐振子方程，它等价于平面系统

$$
\begin{cases}
\dfrac{\mathrm{d}\phi}{\mathrm{d}\xi}=\varphi\\
\dfrac{\mathrm{d}\varphi}{\mathrm{d}\xi}=-a\phi-\phi^3
\end{cases} \tag{5.5.20}
$$

式(5.5.20)有三个奇点：鞍点$(0,0)$，两个中心$\left(-\sqrt{-a},0\right)$和$\left(\sqrt{-a},0\right)$。该系统有两根同缩轨。如果要求当$|\xi|\to+\infty$时，$\phi(\xi)\to 0$和$\phi'(\xi)\to 0$，那么式(5.5.20)的同缩轨就满足这一边值条件。式(5.5.20)有一个守恒量

$$
\varphi^2+a\phi^2+\frac{1}{2}\phi^4=c
$$

由上式可知，同缩轨的方程是

$$
\varphi^2+a\phi^2+\frac{1}{2}\phi^4=0
$$

因此

$$
\frac{\mathrm{d}\phi}{\mathrm{d}\xi}=\varphi=\pm\frac{\phi}{\sqrt{2}}\sqrt{2|a|-\phi^2}
$$

解上面微分方程得

$$\phi(x,t)=\pm\sqrt{2|a|}\operatorname{sech}\sqrt{|a|}\left(x-c_g t\right)$$

以上式代入波包形式的解得到薛定谔方程的两个孤立波。

(2) 如果式(5.5.19)的二阶导数项前取−号，那么式(5.5.19)变为

$$-\frac{\mathrm{d}^2\phi}{\mathrm{d}\xi^2}+a\phi+\phi^3=0$$

它等价于平面系统

$$\begin{cases}\dfrac{\mathrm{d}\phi}{\mathrm{d}\xi}=\varphi\\[2mm]\dfrac{\mathrm{d}\varphi}{\mathrm{d}\xi}=a\phi+\phi^3\end{cases}\tag{5.5.21}$$

式(5.5.21)有三个奇点：中心$(0,0)$，两个鞍点$\left(-\sqrt{-a},0\right)$和$\left(\sqrt{-a},0\right)$。该系统有两根异缩轨。

$$\varphi^2-a\phi^2-\frac{1}{2}\phi^4=c$$

对于上半平面内的那条异缩轨满足条件

$$\xi\to+\infty,\ \phi(\xi)\to\sqrt{-a},\ \phi'(\xi)\to 0$$

$$\xi\to-\infty,\ \phi(\xi)\to-\sqrt{-a},\ \phi'(\xi)\to 0$$

对于下半平面内的那条异缩轨满足条件

$$\xi\to+\infty,\ \phi(\xi)\to-\sqrt{-a},\ \phi'(\xi)\to 0$$

$$\xi\to-\infty,\ \phi(\xi)\to\sqrt{-a},\ \phi'(\xi)\to 0$$

由此可知，两根异缩轨的方程是

$$\varphi^2-a\phi^2-\frac{1}{2}\phi^4=\frac{a^2}{2}$$

类似地，可以求得对应于上半平面内的那条异缩轨的孤立波是

$$\phi(x,t)=\sqrt{|a|}\operatorname{th}\frac{\sqrt{|a|}}{2}\left(x-c_g t\right)$$

对应于下半平面内的那条异缩轨的孤立波是

$$\phi(x,t)=-\sqrt{|a|}\operatorname{th}\frac{\sqrt{|a|}}{2}\left(x-c_g t\right)$$

一般认为，孤立波仅出现在保守系统中，即散度为零的系统中。前面的三个例子就是保守系统。那么是否只在保守系统中存在孤立波？不是，同缩轨和异缩轨在耗散系统中也广泛存在着，这就意味着在耗散系统也可以存在孤立波。

例 5.13　考虑伯格斯(Burgers)方程

$$\frac{\partial u}{\partial t}+u\frac{\partial u}{\partial x}=\nu\frac{\partial^2 u}{\partial x^2}\tag{5.5.22}$$

式中，$\nu>0$。显然，若式(5.5.22)无非线性项，它就是一个扩散方程，且无波动解。由于有非线性项，使扩散的东西集中，才有波动解。

Burgers 方程的行波解满足下列方程

$$-c\frac{\mathrm{d}u}{\mathrm{d}\xi}+u\frac{\mathrm{d}u}{\mathrm{d}\xi}=\nu\frac{\mathrm{d}^2u}{\mathrm{d}\xi^2} \tag{5.5.23}$$

它等价于平面系统

$$\begin{cases}\dfrac{\mathrm{d}u}{\mathrm{d}\xi}=z\\ \dfrac{\mathrm{d}z}{\mathrm{d}t}=\dfrac{z}{\nu}(u-c)\end{cases} \tag{5.5.24}$$

式(5.5.24)的散度是

$$\frac{\partial}{\partial u}(z)+\frac{\partial}{\partial z}\left[\frac{z}{\nu}(u-c)\right]=\frac{u-c}{\nu}\neq 0$$

因此，式(5.5.24)不是保守系统，当$u<c$时，它是耗散系统。将式(5.5.23)两边积分得

$$-cu+\frac{1}{2}u^2-\nu\frac{\mathrm{d}u}{\mathrm{d}\xi}=\frac{A}{2}$$

式中，$\dfrac{A}{2}$是积分常数，由此可得

$$z=\frac{\mathrm{d}u}{\mathrm{d}\xi}=\frac{1}{2\nu}\left(u^2-2cu-A\right)$$

从而式(5.5.24)可写为

$$\begin{cases}\dfrac{\mathrm{d}u}{\mathrm{d}\xi}=z\\ \dfrac{\mathrm{d}z}{\mathrm{d}t}=\dfrac{1}{2\nu^2}(u-c)\left(u^2-2cu-A\right)\end{cases} \tag{5.5.25}$$

当$c^2+A>0$时，式(5.5.25)有三个奇点：中心$(c,0)$，两个鞍点$\left(c-\sqrt{c^2+A},0\right)$和$\left(c+\sqrt{c^2+A},0\right)$。系统有两条异缩轨，其中一条满足边值条件：当$\xi\to+\infty$时，$u\to c+\sqrt{c^2+A}$；当$\xi\to-\infty$时，$u\to c-\sqrt{c^2+A}$。对应于这组边值条件的异缩轨是

$$u(\xi)=c+\sqrt{c^2+A}\,\mathrm{th}\frac{\sqrt{c^2+A}}{4\nu}\xi$$

对应于这条异缩轨的孤波解是

$$u_+(x,t)=c+\sqrt{c^2+A}\,\mathrm{th}\frac{\sqrt{c^2+A}}{4\nu}(c-ct)$$

对应于另一条异缩轨的孤波解是

$$u_-(x,t)=c-\sqrt{c^2+A}\,\mathrm{th}\frac{\sqrt{c^2+A}}{4\nu}(c-ct)$$

5.6　异缩圈与涡旋

流体力学有许多现象用现有的理论不能得到合理的解析，如湍流现象。由异缩轨构成的异缩圈能很好地解析流体力学中的涡旋现象。

众所周知，湍流与涡旋联系在一起。从形式上看，涡旋四周速度是相对(相反)的，这说明流体内层有相当大的速度切变。大涡是从基本场(平均场)中获得能量，是湍流能量的主要含能涡旋，然后再通过黏性和色散因素串级分裂成小涡旋，直到黏性耗散。

本节试图以异缩圈来解析涡旋现象。下面举例说明异缩圈与涡旋的联系。

描述湍流的无因次形式的纳维-斯托克斯方程为

$$\frac{\partial \boldsymbol{v}}{\partial t}+(\boldsymbol{v}\cdot\nabla)\boldsymbol{v}=-\nabla\left(\frac{P}{\rho}\right)+\frac{1}{Re}\nabla\boldsymbol{v} \tag{5.6.1}$$

式中，$\boldsymbol{v}=(u,v,w)^{\mathrm{T}}$ 是速度场，P 是压强，ρ 是流体密度，Re 是雷诺数，$\nabla=\frac{\partial}{\partial x}\mathbf{i}+\frac{\partial}{\partial y}\mathbf{j}+\frac{\partial}{\partial z}\mathbf{k}$ 。当 Re 较大时，纳维-斯托克斯方程会产生湍流。而当 Re 较大时，式(5.6.1)中最后一项很小，可以忽略，于是式(5.6.1)可近似地写为

$$\frac{\partial \boldsymbol{v}}{\partial t}+(\boldsymbol{v}\cdot\nabla)\boldsymbol{v}=-\nabla\left(\frac{P}{\rho}\right) \tag{5.6.2}$$

这是欧拉方程，式(5.6.2)可以等价地写为下列形式

$$\frac{\partial \boldsymbol{v}}{\partial t}=\boldsymbol{v}\times\operatorname{rot}\boldsymbol{v}-\nabla\left(\frac{P}{\rho}+\frac{v^2}{2}\right) \tag{5.6.3}$$

式中，$\operatorname{rot}\boldsymbol{v}$ 是速度场 $\boldsymbol{v}$ 的旋度，$|\boldsymbol{v}|^2=u^2+v^2+w^2$。与常微分方程奇点类似，称式(5.6.3)与时间无关的速度场为**平衡解**。对于平衡解，由于 $\frac{\partial \boldsymbol{v}}{\partial t}=0$，它必须满足

$$\boldsymbol{v}\times\operatorname{rot}\boldsymbol{v}=\nabla\left(\frac{P}{\rho}+\frac{|\boldsymbol{v}|^2}{2}\right) \tag{5.6.4}$$

式(5.6.4)的解称为**欧拉流**。流体质点在流场中的运动方程为

$$\begin{cases}\dot{x}=u(x,y,z)\\ \dot{y}=v(x,y,z)\\ \dot{z}=w(x,y,z)\end{cases} \tag{5.6.5}$$

式中，$(x,y,z)^{\mathrm{T}}$ 是流体质点的位置，$(x(t),y(t),z(t))^{\mathrm{T}}$ 是真实的质点的轨道或流场的流线(因为是定常流，轨道与流线重合，对于非定常流，这一结论不成立)。

为了描述流线弯曲程度，定义速度场 $\boldsymbol{v}$ 的螺度函数为

$$h=\boldsymbol{v}\cdot\operatorname{rot}\boldsymbol{v} \tag{5.6.6}$$

即速度场的螺度函数为速度向量 $\boldsymbol{v}$ 与其旋度 $\boldsymbol{\omega}=\operatorname{rot}\boldsymbol{v}$ 的点积。从式(5.6.6)可以看出，螺度

函数取最大值当且仅当速度向量$\boldsymbol{v}$与旋度向量$\boldsymbol{\omega}=\mathrm{rot}\,\boldsymbol{v}$平行，或简写为$\boldsymbol{v}\parallel\boldsymbol{\omega}$。从而，螺度函数取最大值当且仅当$\boldsymbol{v}\times\boldsymbol{\omega}=0$。于是，当速度场$\boldsymbol{v}$的螺度函数取最大值时，式(5.6.3)可写为

$$\frac{\partial \boldsymbol{v}}{\partial t}=-\nabla\left(\frac{P}{\rho}+\frac{|\boldsymbol{v}|^2}{2}\right) \tag{5.6.7}$$

式(5.6.7)的平衡解必须满足下列方程

$$\nabla\left(\frac{P}{\rho}+\frac{|\boldsymbol{v}|^2}{2}\right)=0 \tag{5.6.8}$$

称满足式(5.6.8)的平衡解为贝切美流。贝切美流是满足螺度最大的平衡解。贝切美流是欧拉流的一种特殊情况。反之，欧拉流不一定是贝切美流。

例 5.14 在式(5.6.5)中取$u(x,y,z)=\sin x\sin y$，$v(x,y,z)=\cos x\cos y$，$w(x,y,z)=-\sin x\cos y$，那么

$$\begin{cases}\dot{x}=\sin x\sin y\\ \dot{y}=\cos x\cos y\\ \dot{z}=-\sin x\cos y\end{cases} \tag{5.6.9}$$

该系统的旋度是

$$\boldsymbol{\omega}=\mathrm{rot}\,\boldsymbol{v}=\begin{pmatrix}\mathbf{i} & \mathbf{j} & \mathbf{k}\\ \dfrac{\partial}{\partial x} & \dfrac{\partial}{\partial y} & \dfrac{\partial}{\partial z}\\ u & v & w\end{pmatrix}=\sin x\sin y\mathbf{i}+\cos x\cos y\mathbf{j}-2\sin x\cos y\mathbf{k}$$

式(5.6.9)是欧拉流，显然$\boldsymbol{v}$与$\boldsymbol{\omega}$不平行，所以它不是贝切美流。

式(5.6.9)的前两个方程与z无关，因此，只需要考虑其前两个方程

$$\begin{cases}\dot{x}=\sin x\sin y\\ \dot{y}=\cos x\cos y\end{cases} \tag{5.6.10}$$

方程(5.6.10)有两组奇点：$\left(m\pi,n\pi+\dfrac{\pi}{2}\right)$和$\left(m\pi+\dfrac{\pi}{2},n\pi\right)$，$m$和$n$都是整数。下面分几步来进行。

(1) 式(5.6.10)在奇点$\left(m\pi,n\pi+\dfrac{\pi}{2}\right)$的雅可比矩阵为

$$\begin{pmatrix}(-1)^{m+n} & 0\\ 0 & -(-1)^{m+n}\end{pmatrix}$$

这个矩阵的两个特征根是$\lambda_1=1$和$\lambda_2=-1$，因此，$\left(m\pi,n\pi+\dfrac{\pi}{2}\right)$是鞍点。

(2) 式(5.6.10)在奇点$\left(m\pi+\dfrac{\pi}{2},n\pi\right)$的雅可比矩阵为

$$\begin{pmatrix} 0 & (-1)^{m+n} \\ -(-1)^{m+n} & 0 \end{pmatrix}$$

上面矩阵有一对纯虚根 $\lambda_1 = \mathrm{i}$ 和 $\lambda_2 = -\mathrm{i}$，因此，$\left(m\pi, n\pi + \dfrac{\pi}{2}\right)$是中心。

(3) 式(5.6.10)有一个守恒量

$$\sin x \cos y = c$$

显然，对应于异缩轨必有 $c = 0$，由此可知，异缩轨是在直线 $x = k\pi$ 或直线 $y = k\pi + \dfrac{\pi}{2}$ 上的连接两邻近鞍点的线段，k 是整数。

根据上面的结论，可画出式(5.6.10)在区域

$$D = \left\{(x, y) \mid -\pi \leqslant x \leqslant \pi, -\frac{3\pi}{3} \leqslant y \leqslant \frac{3\pi}{3}\right\}$$

的相图如图 5.26 所示。

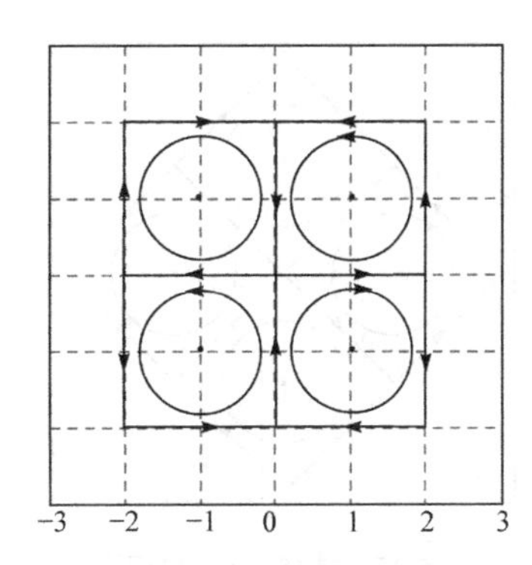

图 5.26　式(5.6.10)的相图

例 5.15　考虑著名的 ABC(Arnold-Beltrami-Childress)流，其流体质点的运动方程是

$$\begin{cases} \dot{x} = A\sin z + C\cos y \\ \dot{y} = B\sin x + A\cos z \\ \dot{z} = C\sin y + B\cos x \end{cases} \tag{5.6.11}$$

式中，A、B 和 C 是常数。该系统的旋度是

$$\boldsymbol{\omega} = \begin{pmatrix} \mathbf{i} & \mathbf{j} & \mathbf{k} \\ \dfrac{\partial}{\partial x} & \dfrac{\partial}{\partial y} & \dfrac{\partial}{\partial z} \\ A\sin z + C\cos y & B\sin x + A\cos z & C\sin y + B\cos x \end{pmatrix}$$

$$= (A\sin z + C\cos y)\mathbf{i} + (B\sin x + A\cos z)\mathbf{j} + (C\sin y + B\cos x)\mathbf{k}$$

由此可得，$\boldsymbol{v} = \boldsymbol{\omega}$，因而这是贝切美流。

在式(5.6.11)中取 $A = 0$、$B = 1$ 和 $C = -1$，得

$$\begin{cases} \dot{x} = -\cos y \\ \dot{y} = \sin x \\ \dot{z} = -\sin y + \cos x \end{cases} \tag{5.6.12}$$

式(5.6.12)的前两个方程与 z 无关，因此，只需要考虑其前两个方程

$$\begin{cases} \dot{x} = -\cos y \\ \dot{y} = \sin x \end{cases} \tag{5.6.13}$$

式(5.6.13)的奇点是$\left(m\pi, n\pi + \dfrac{\pi}{2}\right)$，$m$ 和 n 都是整数。式(5.6.13)在奇点$\left(m\pi, n\pi + \dfrac{\pi}{2}\right)$的雅可比矩阵为

$$\begin{pmatrix} 0 & (-1)^n \\ (-1)^m & 0 \end{pmatrix}$$

上面矩阵的两个特征根是 $\lambda_1=\sqrt{(-1)^{m+n}}$ 和 $\lambda_2=-\sqrt{(-1)^{m+n}}$ 。因此，当 $m+n$ 是偶数时，$\left(m\pi, n\pi+\dfrac{\pi}{2}\right)$ 是鞍点，当 $m+n$ 是奇数时，$\left(m\pi, n\pi+\dfrac{\pi}{2}\right)$ 是中心。

式(5.6.13)有一个守恒量

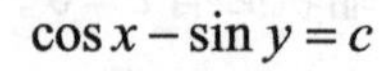

$$\cos x-\sin y=c$$

对应于异缩轨有 $c=0$，由此可知，异缩轨是下列直线上的连接两邻近鞍点的线段

$$y=\pm x+2k\pi+\frac{\pi}{2}$$

式中，k 是整数。画出式(5.6.13)在原点附近的相图如图 5.27 所示。

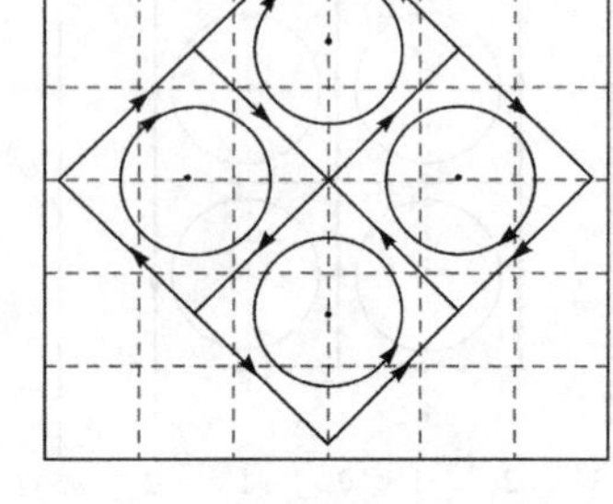

图 5.27　式(5.6.13)的相图

以上两个例子中的异缩圈是由四条异缩轨和四个鞍点构成的。异缩圈内部有一个中心奇点，经过该闭轨内部任一点的轨道是闭轨，异缩圈内最大的闭轨相切于异缩圈四边的中点。因此，异缩圈内部轨道的动力学行为描述了涡旋内流体质点的动力学行为。

以上两个例子中的异缩圈是正方形，那么是否存在其他形状的异缩圈呢？事实上，可以构造出各种形状的异缩圈。接下来先从二维涡旋开始。

将欧拉方程(5.6.3)两边取旋度得

$$\frac{\partial \boldsymbol{\omega}}{\partial t}=\operatorname{rot}(\boldsymbol{v}\times\boldsymbol{\omega}) \tag{5.6.14}$$

对于二维不可压缩流体，不可压缩条件是

$$\operatorname{div}(\boldsymbol{v})=\frac{\partial u}{\partial x}+\frac{\partial v}{\partial y}=0 \tag{5.6.15}$$

引进流函数 φ，使得

$$u=-\frac{\partial \varphi}{\partial y}$$

那么由式(5.6.15)有

$$v=\frac{\partial \varphi}{\partial x}$$

因此，流体质点的运动方程为

$$\begin{cases} \dot{x}=-\dfrac{\partial \varphi}{\partial y} \\ \dot{y}=\dfrac{\partial \varphi}{\partial x} \end{cases} \tag{5.6.16}$$

式(5.6.16)是二维哈密顿系统，因此，式(5.6.16)是可积的，且有守恒量$\varphi = c$。

式(5.6.16)的旋度是

$$\boldsymbol{\omega} = \begin{pmatrix} \mathbf{i} & \mathbf{j} & \mathbf{k} \\ \dfrac{\partial}{\partial x} & \dfrac{\partial}{\partial y} & \dfrac{\partial}{\partial z} \\ u & v & 0 \end{pmatrix} = \left(\frac{\partial v}{\partial x} - \frac{\partial u}{\partial y}\right)\mathbf{k} = \left(\frac{\partial^2 \varphi}{\partial x^2} + \frac{\partial^2 \varphi}{\partial y^2}\right)\mathbf{k} = \Delta_2 \varphi \mathbf{k}$$

式中，$\Delta_2 = \dfrac{\partial^2}{\partial x^2} + \dfrac{\partial^2}{\partial y^2}$，于是对于二维不可压缩流体，式(5.6.14)可写为

$$\frac{\partial \Delta_2 \varphi}{\partial t} + J(\varphi, \Delta_2 \varphi) = 0 \tag{5.6.17}$$

式中

$$J(a,b) = \frac{\partial a}{\partial x}\frac{\partial b}{\partial y} - \frac{\partial a}{\partial y}\frac{\partial b}{\partial x}$$

式(5.6.17)的平衡解满足下列条件

$$J(\varphi, \Delta_2 \varphi) = 0$$

即

$$\frac{\partial \varphi}{\partial x}\frac{\partial \Delta_2 \varphi}{\partial y} - \frac{\partial \varphi_2}{\partial y}\frac{\partial \Delta_2 \varphi}{\partial x} = 0 \tag{5.6.18}$$

显然，如果$\Delta_2 \varphi = f(\varphi)$($f$是任意一维函数)，那么式(5.6.18)自然成立。因此，方程

$$\frac{\partial^2 \varphi}{\partial x^2} + \frac{\partial^2 \varphi}{\partial y^2} = f(\varphi) \tag{5.6.19}$$

的解一定是式(5.6.18)的解。

如果取$f(\varphi) = -\varphi$，那么，式(5.6.19)就是亥姆霍兹方程

$$\frac{\partial^2 \varphi}{\partial x^2} + \frac{\partial^2 \varphi}{\partial y^2} + \varphi = 0 \tag{5.6.20}$$

采用变量分离法来解线性方程(5.6.20)。以$\varphi = X(x)Y(y)$代入式(5.6.20)可得

$$-\frac{X''}{X} = \frac{Y''}{Y} + 1 = k^2$$

因而有

$$X'' + k^2 X = 0,\ Y'' + \left(1 - k^2\right)Y = 0 \tag{5.6.21}$$

令$1 - k^2 = l^2$，那么有$k = \cos\dfrac{2\pi}{q}\mathrm{i}, l = \sin\dfrac{2\pi}{q}\mathrm{i}$。显然，$\cos kx$和$\sin kx$都是式(5.6.21)中第一个方程的解，$\cos ly$和$\sin ly$都是式(5.6.21)中第二个方程的解。因此，$\cos kx \cos ly$和$\sin kx \sin ly$都是式(5.6.20)的解。由叠加原理可知

$$\cos kx \cos ly - \sin kx \sin ly = \cos(kx + ly)$$

也是式(5.6.20)的解，从而对于任意正整数 q

$$\varphi=\frac{1}{2}\varphi_0\sum_{i=1}^{q}\cos\left[x\cos\left(\frac{2\pi}{q}i\right)+y\sin\left(\frac{2\pi}{q}i\right)\right] \tag{5.6.22}$$

是式(5.6.20)的解。

下面考虑式(5.6.22)的几种情况，看看各种情况中的异缩圈的形状的变化。

在式(5.6.22)中取 $q=2$，得到 $\varphi=\varphi_0\cos x$，于是

$$u=0, v=-\varphi_0\sin x$$

称为一维柯尔莫哥洛夫流。在这种情况下，系统没有异缩圈。

在式(5.6.22)取 $q=4$，得到 $\varphi=\varphi_0(\cos x+\cos y)$，此时流体质点的运动方程为

$$\begin{cases}\dot{x}=-\dfrac{\partial\varphi}{\partial y}=\varphi_0\sin y\\ \dot{y}=\dfrac{\partial\varphi}{\partial x}=-\varphi_0\sin x\end{cases} \tag{5.6.23}$$

式(5.6.23)的奇点是 $(m\pi,n\pi)$，m 和 n 都是整数。不难验证，如果 $m+n$ 是偶数，$(m\pi,n\pi)$ 是鞍点，而如果 $m+n$ 是奇数，$(m\pi,n\pi)$ 是中心。式(5.6.23)有守恒量

$$\cos x+\cos y=c$$

因此，画出式(5.6.23)在原点附近的相图类似图 5.27，只是沿 $y-$轴做了一个平移。从相图上可以看出，异缩圈是正方形。

在式(5.6.22)取 $q=6$，并且取 $\varphi_0=1$，于是流函数是

$$\begin{aligned}\varphi&=\cos x+\cos\left(\frac{1}{2}x+\frac{\sqrt{3}}{2}y\right)+\cos\left(\frac{1}{2}x-\frac{\sqrt{3}}{2}y\right)\\&=\cos x+2\cos\frac{x}{2}\cos\frac{\sqrt{3}}{2}y\end{aligned}$$

其对应的流体质点的运动方程为

$$\begin{cases}\dot{x}=\sqrt{3}\cos\dfrac{x}{2}\sin\dfrac{\sqrt{3}}{2}y\\ \dot{y}=-\sin x-\sin\dfrac{x}{2}\cos\dfrac{\sqrt{3}}{2}y\end{cases} \tag{5.6.24}$$

式(5.6.24)的奇点性质如下。

(1) 对于任意整数 m 和 n，奇点 $\left((2m+1)\pi,\dfrac{(2n+1)\pi}{\sqrt{3}}\right)$ 是鞍点。

(2) 如果 $m+n$ 是偶数，奇点 $\left(2m\pi,\dfrac{2n\pi}{\sqrt{3}}\right)$ 是中心。

(3) 对于任意整数 m 和 n，奇点 $\left(4m\pi\pm\dfrac{4\pi}{3},\dfrac{4n\pi}{\sqrt{3}}\right)$ 是鞍点。

(4) 对于任意整数 m 和 n，奇点 $\left(4m\pi \pm \dfrac{2\pi}{3}, \dfrac{2(2n+1)\pi}{\sqrt{3}}\right)$ 是鞍点。

画出式(5.6.24)在原点附近的相图如图 5.28 所示。从相图上可以看出，异缩圈是正六边形。

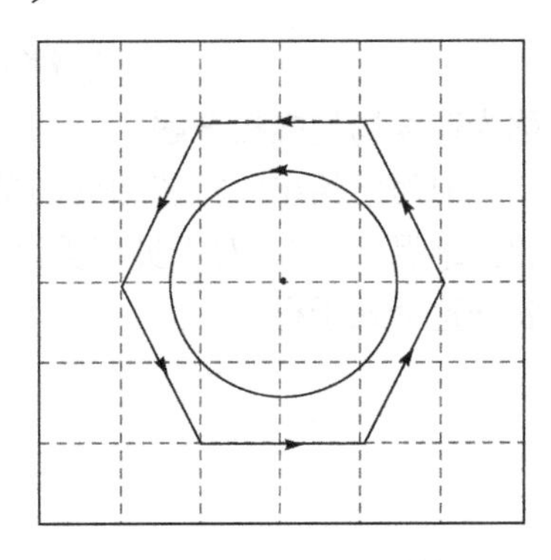

图 5.28　正六边形异缩圈

如果继续下去，可以得到各种正多边形异缩圈。事实上，在其他系统还可以找到半月形异缩圈，以及其他各种形状的异缩圈，不在此一一举例。

由于二维自治系统都是可积的，因此二维自治系统不会出现混沌。有许多学者希望利用分叉理论来解析湍流形成的机理，湍流是通过涡旋分叉而来的。因此，研究三维系统的涡旋是必要的。

与二维系统类似，考虑三维不可压缩流体，因而其散度为零，即

$$\frac{\partial u}{\partial x}+\frac{\partial v}{\partial y}+\frac{\partial w}{\partial z}=0 \tag{5.6.25}$$

引进流函数 $\varphi=\varphi(x,y,z)$，速度势函数 $\phi=\phi(x,y,z)$，使得

$$u=-\frac{\partial \varphi}{\partial y}+\frac{\partial \phi}{\partial x}, \quad v=-\frac{\partial \varphi}{\partial x}+\frac{\partial \phi}{\partial y} \tag{5.6.26}$$

以式(5.6.26)代入式(5.6.25)得

$$\frac{\partial w}{\partial z}=-\left(\frac{\partial^2 \phi}{\partial x^2}+\frac{\partial^2 \phi}{\partial y^2}\right)=-\Delta_2 \phi$$

由此有

$$w=-\int \Delta_2 \phi \mathrm{d}z$$

引进对流速度势函数 $\chi=-\int \phi \mathrm{d}z$，或 $\phi=-\dfrac{\partial \chi}{\partial z}$，那么由上式得

$$w=-\int \Delta_2 \phi \mathrm{d}z=\Delta_2\left(-\int \phi \mathrm{d}z\right)=\Delta_2 \chi$$

将 $\phi=-\dfrac{\partial \chi}{\partial z}$ 代入式(5.6.26)得

$$u=-\frac{\partial \varphi}{\partial y}-\frac{\partial^2 \chi}{\partial x \partial z}, \quad v=\frac{\partial \varphi}{\partial x}-\frac{\partial^2 \chi}{\partial y \partial z}$$

综上所述，利用流函数 $\varphi=\varphi(x,y,z)$ 和对流速度势函数 $\chi=\chi(x,y,z)$ 表示的速度场的三个分量函数为

$$u=-\frac{\partial \varphi}{\partial y}-\frac{\partial^2 \chi}{\partial x \partial z}, \quad v=\frac{\partial \varphi}{\partial x}-\frac{\partial^2 \chi}{\partial y \partial z}, \quad w=-\Delta_2 \chi \tag{5.6.27}$$

由式(5.6.27)有

$$
\begin{aligned}
\boldsymbol{v}=(u,u,w)&=\left(-\frac{\partial\varphi}{\partial y},\frac{\partial\varphi}{\partial x},0\right)+\left(-\frac{\partial^2\chi}{\partial x\partial z},-\frac{\partial^2\chi}{\partial y\partial z},\Delta_2\chi\right)\\
&=\operatorname{rot}(-\phi\boldsymbol{k})-\operatorname{rot}(\operatorname{rot}(\chi\boldsymbol{k}))
\end{aligned}
\tag{5.6.28}
$$

称为速度场的**螺极分解**。

前面已给出欧拉流和贝切美流的三维涡旋的例子。接下来考虑一般情况下贝切美流的三维涡旋问题。对于贝切美流，由于$\boldsymbol{v}$与$\boldsymbol{\omega}$是平行的，因此存在数λ，使得$\operatorname{rot}\boldsymbol{v}=\boldsymbol{\omega}=\lambda\boldsymbol{v}$，展开这个式子得

$$
\begin{cases}
\dfrac{\partial w}{\partial y}-\dfrac{\partial v}{\partial z}=\lambda u\\
\dfrac{\partial u}{\partial z}-\dfrac{\partial w}{\partial x}=\lambda v\\
\dfrac{\partial v}{\partial x}-\dfrac{\partial u}{\partial y}=\lambda w
\end{cases}
\tag{5.6.29}
$$

利用式(5.6.27)，计算得

$$
\frac{\partial v}{\partial x}-\frac{\partial u}{\partial y}=\frac{\partial}{\partial x}\left(\frac{\partial\varphi}{\partial x}-\frac{\partial^2\chi}{\partial y\partial z}\right)-\frac{\partial}{\partial y}\left(-\frac{\partial\varphi}{\partial y}-\frac{\partial^2\chi}{\partial x\partial z}\right)=\Delta_2\varphi
$$

由此及式(5.6.29)的最后一个方程得

$$
\Delta_2\varphi=\lambda\Delta_2\chi
$$

该方程有解

$$
\varphi=\lambda\chi \tag{5.6.30}
$$

类似地，不难计算得

$$
\frac{\partial w}{\partial y}-\frac{\partial v}{\partial z}=-\frac{\partial^2\varphi}{\partial x\partial z}+\frac{\partial}{\partial y}\Delta\chi
$$

式中，$\Delta=\dfrac{\partial^2}{\partial x^2}+\dfrac{\partial^2}{\partial y^2}+\dfrac{\partial^2}{\partial z^2}$。由式(5.6.27)的第一式、式(5.6.29)的第一式和上式得到

$$
-\frac{\partial^2\varphi}{\partial x\partial z}+\frac{\partial}{\partial y}\Delta\chi=\lambda\left[-\frac{\partial\varphi}{\partial y}-\frac{\partial}{\partial x}\left(\frac{\partial\chi}{\partial z}\right)\right]
$$

以式(5.6.30)代入上式得

$$
\frac{\partial}{\partial y}\Delta\chi+\lambda^2\frac{\partial\chi}{\partial y}=0
$$

由此可得关于χ的亥姆霍兹方程

$$
\Delta\chi+\lambda^2\chi=0 \tag{5.6.31}
$$

类似地，可以证明下列各式

$$
\begin{aligned}
&\Delta\varphi+\lambda^2\varphi=0,\quad \Delta\phi+\lambda^2\phi=0,\quad \Delta u+\lambda^2u=0\\
&\Delta v+\lambda^2v=0,\quad \Delta w+\lambda^2w=0,\quad \Delta\boldsymbol{v}+\lambda^2\boldsymbol{v}=0
\end{aligned}
\tag{5.6.32}
$$

因此，这将研究贝切美流的涡旋问题归结为求解三维空间上的亥姆霍兹方程。也可以用变量分离法求解亥姆霍兹方程，这与二维情形类似，不在此给出。

在式(5.6.31)取 $\lambda=\sqrt{2}$ ，可以求其一个特解 $\chi=\dfrac{1}{\sqrt{2}}\sin x\cos y$ ，因此，有

$$\varphi=\sqrt{2}\chi=\sin x\cos y$$

从而可得到流体质点的运动方程为

$$\begin{cases}\dot{x}=\sin x\sin y\\ \dot{y}=\cos x\cos y\\ \dot{z}=-\sqrt{2}\sin x\cos y\end{cases}$$

这与式(5.6.9)类似，但这是贝切美流，其涡旋情况完全与式(5.6.9)相同。

如果取

$$\varphi=\chi=Ax\cos z-B\cos x+c\sin y$$

那么，流体质点的运动方程正是 ABC 流体质点的运动方程(5.6.11)。

最后，取

$$\chi=\left(\cos x+2\cos\frac{x}{2}\cos\frac{\sqrt{3}}{2}y\right)\sin z$$

那么流体质点的运动方程是

$$\begin{cases}\dot{x}=\sqrt{3}\cos\dfrac{x}{2}\sin\dfrac{\sqrt{3}}{2}y\cos z\\ \dot{y}=-\left(\sin x+\sin\dfrac{x}{2}\cos\dfrac{\sqrt{3}}{2}y\right)\cos z\\ \dot{z}=\left(\cos x+2\cos\dfrac{x}{2}\cos\dfrac{\sqrt{3}}{2}y\right)\sin z\end{cases}$$

在上面方程组中的前两个方程中作变换 $\mathrm{d}\tau=\cos z\mathrm{d}t$ ，有

$$\begin{cases}\dfrac{\mathrm{d}x}{\mathrm{d}\tau}=\sqrt{3}\cos\dfrac{x}{2}\sin\dfrac{\sqrt{3}}{2}y\\ \dfrac{\mathrm{d}y}{\mathrm{d}\tau}=-\sin x-\sin\dfrac{x}{2}\cos\dfrac{\sqrt{3}}{2}y\end{cases}$$

这与式(5.6.24)完全相同。

与二维流一样，通过解亥姆霍兹方程(5.6.31)发现许许多多不同形状异缩圈。如果采用极坐标，可以找到半月形或圆形等形状的异缩圈。

5.7　庞加莱映射和闭轨的存在性

对于可精确求解的动力系统，其闭轨的存在性是容易判断的。对于不能精确求解的

动力系统，平面系统可以利用庞加莱-本迪克松环域定理判断其闭轨的存在性。然而，对于高维系统，还没有找到平面系统的庞加莱-本迪克松环域定理到高维系统的推广。庞加莱映射将闭轨的存在性与其周期点联系起来。

考虑自治常微分方程组

$$\dot{\boldsymbol{x}}=\boldsymbol{f}(\boldsymbol{x}),\boldsymbol{x}\in U \tag{5.7.1}$$

式中，$\boldsymbol{f}:U\to\mathbf{R}^n$ 是 C^r 的，$U\subseteq\mathbf{R}^n$ 是开集。设 $\boldsymbol{\phi}(t,\boldsymbol{x})$ 是式(5.7.1)的流，那么过点 $\boldsymbol{x}_0$ 周期为 T 的轨道满足条件

$$\boldsymbol{\phi}(t+T,\boldsymbol{x}_0)=\boldsymbol{\phi}(t,\boldsymbol{x}_0)$$

设 Σ 是过点 $\boldsymbol{x}_0$ 并且与过点 $\boldsymbol{x}_0$ 的轨道 $\boldsymbol{\phi}(t,\boldsymbol{x}_0)$ 横截相交的 $n-1$ 维曲面($\boldsymbol{\phi}(t,\boldsymbol{x}_0)$ 与 Σ 横截相交是指 $\boldsymbol{n}(\boldsymbol{x}_0)\cdot\boldsymbol{f}(\boldsymbol{x}_0)\neq 0$，$\boldsymbol{n}(\boldsymbol{x}_0)=\left(n_1(\boldsymbol{x}),n_2(\boldsymbol{x}),\cdots,n_n(\boldsymbol{x})\right)^{\mathrm{T}}$ 是曲面 Σ 在点 $\boldsymbol{x}_0$ 的法线方向)，因此，横截相交条件是(图 5.29)

$$\boldsymbol{n}(\boldsymbol{x}_0)\cdot\boldsymbol{f}(\boldsymbol{x}_0)=\sum_{i=1}^{n}n_i(\boldsymbol{x}_0)f_i(\boldsymbol{x}_0)\neq 0 \tag{5.7.2}$$

由连续性定理可以找到一个包含点 $\boldsymbol{x}_0$ 的开集 $V\subset\Sigma$，使得从 V 中的点出发的轨道在接近于 T 的时间内返回 Σ。设 $\tau(\boldsymbol{x})$ 是从点 $\boldsymbol{x}\in V$ 出发的轨道 $\boldsymbol{\phi}(t,\boldsymbol{x})$ 第一次返回 Σ 的时间，那么第一次返回 Σ 的点的坐标是 $\boldsymbol{\phi}(\tau(\boldsymbol{x}),\boldsymbol{x})$，如图 5.30 所示。

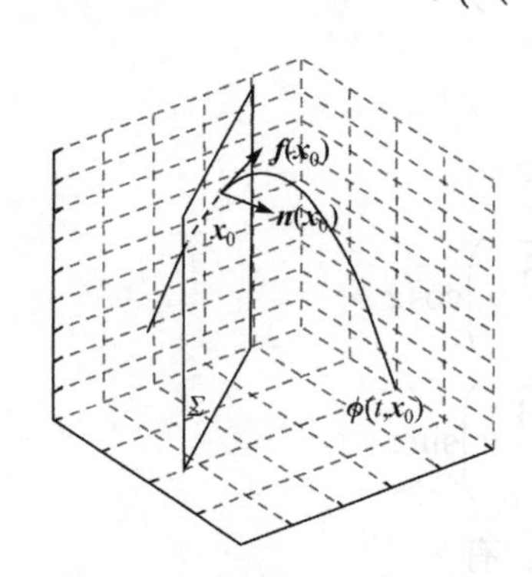

图 5.29 横截相交示意图

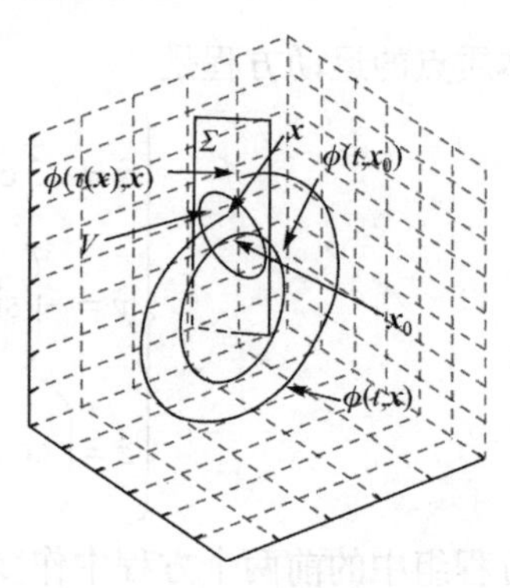

图 5.30 第一次返回

定义庞加莱映射

$$P:V\to\Sigma,\boldsymbol{x}\to\boldsymbol{\phi}(\tau(\boldsymbol{x}),\boldsymbol{x})$$

庞加莱映射就是将 V 中的点映射为过其轨道第一次返回 Σ 的点，即

$$P(\boldsymbol{x})=\boldsymbol{\phi}(\tau(\boldsymbol{x}),\boldsymbol{x}) \tag{5.7.3}$$

以下给出两个定义。

定义 5.10 设 $\boldsymbol{f}:U\to\mathbf{R}^n$ 是一个映射，称满足 $\boldsymbol{f}(\boldsymbol{x})=\boldsymbol{x}$ 的点 $\boldsymbol{x}$ 为映射 $\boldsymbol{f}$ 的不动点。

映射 $\boldsymbol{f}$ 的不动点是 $\boldsymbol{f}$ 将其映射为自身的点。对于庞加莱映射 P 来说，过其不动点的轨道一定是闭轨(图 5.31)。这就是说，庞加莱映射 P 的不动点存在性联系到系统闭轨的存在性。

定义 5.11　设 $\boldsymbol{f}:U\to\mathbf{R}^n$ 是一个映射，且 $\boldsymbol{f}^i(\boldsymbol{x})\in U(i=1,2,\cdots,k)$，称满足 $\boldsymbol{f}^k(\boldsymbol{x})=\boldsymbol{x}$ 且 $\boldsymbol{f}^{k-1}(\boldsymbol{x})\neq\boldsymbol{x}$ 的点 $\boldsymbol{x}$ 为映射 $\boldsymbol{f}$ 的周期为 k 的周期点。

显然，映射 $\boldsymbol{f}$ 的不动点 $\boldsymbol{x}$ 就是 $\boldsymbol{f}$ 的周期为 1 的周期点，过 $\boldsymbol{x}$ 点的轨道与 Σ 只有一个交点(图 5.31)。过映射 $\boldsymbol{f}$ 的周期为 k 的周期点 $\boldsymbol{x}$ 的轨道与 Σ 有 k 个交点(图 5.32)。

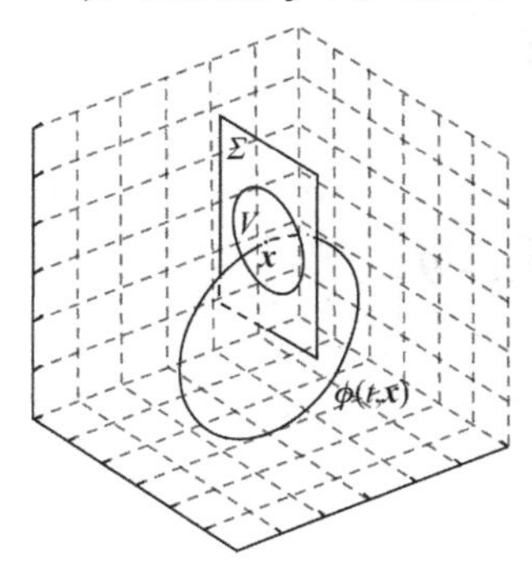

图 5.31　$\boldsymbol{x}$ 是不动点

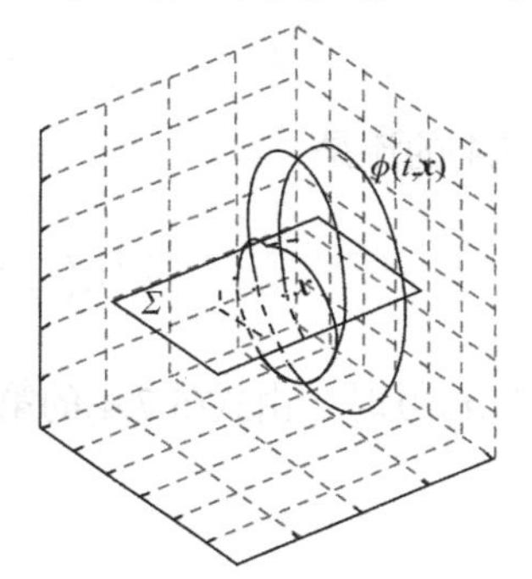

图 5.32　$\boldsymbol{x}$ 是周期为 3 的点

例 5.16　考虑例 3.5 中的平面系统。在极坐标系下，该系统可化为

$$\begin{cases}\dot{r}=r\left(a-r^2\right)\\ \dot{\theta}=1\end{cases}\tag{5.7.4}$$

式(5.7.4)的解空间是圆柱面 $\mathbf{R}^+\times\mathbf{S}^1$ (图 5.33)，$\mathbf{R}^+=\{x\mid x\in\mathbf{R},x>0\}$，$\mathbf{S}^1$ 是单位圆周。下面分三种情况来解式(5.7.4)。

(1) 当 $a<0$ 时，由式(5.7.4)的第一个方程得

$$\frac{\mathrm{d}r}{r\left(|a|+r^2\right)}=-\mathrm{d}t$$

上式可化为

$$\frac{\mathrm{d}r^2}{r^2\left(|a|+r^2\right)}=-2\mathrm{d}t$$

两边积分得到在 $t=0$ 时过点 r_0 的解是

$$r(t)=\sqrt{|a|}r_0\left[\left(|a|+r_0^2\right)\mathrm{e}^{2|a|t}-r_0^2\right]^{-\frac{1}{2}}$$

于是式(5.7.4)中 $t=0$ 时过点 (r_0,θ_0) 的解是

$$\begin{cases}r(t)=\sqrt{|a|}r_0\left[\left(|a|+r_0^2\right)\mathrm{e}^{2|a|t}-r_0^2\right]^{-\frac{1}{2}}\\ \theta=t+\theta_0\end{cases}$$

从而式(5.7.4)的流是

$$\phi(t,(r,\theta))=\left(\sqrt{|a|}r\left[\left(|a|+r^2\right)\mathrm{e}^{2|a|t}-r^2\right]^{-\frac{1}{2}},t+\theta\right)\tag{5.7.5}$$

(2) 当 $a=0$ 时，由式(5.7.4)的第一个方程得

$$\frac{\mathrm{d}r}{r^3}=-\mathrm{d}t$$

在 $t=0$ 时过点 r_0 的解是

$$r(t)=r_0\left(1+2r_0^2t\right)^{-\frac{1}{2}}$$

从而式(5.7.4)的流是

$$\phi\left(t,(r,\theta)\right)=\left(r\left(1+2r^2t\right)^{-\frac{1}{2}},t+\theta\right) \tag{5.7.6}$$

(3) 当 $a>0$ 时，由式(5.7.4)的第一个方程得

$$\frac{\mathrm{d}r}{r\left(a-r^2\right)}=\mathrm{d}t$$

下面分两种情况。

① 如果 $r^2\geqslant a$，那么上式可写为

$$\left(\frac{1}{r-\sqrt{a}}+\frac{1}{r+\sqrt{a}}-\frac{2}{r}\right)\mathrm{d}r=-2a\mathrm{d}t$$

在 $t=0$ 时过点 r_0 的解是

$$r(t)=\left[\frac{1}{a}+\left(\frac{1}{r_0^2}-\frac{1}{a}\right)\mathrm{e}^{-2at}\right]^{-\frac{1}{2}}$$

从而式(5.7.4)的流是

$$\phi\left(t,(r,\theta)\right)=\left(\left[\frac{1}{a}+\left(\frac{1}{r^2}-\frac{1}{a}\right)\mathrm{e}^{-2at}\right]^{-\frac{1}{2}},t+\theta\right) \tag{5.7.7}$$

② 如果 $r^2<a$，那么有

$$\left(-\frac{1}{\sqrt{a}-r}-\frac{1}{\sqrt{a}+r}+\frac{2}{r}\right)\mathrm{d}r=2a\mathrm{d}t$$

在 $t=0$ 时过点 r_0 的解仍是

$$r(t)=\left[\frac{1}{a}+\left(\frac{1}{r_0^2}-\frac{1}{a}\right)\mathrm{e}^{-2at}\right]^{-\frac{1}{2}}$$

从而式(5.7.4)的流仍是式(5.7.7)。

为了给出庞加莱映射，选取横截面 Σ 如下

$$\Sigma=\left\{(r,\theta)\in\mathbf{R}^+\times\mathbf{S}^1\mid\theta=\theta_0\right\}$$

式中，θ_0 是一个常数。显然。Σ 是圆柱面 $\boldsymbol{R}^+\times\mathbf{S}^1$ 上的一条直线(图 5.33)，在 Σ 上的点 (r,θ)

的法向量是$\boldsymbol{n}=(0,1)^{\mathrm{T}}$。由式(5.7.4)，在点$(r,\theta)$的切向量是$\boldsymbol{\tau}=\left(r\left(a-r^2\right),1\right)^{\mathrm{T}}$，因此，有

$$\boldsymbol{\tau}\cdot\boldsymbol{n}=\left(r\left(a-r^2\right),1\right)^{\mathrm{T}}\cdot(0,1)^{\mathrm{T}}=1$$

这就证明了过Σ上任一点轨道都与Σ横截相交。

由式(5.7.4)的第二个方程可知$\omega=\dfrac{2\pi}{T}=1$，因此从Σ上任一点出发的轨道第一次返回Σ所需的时间为$\tau=2\pi$(图 5.34)。

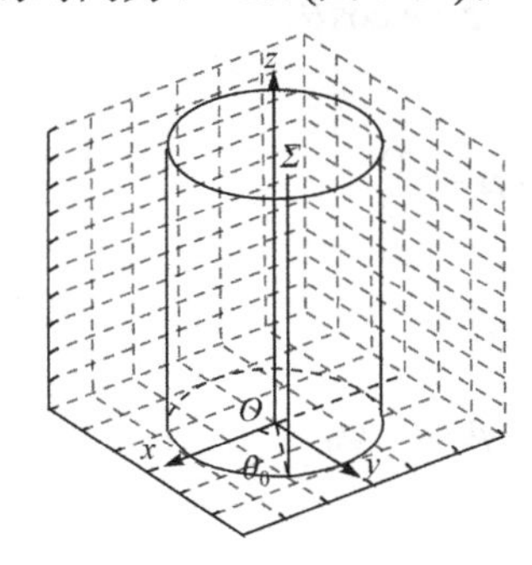

图 5.33　横截面

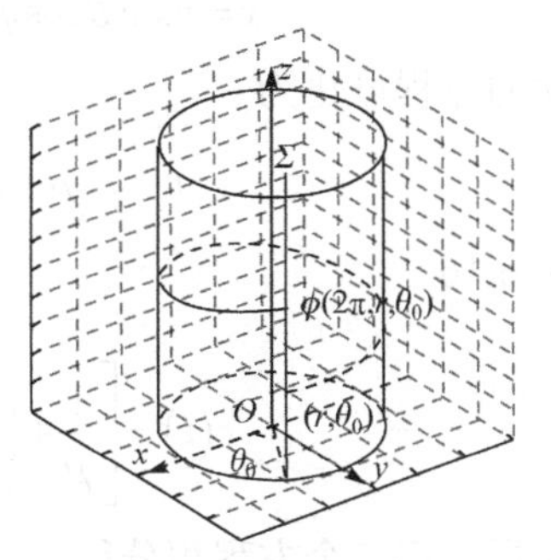

图 5.34　第一次返回

有了上面的准备，就可以得到式(5.7.4)在三种情况下的庞加莱映射。

(1) 当$a<0$时，由式(5.7.5)，庞加莱映射为

$$\begin{aligned}P(r,\theta)&=\phi(2\pi,(r,\theta))\\&=\left(\sqrt{|a|}r\left[\left(|a|+r^2\right)\mathrm{e}^{4|a|\pi}-r^2\right]^{-\frac{1}{2}},t+2\pi\right)\end{aligned}$$

由于在柱面上θ与$\theta+2\pi$是同一个点，所以上面的庞加莱映射可简化为

$$P(r)=\sqrt{|a|}r\left[\left(|a|+r^2\right)\mathrm{e}^{4|a|\pi}-r^2\right]^{-\frac{1}{2}}$$

不难验证$P(r)=r$没有非平凡解，所以在这种情下，式(5.7.4)没有周期为 1 的闭轨。事实上，可以证明在这种情况下，庞加莱映射没有任何其他非平凡周期点。

(2) 当$a=0$时，由式(5.7.6)，庞加莱映射为

$$P(r)=r\left(1+2r^2t\right)^{-\frac{1}{2}}$$

类似于 I，$P(r)$没有任何非平凡周期点。

(3) 如果$a>0$，由式(5.7.7)，庞加莱映射为

$$P(r)=\left[\frac{1}{a}+\left(\frac{1}{r^2}-\frac{1}{a}\right)\mathrm{e}^{-2at}\right]^{-\frac{1}{2}}$$

该庞加莱映射有一个不动点$r=\sqrt{a}$。

例 5.17　考虑三维系统

$$\begin{cases}\dot{x}=-y+x\left(\mu-x^2-y^2-z^2\right)\\ \dot{y}=x+y\left(\mu-x^2-y^2-z^2\right)\\ \dot{z}=z\left(\mu-x^2-y^2-z^2\right)\end{cases}$$

式中，参数 $\mu>0$。在球面坐标系

$$x=r\sin\theta\cos\varphi,\quad y=r\sin\theta\sin\varphi,\quad z=r\cos\theta$$

下，上面的方程可化为

$$\dot{r}=r\left(\mu-r^2\right),\quad \dot{\varphi}=1,\quad \dot{z}=z\left(\mu-r^2\right)$$

类似于例 5.16

$$r(t)=\left[\frac{1}{\mu}+\left(\frac{1}{r_0^2}-\frac{1}{\mu}\right)\mathrm{e}^{-2\mu t}\right]^{-\frac{1}{2}},\quad \varphi=t+\varphi_0$$

利用上式再将第三个方程积分得

$$z=\frac{z_0}{r_0}\left[\frac{1}{\mu}+\left(\frac{1}{r_0^2}-\frac{1}{\mu}\right)\mathrm{e}^{-2\mu t}\right]^{-\frac{1}{2}}$$

从而

$$\cos\theta=\frac{z}{r}=\frac{z_0}{r_0}$$

于是

$$\theta=\theta_0$$

因此原方程组的流是

$$\phi\left(t,(r,\theta,\varphi)\right)=\left(\left[\frac{1}{\mu}+\left(\frac{1}{r}-\frac{1}{\mu}\right)\mathrm{e}^{-2\mu t}\right]^{-\frac{1}{2}},\theta,t+\varphi\right)$$

选取 Σ 如下

$$\Sigma=\left\{(r,\theta,\varphi)\in\mathbf{R}^+\times\mathbf{R}^1\times\mathbf{S}^1\mid\varphi=\varphi_0\right\}$$

式中，φ_0 是一个常数。显然，在 Σ 上的点 (r,θ,φ_0) 的法向量是 $\boldsymbol{n}=(0,0,1)^{\mathrm{T}}$。极坐标系下的方程组的轨道在点 (r,θ,φ_0) 的切向量是 $\boldsymbol{\tau}=\left(r\left(a-r^2\right),0,1\right)^{\mathrm{T}}$，因此，有

$$\boldsymbol{\tau}\cdot\boldsymbol{n}=\left(r\left(a-r^2\right),0,1\right)^{\mathrm{T}}\cdot(0,0.1)^{\mathrm{T}}=1$$

这就证明了过 Σ 上任一点轨道都与 Σ 横截相交。

由 $\dot{\varphi}=1$ 可知 $\omega=\dfrac{2\pi}{T}=1$，因此从 Σ 上任一点出发的轨道第一次返回 Σ 的所需的时间为 $\tau=2\pi$。从而极坐标系下的方程组的庞加莱映射为

$$P(r,\theta,\varphi)=\phi\left(2\pi,(r,\theta,\varphi)\right)=\left(\left[\frac{1}{\mu}+\left(\frac{1}{r}-\frac{1}{\mu}\right)\mathrm{e}^{-4\pi\mu}\right]^{-\frac{1}{2}},\theta,\varphi+2\pi\right)$$

由于在 $\mathbf{R}^{+}\times\mathbf{R}^{1}\times\mathbf{S}^{1}$ 上 φ 与 $\varphi+2\pi$ 是同一个点，所以上面的庞加莱映射为可简化为

$$P(r,\theta)=\left(\left[\frac{1}{\mu}+\left(\frac{1}{r}-\frac{1}{\mu}\right)\mathrm{e}^{-4\pi\mu}\right]^{-\frac{1}{2}},\theta\right)$$

该庞加莱映射有无穷多个不动点 $\left(\sqrt{\mu},\theta\right)\left(\theta\in[0,2\pi]\right)$。这就是说，除了南极 $\left(0,0,-\sqrt{\mu}\right)$ 和北极 $\left(0,0,\sqrt{\mu}\right)$，球面 $x^2+y^2+z^2=\mu$ 上的任何纬度圆都是原方程组的闭轨，而南极和北极是原方程组的两个奇点。

事实上，从上面两个例子可以看出，利用庞加莱映射证明平面系统闭轨的存在性并没有优势，并且更复杂。庞加莱映射的优点是证明高维系统的闭轨的存在性，现在有专门的软件计算高维系统的庞加莱映射，本书不再作介绍。

庞加莱映射周期点的存在性与闭轨的存在性密切相关。庞加莱映射在周期点雅可比矩阵的特征根与闭轨的稳定性也密切相关。

定义 5.12　设 $\boldsymbol{x}_0$ 是庞加莱映射 $P(\boldsymbol{x})$ 的一个不动点。如果对于任意的 $\varepsilon>0$，存在 $\delta>0$，使得当 $|\boldsymbol{x}-\boldsymbol{x}_0|<\delta$ 时，有

$$|P(\boldsymbol{x})-\boldsymbol{x}_0|<\varepsilon$$

那么称点 $\boldsymbol{x}_0$ 是稳定的不动点。

将庞加莱映射 $P(\boldsymbol{x})$ 在不动点 $\boldsymbol{x}_0$ 附近作泰勒展开得

$$P(\boldsymbol{x})=P(\boldsymbol{x}_0)+\boldsymbol{D}P(\boldsymbol{x}_0)\cdot(\boldsymbol{x}-\boldsymbol{x}_0)+O\left(|\boldsymbol{x}-\boldsymbol{x}_0|^2\right)$$

因为 $\boldsymbol{x}_0$ 是庞加莱映射 $P(\boldsymbol{x})$ 的不动点，所以上式可写为

$$P(\boldsymbol{x})=\boldsymbol{x}_0+\boldsymbol{D}P(\boldsymbol{x}_0)\cdot(\boldsymbol{x}-\boldsymbol{x}_0)+O\left(|\boldsymbol{x}-\boldsymbol{x}_0|^2\right)$$

上式表明，庞加莱映射 $P(\boldsymbol{x})$ 在不动点 $\boldsymbol{x}_0$ 的稳定性完全由雅可比矩阵 $\boldsymbol{D}P(\boldsymbol{x}_0)$ 决定。

定理 5.2　设 $\boldsymbol{x}_0$ 是庞加莱映射 $P(\boldsymbol{x})$ 的一个不动点，并且 $P(\boldsymbol{x})$ 在 $\boldsymbol{x}_0$ 点的雅可比矩阵 $\boldsymbol{D}P(\boldsymbol{x}_0)$ 的所有特征根的模都小于 1，那么 $\boldsymbol{x}_0$ 是 $P(\boldsymbol{x})$ 的稳定不动点。

定理 5.3　设 $\boldsymbol{x}_0$ 是庞加莱映射 $P(\boldsymbol{x})$ 的一个不动点，并且 $P(\boldsymbol{x})$ 在 $\boldsymbol{x}_0$ 点的雅可比矩阵 $\boldsymbol{D}P(\boldsymbol{x}_0)$ 的所有特征根中至少有一个特征根的模大于 1，那么 $\boldsymbol{x}_0$ 是 $P(\boldsymbol{x})$ 的不稳定不动点。

如果 $\boldsymbol{x}_0$ 是庞加莱映射 $P(\boldsymbol{x})$ 的一个周期为 k 的周期点，那么 $\boldsymbol{x}_0$ 是映射 $P^k(\boldsymbol{x})$ 的不动点。

定义 5.13　设 $\boldsymbol{x}_0$ 是庞加莱映射 $P(\boldsymbol{x})$ 的一个周期为 k 的周期点。如果 $\boldsymbol{x}_0$ 是映射 $P^k(\boldsymbol{x})$ 的稳定不动点，那么称点 $\boldsymbol{x}_0$ 是庞加莱映射 $P(\boldsymbol{x})$ 稳定的周期为 k 的周期点。

庞加莱映射 $P(\boldsymbol{x})$ 的周期为 k 的周期点的稳定性归结为映射 $P^k(\boldsymbol{x})$ 的不动点的稳定性。因此，如果 $P^k(\boldsymbol{x})$ 在周期 $\boldsymbol{x}_0$ 点的雅可比矩阵 $\boldsymbol{D}P^k(\boldsymbol{x}_0)$ 的所有特征根的模都小于 1，

那么 $\boldsymbol{x}_0$ 是 $P^k(\boldsymbol{x})$ 的稳定周期点。如果 $P^k(\boldsymbol{x})$ 在周期 $\boldsymbol{x}_0$ 点的雅可比矩阵 $DP^k(\boldsymbol{x}_0)$ 中至少有一个特征根的模大于 1，那么 $\boldsymbol{x}_0$ 是 $P^k(\boldsymbol{x})$ 的不稳定周期点。

下面的定理就是利用庞加莱映射 $P(\boldsymbol{x})$ 在不动点或周期点 $\boldsymbol{x}_0$ 的稳定性来判断过不动点或周期点 $\boldsymbol{x}_0$ 的闭轨的稳定性。

定理 5.4 设 $\boldsymbol{x}_0$ 是庞加莱映射 $P(\boldsymbol{x})$ 的一个稳定的不动点或周期点，那么过不动点或周期点 $\boldsymbol{x}_0$ 的闭轨也是稳定的，并且是渐近稳定的。

在例 5.16 中情况(3)中的庞加莱映射的雅可比矩阵为

$$\boldsymbol{DP}(r)=\left(\mathrm{e}^{-4\pi a}\right)$$

其特征根为 $\lambda=\mathrm{e}^{-4\pi a}$，当 $a>0$ 时它的绝对值小于 1，于是闭轨 $r=\sqrt{a}$ 是渐近稳定的。

定义庞加莱映射的关键是要选取横截面 Σ，对于自治系统，全靠经验。然而，对于非自治系统，将其提升为高一维空间的自治系统，其解空间就是一个高维柱面，柱面上任一直线都可作为横截面 Σ。

考虑非自治常微分方程组

$$\dot{\boldsymbol{x}}=\boldsymbol{f}(\boldsymbol{x},t),\ \boldsymbol{x}\in\mathbf{R}^n \tag{5.7.8}$$

式中，$\boldsymbol{f}:\mathbf{R}^n\times\mathbf{R}\to\mathbf{R}^n$ 是 C^r 的。假设 $\boldsymbol{f}$ 关于时间 t 是周期为 $T=\dfrac{2\pi}{\omega}$ 的函数，即有

$$\boldsymbol{f}(\boldsymbol{x},t+T)=\boldsymbol{f}(\boldsymbol{x},t)$$

为了将式(5.7.8)提升为 $n+1$ 维空间的自治系统，利用函数 $\boldsymbol{f}$ 关于时间 t 是周期为 $T=\dfrac{2\pi}{\omega}$ 的函数来定义

$$\theta:\mathbf{R}\to\mathbf{S}^1,\ t\to\theta(t)=\omega t(\mathrm{mod}(2\pi))$$

由此将式(5.7.8)提升为 $n+1$ 维空间的自治系统

$$\begin{cases}\dot{\boldsymbol{x}}=\boldsymbol{f}(\boldsymbol{x},\theta)\\ \dot{\theta}=\omega\end{cases},\quad(\boldsymbol{x},\theta)\in\mathbf{R}^n\times\mathbf{S}^1 \tag{5.7.9}$$

设 $(\boldsymbol{x}(t),\theta(t))$ 是系统(5.7.9)在 $t=0$ 时过点 $(\boldsymbol{x},\theta)$ 的解，那么系统(5.7.9)的流是

$$\phi(t,(\boldsymbol{x},\theta))=(\boldsymbol{x}(t),\theta(t))=(\boldsymbol{x}(t),\omega t+\theta(\mathrm{mod}(2\pi)))$$

选取横截面如下

$$\Sigma=\left\{(\boldsymbol{x},\theta)\in\mathbf{R}^n\times\mathbf{S}^1\mid\theta=\theta_0\right\}$$

Σ 在点 $(\boldsymbol{x},\theta)$ 的法向量是 $\boldsymbol{n}=(0,1)^{\mathrm{T}}$，过 $(\boldsymbol{x},\theta)$ 的轨道的切向量是 $\boldsymbol{\tau}=(\boldsymbol{f}(\boldsymbol{x},\theta),\omega)^{\mathrm{T}}$，因此，

$$\boldsymbol{\tau}\cdot\boldsymbol{n}=(\boldsymbol{f}(\boldsymbol{x},\theta),\omega)^{\mathrm{T}}\cdot(0,1)^{\mathrm{T}}=\omega\neq0$$

从式(5.7.9)的最后一个方程可知，从 Σ 上的任一点出发的轨道第一次返回 Σ 所需的时间是

$$\tau(\boldsymbol{x},\theta)=\frac{2\pi}{\omega}$$

于是庞加莱映射为

$$P:\Sigma\to\Sigma$$
$$(\boldsymbol{x},\theta)\to\phi(\tau(\boldsymbol{x},\theta),(\boldsymbol{x},\theta))$$

因此

$$P(\boldsymbol{x},\theta)=\phi\left(\frac{2\pi}{\omega},(\boldsymbol{x},\theta)\right)=\left(\boldsymbol{x}\left(\frac{2\pi}{\omega}\right),2\pi+\theta(\operatorname{mod}(2\pi))\right)$$

注意到θ与$2\pi+\theta(\operatorname{mod}(2\pi))$是同一个点，因此，庞加莱映射简化为

$$P(\boldsymbol{x})=\boldsymbol{x}\left(\frac{2\pi}{\omega}\right)$$

在上式以$\boldsymbol{x}(0)$代替$\boldsymbol{x}$得

$$P(\boldsymbol{x}(0))=\boldsymbol{x}\left(\frac{2\pi}{\omega}\right)$$

例 5.18　考虑强迫线性振动系统

$$\ddot{x}+2\beta\dot{x}+x=\mu\cos\omega t,\quad 0\leqslant\beta<1 \tag{5.7.10}$$

它等价于平面系统

$$\begin{cases}\dot{x}=y\\ \dot{y}=-x-2\beta y+\mu\cos\omega t\end{cases} \tag{5.7.11}$$

将上面二维非自治系统提升为三维自治系统

$$\begin{cases}\dot{x}=y\\ \dot{y}=-x-2\beta y+\mu\cos\theta\\ \dot{\theta}=\omega\end{cases} \tag{5.7.12}$$

式(5.7.10)的齐次线性方程$\ddot{x}+2\beta\dot{x}+x=0$是常系数的，容易求得它的通解为

$$\bar{x}(t)=\mathrm{e}^{-\beta t}(c_1\cos\bar{\omega}t+c_2\sin\bar{\omega}t)$$

式中，$\bar{\omega}=\sqrt{1-\beta^2}$，$c_1$和$c_2$是积分常数。也容易求得非齐次线性方程(5.7.10)的一个特解

$$x_0(t)=A\cos\omega t+B\sin\omega t$$

其中

$$A=\frac{(1-\omega^2)\mu}{(1-\omega^2)^2+4\beta^2\omega^2},\quad B=\frac{2\beta\omega\mu}{(1-\omega^2)^2+4\beta^2\omega^2}$$

非齐次线性方程(5.7.10)的通解为

$$x(t)=\mathrm{e}^{-\beta t}(c_1\cos\bar{\omega}t+c_2\sin\bar{\omega}t)+A\cos\omega t+B\sin\omega t$$

由此可得式(5.7.11)的通解是

$$\begin{cases} x(t)=\mathrm{e}^{-\beta t}\left(c_1\cos\bar{\omega}t+c_2\sin\bar{\omega}t\right)+A\cos\omega t+B\sin\omega t \\ y(t)=\mathrm{e}^{-\beta t}\left(\left(c_2\bar{\omega}-c_1\beta\right)\cos\bar{\omega}t-\left(c_1\bar{\omega}+c_2\beta\right)\sin\bar{\omega}t\right)-A\omega\sin\omega t+B\omega\cos\omega t \end{cases}$$

因此，式(5.7.12)在$t=0$时过点(x_0,y_0)的解应满足条件

$$\begin{cases} c_1+A=x_0 \\ \bar{\omega}c_2-\beta c_1+B\omega=y_0 \end{cases}$$

解上面代数方程组得

$$\begin{cases} c_1=x_0-A \\ c_2=\dfrac{1}{\bar{\omega}}\left(y_0-\omega B+\beta\left(x_0-A\right)\right) \end{cases}$$

从而得到式(5.7.12)的流是

$$\phi\left(t,\left(x_0,y_0,\theta_0\right)\right)=\left(x(t),y(t),\theta(t)\right)=\left(x(t),y(t),t+\theta_0\right)$$

因此，式(5.7.12)的庞加莱映射为

$$\boldsymbol{P}(x,y)=\left(A+(x-A)\mathrm{e}^{-\frac{2\pi\beta}{\omega}},\ \omega B+(y-\omega B)\mathrm{e}^{-\frac{2\pi\beta}{\omega}}\right) \tag{5.7.13}$$

庞加莱映射式(5.7.13)有一个不动点

$$x=A,\quad y=\omega B$$

因此，式(5.7.12)存在过点$(A,\omega B)$的闭轨。庞加莱映射式(5.7.13)在$(A,\omega B)$的雅可比矩阵为

$$\boldsymbol{DP}(x,y)=\begin{pmatrix} \mathrm{e}^{-\frac{2\pi\beta}{\omega}} & 0 \\ 0 & \mathrm{e}^{-\frac{2\pi\beta}{\omega}} \end{pmatrix}$$

显然，上面矩阵的特征根是$\lambda_1=\lambda_2=\mathrm{e}^{-\frac{2\pi\beta}{\omega}}$。由此可得，当$\beta>0$时，过点$(A,\omega B)$的闭轨是稳定的，而当$\beta<0$时，过点$(A,\omega B)$的闭轨是不稳定的。

这个例子表明，利用庞加莱映射的雅可比矩阵判断闭轨的稳定性是直接和简单的。

现在已有计算微分方程组(特别是非自治系统)的庞加莱映射的专门软件，这为判断高维系统的闭轨的存在性和稳定性提供了一条有效途径。

思　考　题

5-1　画出系统

$$\begin{cases} \dot{x}=-ay-bxy \\ \dot{y}=cx+\dfrac{b}{2}y^2 \end{cases},\ a,b,c>0$$

的相图。

5-2　画出系统

$$\begin{cases}\dot{x} = -\lambda y + xy \\ \dot{y} = \lambda x + \dfrac{1}{2}\left(x^2 - y^2\right)\end{cases}$$

的相图。

5-3　求 KdV 方程满足边值条件 $\lim\limits_{t\to+\infty} u(x,t)$ 是常数的孤立波解 $u(x,t) = g(x - ct)$。

5-4　求方程 $\dfrac{\partial^2 u}{\partial t^2} = \dfrac{\partial^2}{\partial x^2}\left(u + u^2 + \dfrac{\partial^2 u}{\partial x^2}\right)$ 满足边值条件 $\lim\limits_{t\to+\infty} u(x,t)$ 是常数的孤立波解 $u(x,t) = g(x - v_0 t)$。

5-5　在 ABC 流中找出具有涡旋的几组不同参数值，并画出各种情况下的相图。

5-6　找出你正在从事研究方向的一个实际非线性动力学模型，用本章的理论和方法研究其动力学行为。

第6章 分　　叉

当通过线性反馈来使滚动的刚体不滚动时，从动力学方程上来讲，是在刚体运动方程的右边加上线性项。为了方便起见，重写线性反馈后的刚体运动方程(2.2.3)

$$\begin{cases} I_x\dot{\omega}_x = \left(I_y - I_z\right)\omega_y\omega_z + a_{11}\omega_x + a_{12}\omega_y + a_{13}\omega_z \\ I_y\dot{\omega}_y = \left(I_z - I_x\right)\omega_x\omega_z + a_{21}\omega_x + a_{22}\omega_y + a_{23}\omega_z \\ I_z\dot{\omega}_z = \left(I_x - I_y\right)\omega_x\omega_y + a_{31}\omega_x + a_{32}\omega_y + a_{33}\omega_z \end{cases}$$

上面方程组含有九个任意参数 a_{ij} 的系统。为了能镇定刚体的姿态运动，所加的线性项必须能消耗动能。通过散度计算，上面方程中只有对角项(即 $a_{11}\omega_x$ 、 $a_{22}\omega_y$ 和 $a_{33}\omega_z$)能改变系统的动能。因此，在镇定刚体姿态运动情况下，可以取所有非对角项系数为零(即 $a_{ij} = 0, i \neq j$)。因此，镇定刚体姿态运动的控制方程为式(2.2.5)，即

$$\begin{cases} I_x\dot{\omega}_x = \left(I_y - I_z\right)\omega_y\omega_z + a_{11}\omega_x \\ I_y\dot{\omega}_y = \left(I_z - I_x\right)\omega_x\omega_z + a_{22}\omega_y \\ I_z\dot{\omega}_z = \left(I_x - I_y\right)\omega_x\omega_y + a_{33}\omega_z \end{cases}$$

上面方程组含有三个任意参数 a_{ii} 。为了镇定刚体姿态运动，即要使刚体从滚动状态 $\omega_x^2 + \omega_y^2 + \omega_z^2 \neq 0$ 变为不滚动状态($\omega_x = \omega_y = \omega_z = 0$),则要求上面方程组的奇点 $(0,0,0)$ 是大范围渐近稳定的。从而要求 $a_{11} < 0$ 、 $a_{22} < 0$ 和 $a_{33} < 0$ 。事实上，三个任意参数中只要有一个大于零，奇点 $(0,0,0)$ 就是不稳定的，此时不能镇定刚体姿态运动。

综上所述，镇定刚体姿态运动就是选取合理的参数使得奇点 $(0,0,0)$ 是大范围渐近稳定的。

从前面也可以看出，随着参数的改变，奇点的稳定性是会发生改变的，从而系统发生了本质的改变。分叉就是研究含参数的动力系统的动力学行为随着参数的改变而发生本质改变的规律。

6.1　分叉的基本概念

为了方便起见，重写含参数系统(3.4.17)如下

$$\dot{\boldsymbol{x}} = \boldsymbol{f}\left(\boldsymbol{x}, \boldsymbol{\mu}\right),\ \boldsymbol{x} \in U \subseteq \mathbf{R}^n,\ \boldsymbol{\mu} \in V \subseteq \mathbf{R}^m \tag{6.1.1}$$

式中， U 和 V 都是开集， $\boldsymbol{x}$ 称为状态变量， $\boldsymbol{\mu}$ 称为控制变量。

定义 6.1　在含参数的系统(6.1.1)中，如果当参数值 $\boldsymbol{\mu}$ 连续变化到某一值 $\boldsymbol{\mu}_0 \in V$ 时，

系统的定量行为或定性行为发生了本质的改变，称系统(6.1.1)在$\boldsymbol{\mu}_0$点发生了分叉，$\boldsymbol{\mu}_0$称为分叉点，全体分叉点构成的集合称为分叉集。

上面的定义中，定量是指奇点、闭轨、同缩轨、异缩轨和异缩圈的个数，定性是指奇点或闭轨的稳定性。

例 6.1 考虑有阻尼的谐振子系统。

$$\begin{cases}\dot{x}=y\\ \dot{y}=x-x^3-\delta y, \quad \delta\in\boldsymbol{R}\end{cases} \tag{6.1.2}$$

(1) 当$\delta=0$时，式(6.1.2)是无阻尼的谐振子系统(5.3.3)。由例 5.7 可知，系统(5.3.3)有三个奇点：鞍点$(0,0)$，两个中心$(-1,0)$和$(1,0)$。系统(5.3.3)有两根同缩轨。除了三个奇点和两根同缩轨之外的其他轨道都闭轨。

(2) 当$0<\delta<2\sqrt{2}$时，由例 5.7 可知，式(6.1.2)有三个奇点：鞍点$(0,0)$，两个稳定焦点$(-1,0)$和$(1,0)$。系统(6.1.2)有两根异缩轨，系统(6.1.2)没有闭轨。

(3) 当$-2\sqrt{2}<\delta<0$时，由例 5.7 可知，式(6.1.2)有三个奇点：鞍点$(0,0)$，两个不稳定焦点$(-1,0)$和$(1,0)$。系统(6.1.2)有两根异缩轨，系统(6.1.2)没有闭轨。

因此，系统(6.1.2)产生奇点分叉、闭轨分叉、同缩轨分叉和异缩轨分叉，其分叉集是

$$S_\delta=\left\{-2\sqrt{2},0,2\sqrt{2}\right\}$$

例 6.2 考虑著名的含参数的范德波尔方程

$$\ddot{x}+\mu\left(x^2-1\right)\dot{x}+x=0,\ \mu\in\boldsymbol{R}$$

该系统等价于平面系统

$$\begin{cases}\dot{x}=y-\mu\left(\dfrac{x^3}{3}-x\right), \quad \mu\in\boldsymbol{R}\\ \dot{y}=-x\end{cases} \tag{6.1.3}$$

式(6.1.3)只有唯一的奇点$(0,0)$，当$\mu<0$时，奇点$(0,0)$是稳定焦点，当$\mu=0$时，奇点$(0,0)$是中心，而当$\mu>0$时，奇点$(0,0)$是不稳定焦点。当$\mu>0$时，可以用李纳作图法证明式(6.1.3)有一个闭轨。因此，式(6.1.3)在$\mu=0$时发生了分叉。

常微分方程组的分叉可以分为两类：**静态分叉和动态分叉**。静态分叉是指奇点的数目和稳定性发生了分叉。静态分叉是一种十分常见的分叉。除静态分叉之外的分叉称为动态分叉，霍普夫分叉、闭轨分叉、同缩轨分叉、异缩轨分叉和异缩圈分叉等都是动态分叉。后面混沌理论中的倍周期分叉是动态分叉，你可能会碰到的力学和物理学问题中的次谐分叉也是动态分叉。

同缩轨和异缩轨是微分方程组的与奇点密切相关联的两种解，是研究非线性动力学行为的重要因素。同缩轨与其关联的奇点构成一根封闭曲线，同样由若干根异缩轨和相关奇点也可以构成一根封闭曲线，称这两种封闭曲线为**奇异闭轨**。在平面系统中，奇异闭轨内必含有一个奇点。奇异闭轨的破裂是导致混沌的一条重要途径。因此，同缩轨和异缩轨分叉将在混沌理论内容中介绍。

6.2 奇点分叉

对于含参数的微分方程组(6.1.1)，其奇点由代数方程

$$\boldsymbol{f}(\boldsymbol{x},\boldsymbol{\mu})=0 \tag{6.2.1}$$

决定。式(6.2.1)的解 $\boldsymbol{x}_0=\boldsymbol{x}_0(\boldsymbol{\mu})$ 与参数 $\boldsymbol{\mu}$ 有关。因此，在奇点处的雅可比矩阵 $\boldsymbol{D}_x\boldsymbol{f}(\boldsymbol{x}_0(\boldsymbol{\mu}),\boldsymbol{\mu})$ 也与参数 $\boldsymbol{\mu}$ 有关，从而其特征根与参数 $\boldsymbol{\mu}$ 有关。有以下三种情况。

如果对于某一参数值 $\boldsymbol{\mu}_0$，雅可比矩阵 $\boldsymbol{D}_x\boldsymbol{f}(\boldsymbol{x}_0(\boldsymbol{\mu}),\boldsymbol{\mu})$ 的所有特征根的实部都不等于零，那么由连续性定理，存在 $\boldsymbol{\mu}_0$ 的一个邻域 $V'\subseteq V$，使得对于任意的 $\boldsymbol{\mu}\in V'$，雅可比矩阵 $\boldsymbol{D}_x\boldsymbol{f}(\boldsymbol{x}_0(\boldsymbol{\mu}),\boldsymbol{\mu})$ 的所有特征根的实部都不等于零，并且各个特征根的实部的符号也不会发生改变。因此，$\boldsymbol{\mu}_0$ 点不是分叉点。从而，参数值 $\boldsymbol{\mu}_0$ 是分叉点的必要条件是雅可比矩阵 $\boldsymbol{D}_x\boldsymbol{f}(\boldsymbol{x}_0(\boldsymbol{\mu}),\boldsymbol{\mu})$ 至少有一个零实部特征根。

随着参数 $\boldsymbol{\mu}$ 的变化，可能出现特征根的实部等于零的情况有三种。

(1) 特征根沿复平面 $(\mathrm{Re}\lambda,\mathrm{Im}\lambda)$ 的实轴穿过虚轴，这种情况称为叉型分叉(图 6.1)。

(2) 特征根沿复平面 $(\mathrm{Re}\lambda,\mathrm{Im}\lambda)$ 的上方或下方穿过虚轴，这种情况称为霍普夫分叉(图 6.2)。

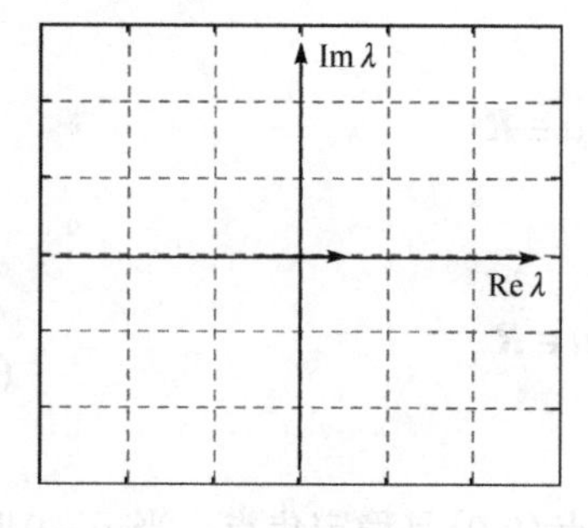

图 6.1　叉型分叉

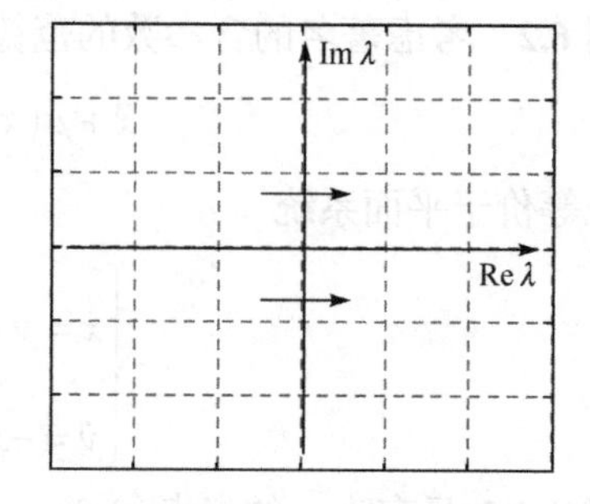

图 6.2　霍普夫分叉

(3) 特征根沿复平面 $(\mathrm{Re}\lambda,\mathrm{Im}\lambda)$ 的实轴两边趋向于虚轴，这种情况称为鞍-结分叉(图 6.3)。

例 6.3　考虑一维系统

$$\dot{x}=\mu x-x^3,\ \mu\in\mathbf{R} \tag{6.2.2}$$

该系统的奇点分析情况如下。

(1) 当 $\mu<0$ 时，式(6.2.2)只有唯一奇点 $x=0$，在奇点 $x=0$ 的雅可比矩阵为 $\boldsymbol{D}f(0)=(\mu)$。由此可知，奇点 $x=0$ 是稳定奇点。

(2) 当 $\mu>0$ 时，式(6.2.2)有三个奇点 $x=-\sqrt{\mu}$、$x=0$ 和 $x=\sqrt{\mu}$。不难验证，$x=0$ 是不稳定奇点，$x=-\sqrt{\mu}$ 和 $x=\sqrt{\mu}$ 是两个稳定奇点。

画出系统(6.2.2)分叉图如图 6.4 所示(图中实线表示稳定奇点，虚线表示不稳定奇点)。

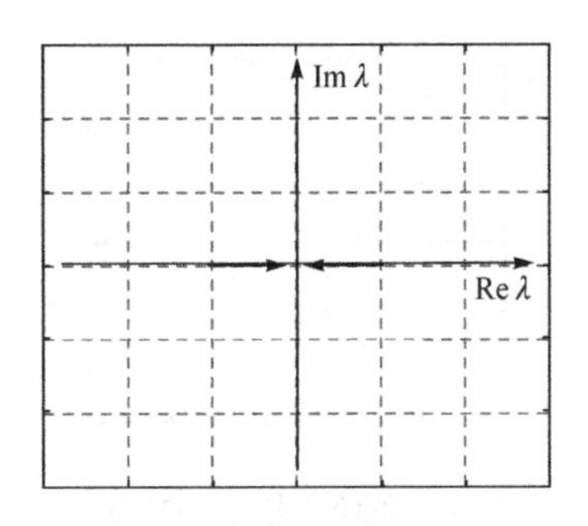

图 6.3　鞍-结分叉

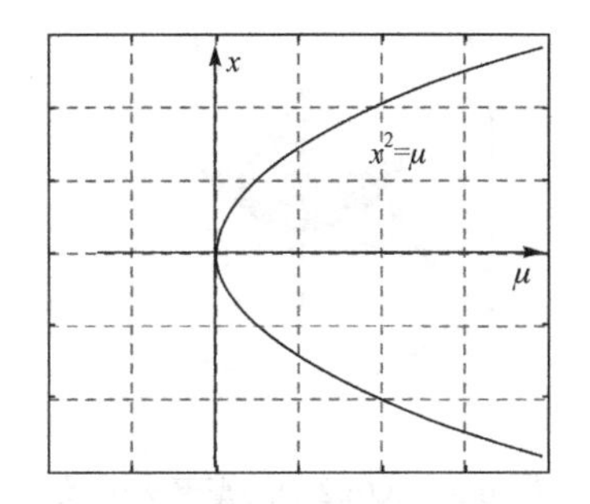

图 6.4　系统(6.2.2)的叉型分叉

例 6.4　考虑平面系统

$$\begin{cases}\dot{x}=-y+x\left[\mu-\left(x^2+y^2\right)\right]\\ \dot{y}=x+y\left[\mu-\left(x^2+y^2\right)\right]\end{cases}\tag{6.2.3}$$

式中，$\mu\in\mathbf{R}$。

式(6.2.3)只有唯一奇点$(0,0)$，并且在奇点$(0,0)$的雅可比矩阵为

$$\begin{pmatrix}\mu & -1\\ 1 & \mu\end{pmatrix}$$

上面矩阵的两个特征根是

$$\lambda_1=\mu+\mathrm{i},\quad \lambda_2=\mu-\mathrm{i}$$

当参数μ由负变到正时，特征根沿复平面$(\mathrm{Re}\lambda,\mathrm{Im}\lambda)$的上方或下方穿过虚轴，奇点$(0,0)$由稳定焦点($\mu<0$)变成了不稳定焦点($\mu>0$)。因此，式(6.2.3)在点$\mu=0$发生了霍普夫分叉。

事实上，当$\mu>0$时，式(6.2.3)有一根闭轨$r^2=x^2+y^2=\mu$，而当$\mu<0$时，式(6.2.3)没有闭轨(例 3.5)。于是，画出式(6.2.3)的分叉图如图 6.5 所示，图中抛物面上的等高线$x^2+y^2=\mu_0$是稳定极限环。

从图 6.5 可以看到，参数μ经过$\mu=0$由负变到正时，焦点$(0,0)$由稳定焦点变为不稳定焦点，并产生了一个稳定的极限环。

例 6.5　考虑平面系统

$$\begin{cases}\dot{x}=\mu+x^2\\ \dot{y}=-y\end{cases}\tag{6.2.4}$$

式中，$\mu\in\mathbf{R}$。

显然，当$\mu>0$时，式(6.2.4)没有奇点，当$\mu<0$时，式(6.2.4)有两个稳定结点$\left(-\sqrt{\mu},0\right)$和$\left(\sqrt{\mu},0\right)$，其分叉图如图 6.6 所示。

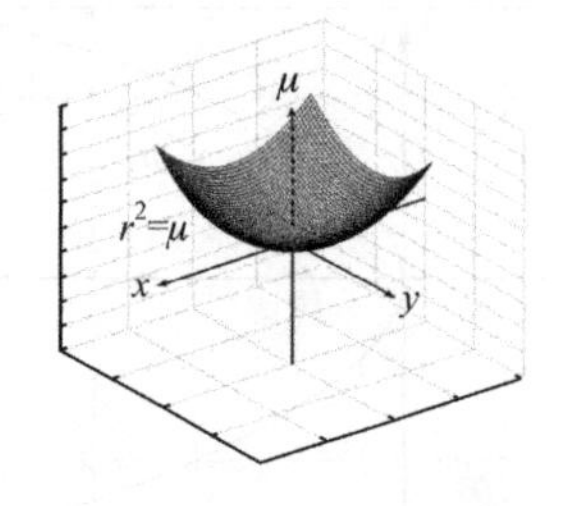

图 6.5　式(6.2.4)的霍普夫分叉

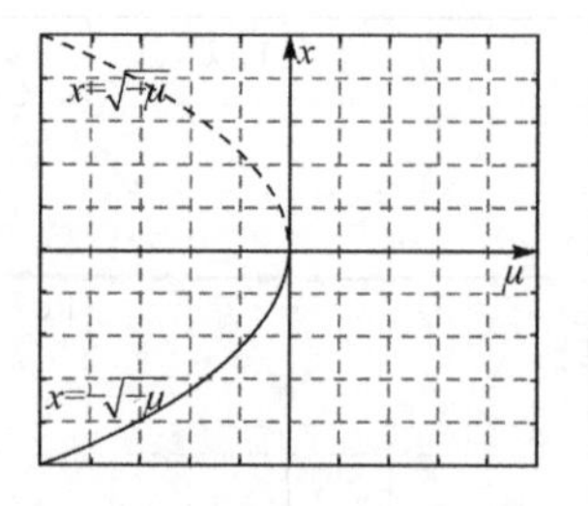

图 6.6　式(6.2.4)的鞍-结分叉

随着参数 μ 的变化，式(6.2.4)的相图变化如图 6.7～图 6.9 所示。

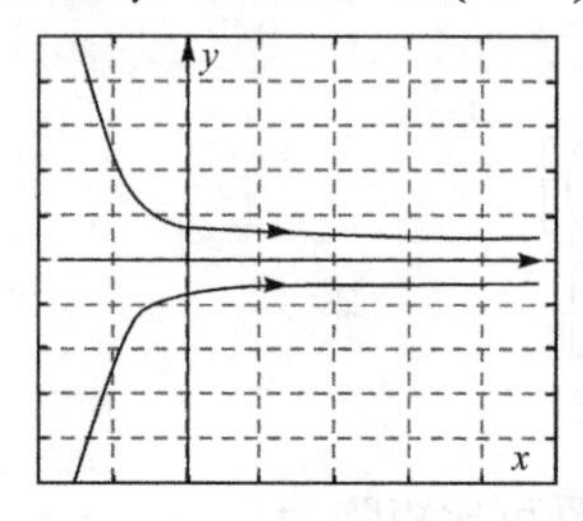

图 6.7　$\mu>0$ 时的相图

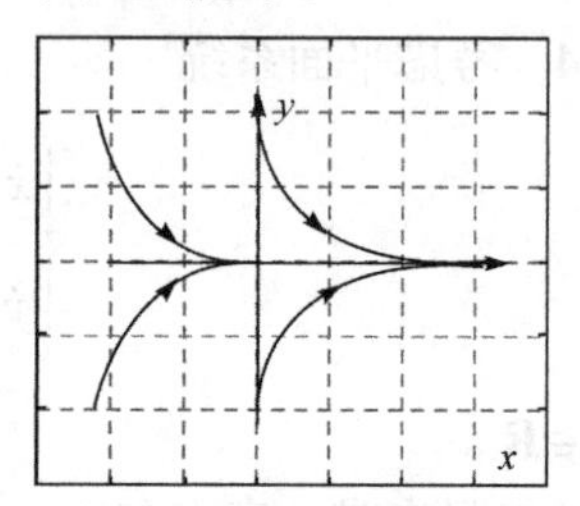

图 6.8　$\mu=0$ 时的相图

除了上面提到的叉型分叉、霍普夫分叉和鞍-结分叉三种基本分叉情况，还有另外三种分叉情况，分别是超临界分叉、亚临界分叉和跨临界分叉。考虑单参数系统

$$\dot{\boldsymbol{x}}=\boldsymbol{f}(\boldsymbol{x},\mu),\quad \boldsymbol{x}\in U\subseteq\mathbf{R}^n,\quad \mu\in V\subseteq\mathbf{R} \tag{6.2.5}$$

假定 μ_0 是式(6.2.5)的一个分叉点，设 $x_0(\mu_0)$ 是一个奇点，当 $\mu=\mu_0$ 时，奇点 $x_0(\mu_0)$ 的稳定性与 $\mu<\mu_0$ 时相比发生了改变。当 $\mu>\mu_0$ 时，奇点 $x_0(\mu_0)$ 的稳定性与 $\mu<\mu_0$ 时一致，称系统在点 $\mu=\mu_0$ 发生超临界分叉；当 $\mu>\mu_0$ 时，奇点 $x_0(\mu_0)$ 的稳定性与 $\mu<\mu_0$ 不相同，称系统在点 $\mu=\mu_0$ 发生亚临界分叉。

例 6.6　考虑如下系统

$$\dot{x}=x^3+\mu x \tag{6.2.6}$$

不难验证，当 $\mu>0$ 时，式(6.2.6)只有一个不稳定奇点 $x_0=0$。当 $\mu<0$ 时，式(6.2.6)有三个奇点，$x_0=0$ 是稳定奇点，$x_1=-\sqrt{-\mu}$ 和 $x_2=\sqrt{-\mu}$ 是不稳定奇点。当 $\mu=0$ 时，式(6.2.6)只有一个中心 $x_0=0$。针对奇点 $x_0=0$，式(6.2.6)在 $\mu=0$ 发生了亚临界分叉。

式(6.2.6)的分叉图如图 6.10 所示。

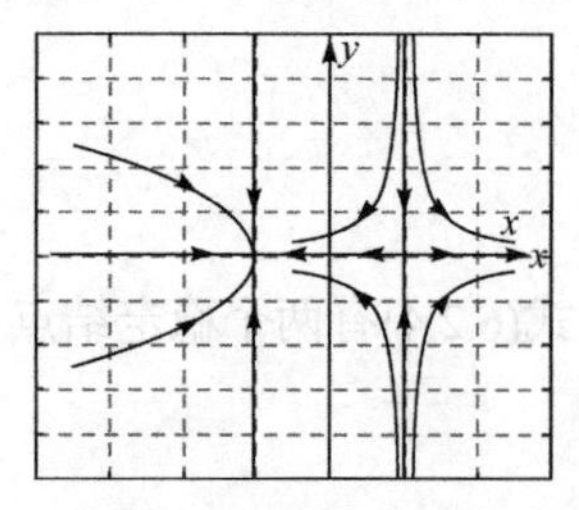

图 6.9　$\mu<0$ 时的相图

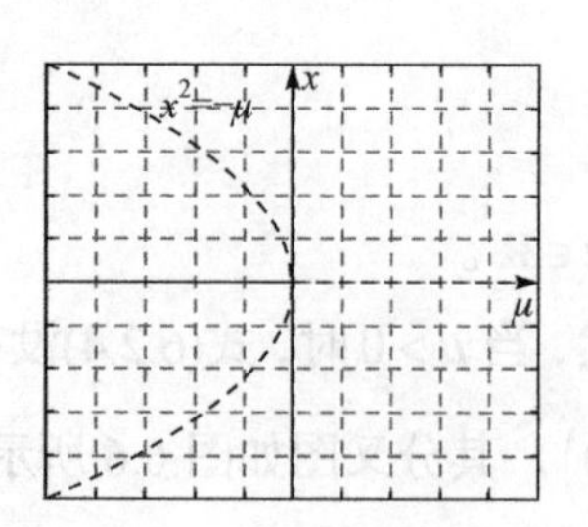

图 6.10　亚临界分叉

例 6.7　考虑一维系统

$$\dot{x}=x(\mu-x) \tag{6.2.7}$$

只要参数 $\mu\neq0$，式(6.2.7)就有两个奇点 $x_0=0$ 和 $x_1=\mu$。

(1) 当 $\mu<0$ 时，$x_0=0$ 是稳定奇点，$x_1=\mu$ 是不稳定奇点。

(2) 当 $\mu>0$ 时，$x_0=0$ 是不稳定奇点，$x_1=\mu$ 是稳定奇点。

(3) 当 $\mu>0$ 时，$x_0=0$ 是中心。

式(6.2.7)的分叉图如图 6.11 所示。

从图 6.11 可以看出，针对奇点 $x_0=0$ 和 $x_1=\mu$，式(6.2.7)在 $\mu=0$ 发生了亚临界分叉，并且通过分叉点时稳定性发生了交叉变化，而形态没有变化，也称式(6.2.7)在点 $\mu=0$ 发生跨临界分叉。

例 6.8　考虑一维系统

$$\ddot{x}=\sin x(\mu\cos x-1)$$

等价于平面系统

$$\begin{cases}\dot{x}=y\\ \dot{y}=\sin x(\mu\cos x-1)\end{cases} \tag{6.2.8}$$

显然，当 $\mu\geqslant1$ 时，式(6.2.8)有两个奇点 $(0,0)$ 和 $\left(\arccos\dfrac{1}{\mu},0\right)$，而当 $\mu<1$ 时，式(6.2.8)只有一个奇点 $(0,0)$。

不难计算得到，$\left(\arccos\dfrac{1}{\mu},0\right)$ 是稳定焦点。当 $\mu<1$ 时，奇点 $(0,0)$ 是稳定焦点，而当 $\mu>1$ 时，奇点 $(0,0)$ 是鞍点。

式(6.2.8)的分叉图如图 6.12 所示。

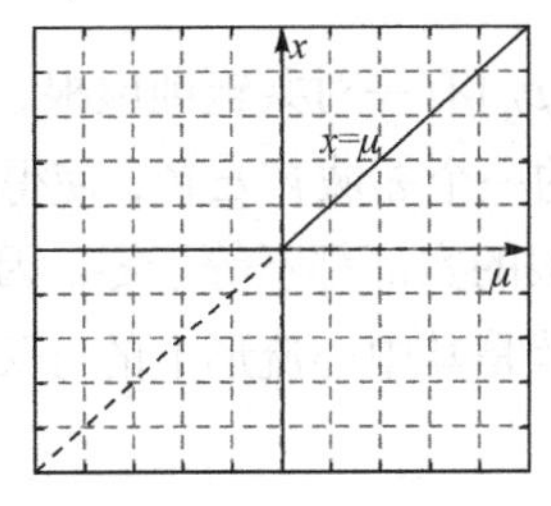

图 6.11　跨临界分叉

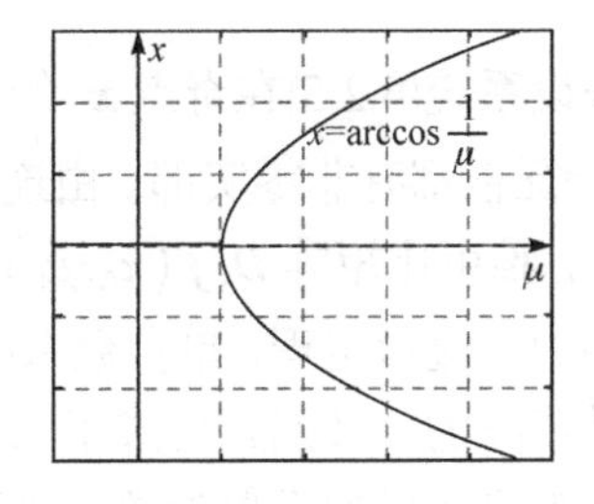

图 6.12　式(6.2.8)的叉型分叉

6.3　闭 轨 分 叉

闭轨分叉是指当分叉参数 μ 变化到某一参数值 μ_0 时，系统(6.2.5)的闭轨的个数和稳定性发生了本质的改变。闭轨分叉表现有三种形式：闭轨个数的改变、闭轨稳定性的改变及闭轨周期的改变。倍周期分叉是导致混沌的一条重要途径，将在混沌理论中介绍。

一个系统常常会同时发生几种情况的分叉。例 6.1 同时发生了奇点分叉、闭轨分叉、同缩轨分叉和异缩轨分叉。例 6.4 同时发生了奇点分叉和闭轨分叉。

例 6.9　考虑二维系统

$$\begin{cases}\dot{x}=-y+x\left(\mu+x^2+y^2\right)\\ \dot{y}=x+y\left(\mu+x^2+y^2\right)\end{cases} \tag{6.3.1}$$

式(6.3.1)有唯一奇点$(0,0)$。当$\mu<0$时，奇点$(0,0)$是稳定焦点，而当$\mu>0$时，奇点$(0,0)$是不稳定焦点。类似于例 6.4，可以证明当$\mu<0$时，式(6.3.1)有一个不稳定极限环(抛物面上的等势线)，而当$\mu>0$时，由于式(6.3.1)的散度

$$\begin{aligned}&\frac{\partial}{\partial x}\left(-y+x\left(\mu+x^2+y^2\right)\right)+\frac{\partial}{\partial y}\left(x+y\left(\mu+x^2+y^2\right)\right)\\&=2\mu+5\left(x^2+y^2\right)>0\end{aligned}$$

因此，在这种情况下，式(6.3.1)没有闭轨。式(6.3.1)的分叉图如图 6.13 所示。

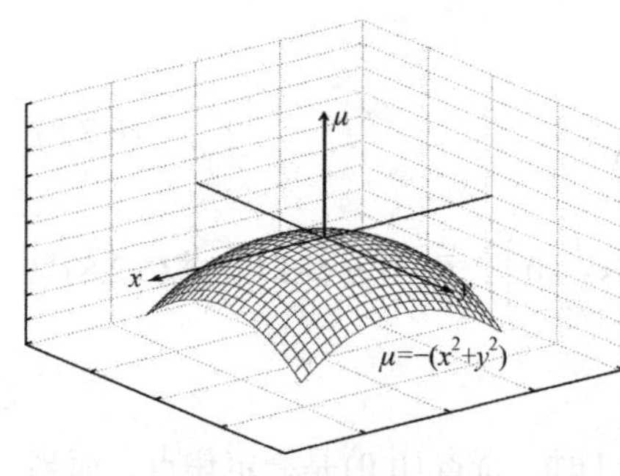

图 6.13　亚临界霍普夫分叉

从图 6.13 可以看出，当$\mu<0$时，式(6.3.1)有一个稳定焦点和一个不稳定的极限环。当通过分叉点$\mu=0$后，式(6.3.1)的稳定焦点变成了不稳定焦点，而不稳定的极限环消失了。称这种分叉为亚临界霍普夫分叉。

霍普夫分叉是证明闭轨存在性的一种常用方法。

考虑单参数系统(6.2.5)，假设对于一切参数μ有一个奇点$\boldsymbol{x}_0$，即对于一切参数μ有

$$\boldsymbol{f}\left(\boldsymbol{x}_0,\mu\right)=0 \tag{6.3.2}$$

进一步假设系统(6.2.5)在奇点$\boldsymbol{x}_0$的雅可比矩阵$\boldsymbol{D}_x\boldsymbol{f}\left(\boldsymbol{x}_0,\mu_0\right)$有一对共轭纯虚根，而其余的$n-2$个特征根都有非零实部。由连续性定理，存在$\mu_0$的一个邻域$V'\subseteq V$，使得对于任意的$\mu\in V'$，雅可比矩阵$\boldsymbol{D}_x\boldsymbol{f}\left(\boldsymbol{x}_0,\mu_0\right)$其余的$n-2$个特征根的实部都不等于零。因此，由不变流形和中心流形定理，单参数系统(6.2.5)的分叉问题就是其中心流形上的分叉问题。从而，这种情况的分叉问题变成了二维系统的分叉问题。

接下来只考虑如下单参数二维系统

$$\begin{cases}\dot{x}=f\left(x,y,\mu\right)\\ \dot{y}=g\left(x,y,\mu\right)\end{cases} \tag{6.3.3}$$

并且假设$f\left(0,0,\mu\right)=g\left(0,0,\mu\right)=0$。设式(6.3.3)在奇点$(0,0)$的雅可比矩阵

$$\boldsymbol{D}_x\boldsymbol{f}\left((0,0),\mu\right)$$

的特征根是$\alpha(\mu)\pm\mathrm{i}\omega(\mu)$，且$\alpha(0)=0,\omega(0)=\omega_0$。在奇点$(0,0)$附近对式(6.3.3)的右边作泰勒展开并经过适当的坐标变换后得

$$\begin{cases}\dot{x}=\alpha(\mu)x-\omega(\mu)y+\overline{f}(x,y,\mu)\\ \dot{y}=\omega(\mu)x+\alpha(\mu)y+\overline{g}(x,y,\mu)\end{cases} \tag{6.3.4}$$

式中，$\overline{f}(x,y,\mu)$和$\overline{g}(x,y,\mu)$在奇点$(0,0)$附近是二阶无穷小的。

在考察式(6.3.4)的分叉行为之前，先来看两个例子。

例 6.10　考虑如下线性系统

$$\begin{cases}\dot{x}=\alpha x-\omega y\\ \dot{y}=\omega x+\alpha y\end{cases} \tag{6.3.5}$$

该系统在$t=0$时过点(x_0,y_0)的解是

$$\begin{pmatrix}x(t)\\ y(t)\end{pmatrix}=\mathrm{e}^{\alpha t}\begin{pmatrix}\cos\omega t & -\sin\omega t\\ \sin\omega t & \cos\omega t\end{pmatrix}\begin{pmatrix}x_0\\ y_0\end{pmatrix} \tag{6.3.6}$$

从式(6.3.6)可以看出，当$\alpha<0$时，式(6.3.6)的解是螺旋式地趋于奇点$(0,0)$，因此，$(0,0)$是稳定焦点。当$\alpha=0$时，式(6.3.6)的解是圆周，即周期解。当$\alpha>0$时，式(6.3.6)的解是螺旋式地远离奇点$(0,0)$。因此，$(0,0)$是不稳定焦点。综上所述，线性系统(6.3.5)在$\alpha=0$处发生了分叉。

例 6.11　考虑如下平面系统

$$\begin{cases}\dot{x}=\left[d+a\left(x^2+y^2\right)\right]x-\left[c+b\left(x^2+y^2\right)\right]y\\ \dot{y}=\left[c+b\left(x^2+y^2\right)\right]x+\left[d+a\left(x^2+y^2\right)\right]y\end{cases} \tag{6.3.7}$$

容易验证，在极坐标系下，式(6.3.7)可化为

$$\begin{cases}\dot{r}=\left(d+ar^2\right)r\\ \dot{\theta}=c+br^2\end{cases} \tag{6.3.8}$$

从式(6.3.8)可以看出，式(6.3.7)的闭轨由$d+ar^2=0$决定。如果$ad<0$，式(6.3.7)有闭轨$d+ar^2=0$，如果$ad>0$，式(6.3.7)没有闭轨。所以，式(6.3.7)在$ad=0$处发生了闭轨分叉。

例 6.10 和例 6.11 很容易地解决了系统的分叉问题。然而，对于系统(6.3.3)，是否也能解决其分叉问题。接下来先来计算式(6.3.4)的 PB 规范型。

为了方便起见，将式(6.3.4)写成复数方程形式。记

$$z=x+\mathrm{i}y,\quad \lambda(\mu)=\alpha(\mu)+\mathrm{i}\omega(\mu)$$

不难将式(6.3.4)化为如下复数方程

$$\dot{z}=\lambda(\mu)z+h(z,\overline{z},\mu) \tag{6.3.9}$$

式中

$$h(z,\overline{z},\mu)=\overline{f}\left(\frac{z+\overline{z}}{2},\frac{z-\overline{z}}{2\mathrm{i}},\mu\right)+\mathrm{i}\overline{g}\left(\frac{z+\overline{z}}{2},\frac{z-\overline{z}}{2\mathrm{i}},\mu\right)$$

先求式(6.3.9)的二阶 PB 规范型。将式(6.3.9)在点$z=0$附近作二阶泰勒展开得

$$\dot{z}=\lambda(\mu)z+h_2(z,\overline{z},\mu)+O\left(|z|^3\right) \tag{6.3.10}$$

式中，$h_2(z,\bar{z},\mu)$是关于变量z和$\bar{z}$的二次齐次多项式。作近似于恒等变换的变换

$$z=w+p_2(w,\bar{w}),\quad w\in\mathbf{C} \tag{6.3.11}$$

式中，$p_2(w,\bar{w})$是关于变量w和$\bar{w}$的二次齐次多项式。以式(6.3.11)代入式(6.3.10)得

$$\begin{aligned}&\left(1+\frac{\partial p_2}{\partial w}\right)\dot{w}+\frac{\partial p_2}{\partial \bar{w}}\dot{\bar{w}}\\&=\lambda w+\lambda p_2(w,\bar{w})+h_2(w,\bar{w},\mu)+O(|w|^3)\end{aligned} \tag{6.3.12}$$

为了从式(6.3.12)中解出$\dot{w}$，对式(6.3.12)两边取复共轭得

$$\begin{aligned}&\frac{\partial \bar{p}_2}{\partial w}\dot{w}+\left(1+\frac{\partial \bar{p}_2}{\partial \bar{w}}\right)\dot{\bar{w}}\\&=\bar{\lambda}\bar{w}+\bar{\lambda}p_2(\bar{w},w)+h_2(\bar{w},w,\mu)+O(|w|^3)\end{aligned} \tag{6.3.13}$$

由式(6.3.12)和式(6.3.13)得到

$$\begin{aligned}&\left(\left(1+\frac{\partial p_2}{\partial w}\right)\left(1+\frac{\partial \bar{p}_2}{\partial \bar{w}}\right)-\frac{\partial p_2}{\partial \bar{w}}\frac{\partial \bar{p}_2}{\partial w}\right)\dot{w}\\&=\left(1+\frac{\partial \bar{p}_2}{\partial \bar{w}}\right)\left(\lambda w+\lambda p_2(w,\bar{w})+h_2(w,\bar{w},\mu)+O(|w|^3)\right)\\&\quad-\frac{\partial p_2}{\partial \bar{w}}\left(\bar{\lambda}\bar{w}+\bar{\lambda}p_2(\bar{w},w)+h_2(\bar{w},w,\mu)+O(|w|^3)\right)\end{aligned} \tag{6.3.14}$$

注意到

$$\left(\left(1+\frac{\partial p_2}{\partial w}\right)\left(1+\frac{\partial \bar{p}_2}{\partial \bar{w}}\right)-\frac{\partial p_2}{\partial \bar{w}}\frac{\partial \bar{p}_2}{\partial w}\right)^{-1}=1-\frac{\partial p_2}{\partial w}-\frac{\partial \bar{p}_2}{\partial \bar{w}}+O(|w|^2)$$

那么，式(6.3.14)可化为

$$\dot{w}=\lambda w-\Omega_2(p_2(w,\bar{w}))+h_2(w,\bar{w},\mu)+O(|w|^3) \tag{6.3.15}$$

式中

$$\Omega_2(p_2)=\lambda w\frac{\partial \bar{p}_2}{\partial \bar{w}}+\bar{\lambda}\bar{w}\frac{\partial p_2}{\partial \bar{w}}-\lambda p_2 \tag{6.3.16}$$

接下来选取适当的二次齐次多项式$p_2(w,\bar{w})$使得

$$\Omega_2(p_2)=h_2 \tag{6.3.17}$$

为此假设

$$\begin{aligned}h_2(w,\bar{w},\mu)&=a_0(\mu)w^2+b_0(\mu)w\bar{w}+c_0(\mu)\bar{w}^2\\p_2(w,\bar{w})&=aw^2+bw\bar{w}+c\bar{w}^2\end{aligned} \tag{6.3.18}$$

以式(6.3.18)代入式(6.3.17)后并比较同次项系数得

$$a=\frac{a_0}{\lambda},\quad b=\frac{b_0}{\bar{\lambda}},\quad c=\frac{c_0}{2\bar{\lambda}-\lambda}$$

因此，只要取$p_2(w,\bar{w})=\dfrac{a_0}{\lambda}w^2+\dfrac{b_0}{\bar{\lambda}}w\bar{w}+\dfrac{c_0}{2\bar{\lambda}-\lambda}\bar{w}^2$就可以将式(6.3.15)化为

$$\dot{w}=\lambda w+O\left(|w|^{3}\right) \tag{6.3.19}$$

式(6.3.19)中没有三次项，为了确定奇点的稳定性，必须计算出式(6.3.9)的更高阶的PB规范型。

为了计算出式(6.3.9)的三阶 PB 规范型，先将式(6.3.9)的右边泰勒展开到三次项。然后，用近似于恒等变换的变换式(6.3.11)消除二次项。消除二次项的方程可写为下列形式

$$\dot{z}=\lambda(\mu)z+h_{3}(z,\bar{z},\mu)+O\left(|z|^{4}\right) \tag{6.3.20}$$

重复上面的过程，可以得到式(6.3.9)的三阶 PB 规范型为

$$\dot{w}=\lambda(\mu)w+\rho(\mu)w^{2}\bar{w}+O\left(|w|^{4}\right) \tag{6.3.21}$$

式中，$\rho(\mu)$可按下面公式计算。若式(6.3.9)右边的项$h(z,\bar{z},\mu)$的三次泰勒展开为

$$h(z,\bar{z},\mu)=\sum_{2\leqslant i+j\leqslant 3}\rho_{ij}(\mu)\frac{z^{i}\bar{z}^{j}}{i!j!}+O\left(|z|^{4}\right)$$

那么

$$\rho(\mu)=\frac{\left(2\lambda+\bar{\lambda}\right)}{2|\lambda|^{2}}\rho_{20}\rho_{11}+\frac{|\rho_{11}|^{2}}{\lambda}+\frac{|\rho_{02}|^{2}}{2\left(2\lambda-\bar{\lambda}\right)}+\frac{\rho_{21}}{2} \tag{6.3.22}$$

继续上面的过程，可以消除四次项，得到式(6.3.9)的四阶 PB 规范型为

$$\dot{w}=\lambda(\mu)w+\rho(\mu)w^{2}\bar{w}+O\left(|w|^{5}\right) \tag{6.3.23}$$

以$w=x+\mathrm{i}y$，$\rho(\mu)=a(\mu)+\mathrm{i}b(\mu)$和$\lambda(\mu)=\alpha(\mu)+\mathrm{i}\omega(\mu)$代入式(6.3.23)得

$$\begin{cases}\dot{x}=\alpha(\mu)x-\omega(\mu)y+\left(a(\mu)x-b(\mu)y\right)\left(x^{2}+y^{2}\right)+O\left(r^{5}\right)\\ \dot{y}=\omega(\mu)x+\alpha(\mu)y+\left(b(\mu)x+a(\mu)y\right)\left(x^{2}+y^{2}\right)+O\left(r^{5}\right)\end{cases} \tag{6.3.24}$$

式中，$r=\sqrt{x^{2}+y^{2}}$。在极坐标系下，式(6.3.24)可写为

$$\begin{cases}\dot{r}=\alpha(\mu)r+a(\mu)r^{3}+O\left(r^{5}\right)\\ \dot{\theta}=\omega(\mu)+b(\mu)r^{2}+O\left(r^{4}\right)\end{cases} \tag{6.3.25}$$

由式(6.3.25)可知，式(6.3.3)的四阶 PB 规范型为

$$\begin{cases}\dot{r}=\alpha(\mu)r+a(\mu)r^{3}\\ \dot{\theta}=\omega(\mu)+b(\mu)r^{2}\end{cases} \tag{6.3.26}$$

式(6.3.26)与式(6.3.8)在形式上完全相同，只是这里的系数都是参数μ的函数。因此，系统(6.3.3)是否也具有式(6.3.26)的分叉行为？下面的霍普夫定理在一定的条件下肯定地回答了这一问题。

定理 6.1 (霍普夫定理)　设$(0,0)$是二维系统(6.3.3)的一个奇点，且在$(0,0)$处的雅可比矩阵有特征根$\alpha(\mu)+\mathrm{i}\omega(\mu)$，使得$\alpha(0)=0$、$\omega(0)=\omega_{0}>0$和$\alpha'(0)\neq 0$，那么存在$\varepsilon_{0}>0$和一个解析函数

$$\eta(\varepsilon)=\sum_{k=2}^{+\infty}\eta_k\varepsilon^k,\quad \varepsilon\in(0,\varepsilon_0) \tag{6.3.27}$$

使得$\eta(\varepsilon)\neq 0(\varepsilon\in(0,\varepsilon_0))$时，系统(6.3.3)在奇点$(0,0)$的充分小邻域有唯一的闭轨$l_k$，其周期为

$$T(\varepsilon)=\frac{2\pi}{\omega_0}\left(1+\sum_{k=2}^{+\infty}\tau_k\varepsilon^k\right) \tag{6.3.28}$$

且当$\varepsilon\to 0$时，$\eta(\varepsilon)\to 0$，$l_k\to(0,0)$。若η_{k_i}是式(6.3.27)中第一个不为零的系数，则当$d\eta_{k_i}>0$时，l_k是稳定极限环，而当$d\eta_{k_i}<0$时，l_k是不稳定极限环。

定理 6.1 中给出了一个未知参数d，当$k=2$时，$d=\alpha'(0)$，并且有关系式

$$d\eta_2=-a \tag{6.3.29}$$

其中

$$a=\beta(0,0,0)$$

$$\begin{aligned}\beta(x,y,\mu)=&\frac{1}{16}\left(\bar{f}_{xxx}+\bar{f}_{xyy}+\bar{g}_{xxy}+\bar{g}_{yyy}\right)\\&+\frac{1}{16\omega_0}\left(\bar{f}_{xy}\left(\bar{f}_{xx}+\bar{f}_{yy}\right)-\bar{g}_{xy}\left(\bar{g}_{xx}+\bar{g}_{yy}\right)\right)\\&-\frac{1}{16\omega_0}\left(\bar{f}_{xx}\bar{g}_{xx}-\bar{f}_{yy}\bar{g}_{yy}\right)\end{aligned} \tag{6.3.30}$$

从式(6.3.29)可以看出，只要$a\neq 0$，极限环l_k的稳定性完全由a的符号决定。

定理 6.1 表明，系统(6.3.3)在$\mu=0$处发生动态分叉。

霍普夫分叉是当参数变化时从奇点产生极限环的分叉。当$ad\neq 0$时，称此种霍普夫分叉是通有的，否则就称为是退化的。对于通有霍普夫分叉，$\eta_2=-\dfrac{a}{d}\neq 0$，其分叉行为由四阶 PB 规范型式(6.3.26)决定。

在通有分叉中其极限环是唯一的，但在退化霍普夫分叉中并不能保证极限环的唯一性。

例 6.12 考虑平面系统

$$\begin{cases}\dot{x}=-y+x\left(\mu-r^2\right)\left(\mu-2r^2\right)\cdots\left(\mu-nr^2\right)\\ \dot{y}=x+y\left(\mu-r^2\right)\left(\mu-2r^2\right)\cdots\left(\mu-nr^2\right)\end{cases} \tag{6.3.31}$$

式中，$r^2=x^2+y^2$，$\mu\in\mathbf{R}$，n是任意大于 2 的正整数。在极坐标系下，式(6.3.31)可写为

$$\begin{cases}\dot{r}=r\left(\mu-r^2\right)\left(\mu-2r^2\right)\cdots\left(\mu-nr^2\right)\\ \dot{\theta}=1\end{cases}$$

式(6.3.31)有唯一的奇点$(0,0)$，且对于任意参数μ，奇点$(0,0)$是不稳定焦点。当$\mu>0$时，式(6.3.31)有n个极限环，各极限环的稳定性交替地变化着。因此，系统(6.3.31)在$\mu=0$

处发生了退化霍普夫分叉。

霍普夫分叉中的极限环可以近似地求出，如数值方法和 PB 规范型方法等。

下面以一个霍普夫分叉的应用例子结束本节。

例 6.13　考虑布鲁塞尔振子的动力学方程(2.1.1)的分叉问题。当 $A\neq 0$ 时，式(2.1.1)只有唯一奇点 $\left(A,\dfrac{B}{A}\right)$。为了将奇点 $\left(A,\dfrac{B}{A}\right)$ 移到原点，作平移变换

$$x=u+A,\quad y=v+\frac{B}{A}$$

这个变换将式(2.1.1)化为

$$\begin{cases}\dot{u}=(B-1)u+A^2v+\dfrac{B}{A}u^2+2Auv+u^2v\\ \dot{v}=-Bu-A^2v-\dfrac{B}{A}u^2-2Auv-u^2v\end{cases}\tag{6.3.32}$$

式(6.3.32)在奇点 $(0,0)$ 的雅可比矩阵是

$$\begin{pmatrix}B-1 & A^2\\ -B & -A^2\end{pmatrix}$$

该矩阵的两个特征根是

$$\lambda_{1,2}=\frac{1}{2}\left[B-\left(1+A^2\right)\right]\pm\mathrm{i}\sqrt{A^2-\frac{1}{4}\left[B-\left(1+A^2\right)\right]^2}$$

由上式可知，当 $A^2-|A|+1<B<A^2+|A|+1$ 时，λ_1 和 λ_2 是一对共轭复根，特别当 $B=A^2+1$ 时，λ_1 和 λ_2 的实部都为零。记

$$\lambda_{1,2}=\alpha(B)\pm\mathrm{i}\omega(B)$$

式中

$$\alpha(B)=\frac{1}{2}\left[B-\left(1+A^2\right)\right],\quad \omega(B)=\sqrt{A^2-\frac{1}{4}\left[B-\left(1+A^2\right)\right]^2}$$

显然，当 $B=B_0=A^2+1$ 时，$\alpha(B_0)=0$，$\omega(B_0)=|A|>0$，$\alpha'(B_0)=\dfrac{1}{2}$。因此，由定理 6.1 可知，系统(6.3.32)在奇点 $(0,0)$ 的充分小邻域有唯一的闭轨。因此，布鲁塞尔振子在奇点 $\left(A,\dfrac{B}{A}\right)$ 的充分小邻域有唯一的闭轨。

显然

$$d=\alpha'(B_0)=\frac{1}{2}$$

但为了计算参数 a，必须将式(6.3.31)化成标准形式。不难验证，由特征根 λ_1 和 λ_2 决定的相似变换是

$$\begin{pmatrix}u\\ v\end{pmatrix}=\begin{pmatrix}1 & 0\\ \dfrac{1-B+\alpha(B)}{A^2} & -\dfrac{\omega(B)}{A^2}\end{pmatrix}\begin{pmatrix}X\\ Y\end{pmatrix}$$

上面的变换将式(6.3.31)化成标准形式

$$\begin{cases}\dot{X}=\alpha(B)X-\omega(B)Y+\dfrac{B}{A}X^2+X(2A+X)\varphi(X,Y)\\ \dot{Y}=\omega(B)X+\alpha(B)Y+\dfrac{B\delta}{A}X^2+\delta X(2A+X)\varphi(X,Y)\end{cases}\tag{6.3.33}$$

其中

$$\delta=\frac{1+A^2-B^2+\alpha(B)}{\omega(B)}$$

$$\varphi(X,Y)=\frac{\big(1-B+\alpha(B)\big)X-\omega(B)Y}{A^2}$$

因此，根据式(6.3.30)和方程组(6.3.33)得

$$a=-\frac{1}{4}\left(\frac{1}{A^2}+\frac{1}{2}\right)$$

从而

$$\eta_2=-\frac{a}{d}=-\frac{1}{2}\left(\frac{1}{A^2}+\frac{1}{2}\right)$$

因此，布鲁塞尔振子在奇点$\left(A,\dfrac{B}{A}\right)$的充分小邻域内的唯一闭轨的周期为

$$T=\frac{2\pi}{A}+O\left(\varepsilon^2\right)$$

且当$B\to B_0$时，闭轨趋于奇点$\left(A,\dfrac{B}{A}\right)$。

6.4 余维 1 分叉

余维 1 分叉有两种情况：第一种情况是奇点的雅可比矩阵只有一个零实根，而其余的$n-1$个特征根的实部都不为零；第二种情况是奇点的雅可比矩阵有一对零实部纯虚根，其余的$n-2$个特征根的实部都不为零。第二种情况就是 6.3 节介绍的霍普夫分叉。因此，对于余维 1 分叉，下面只需介绍第一种情况。

对于单参数系统(6.2.5)，假设$\boldsymbol{x}_0$是它的一个奇点，即有$\boldsymbol{f}(\boldsymbol{x}_0,\mu)=0$，由此可解出$\boldsymbol{x}_0=\boldsymbol{x}_0(\mu)$，即奇点是参数$\mu$的函数。因而，式(6.2.5)在奇点$\boldsymbol{x}_0=\boldsymbol{x}_0(\mu)$的雅可比矩阵是

$$\boldsymbol{D}_x\boldsymbol{f}(\boldsymbol{x}_0,\mu)=\begin{pmatrix}\dfrac{\partial f_1}{\partial x_1}(\boldsymbol{x}_0,\mu) & \dfrac{\partial f_1}{\partial x_2}(\boldsymbol{x}_0,\mu) & \cdots & \dfrac{\partial f_1}{\partial x_n}(\boldsymbol{x}_0,\mu)\\ \dfrac{\partial f_2}{\partial x_1}(\boldsymbol{x}_0,\mu) & \dfrac{\partial f_2}{\partial x_2}(\boldsymbol{x}_0,\mu) & \cdots & \dfrac{\partial f_2}{\partial x_n}(\boldsymbol{x}_0,\mu)\\ \vdots & \vdots & \cdots & \vdots\\ \dfrac{\partial f_n}{\partial x_1}(\boldsymbol{x}_0,\mu) & \dfrac{\partial f_n}{\partial x_2}(\boldsymbol{x}_0,\mu) & \cdots & \dfrac{\partial f_n}{\partial x_n}(\boldsymbol{x}_0,\mu)\end{pmatrix}\tag{6.4.1}$$

假设雅可比矩阵 $\boldsymbol{D}_x\boldsymbol{f}(\boldsymbol{x}_0,\mu)$ 只有一个特征根为零，而其余的 $n-1$ 个特征根的实部都不为零。由不变流形和中心流形定理，该系统的中心流形是一维的，而稳定流形和不稳定流形上的轨道的走向是清楚的。因此，单参数系统(6.2.5)的分叉就转化为一维中心流形上的分叉问题。中心流形在奇点附近是可以近似计算出来的，是一个单参数的一维系统，将其写为如下形式

$$\dot{x}=f(x,\mu),\ x\in U\subseteq\mathbf{R},\ \ \mu\in V\subseteq\mathbf{R} \tag{6.4.2}$$

如果 x_0 是式(6.4.2)的一个奇点，那么

$$f(x_0,\mu)=0 \tag{6.4.3}$$

另外，在奇点 x_0 的雅可比矩阵是

$$\boldsymbol{D}_x f(x_0,\mu)=\left(\frac{\partial f}{\partial x}(x_0,\mu)\right)$$

其特征根是

$$\lambda(\mu)=\frac{\partial f}{\partial x}(x_0,\mu) \tag{6.4.4}$$

式(6.4.4)说明，式(6.4.2)产生分叉的必要条件是

$$\frac{\partial f}{\partial x}(x_0,\mu)=0 \tag{6.4.5}$$

由式(6.4.3)和式(6.4.5)决定的奇点和分叉点组成的点对记为 (x_0,μ_0)。不失一般性，假设 $(x_0,\mu_0)=(0,0)$。

因为 $f(0,0)=\dfrac{\partial f}{\partial x}(0,0)=0$，将式(6.4.2)右边的函数在 $(0,0)$ 点泰勒展开得

$$f(x,\mu)=\frac{\partial f}{\partial \mu}(0,0)\mu+\frac{\partial^2 f}{\partial x^2}(0,0)\frac{x^2}{2}+\frac{\partial^2 f}{\partial x\partial \mu}(0,0)x\mu+\frac{\partial^2 f}{\partial \mu^2}(0,0)\frac{\mu^2}{2}+\cdots \tag{6.4.6}$$

以式(6.4.6)代入式(6.4.2)得

$$\dot{x}=\frac{\partial f}{\partial \mu}(0,0)\mu+\frac{\partial^2 f}{\partial x^2}(0,0)\frac{x^2}{2}+\frac{\partial^2 f}{\partial x\partial \mu}(0,0)x\mu+\frac{\partial^2 f}{\partial \mu^2}(0,0)\frac{\mu^2}{2}+\cdots \tag{6.4.7}$$

接下来分几种情况来考虑式(6.4.7)。

(1) 若 $\dfrac{\partial f}{\partial \mu}(0,0)\neq 0$，先将式(6.4.7)提升为二维系统

$$\begin{cases}\dot{x}=\dfrac{\partial f}{\partial \mu}(0,0)\mu+\dfrac{\partial^2 f}{\partial x^2}(0,0)\dfrac{x^2}{2}+\dfrac{\partial^2 f}{\partial x\partial \mu}(0,0)x\mu+\dfrac{\partial^2 f}{\partial \mu^2}(0,0)\dfrac{\mu^2}{2}+O\left(\left(x^2+\mu^2\right)^{\frac{3}{2}}\right)\\ \dot{\mu}=0\end{cases} \tag{6.4.8}$$

然后计算式(6.4.8)的 PB 规范型。作近似于恒等变换的变换

$$\begin{cases}x=y+ay^2+by\mu+c\mu^2\\ \mu=\mu\end{cases} \tag{6.4.9}$$

以式(6.4.9)代入式(6.4.8)的第一个方程得

$$\begin{aligned}(1+2ay+b\mu)\dot{y}=&\frac{\partial f}{\partial\mu}(0,0)\mu+\frac{\partial^2 f}{\partial x^2}(0,0)\frac{y^2}{2}+\frac{\partial^2 f}{\partial x\partial\mu}(0,0)y\mu\\&+\frac{\partial^2 f}{\partial\mu^2}(0,0)\frac{\mu^2}{2}+O\left(\left(y^2+\mu^2\right)^{\frac{3}{2}}\right)\end{aligned}\tag{6.4.10}$$

在点$(0,0)$附近有

$$\frac{1}{1+2ay+b\mu}=1-2ay-b\mu+O\left(y^2+\mu^2\right)$$

那么，式(6.4.10)可写为

$$\begin{aligned}\dot{y}=&\frac{\partial f}{\partial\mu}(0,0)\mu-\frac{\partial f}{\partial\mu}(0,0)\mu(2ay+b\mu)+\frac{\partial^2 f}{\partial x^2}(0,0)\frac{y^2}{2}\\&+\frac{\partial^2 f}{\partial x\partial\mu}(0,0)y\mu+\frac{\partial^2 f}{\partial\mu^2}(0,0)\frac{\mu^2}{2}+O\left(\left(y^2+\mu^2\right)^{\frac{3}{2}}\right)\end{aligned}\tag{6.4.11}$$

因此，只要取$a=\frac{\partial^2 f}{\partial x\partial\mu}(0,0)\Big/2\frac{\partial f}{\partial\mu}(0,0)$和$b=\frac{\partial^2 f}{\partial\mu^2}(0,0)\Big/\frac{\partial f}{\partial\mu}(0,0)$，那么式(6.4.11)化为

$$\dot{y}=\frac{\partial f}{\partial\mu}(0,0)\mu+\frac{\partial^2 f}{\partial x^2}(0,0)\frac{y^2}{2}+O\left(\left(y^2+\mu^2\right)^{\frac{3}{2}}\right)$$

经过适当的变换后，上式可化为如下形式

$$\dot{x}=\mu+x^2+O\left(\left(x^2+\mu^2\right)^{\frac{3}{2}}\right)$$

因此，式(6.4.7)的二阶 PB 规范型是

$$\dot{x}=\mu+x^2\tag{6.4.12}$$

显然，当$\mu>0$时，式(6.4.12)没有奇点，而当$\mu<0$时，式(6.4.12)有一个稳定奇点$x_1=-\sqrt{\mu}$和一个不稳定奇点$x_2=\sqrt{\mu}$。式(6.4.12)的分叉图如图 6.6 所示。

综上所述，当$\frac{\partial f}{\partial\mu}(0,0)\neq 0$时，系统(6.4.2)只有唯一分叉点$\mu=0$。

(2) 若$\frac{\partial f}{\partial\mu}(0,0)=0$，$\frac{\partial^2 f}{\partial x^2}(0,0)\neq 0$，那么式(6.4.7)可写为

$$\dot{x}=\frac{\partial^2 f}{\partial x^2}(0,0)\frac{x^2}{2}+\frac{\partial^2 f}{\partial x\partial\mu}(0,0)x\mu+\frac{\partial^2 f}{\partial\mu^2}(0,0)\frac{\mu^2}{2}+\cdots\tag{6.4.13}$$

对式(6.4.13)二阶截断得到

$$\dot{x}=\frac{\partial^2 f}{\partial x^2}(0,0)\frac{x^2}{2}+\frac{\partial^2 f}{\partial x\partial\mu}(0,0)x\mu+\frac{\partial^2 f}{\partial\mu^2}(0,0)\frac{\mu^2}{2}\tag{6.4.14}$$

记

$$\varDelta=\left(\frac{\partial^2 f}{\partial x\partial\mu}(0,0)\right)^2-\frac{\partial^2 f}{\partial x^2}(0,0)\frac{\partial^2 f}{\partial\mu^2}(0,0)$$

下面分三种情况来考虑。

(a) 当$\varDelta<0$时，式(6.4.14)只有当$\mu=0$时才有一个奇点$x_0=0$。当$\frac{\partial^2 f}{\partial x^2}(0,0)<0$时，奇点$x_0=0$是稳定的，而当$\frac{\partial^2 f}{\partial x^2}(0,0)>0$时，奇点$x_0=0$是不稳定的。

(b) 当$\varDelta=0$时，经过适当变换后式(6.4.14)可写为

$$\dot{x}=x^2$$

(c) 当$\varDelta>0$时，式(6.4.14)可写为

$$\begin{aligned}\dot{x}=&\left(\frac{\partial^2 f}{\partial x\partial\mu}(0,0)-\lambda\frac{\partial^2 f}{\partial x^2}(0,0)\right)\mu x\\&+\left(\frac{\partial^2 f}{\partial\mu^2}(0,0)-\lambda^2\frac{\partial^2 f}{\partial x^2}(0,0)\right)\frac{\mu^2}{2}\\&+\frac{\partial^2 f}{\partial x^2}(0,0)\frac{(x+\lambda\mu)^2}{2}\end{aligned}\tag{6.4.15}$$

取λ满足如下条件

$$\frac{\partial^2 f}{\partial\mu^2}(0,0)-\lambda^2\frac{\partial^2 f}{\partial x^2}(0,0)=2\left(\frac{\partial^2 f}{\partial x\partial\mu}(0,0)-\lambda\frac{\partial^2 f}{\partial x^2}(0,0)\right)$$

即

$$\lambda^2\frac{\partial^2 f}{\partial x^2}(0,0)+2\lambda\frac{\partial^2 f}{\partial x\partial\mu}(0,0)+\frac{\partial^2 f}{\partial\mu^2}(0,0)=0$$

因$\varDelta>0$，上面的一元二次方程有解，取其一个根λ_0，那么式(6.4.15)可写为

$$\dot{x}=\left(\frac{\partial^2 f}{\partial x\partial\mu}(0,0)-\lambda_0\frac{\partial^2 f}{\partial x^2}(0,0)\right)\mu x(x+\lambda_0\mu)+\frac{\partial^2 f}{\partial x^2}(0,0)\frac{(x+\lambda_0\mu)^2}{2}$$

经过适当变换后，上式可写为

$$\dot{x}=\mu x+x^2\tag{6.4.16}$$

式(6.4.16)的分叉图如图6.14所示。

(3) 若$\frac{\partial f}{\partial\mu}(0,0)=\frac{\partial^2 f}{\partial x^2}(0,0)=0$，$\frac{\partial^2 f}{\partial x\partial\mu}(0,0)\neq0$和$\frac{\partial^2 f}{\partial\mu^2}(0,0)\neq0$，类似地，经过适当变换后，式(6.4.7)可写为

$$\dot{x}=\mu x+x^2\tag{6.4.17}$$

(4) 若$\frac{\partial f}{\partial\mu}(0,0)=\frac{\partial^2 f}{\partial x^2}(0,0)=\frac{\partial^2 f}{\partial\mu^2}(0,0)=0$，$\frac{\partial^2 f}{\partial x\partial\mu}(0,0)\neq0$，类似地，式(6.4.7)的三阶PB规范型是

$$\dot{x} = \mu x + x^3 \tag{6.4.18}$$

式(6.4.18)的分叉图如图 6.15 所示。

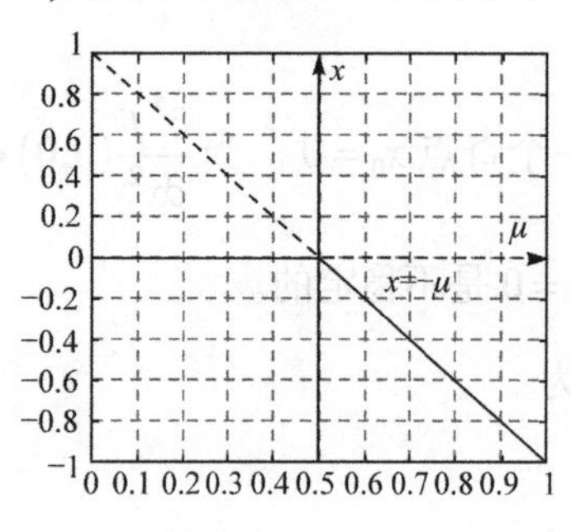

图 6.14　移临界分叉

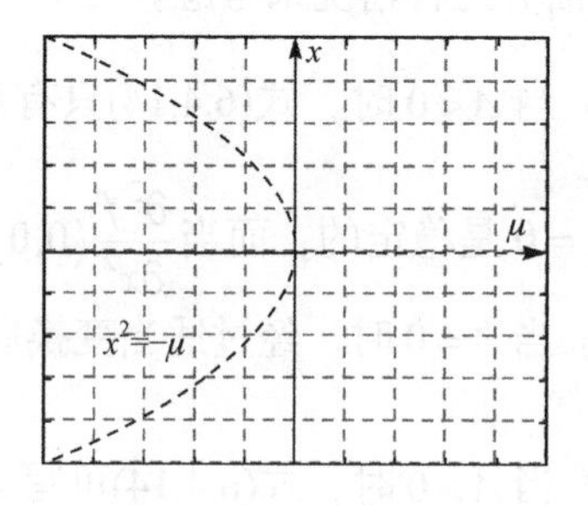

图 6.15　叉型分叉

6.5　余维 k 分叉

设当 $\boldsymbol{\mu}=0$ 时，式(6.1.1)有一个非双曲奇点 $\boldsymbol{x}_0=0$，即在 $\boldsymbol{x}_0=0$ 点的雅可比矩阵

$$\boldsymbol{D}_x\boldsymbol{f}(0,\boldsymbol{\mu})=\begin{pmatrix} \frac{\partial f_1}{\partial x_1}(0,\boldsymbol{\mu}) & \frac{\partial f_1}{\partial x_2}(0,\boldsymbol{\mu}) & \cdots & \frac{\partial f_1}{\partial x_n}(0,\boldsymbol{\mu}) \\ \frac{\partial f_2}{\partial x_1}(0,\boldsymbol{\mu}) & \frac{\partial f_2}{\partial x_2}(0,\boldsymbol{\mu}) & \cdots & \frac{\partial f_2}{\partial x_n}(0,\boldsymbol{\mu}) \\ \vdots & \vdots & \cdots & \vdots \\ \frac{\partial f_n}{\partial x_1}(0,\boldsymbol{\mu}) & \frac{\partial f_n}{\partial x_2}(0,\boldsymbol{\mu}) & \cdots & \frac{\partial f_n}{\partial x_n}(0,\boldsymbol{\mu}) \end{pmatrix}$$

在 $\boldsymbol{\mu}=0$ 处有零实部特征根。设 $\boldsymbol{D}_x\boldsymbol{f}(0,0)$ 有 h 个实部为零的特征根。因此，不失一般性，可以假设

$$\boldsymbol{D}_x\boldsymbol{f}(0,0)=\begin{pmatrix} \boldsymbol{J}_h & 0 \\ 0 & \boldsymbol{J}_{n-h} \end{pmatrix}$$

式中，$\boldsymbol{J}_h$ 是 h 阶约当标准型矩阵，其所有特征根的实部都是零，而 $\boldsymbol{J}_{n-h}$ 是 $n-h$ 阶矩阵，它的所有特征根的实部都不为零。记

$$M=\{\boldsymbol{A} \mid \boldsymbol{A}\text{是}h\text{阶矩阵}\}$$

$$N=\{\boldsymbol{B} \mid \boldsymbol{B}\text{与}\boldsymbol{J}_h\text{相似}\}$$

显然 N 是 M 的子流形，如果 N 在 M 中的余维数为 k，那么称式(6.1.1)在奇点 $\boldsymbol{x}_0=0$ 是余维 $\boldsymbol{k}$ 的。

有了上述定义之后，可以对式(6.1.1)在奇点 $\boldsymbol{x}_0=0$ 处的分叉作一个适当的分类。

(1) 余维 1 的情况。

① $\boldsymbol{D}_x\boldsymbol{f}(0,0)$ 有一单重零特征根，那么

$$J=(0)$$

② $\boldsymbol{D}_x\boldsymbol{f}(0,0)$有一对纯虚根$\pm\mathrm{i}\omega(\omega>0)$，那么

$$J=\begin{pmatrix}0 & -\omega\\ \omega & 0\end{pmatrix}$$

(2) 余维2的情况。

① $\boldsymbol{D}_x\boldsymbol{f}(0,0)$有二重零特征根，且$\boldsymbol{J}$不可对解化，那么

$$J=\begin{pmatrix}0 & 1\\ 0 & 0\end{pmatrix}$$

② $\boldsymbol{D}_x\boldsymbol{f}(0,0)$有一单重零特征根和一对纯虚根$\pm\mathrm{i}\omega(\omega>0)$，那么

$$J=\begin{pmatrix}0 & 0 & 0\\ 0 & 0 & -\omega\\ 0 & \omega & 0\end{pmatrix}$$

③ $\boldsymbol{D}_x\boldsymbol{f}(0,0)$有两对纯虚根$\pm\mathrm{i}\omega_1,\pm\mathrm{i}\omega_2(\omega_1>0,\omega_2>0)$，那么

$$J=\begin{pmatrix}0 & -\omega_1 & 0 & 0\\ \omega_1 & 0 & 0 & 0\\ 0 & 0 & 0 & -\omega_2\\ 0 & 0 & \omega_2 & 0\end{pmatrix}$$

从上面的分类情况来看，余维数越高，情况越复杂。

定义 6.2 设$\boldsymbol{x}_0=0$是当$\boldsymbol{\mu}=0$时，式(6.1.1)的一个非双曲奇点，如果式(6.1.1)在$\boldsymbol{x}_0=0$处是余维k的并且发生了分叉，那么就称系统(6.1.1)在$\boldsymbol{x}_0=0$处发生了余维k分叉。

考虑单参数系统(6.2.5)，假定$\boldsymbol{f}(0,0)=0$。式(6.2.5)的扩展系统是

$$\begin{cases}\dot{\boldsymbol{x}}=\boldsymbol{f}(\boldsymbol{x},\mu),\boldsymbol{x}\in U\subseteq\mathbf{R}^n,\mu\in V\subseteq\mathbf{R}\\ \dot{\mu}=0\end{cases}\tag{6.5.1}$$

在$(0,0)$处二阶泰勒展开后，式(6.5.1)的第一个方程的右边的函数可写为

$$\begin{cases}\dot{\boldsymbol{x}}=\boldsymbol{A}\boldsymbol{x}+\mu\gamma_0+h_2(\boldsymbol{x},\mu)+O\left(\left(|\boldsymbol{x}|^2+\mu^2\right)\right)\\ \dot{\mu}=0\end{cases}\tag{6.5.2}$$

式中，$\boldsymbol{A}=\boldsymbol{D}_x\boldsymbol{f}(0,0)$，$\gamma_0=\left(\frac{\partial f_1}{\partial\mu}(0,0),\frac{\partial f_2}{\partial\mu}(0,0),\cdots,\frac{\partial f_n}{\partial\mu}(0,0)\right)^{\mathrm{T}}$，$h_2(\boldsymbol{x},\mu)$是关于$x_1,x_2,\cdots,x_n$和$\mu$的二次齐次多项式。

接下来，计算式(6.5.2)的二阶PB规范型。作变换

$$\begin{cases}\boldsymbol{x}=\boldsymbol{y}+p_2(\boldsymbol{y},\mu)\\ \mu=\mu\end{cases}\tag{6.5.3}$$

式中，$p_2(\boldsymbol{y},\mu)$是关于$y_1,y_2,\cdots,y_n$和μ的二次齐次多项式。由式(6.5.3)，式(6.5.2)可化为

$$
\begin{cases}
\dot{\boldsymbol{y}} = \boldsymbol{A}\boldsymbol{y} + \mu\gamma_0 + h_2(\boldsymbol{y},\mu) + \boldsymbol{A}p_2 - \boldsymbol{D}p_2 \cdot (\boldsymbol{A}\boldsymbol{y} + \mu\gamma_0) \\
\quad + O\left(\left(|\boldsymbol{y}|^2 + \mu^2\right)\right) \\
\dot{\mu} = 0
\end{cases}
\tag{6.5.4}
$$

可以选取适当的 $p_2(\boldsymbol{y},\mu)$ 使得式(6.5.4)第一个方程的右边成最简单的形式，这样就可以得到式(6.5.4)的二阶 PB 规范型。

例 6.14 考虑单参数二维系统

$$
\begin{cases}
\dot{x} = f(x,y,\mu) \\
\dot{y} = g(x,y,\mu)
\end{cases}
\tag{6.5.5}
$$

式中，$f((0,0),0) = g((0,0),0) = 0$，并且假设在奇点 $(0,0)$ 处的雅可比矩阵

$$
\boldsymbol{A} = \begin{pmatrix}
\dfrac{\partial f}{\partial x}((0,0),0) & \dfrac{\partial f}{\partial y}((0,0),0) \\
\dfrac{\partial g}{\partial x}((0,0),0) & \dfrac{\partial g}{\partial y}((0,0),0)
\end{pmatrix}
\tag{6.5.6}
$$

有二重零特征根，而且不可对角化。不失一般性，假设

$$
\boldsymbol{A} = \begin{pmatrix} 0 & 1 \\ 0 & 0 \end{pmatrix}
\tag{6.5.7}
$$

否则经过适当的坐标变换后，可以使式(6.5.5)在奇点 $(0,0)$ 处的雅可比矩阵是式(6.5.6)。那么，在 $(0,0,0)$ 处对式(6.5.5)的右边函数作二阶泰勒展开得

$$
\begin{cases}
\dot{x} = y + \alpha_0\mu + h_2^1(x,y,\mu) + O\left(\left(x^2 + y^2 + \mu^2\right)^{\frac{3}{2}}\right) \\
\dot{y} = \beta_0\mu + h_2^2(x,y,\mu) + O\left(\left(x^2 + y^2 + \mu^2\right)^{\frac{3}{2}}\right)
\end{cases}
\tag{6.5.8}
$$

经过适当的坐标变换后，式(6.5.8)可定为

$$
\begin{cases}
\dot{x} = y + h_2^1(x,y,\mu) + O\left(\left(x^2 + y^2 + \mu^2\right)^{\frac{3}{2}}\right) \\
\dot{y} = \beta_0\mu + h_2^2(x,y,\mu) + O\left(\left(x^2 + y^2 + \mu^2\right)^{\frac{3}{2}}\right)
\end{cases}
\tag{6.5.9}
$$

对式(6.5.9)作近似于恒等变换的变换

$$
\begin{cases}
x = u + p_1(u,v,\mu) \\
y = v + p_2(u,v,\mu) \\
\mu = \mu
\end{cases}
$$

式中，$p_1(u,v,\mu)$ 和 $p_2(u,v,\mu)$ 是关于 u,v 和 μ 的二次齐次多项式，那么式(6.5.9)可写为

$$
\begin{cases}
\dot{u} = v + h_2^1 + p_2 - v\dfrac{\partial p_1}{\partial u} - \beta_0\mu\dfrac{\partial p_1}{\partial v} + O\left(\left(u^2 + v^2 + \mu^2\right)^{\frac{3}{2}}\right) \\
\dot{v} = \beta_0\mu + h_2^2 - v\dfrac{\partial p_2}{\partial u} - \beta_0\mu\dfrac{\partial p_2}{\partial v} + O\left(\left(u^2 + v^2 + \mu^2\right)^{\frac{3}{2}}\right)
\end{cases}
\tag{6.5.10}
$$

设

$$
\begin{cases}
h_2^1(u,v,\mu) = a_{11}^0u^2 + a_{22}^0v^2 + a_{33}^0\mu^2 + a_{12}^0uv + a_{13}^0u\mu + a_{23}^0v\mu \\
h_2^2(u,v,\mu) = b_{11}^0u^2 + b_{22}^0v^2 + b_{33}^0\mu^2 + b_{12}^0uv + b_{13}^0u\mu + b_{23}^0v\mu \\
p_1(u,v,\mu) = a_{11}u^2 + a_{22}v^2 + a_{33}\mu^2 + a_{12}uv + a_{13}u\mu + a_{23}v\mu \\
p_2(u,v,\mu) = b_{11}u^2 + b_{22}v^2 + b_{33}\mu^2 + b_{12}uv + b_{13}u\mu + b_{23}v\mu
\end{cases}
\tag{6.5.11}
$$

根据式(6.5.11)，直接计算得

$$
\begin{aligned}
h_2^1 + p_2 - v\frac{\partial p_1}{\partial u} - \beta_0\mu\frac{\partial p_1}{\partial v} &= \left(b_{11} + a_{11}^0\right)u^2 + \left(b_{22} - a_{12} + a_{22}^0\right)v^2 \\
&+ \left(b_{33} - \beta_0a_{23} + a_{33}^0\right)\mu^2 + \left(b_{12} - 2a_{11} + a_{12}^0\right)uv \\
&+ \left(b_{13} - \beta_0a_{12} + a_{13}^0\right)u\mu + \left(b_{23} - a_{13} - 2\beta_0a_{22} + a_{23}^0\right)v\mu
\end{aligned}
\tag{6.5.12}
$$

$$
\begin{aligned}
h_2^2 - v\frac{\partial p_2}{\partial u} - \beta_0\mu\frac{\partial p_2}{\partial v} &= b_{11}^0u^2 + \left(b_{22}^0 - b_{12}\right)v^2 + \left(b_{33}^0 - \beta_0b_{23}\right)\mu^2 \\
&+ \left(b_{12}^0 - 2b_{11}\right)uv + \left(b_{13}^0 - \beta_0b_{12}\right)u\mu \\
&+ \left(b_{23}^0 - b_{13} - 2\beta_0b_{22}\right)v\mu
\end{aligned}
\tag{6.5.13}
$$

选取未知量使式(6.5.12)的各项系数为零，那么

$$
\begin{aligned}
& b_{11} = -a_{11}^0,\ a_{12} = b_{22} + a_{22}^0,\ b_{33} = \beta_0a_{23} - a_{33}^0 \\
& a_{11} = \frac{1}{2}\left(b_{12} + a_{12}^0\right),\ b_{13} = \beta_0a_{12} - a_{13}^0 \\
& a_{13} = b_{23} - 2\beta_0a_{22} + a_{23}^0
\end{aligned}
\tag{6.5.14}
$$

由式(6.5.14)，式(6.5.13)可写为

$$
\begin{aligned}
h_2^2 - v\frac{\partial p_2}{\partial u} - \beta_0\mu\frac{\partial p_2}{\partial v} &= b_{11}^0u^2 + \left(b_{22}^0 - b_{12}\right)v^2 + \left(b_{33}^0 - \beta_0b_{23}\right)\mu^2 \\
&+ \left(b_{12}^0 + 2a_{11}^0\right)uv + \left(b_{13}^0 - \beta_0b_{12}\right)u\mu \\
&+ \left(b_{23}^0 + a_{13}^0 - \beta_0a_{12} - 2\beta_0b_{22}\right)v\mu
\end{aligned}
\tag{6.5.15}
$$

有以下两种情况。

(1) 若 $\beta_0 \neq 0$，在式(6.5.15)中取

$$
b_{12} = b_{22}^0,\ b_{23} = \frac{b_{33}^0}{\beta_0},\ a_{12} + 2b_{22} = \frac{1}{\beta_0}\left(b_{23}^0 + a_{13}^0\right)
$$

那么

$$h_2^2 - v\frac{\partial p_2}{\partial u} - \beta_0\mu\frac{\partial p_2}{\partial v} = b_{11}^0 u^2 + \left(b_{12}^0 + 2a_{11}^0\right)uv + \left(b_{13}^0 - \beta_0 b_{22}^0\right)u\mu$$

从而式(6.5.5)的二阶 PB 规范型是

$$\begin{cases} \dot{u} = v \\ \dot{v} = \beta_0\mu + b_{11}^0 u^2 + \left(b_{12}^0 + 2a_{11}^0\right)uv + \left(b_{13}^0 - \beta_0 b_{22}^0\right)u\mu \end{cases}$$

(2) 若 $\beta_0 = 0$，在式(6.5.14)中取 $b_{12} = b_{22}^0$，那么

$$h_2^2 - v\frac{\partial p_2}{\partial u} - \beta_0\mu\frac{\partial p_2}{\partial v} = b_{11}^0 u^2 + b_{33}^0\mu^2 + \left(b_{12}^0 + 2a_{11}^0\right)uv + b_{13}^0 u\mu + \left(b_{23}^0 + a_{13}^0\right)v\mu$$

从而式(6.5.5)的二阶 PB 规范型是

$$\begin{cases} \dot{u} = v \\ \dot{v} = \beta_0\mu + b_{11}^0 u^2 + b_{33}^0\mu^2 + \left(b_{12}^0 + 2a_{11}^0\right)uv + b_{13}^0 u\mu + \left(b_{23}^0 + a_{13}^0\right)v\mu \end{cases}$$

对于多参数系统(6.1.1)，其扩展系统的二阶泰勒展开是

$$\begin{cases} \dot{\boldsymbol{x}} = \boldsymbol{D}_x \boldsymbol{f}(0,0)\cdot \boldsymbol{x} + \boldsymbol{D}_\mu \boldsymbol{f}(0,0)\cdot \boldsymbol{\mu} + h_2(\boldsymbol{y},\boldsymbol{\mu}) + O\left(\left(|\boldsymbol{y}|^2 + |\boldsymbol{\mu}|^2\right)\right) \\ \dot{\boldsymbol{\mu}} = 0 \end{cases}$$

从理论上来讲，可以计算出上面方程组的任意阶 PB 规范型。但是，随着系统维数的增加和参数的增多，PB 规范型的计算越来越复杂。不过现在有专门的计算 PB 规范型的软件，是一条计算 PB 规范型的简单有效的途径。

6.6 突变与分叉

托姆的突变理论、普利高津的耗散结构理论和哈肯的协同学是 20 世纪中叶最活跃的三大理论。现在突变理论只是分叉理论的一种特殊情况，所以突变理论慢慢地被人遗忘。

突变理论是研究不连续现象及其突然变化的规律。突变理论是用拓扑知识和稳定性理论去描述系统临界点的状态，研究临界点附近当外部条件微小改变引起系统的突然跳跃质变的规律。这实际上就是研究系统的分叉现象。

初等突变理论研究的是如下含参数的梯度系统

$$\dot{\boldsymbol{x}} = -\nabla_x V(\boldsymbol{x},\boldsymbol{\mu}),\ \boldsymbol{x}\in U\subseteq \mathbf{R}^n,\ \boldsymbol{\mu}\in V\subseteq \mathbf{R}^m \tag{6.6.1}$$

式中，$V(\boldsymbol{x},\boldsymbol{\mu})$ 是势函数，$\nabla_x V(\boldsymbol{x},\boldsymbol{\mu})$ 是势函数关于变量 $\boldsymbol{x}$ 的梯度向量，即

$$\nabla_x V(\boldsymbol{x},\boldsymbol{\mu}) = \left(\frac{\partial V}{\partial x_1}(\boldsymbol{x},\boldsymbol{\mu}), \frac{\partial V}{\partial x_2}(\boldsymbol{x},\boldsymbol{\mu}), \cdots, \frac{\partial V}{\partial x_n}(\boldsymbol{x},\boldsymbol{\mu})\right)^{\mathrm{T}}$$

系统(6.6.1)的奇点应满足下列代数方程

$$\nabla_x V(\boldsymbol{x},\boldsymbol{\mu}) = 0 \tag{6.6.2}$$

在突变理论中，称满足式(6.6.2)的点 $(\boldsymbol{x},\boldsymbol{\mu})$ 为**临界点**(其实就是式(6.6.1)的奇点)。用分量表示为

$$\frac{\partial V}{\partial x_1}(\boldsymbol{x},\boldsymbol{\mu})=0,\ \frac{\partial V}{\partial x_2}(\boldsymbol{x},\boldsymbol{\mu})=0,\ \cdots,\ \frac{\partial V}{\partial x_n}(\boldsymbol{x},\boldsymbol{\mu})=0 \tag{6.6.3}$$

事实上，式(6.6.2)或式(6.6.3)的解就是突变理论中系统的临界点。因此，突变理论就是分叉理论的一种特殊情况。

设 $\boldsymbol{x}_0=\boldsymbol{x}_0(\boldsymbol{\mu})$ 是系统(6.6.1)一个奇点，那么式(6.6.1)在 $\boldsymbol{x}_0$ 点的雅可比矩阵是

$$\begin{pmatrix} \frac{\partial^2 V}{\partial x_1^2}(\boldsymbol{x}_0,\boldsymbol{\mu}) & \frac{\partial^2 V}{\partial x_1\partial x_2}(\boldsymbol{x}_0,\boldsymbol{\mu}) & \cdots & \frac{\partial^2 V}{\partial x_1\partial x_n}(\boldsymbol{x}_0,\boldsymbol{\mu}) \\ \frac{\partial^2 V}{\partial x_2\partial x_1}(\boldsymbol{x}_0,\boldsymbol{\mu}) & \frac{\partial^2 V}{\partial x_2^2}(\boldsymbol{x}_0,\boldsymbol{\mu}) & \cdots & \frac{\partial^2 V}{\partial x_2\partial x_n}(\boldsymbol{x}_0,\boldsymbol{\mu}) \\ \vdots & \vdots & \cdots & \vdots \\ \frac{\partial^2 V}{\partial x_n\partial x_1}(\boldsymbol{x}_0,\boldsymbol{\mu}) & \frac{\partial^2 V}{\partial x_n\partial x_2}(\boldsymbol{x}_0,\boldsymbol{\mu}) & \cdots & \frac{\partial^2 V}{\partial x_n^2}(\boldsymbol{x}_0,\boldsymbol{\mu}) \end{pmatrix} \tag{6.6.4}$$

显然，式(6.6.4)是势函数 $V(\boldsymbol{x},\boldsymbol{\mu})$ 在奇点 $\boldsymbol{x}_0$ 的黑塞矩阵的负矩阵。因此，式(6.6.4)是实对称矩阵。由线性代数知识，式(6.6.4)的特征根都是实的。由此可知，当式(6.6.4)是负定矩阵时，它的特征根全是负实根，奇点 $\boldsymbol{x}_0$ 是稳定的；当式(6.6.4)所有特征根都不为零，且式(6.6.4)是正定矩阵或不定矩阵时，它至少有一个正特征根，奇点 $\boldsymbol{x}_0$ 是不稳定的。换句话说，当势函数 $V(\boldsymbol{x},\boldsymbol{\mu})$ 在奇点 $\boldsymbol{x}_0$ 的黑塞矩阵 $\boldsymbol{D}^2V(\boldsymbol{x}_0,\boldsymbol{\mu})$ 是正定矩阵时，奇点 $\boldsymbol{x}_0$ 是稳定的，而当黑塞矩阵 $\boldsymbol{D}^2V(\boldsymbol{x}_0,\boldsymbol{\mu})$ 的所有特征根都不为零，且 $\boldsymbol{D}^2V(\boldsymbol{x}_0,\boldsymbol{\mu})$ 是负定矩阵或不定矩阵时，奇点 $\boldsymbol{x}_0$ 是不稳定的。

若在 $\boldsymbol{\mu}=\boldsymbol{\mu}_0$ 时，系统(6.6.1)发生了分叉，那么雅可比矩阵(6.6.4)必须有零特征根。因为所有特征根的乘积等于雅可比矩阵的行列式的值，所以

$$\det\left(\boldsymbol{D}^2V(\boldsymbol{x}_0,\boldsymbol{\mu}_0)\right)=0$$

这就说明系统(6.6.1)分叉点应满足下列方程

$$\det\left(\boldsymbol{D}^2V(\boldsymbol{x},\boldsymbol{\mu})\right)=0 \tag{6.6.5}$$

因此，式(6.6.3)和式(6.6.5)是系统(6.6.1)的奇点和分叉点必须满足的条件。突变理论中，称同时满足式(6.6.3)和式(6.6.5)的点 $(\boldsymbol{x},\boldsymbol{\mu})$ 为**退化临界点**。

接下来引进突变理论中两个基本概念。

定义 6.3　由式(6.6.1)所有临界点组成的集合称为平衡曲面。

平衡曲面就是势函数 $V(\boldsymbol{x},\boldsymbol{\mu})$ 的所有迷向点组成的集合。以 M 表示平衡曲面，那么

$$M=\left\{(\boldsymbol{x},\boldsymbol{\mu})\mid \nabla_x V(\boldsymbol{x},\boldsymbol{\mu})=0, \boldsymbol{x}\in U, \boldsymbol{\mu}\in V\right\}$$

定义 6.4　由式(6.6.1)所有退化临界点组成的集合称为奇异点集。

以 S 表示奇异点集，那么

$$S=\left\{(\boldsymbol{x},\boldsymbol{\mu})\mid \nabla_x V(\boldsymbol{x},\boldsymbol{\mu})=0, \det\left(\boldsymbol{D}^2V(\boldsymbol{x},\boldsymbol{\mu})\right)=0, \boldsymbol{x}\in U, \boldsymbol{\mu}\in V\right\}$$

奇异点集 S 在空间 $\mathbf{R}^m$ 中的投影称为**分叉集**。以 B 表示分叉集。

例 6.15(折叠突变)　取势函数

$$V(x,\mu)=x^3+\mu x,\ x\in\mathbf{R},\ \mu\in\mathbf{R} \tag{6.6.6}$$

式(6.6.6)生成的动力系统为

$$\dot{x}=-\left(3x^2+\mu\right) \tag{6.6.7}$$

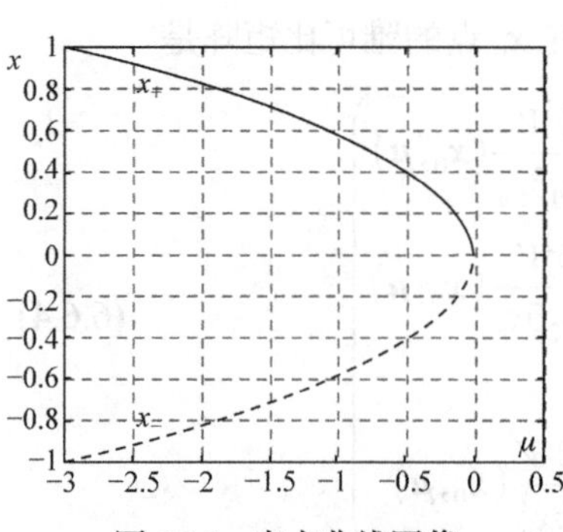

图 6.16　奇点曲线图像

容易计算得

$$M=\left\{(x,\mu)\,|\,3x^2+\mu=0\right\}$$

$$N=\left\{(x,\mu)\,|\,3x^2+\mu=0,x=0\right\}=\left\{(0,0)\right\}$$

$$B=\{0\}$$

当 $\mu<0$ 时，系统(6.6.7)有两个奇点 $x_1=-\sqrt{-\dfrac{\mu}{3}}$ 和 $x_2=\sqrt{-\dfrac{\mu}{3}}$，且 x_1 是不稳定的，x_2 是稳定的；当 $\mu>0$ 时，系统(6.6.7)没有奇点。式(6.6.7)的分叉图如图 6.16 所示。

例 6.16(尖点突变)　取势函数

$$V\left(x,(\mu_1,\mu_2)\right)=x^4+\mu_1x^2+\mu_2x,\ x\in\mathbf{R},\ (\mu_1,\mu_2)\in\mathbf{R}^2 \tag{6.6.8}$$

式(6.6.8)生成的动力系统为

$$\dot{x}=-\left(4x^3+3\mu_1x+\mu_2\right) \tag{6.6.9}$$

平衡曲面为

$$M=\left\{\left(x,(\mu_1,\mu_2)\right)|\,4x^3+2\mu_1x+\mu_2=0\right\}$$

奇异点集为

$$S=\left\{\left(x,(\mu_1,\mu_2)\right)|\,4x^3+2\mu_1x+\mu_2=0,6x^2+\mu_1=0\right\}$$

分叉集为

$$B=\left\{(\mu_1,\mu_2)\,|\,\varDelta=8\mu_1^3+27\mu_2^3=0\right\}$$

可以画出平衡曲面和分叉集的图像分别为图 6.17 和图 6.18。从分叉集的图像可以看出，原点 O 是分叉集的一个尖点，因此图 6.18 也称为尖点曲线。尖点曲线 $8\mu_1^3+27\mu_2^3=0$ 将 (μ_1,μ_2)－平面分成三个部分：曲线的外部区域 Ω_1、曲线的内部区域 Ω_2 和尖点曲线 B。在区域 Ω_1 内，由于 $\varDelta=8\mu_1^3+27\mu_2^3>0$，式(6.6.9)只有一个奇点；在区域 Ω_2 内，由于 $\varDelta<0$，式(6.6.9)有三个奇点；在尖点曲线 B 上，由于 $\varDelta=0$，式(6.6.9)有两个奇点。由此可以看出，式(6.6.9)在尖点 O 发生了余维 2 分叉，而在尖点曲线 B 上的其他点发生了余维 1 分叉。

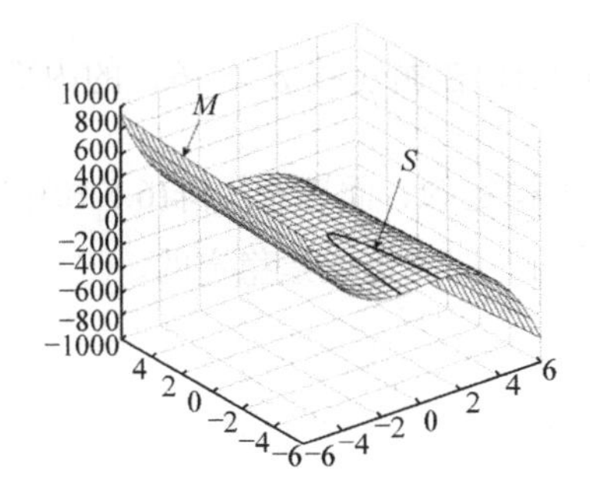

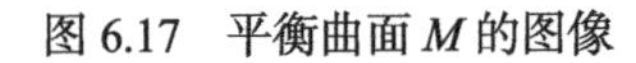
图 6.17　平衡曲面 M 的图像

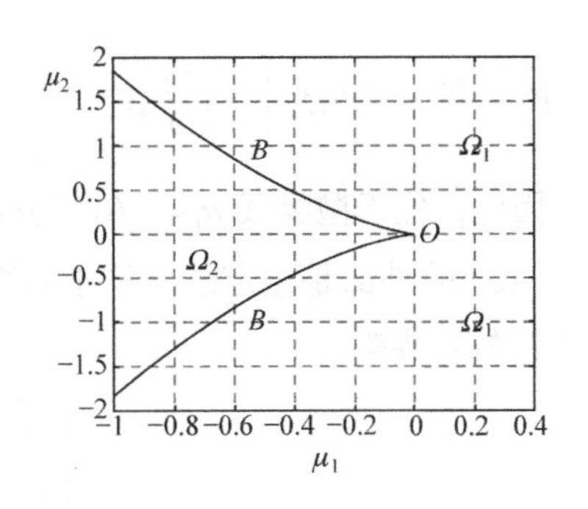

图 6.18　分叉集 B 的图像

为了更清楚地了解式(6.6.9)的分叉，限制 μ_1 和 μ_2 中一个参数来画奇点分叉图。

(1) 让参数 μ_1 固定，参数 μ_2 变化。有下面三种情况。

① 当 $\mu_1>0$ 时，在 $x\mu_2$ 平面画奇点曲线

$$\mu_2=-4x^3-2\mu_1 x$$

的图像。该曲线与 $x-$轴只有一个交点 $(0,0)$，并且当 $x\to+\infty$ 时，$\mu_2\to-\infty$，而当 $x\to-\infty$ 时，$\mu_2\to+\infty$。由于黑塞矩阵

$$\boldsymbol{D}^2V\left(x,(\mu_1,\mu_2)\right)=\left(12x^2+2\mu_1\right) \tag{6.6.10}$$

是正定的，所以所有奇点都是稳定的。奇点曲线图如图 6.19 所示。

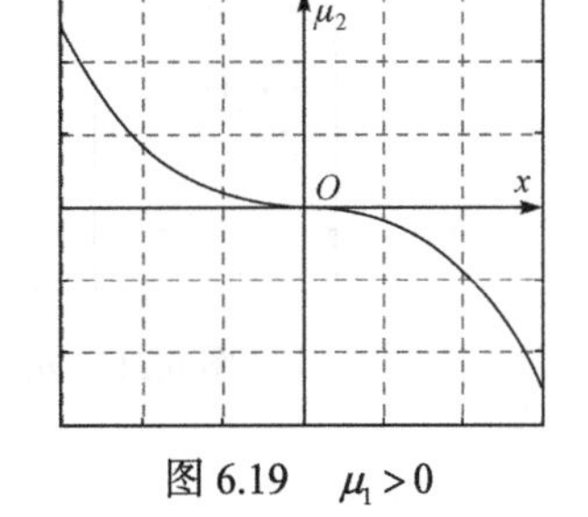

图 6.19　$\mu_1>0$

② 当 $\mu_1=0$ 时，奇点曲线 $\mu_2=-4x^3$ 的图像与图 6.19 类似。

③ 当 $\mu_1<0$ 时，奇点曲线 $\mu_2=-4x^3-2\mu_1 x$ 与 $x-$轴有三个交点：$(0,0)$、$\left(-\sqrt{-\frac{\mu_1}{2}},0\right)$ 和 $\left(\sqrt{-\frac{\mu_1}{2}},0\right)$；有两个极值点：极小点 $\left(-\sqrt{-\frac{\mu_1}{6}},0\right)$ 和极大点 $\left(\sqrt{-\frac{\mu_1}{6}},0\right)$。

显然，当 $|x|>\sqrt{-\frac{\mu_1}{6}}$ 时，由于黑塞矩阵(6.6.10)是正定的，所以奇点是稳定的，而当 $|x|<\sqrt{-\frac{\mu_1}{6}}$ 时，由于黑塞矩阵(6.6.10)是负定的，所以奇点是不稳定的。

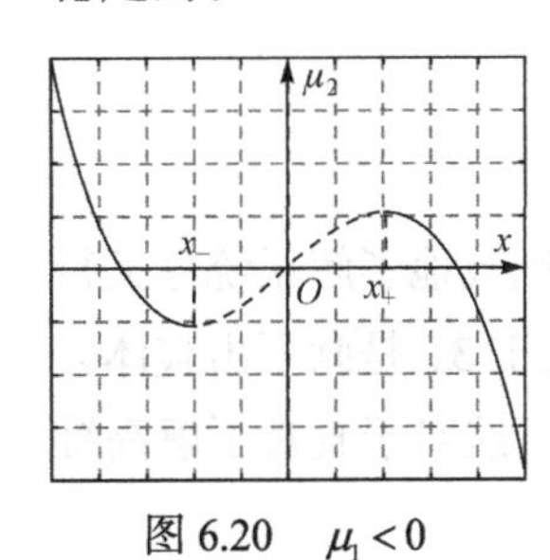

图 6.20　$\mu_1<0$

这种情况的分叉图如图 6.20 所示(图中 $x_+=\sqrt{-\mu_1/6}$，$x_-=-\sqrt{-\mu_1/6}$)。

(2) 让参数 μ_2 固定，参数 μ_1 变化。也有下面三种情况。

① 当 $\mu_2<0$ 时，奇点曲线

$$\mu_1=-\frac{4x^3+\mu_2}{2x}$$

与 $x-$ 轴只有一个交点 $\left(-\sqrt{\dfrac{\mu_2}{4}},0\right)$。由于黑塞矩阵(6.6.10)在抛物线 $\mu_1=-6x^2$ 的内部是负定的，因此，位于抛物线 $\mu_1=-6x^2$ 的内部的奇点是不稳定的，而黑塞矩阵(6.6.10)在抛物线 $\mu_1=-6x^2$ 的外部是正定的，位于抛物线 $\mu_1=-6x^2$ 的外部的奇点是稳定的。

解代数方程组

$$\begin{cases}4x^3+2\mu_1x+\mu_2=0\\6x^2+\mu_1=0\end{cases}$$

得到奇点曲线与抛物线 $\mu_1=-6x^2$ 的交点坐标是

$$x=\frac{1}{2}\sqrt[3]{\mu_2},\quad \mu_1=-\frac{3}{2}\sqrt[3]{\mu_2^2}$$

这种情况的分叉图如图 6.21 所示。

② 当 $\mu_2=0$ 时，奇点曲线为 $2x^3+\mu_1x=0$，它包含两部分：直线 $x=0$ 和抛物线 $\mu_1=-2x^2$。类似于(2)中的①，位于抛物线 $\mu_1=-6x^2$ 的内部的奇点是不稳定的，位于抛物线 $\mu_1=-6x^2$ 的外部的奇点是稳定的。这种情况下的分叉图如图 6.22 所示。

③ 当 $\mu_2>0$ 时，类似于(2)中的①，这种情况下的分叉图如图 6.23 所示。

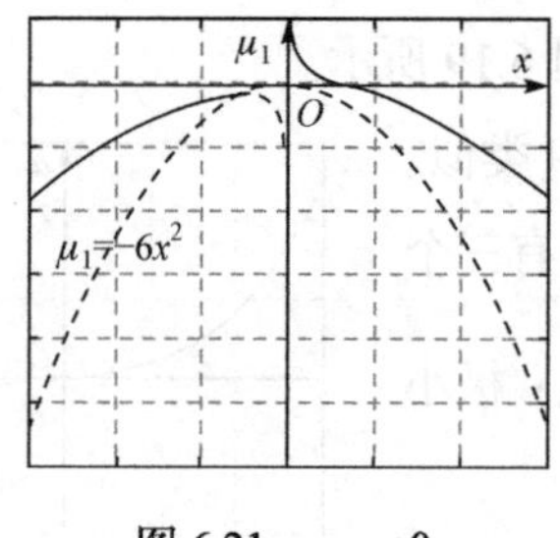

图 6.21　$\mu_2<0$

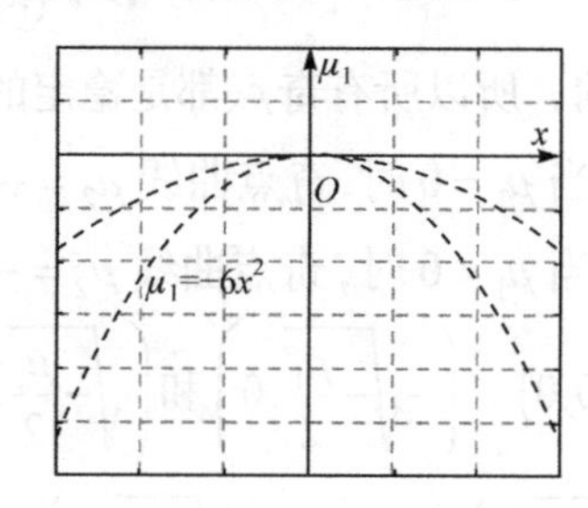

图 6.22　$\mu_2=0$

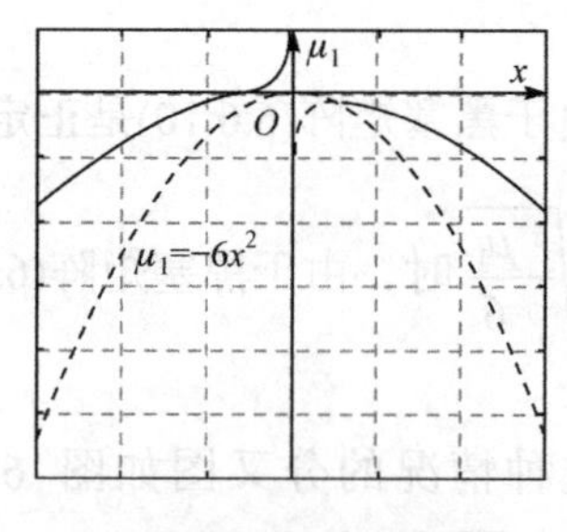

图 6.23　$\mu_2>0$

从例 6.16 可以看出，通过固定某些参数来画分叉图，可以更细致地了解系统分叉行为。对于一个系统，如果状态变量的个数与控制变量的个数之和大于 3，是画不出整体分叉图的，只有固定某些参数将维数降到三维以下才能画出分叉图。这对于直观了解高维系统的分叉是十分重要的。

思　考　题

6-1　研究系统

$$\begin{cases}\dot{x}=\mu_1 x-y-(1+\mu_2)x\left(x^2+y^2\right)\\ \dot{y}=x+\mu_1 y-(1+\mu_2)y\left(x^2+y^2\right)\end{cases}$$

的分叉行为。

6-2　考虑范德波尔方程

$$\begin{cases}\dot{x}=x-\mu y-x\left(x^2+y^2\right)\\ \dot{y}=\mu x+y-y\left(x^2+y^2\right)\end{cases}$$

式中，μ是分叉参数。试找出该系统发生霍普夫分叉的条件。

6-3　证明系统

$$\ddot{x}+\left(\mu+x^2\right)\dot{x}+\mu x+x^3=0$$

在半直线$B_+=\left\{(x,\dot{x})\middle|x=0,\dot{x}>0\right\}$和半直线$B_+=\left\{(x,\dot{x})\middle|x=0,\dot{x}<0\right\}$上发生了霍普夫分叉。

6-4　试研究洛伦兹系统的霍普夫分叉。

第 7 章　混　　沌

20 世纪 60 年代，洛伦兹发现了洛伦兹系统的终值状态敏感地依赖于初始状态。直到 70 年代，李天岩和约克证明了对于映射迭代运算，如果有周期为 3 的周期点，那么就有任意周期的周期点，即周期 3 意味着混沌，人们才认识到洛伦兹发现的现象就是混沌现象，这是一个确定系统的内在随机行为。

系统的混沌现象表明，用数值计算方法无法求得满足精度要求的解，洛伦兹系统的混沌行为正好解析了热对流运动的复杂性，这与气象观测到的大气热对流运动很吻合。

7.1　洛伦兹吸引子的成因

例 5.8 证明了当 $\sigma=10$ 、$\mu=28$ 和 $b=\frac{8}{3}$ 时，洛伦兹方程有一个包含其三个不稳定奇点的捕捉区。事实上，这一结论可以推广到更一般的情况。为了方便起见，重写洛伦兹方程

$$\begin{cases}\dot{x}=\sigma(y-x)\\ \dot{y}=-xz+\mu x-y, \qquad \sigma>0,b>0\\ \dot{z}=xy-bz\end{cases} \tag{7.1.1}$$

式(7.1.1)的散度是

$$\frac{\partial}{\partial x}\left[\sigma(y-x)\right]+\frac{\partial}{\partial y}(-xz+\mu x-y)+\frac{\partial}{\partial z}(xy-bz)=-(1+\sigma+b)$$

上式右边是一个常数，这表明洛伦兹系统的相空间上的任何有限区域的体积的收缩或扩张与位置无关，是均匀的收缩或扩张。由于式(7.1.1)是耗散系统，因此，有限区域的体积是均匀的收缩。

构造如下非负二次函数

$$V(x,y,z)=\frac{1}{2}\left[x^2+y^2+(z-\mu-\sigma)^2\right]$$

直接计算得

$$\left.\frac{\mathrm{d}V}{\mathrm{d}t}\right|_{(7.1.1)}=-\sigma x^2-y^2-b\left[z-\frac{1}{2}(\mu+\sigma)^2\right]+\frac{1}{4}b(\mu+\sigma)^2 \tag{7.1.2}$$

记

$$S=\left\{(x,y)\middle|\sigma x^2+y^2+b\left[z-\frac{1}{2}(\mu+\sigma)^2\right]=\frac{1}{4}b(\mu+\sigma)^2\right\}$$

S是一个椭球面，且在椭球面S的外部，有$\left.\frac{\mathrm{d}V}{\mathrm{d}t}\right|_{(7.1.1)}<0$。选取$R$足够大，使得椭球面$\sigma x^2+y^2+b\left(z-\frac{1}{2}(\mu+\sigma)^2\right)=R^2$的内部区域

$$M=\left\{(x,y)\left|\sigma x^2+y^2+b\left(z-\frac{1}{2}(\mu+\sigma)^2\right)<R^2\right.\right\}$$

包含式(7.1.1)的所有奇点。因为在椭球M的边界上有$\left.\frac{\mathrm{d}V}{\mathrm{d}t}\right|_{(7.1.1)}<0$，所以椭球$M$是一个捕捉区。设$\phi$是式(7.1.1)的流，那么，由$M$生成的吸引集是

$$\Lambda=\bigcap_{t>0}\phi_t(M)$$

事实上，当$\sigma>0$和$b>0$时，洛伦兹系统(7.1.1)只有这个吸引集，因为从椭球M外面任一点出发的轨道当$t\to+\infty$时都会进入椭球M，都会趋于吸引集Λ。

当$\sigma=10$、$\mu=28$和$b=\frac{8}{3}$时，由于过M外任一点的轨道当$t\to+\infty$时都进入M的内部，又M包含了所有三个不稳定奇点，只有三个奇点的稳定流形上(其维数不会超过二维)的轨道当$t\to+\infty$时才会趋于奇点，而M内的其他轨道当$t\to+\infty$时远离奇点，又不能跑出M，所以只能在M内来回地拉伸与折叠(图7.1～图7.3)，且当$t\to+\infty$时趋于吸引集Λ。所以，吸引集Λ是当$t\to+\infty$时M外部的轨道都进入M内部与M内部远离奇点的轨道的相互作用的结果。洛伦兹系统吸引集Λ内的轨道高度不稳定，对初始条件相当敏感，呈现出随机性，而Λ外的轨道却高度稳定。

当$\sigma=10$、$\mu=28$和$b=\frac{8}{3}$时，已经证明了这种情况下的吸引集Λ的维数不是整数，因此，称这种非整维的吸引集Λ为**混沌吸引子**，也称为**奇怪吸引子**。

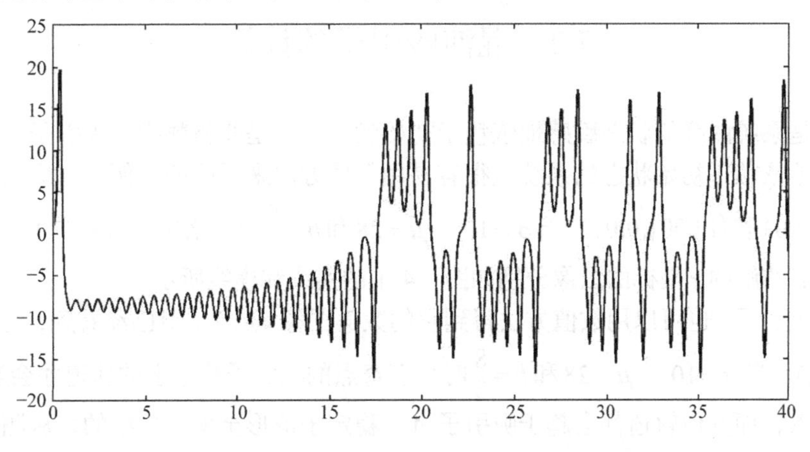

图7.1 变量x在有限区间来回拉伸与折叠图

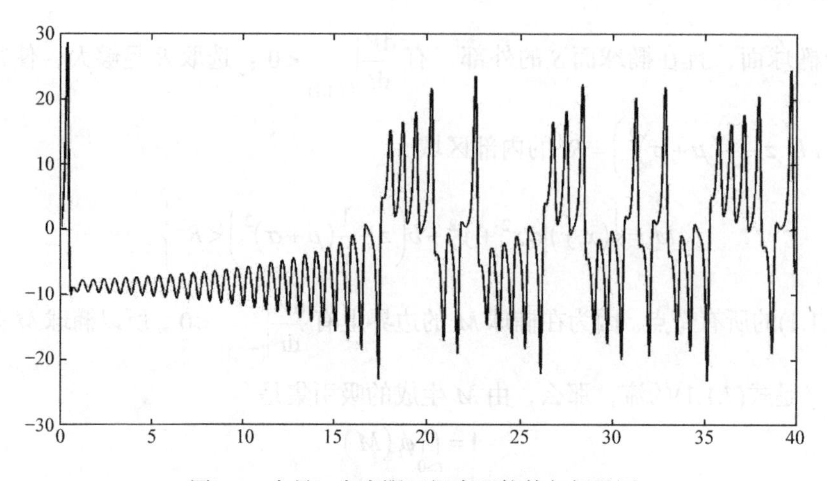

图 7.2　变量 y 在有限区间来回拉伸与折叠图

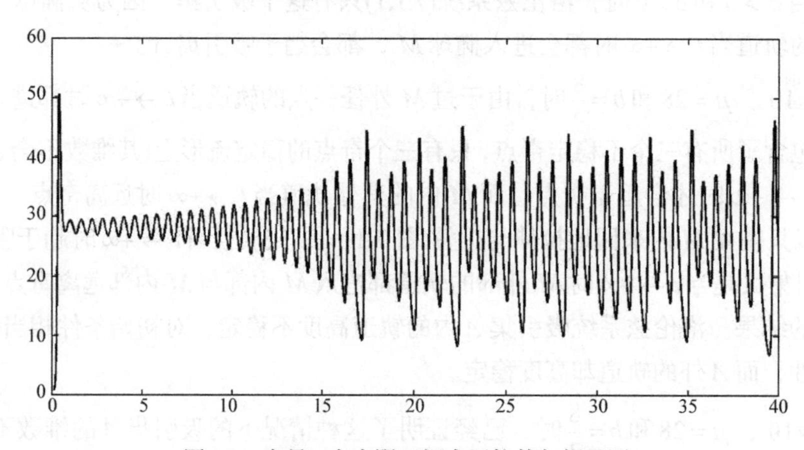

图 7.3　变量 z 在有限区间来回拉伸与折叠图

7.2　混沌吸引子的计算

混沌是系统的终值状态敏感地依赖于初始状态，或是非整数维的吸引子。对于终值状态敏感地依赖于初始状态的系统是很容易用数值方法来说明的，例如，取两个靠得很近的点 $(1,0,0)$ 和 $(1.0001,0,0)$，当 $\sigma=10$、$\mu=28$ 和 $b=\dfrac{8}{3}$ 时，洛伦兹方程(7.1.1)在 $t=0$ 时过这两个点的解的 x 坐标的图像分别如图 7.4 中的实线和虚线所示。

对于吸引子，也可以用数值方法得到它的数值图像。从 7.1 节已经看到，对于洛伦兹系统(7.1.1)，当 $\sigma=10$、$\mu=28$ 和 $b=\dfrac{8}{3}$ 时只有奇点的稳定子流形上的轨道才会当 $t\to+\infty$ 时趋于奇点，而其他轨道都会趋于吸引子 Λ。稳定子流形至多是二维的，从测度上，所有当 $t\to+\infty$ 时趋于奇点的轨道构成的集合测度为零。这就是说几乎所有的轨道当 $t\to+\infty$ 时趋于吸引子 Λ。如果过某一点的轨道当 $t\to+\infty$ 时趋于吸引子 Λ，由于 Λ 的高度不稳定性，而 Λ 外的轨道的高度稳定性，这根轨道当 $t\to+\infty$ 时将会填满整个吸引子 Λ。那么如何选取混沌轨道的初始点呢？由于奇点的稳定流形是一维的曲线或二维的曲面，因此可以任选一条直线，以该直线上的点作为初始点来试算，直到得到混沌轨道。

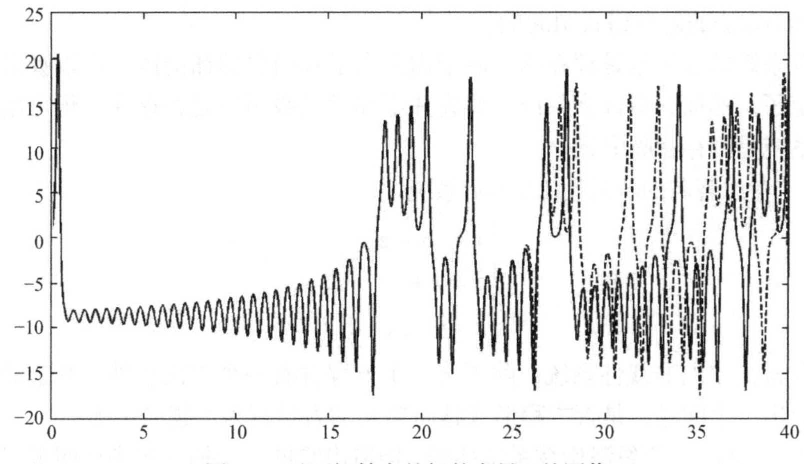

图 7.4 过两初始点的解的变量 x 的图像

接下来给出几个例子来说明混沌吸引子的计算。

例 7.1 计算当 $\sigma=10$ 、$\mu=28$ 和 $b=\dfrac{8}{3}$ 时洛伦兹系统的混沌吸引子。

由例 5.8 可知，在这种情况下，洛伦兹系统有三个不稳定的双曲奇点 $(0,0,0)$ 、$\left(6\sqrt{2},6\sqrt{2},27\right)$ 和 $\left(-6\sqrt{2},-6\sqrt{2},27\right)$ 。选取 x – 轴上的点 $(1,0,0)$ 作为初始点来计算。图 7.5 和图 7.6 就是通过数值计算画出来的洛伦兹系统的混沌吸引子的三维图形和混沌吸引子在坐标平面上的投影图。

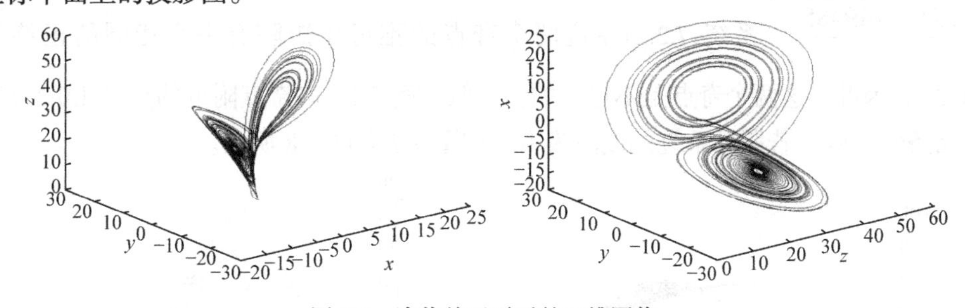

图 7.5 洛伦兹吸引子的三维图像

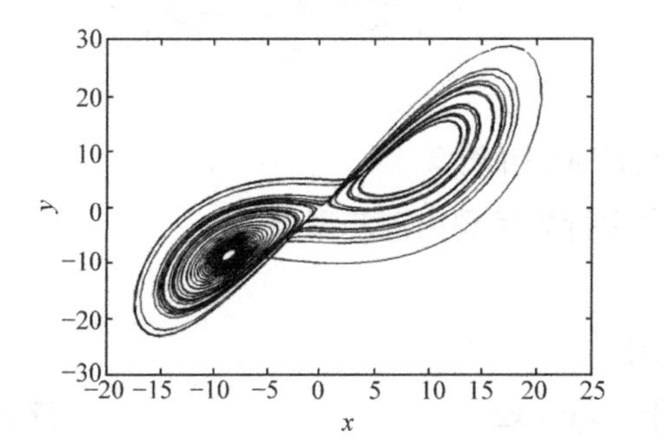

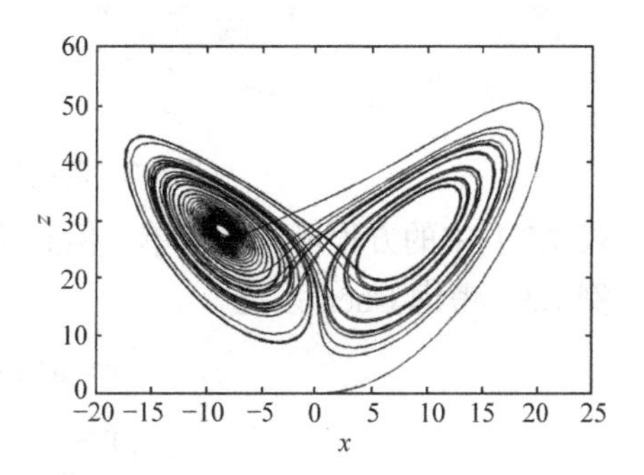

图 7.6 洛伦兹吸引子在坐标平面上的投影

事实上，除了奇点$(0,0,0)$，以$x-$轴上的任一点作为初始点都可以画出洛伦兹吸引子。但是，以$z-$轴上任一点作为初始点得不出图 7.5 和图 7.6，这是由于龙格-库塔(Runge-Kutta)方法的差分格式引起的。

洛伦兹系统的吸引集是存在的，由于构造出了吸引集的捕捉区，所以吸引集的大概范围也确定了。然而，有许多系统，事先并不知道其吸引集是否存在，仍可用上述方法来判断该系统是否存在吸引集。

例 7.2 考虑著名的若斯勒(Rössler)系统

$$\begin{cases}\dot{x}=-y-z\\ \dot{y}=x+ay\\ \dot{z}=b+(x-c)z\end{cases} \tag{7.2.1}$$

这是一个非常简单的非线性系统，除了第三个方程含有一个二次项外，其余的都是线性项。这就提出一个问题，是否方程形式越简单其动力学行为也越简单呢?

对于式(7.2.1)，不能像洛伦兹系统那样，构造出它的一个捕捉区来证明吸引集的存在性。但也可以如例 7.1 那样用数值方法画出式(7.2.1)吸引子。例如，取$a=0.38$、$b=0.3$和$c=4.5$，那么式(7.2.1)可写为

$$\begin{cases}\dot{x}=-y-z\\ \dot{y}=x+0.38y\\ \dot{z}=0.3+(x-4.5)z\end{cases} \tag{7.2.2}$$

它有两个奇点$(0.38z_1,-z_1,z_1)$和$(0.38z_2,-z_2,z_2)$，其中，$z_1=\dfrac{225+\sqrt{49485}}{38}$和$z_2=\dfrac{225-\sqrt{49485}}{38}$。系统(7.2.2)在这两个奇点的雅可比矩阵有一个相同的正特征根$\lambda=0.38$，因此，这两个奇点是不稳定的。类似于例 7.1，取奇点附近的点$(0.1,0.2,0.3)$作为初始条件，画出若斯勒系统的混沌吸引子如图 7.7 和图 7.8 所示。

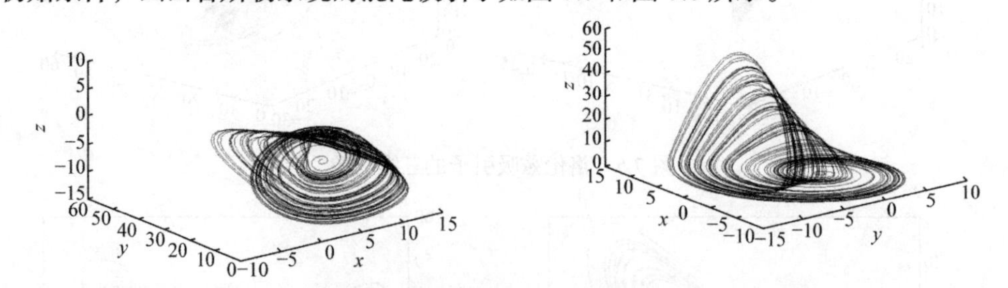

图 7.7 若斯勒吸引子的三维图像

式(7.2.1)中的方程形式很简单，但其动力学行为呈现出混沌现象。

例 7.3 考虑 Chen 系统

$$\begin{cases}\dot{x}=a(y-x)\\ \dot{y}=(c-a)x+cy-xz\\ \dot{z}=-bz+xy\end{cases} \tag{7.2.3}$$

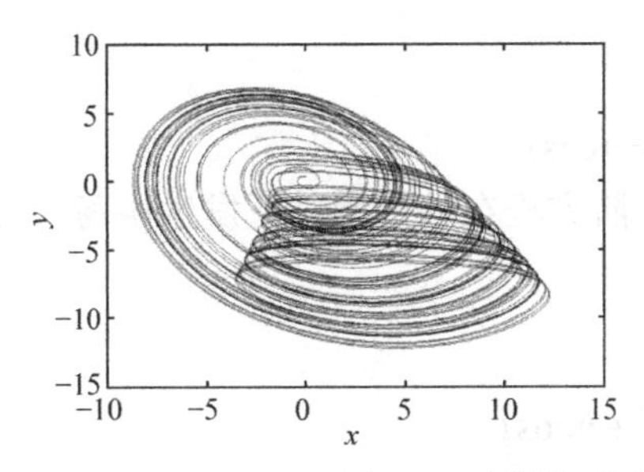

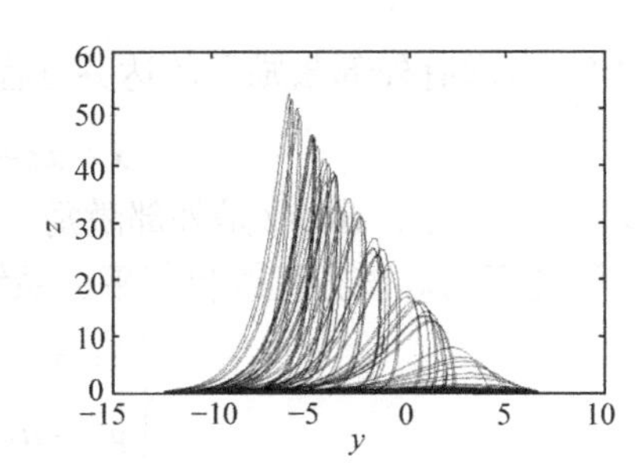

图 7.8　若斯勒吸引子在坐标平面上的投影

这个系统与洛伦兹系统相似，但它不是洛伦兹系统的特殊情况。同样，洛伦兹系统也不是 Chen 系统的特例。

当$b(2c-a)\leqslant 0$时，式(7.2.3)只有唯一奇点$(0,0,0)$，而当$b(2c-a)>0$时，式(7.2.3)有三个奇点$(0,0,0)$、$\left(-\sqrt{b(2c-a)},-\sqrt{b(2c-a)},2c-a\right)$和$\left(\sqrt{b(2c-a)},\sqrt{b(2c-a)},2c-a\right)$。

构造函数

$$V(x,y,z)=\frac{1}{2}\left(\frac{a-c}{a}x^2+y^2+z^2\right)$$

不难计算得

$$\left.\frac{\mathrm{d}V}{\mathrm{d}t}\right|_{(7.2.3)}=(c-a)x^2+cy^2-bz^2 \tag{7.2.4}$$

显然，当$a>0$、$b>0$和$c<0$时，系统(7.2.3)只有唯一的奇点$(0,0,0)$，由式(7.2.4)可知，奇点$(0,0,0)$是大范围渐近稳定的，因此，从任意一点出发的轨道当$t\to+\infty$时都趋于奇点$(0,0,0)$。而当$a<0$、$b<0$和$c>0$时，由式(7.2.4)可以得出，奇点$(0,0,0)$是一个排斥子，因此，从任意一点出发的轨道当$t\to+\infty$时都趋于无穷远处。

综上所述，在上面两组参数条件下，Chen 系统是非混沌的。因此，为了得到混沌轨道，必须破坏这两组参数条件。例如，取$a=35$，$b=3$，$c=28$时该系统就出现 Chen 吸引子，取初始条件如下：

$$\begin{cases}x(0)=-10\\y(0)=0\\z(0)=37\end{cases}$$

通过数值计算画出 Chen 吸引子如图 7.9 和图 7.10 所示。

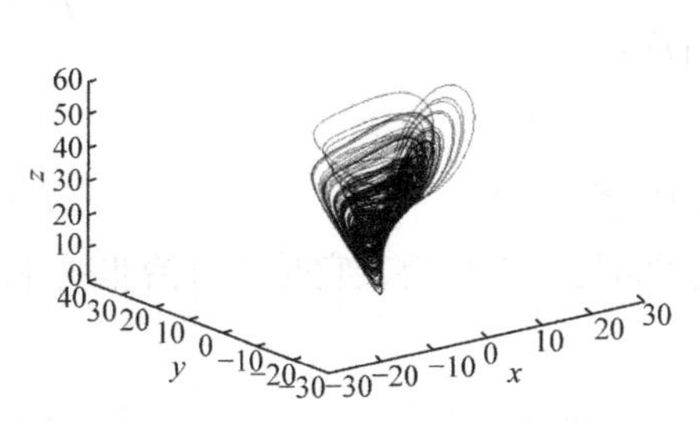

图 7.9　Chen 吸引子的三维图像

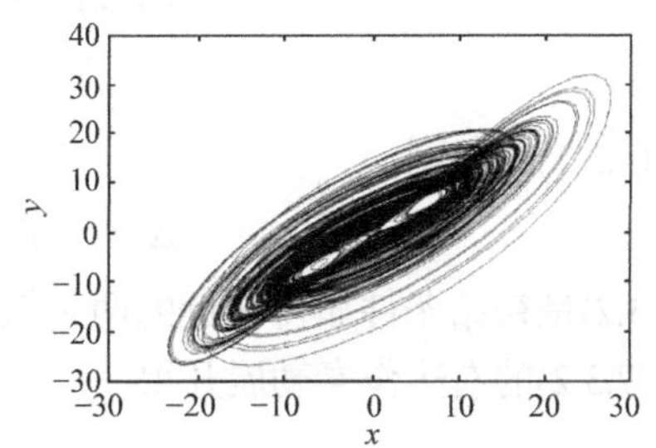

图 7.10　Chen 吸引子在坐标平面上的投影

例 7.4　考虑有外部激励下的达芬方程

$$\ddot{x} + a\dot{x} + x^3 = b\cos t$$

式中，$a>0$，$b>0$，$b\cos t$是外部激励。该二阶方程在外部激励下发生振荡，可以是周期振荡或混沌振荡。该方程等价于平面系统

$$\begin{cases} \dot{x} = y \\ \dot{y} = -ay - x^3 + b\cos t \end{cases}$$

如果取$a=0.3$和$b=33$，那么通过计算从初始点$(0.3,0.5)$出发的轨道就可以获得达芬方程的混沌吸引子，如图 7.11 和图 7.12 所示。

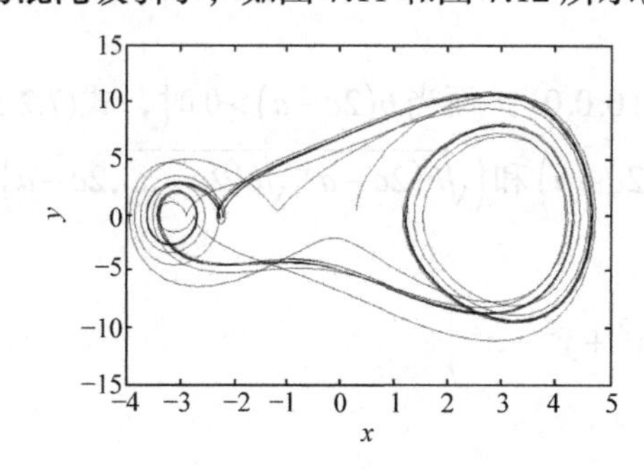

图 7.11　达芬混沌吸引子

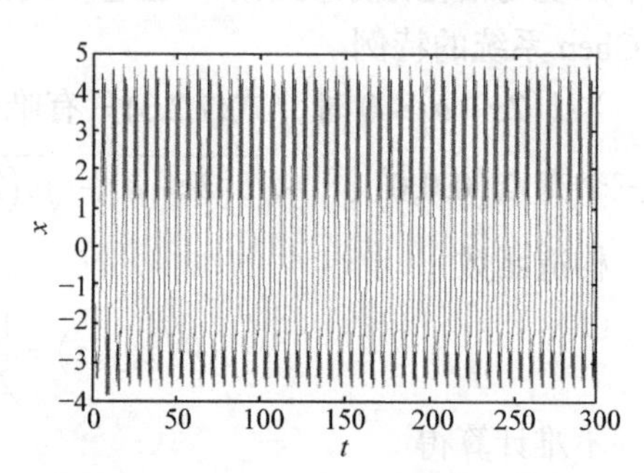

图 7.12　变量 x 随时间的变化

7.3　李雅普诺夫指数

在非混沌系统中，初始条件靠得很近的两条轨道，随着时间的增加，要么越来越靠近，要么以慢于指数形式的速度分离。这在理论上来说，非混沌系统的动力学行为是可以预测的。

对于混沌系统，在混沌吸引子里面的轨道敏感地依赖于初始条件，呈现出一种内在的随机性，初始条件靠得很近的两条轨道以指数形式的速度分离。因此，从数值计算理论上来讲，通过数值计算无法得到混沌吸引子里面的满足精度要求的数值解。

设x_0和$x_0+\delta x_0$是两个靠得很近的点，方程组(2.1.12)过这两个点的轨道分别是$\boldsymbol{x}(t)$和$\boldsymbol{x}(t)+\delta\boldsymbol{x}(t)$。那么，有

$$\begin{cases} \dot{\boldsymbol{x}}(t) = \boldsymbol{f}(\boldsymbol{x}(t)) \\ \dot{\boldsymbol{x}}(t) + \delta\dot{\boldsymbol{x}}(t) = \boldsymbol{f}(\boldsymbol{x}(t) + \delta\boldsymbol{x}(t)) \end{cases} \tag{7.3.1}$$

由式(7.3.1)，得到

$$\delta\dot{\boldsymbol{x}}(t) = \boldsymbol{f}(\boldsymbol{x}(t) + \delta\boldsymbol{x}(t)) - \boldsymbol{f}(\boldsymbol{x}(t)) \tag{7.3.2}$$

式(7.3.2)是初始条件靠得很近的两条轨道分离速度满足的方程组，它是非自治非线性的。对式(7.3.2)的右边作泰勒展开得

$$\delta\dot{\boldsymbol{x}}(t) = \boldsymbol{Df}(\boldsymbol{x}(t)) \cdot \delta\boldsymbol{x}(t) + O\left(\left|\delta\boldsymbol{x}(t)\right|^2\right) \tag{7.3.3}$$

忽略式(7.3.3)二阶以上的项，得

$$\delta\dot{\boldsymbol{x}}(t)=\boldsymbol{Df}\left(\boldsymbol{x}(t)\right)\cdot\delta\boldsymbol{x}(t) \tag{7.3.4}$$

设$\boldsymbol{\Psi}(t,\boldsymbol{x})$是非自治线性系统(7.3.4)的基解矩阵，那么，式(7.3.4)的通解是

$$\delta\boldsymbol{x}(t)=\boldsymbol{\Psi}(t,\boldsymbol{x})\cdot\delta\boldsymbol{x}(0)=\boldsymbol{\Psi}(t,\boldsymbol{x})\cdot\delta\boldsymbol{x}_0 \tag{7.3.5}$$

因此，基解矩阵$\boldsymbol{\Psi}(t,\boldsymbol{x})$完全决定了式(7.3.2)的线性化方程(7.3.4)的流。

接下来将定义李雅普诺夫指数。假设自治微分方程组(2.1.12)是耗散的，即其散度是小于零的，于是

$$\operatorname{div}(\boldsymbol{f})=\frac{\partial f_1}{\partial x_1}+\frac{\partial f_2}{\partial x_2}+\cdots+\frac{\partial f_n}{\partial x_n}<0 \tag{7.3.6}$$

因此，方程组(2.1.12)的相体积是收缩的。

设$\phi(t,\boldsymbol{x})$是微分方程组(2.1.12)的流。在相空间中任取一个半径为ρ的小球体D，那么在t时刻，由于流的作用，小球D变为了类似椭球体的区域$\phi(t,D)$(称为**类椭球体**)。由于相体积是收缩的，随着时间的增加，类椭球体$\phi(t,D)$的体积越来越小，即$\phi(t,D)$的体积是收缩的。与椭球体类似，一个n维类椭球体也有n根主轴(例如，三维椭球体的三根主轴分别是长轴、中轴和短轴)。假设类椭球体$\phi(t,D)$的n根主轴长分别是

$$\rho_1(t),\rho_2(t),\cdots,\rho_n(t)$$

定义自治微分方程组(2.1.12)的第k个李雅普诺夫指数为

$$L_k=\lim_{t\to+\infty}\lim_{\rho\to0}\frac{1}{t}\ln\left|\frac{\rho_k(t)}{\rho}\right|,\quad k=1,2,\cdots,n \tag{7.3.7}$$

按定义式(7.3.7)，李雅普诺夫指数是很难计算出来的。

当$\rho\to0$时，球的无穷小变形可以用线性化方程(7.3.4)的流来描述。设

$$\delta\boldsymbol{x}(0)=\rho\boldsymbol{e}$$

是初始球体D的球面与一个适当主轴的交点的矢量，其中，$\boldsymbol{e}$是该主轴上的单位矢量。那么，由式(7.3.5)，有

$$\delta\boldsymbol{x}(t)=\boldsymbol{\Psi}(t,\boldsymbol{x})\cdot\delta\boldsymbol{x}(0)=\rho\boldsymbol{\Psi}(t,\boldsymbol{x})\cdot\boldsymbol{e} \tag{7.3.8}$$

式(7.3.8)描述该主轴随时间的变化规律。

设$\mu_1(t),\mu_2(t),\cdots,\mu_n(t)$是基解矩阵$\boldsymbol{\Psi}(t,\boldsymbol{x})$的特征根，它们所对应的特征向量分别是$z_1(t),z_2(t),\cdots,z_n(t)$，即有

$$\boldsymbol{\Psi}(t,\boldsymbol{x})\cdot z_k(t)=\mu_k(t)z_k(t),\quad k=1,2,\cdots,n \tag{7.3.9}$$

将单位矢量$\boldsymbol{e}$表示为

$$\boldsymbol{e}=\sum_{k=1}^{n}c_k(t)z_k(t)$$

上式右边与时间t有关，但可由特征向量$z_1(t),z_2(t),\cdots,z_n(t)$唯一确定。因此，式(7.3.8)可写为

$$\delta\boldsymbol{x}(t)=\rho\sum_{k=1}^{n}c_k(t)\mu_k(t)z_k(t)$$

因此，得到

$$\frac{\delta\boldsymbol{x}(t)}{\rho}=\sum_{k=1}^{n}c_k(t)\mu_k(t)z_k(t) \tag{7.3.10}$$

式(7.3.10)表明，特征根$\mu_1(t),\mu_2(t),\cdots,\mu_n(t)$决定了相应主轴长度的拉伸或压缩。因此可以利用特征根$\mu_1(t),\mu_2(t),\cdots,\mu_n(t)$来定义李雅普诺夫指数。

定义 7.1　设$\mu_1(t),\mu_2(t),\cdots,\mu_n(t)$是式(7.3.4)的基解矩阵$\boldsymbol{\Psi}(t,\boldsymbol{x})$的特征根，那么沿着微分方程组(2.1.12)的轨道$\boldsymbol{x}(t)$的李雅普诺夫指数定义为

$$L_k=\lim_{t\to+\infty}\frac{1}{t}\ln\left|\mu_k(t)\right|,\quad k=1,2,\cdots,n \tag{7.3.11}$$

利用式(7.3.11)仍然难以计算出各个李雅普诺夫指数。事实上并不需要计算出所有的李雅普诺夫指数，只需计算出最大的即可。因为如最大的李雅普诺夫指数小于零，那么所有的李雅普诺夫指数都小于零，因而系统是非混沌的；如最大的李雅普诺夫指数大于零，表明初始条件靠得很近的两条轨道以指数速度分离，从而系统是混沌的。

不失一般性，假定

$$L_1\geqslant L_2\geqslant\cdots\geqslant L_n$$

由式(7.3.9)的第一个方程两边取模得

$$\mu_1(t)=\frac{\left|\boldsymbol{\Psi}(t,\boldsymbol{x})\cdot z_1(t)\right|}{\left|z_1(t)\right|} \tag{7.3.12}$$

从式(7.3.12)可以看出，$\mu_1(t)$是不容易求出来的。这是因为$z_1(t)$是难以求出来的。有幸的是，有下面的定理。

定理 7.1　对于任意的初始条件$\delta\boldsymbol{x}(0)$，有

$$L_1=\lim_{t\to+\infty}\frac{1}{t}\ln\frac{\left|\boldsymbol{\Psi}(t,\boldsymbol{x})\cdot\delta\boldsymbol{x}(0)\right|}{\left|\delta\boldsymbol{x}(0)\right|}$$

证明　先将初始点$\delta\boldsymbol{x}(0)$表示成基解矩阵$\boldsymbol{\Psi}(t,\boldsymbol{x})$的特征向量的线性组合

$$\delta\boldsymbol{x}(0)=\sum_{k=1}^{n}d_k(t)z_k(t)$$

由式(7.3.5)可得

$$\delta\boldsymbol{x}(t)=\sum_{k=1}^{n}d_k(t)\mu_k(t)z_k(t) \tag{7.3.13}$$

记

$$\varepsilon_k=L_k-\frac{1}{t}\ln\left|\mu_k(t)\right|,\ k=1,2,\cdots,n \tag{7.3.14}$$

由式(7.3.11)和式(7.3.14)可得

$$\lim_{t\to+\infty}\varepsilon_k=0,\ k=1,2,\cdots,n$$

且

$$\mu_k(t)=\mathrm{e}^{L_k t-\varepsilon_k t+\mathrm{i}\theta},\ k=1,2,\cdots,n \tag{7.3.15}$$

于是由式(7.3.13)和式(7.3.15)得

$$\delta\boldsymbol{x}(t)=\mathrm{e}^{L_1 t}\left(d_1(t)\mathrm{e}^{\mathrm{i}\theta-\varepsilon_1 t}+\sum_{k=2}^{n}d_k(t)\mathrm{e}^{(L_k-L_1-\varepsilon_k)t+\mathrm{i}\theta_k}\boldsymbol{z}_k(t)\right)$$

上式说明，只要 $d_1(t)\neq 0$，就有

$$\ln\frac{|\delta\boldsymbol{x}(t)|}{|\delta\boldsymbol{x}(0)|}=L_1 t+\ln\left|d_1(t)\mathrm{e}^{\mathrm{i}\theta-\varepsilon_1 t}+\sum_{k=2}^{n}d_k(t)\mathrm{e}^{(L_k-L_1-\varepsilon_k)t+\mathrm{i}\theta_k}\boldsymbol{z}_k(t)\right|$$

从而

$$\lim_{t\to+\infty}\frac{1}{t}\ln\frac{|\boldsymbol{\Psi}(t,\boldsymbol{x})\cdot\delta\boldsymbol{x}(0)|}{|\delta\boldsymbol{x}(0)|}=\lim_{t\to+\infty}\frac{1}{t}\ln\frac{|\delta\boldsymbol{x}(t)|}{|\delta\boldsymbol{x}(0)|}=L_1$$

于是定理得证。

对于足够大的时间 t，由上式可得

$$|\delta\boldsymbol{x}(t)|\approx\mathrm{e}^{L_1 t}|\delta\boldsymbol{x}(0)|$$

这就是说，只要 $L_1>0$，矢量 $\delta\boldsymbol{x}(t)$ 就以 $\mathrm{e}^{L_1 t}$ 的速度增长。考虑系统(7.3.4)从两个初始点 $\delta\boldsymbol{x}_1(0)$ 和 $\delta\boldsymbol{x}_2(0)$ 出发的轨道 $\delta\boldsymbol{x}_1(t)$ 和 $\delta\boldsymbol{x}_2(t)$，那么有

$$|\delta\boldsymbol{x}_1(t)|\approx\mathrm{e}^{L_1 t}|\delta\boldsymbol{x}_1(0)|\quad|\delta\boldsymbol{x}_2(t)|\approx\mathrm{e}^{L_2 t}|\delta\boldsymbol{x}_2(0)|$$

由两个矢量 $\delta\boldsymbol{x}_1(t)$ 和 $\delta\boldsymbol{x}_2(t)$ 构成的平行四边形的面积满足

$$V_2(t)=|\delta\boldsymbol{x}_1(t)||\delta\boldsymbol{x}_2(t)|\approx\mathrm{e}^{(L_1+L_2)t}|\delta\boldsymbol{x}_1(0)||\delta\boldsymbol{x}_2(0)|=\mathrm{e}^{(L_1+L_2)t}V_2(0)$$

由上式可得

$$\lim_{t\to+\infty}\frac{1}{t}\ln\frac{|V_2(t)|}{|V_2(0)|}=L_1+L_2=L^2$$

因此 $L^2=L_1+L_2$ 是面积的平均增长率。

类似地，考虑系统(7.3.4)的从 k 个初始点 $\delta\boldsymbol{x}_1(0),\delta\boldsymbol{x}_2(0),\cdots,\delta\boldsymbol{x}_k(0)$ 出发的轨道 $\delta\boldsymbol{x}_1(t),\delta\boldsymbol{x}_2(t),\cdots,\delta\boldsymbol{x}_k(t)$，那么有

$$\lim_{t\to+\infty}\frac{1}{t}\ln\frac{|V_k(t)|}{|V_k(0)|}=L_1+L_2+\cdots+L_k=L^k$$

式中

$$V_k(t)=|\delta\boldsymbol{x}_1(t)||\delta\boldsymbol{x}_2(t)|\cdots|\delta\boldsymbol{x}_k(t)|,\ V_k(0)=|\delta\boldsymbol{x}_1(0)||\delta\boldsymbol{x}_2(0)|\cdots|\delta\boldsymbol{x}_k(t_0)|$$

对于相体积均匀收缩的系统，有

$$\mathrm{div}(\boldsymbol{f})=\frac{\partial f_1}{\partial x_1}+\frac{\partial f_2}{\partial x_2}+\cdots+\frac{\partial f_n}{\partial x_n}=\text{常数}$$

因此

$$L_1+L_2+\cdots+L_n=\frac{\partial f_1}{\partial x_1}+\frac{\partial f_2}{\partial x_2}+\cdots+\frac{\partial f_n}{\partial x_n}$$

对于n维系统，$L^n=L_1+L_2+\cdots+L_n$是相体积的平均收缩率。对于耗散系统来说，有

$$L^n=L_1+L_2+\cdots+L_n<0$$

因此，相体积是收缩的。混沌系统是指至少有一个正的李雅普诺夫指数的系统。这就是说至少有一个或更多方向的解是拉伸的，而整体体积却是收缩的。因此，对于混沌系统来说，必有

$$L_1>0,\ L_n<0,\ L^n=L_1+L_2+\cdots+L_n<0$$

例 7.5　考虑洛伦兹系统(7.1.1)。当$\sigma>0$和$b>0$时，洛伦兹系统(7.1.1)的散度

$$\operatorname{div}(\boldsymbol{f})=-(1+\sigma+b)<0$$

因此，洛伦兹系统的相体积是收缩的。当$\sigma=10$、$\mu=28$和$b=\frac{8}{3}$时洛伦兹系统是混沌的，且

$$\operatorname{div}(\boldsymbol{f})=L_1+L_2+L_3=-\frac{41}{3}<0$$

因此

$$L_1>0,\ L_3<0$$

接下来介绍一个计算最大李雅普诺夫指数的数值方法。1976 年，Benettin 等提出一个计算最大李雅普诺夫指数L_1的方法。这个方法描述如下，先取两个靠得很近的初始点p_0和q_0，这两个点的距离记为$d_0=|p_0-q_0|$，要求d_0足够小。然后，在一个小区间$[0,\tau]$上积分微分方程组(2.1.12)，记通过积分后从p_0点出发的轨道在τ时刻的值为p_1，而从q_0点出发的轨道在τ时刻的值为q_1，记p_1与q_1两个点之间的距离为$d_1=|p_1-q_1|$。接下来在p_1与q_1的连线上取一点q_1'使得$|p_1-q_1'|=d_0$，然后在区间$[\tau,2\tau]$上积分微分方程组(2.1.12)，记通过积分后从p_1点出发的轨道在2τ时刻的值为p_2，而从q_1'点出发的轨道在2τ时刻的值为q_2，记p_2与q_2两个点之间的距离为$d_2=|p_2-q_2|$。继续这一过程，得到一个正数列$d_1,d_2,\cdots,d_n,\cdots$，则最大李雅普诺夫指数$L_1$为

$$L_1=\lim_{n\to+\infty}\frac{1}{n\tau}\sum_{i=1}^{n}\ln\frac{d_i}{d_0}$$

最大李雅普诺夫指数L_1的计算过程可以用图 7.13 解析。

正的李雅普诺夫指数是一个判断系统存在混沌动力学行为的充分条件。事实上，正的功率谱、正的测度熵及正的拓扑熵等都是判断系统存在混沌动力学行为的充分条件，可以在相关文献中找到这些内容，不再在此给出。

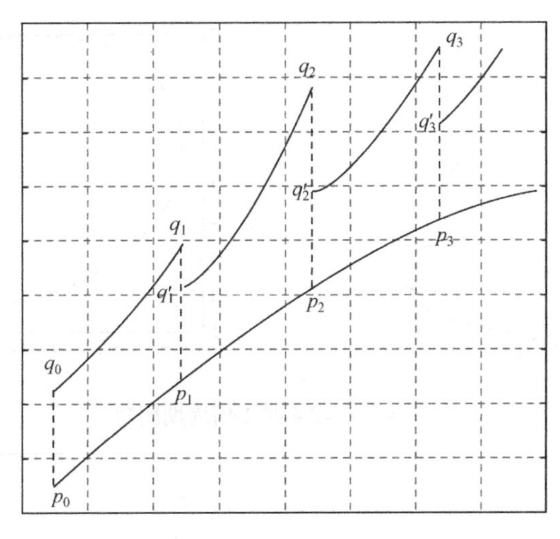

图 7.13 L_1 的计算过程

7.4 倍周期分叉导致混沌

产生混沌的原因,或者说产生混沌的机理是什么,一直是混沌理论研究的中心问题。现在已经知道几个导致混沌的原因，如系统的倍周期分叉、同缩轨或异缩圈的破裂和阿诺德扩散等。

本节介绍倍周期分叉可导致混沌。下面举例子说明。

对于一个有闭轨的含参数的系统，当参数变化时，闭轨的周期也会发生变化，这时系统产生了分叉。例如，当参数变化到某一参数值时，闭轨的周期变成了原来的 2 倍，那么系统产生了倍周期分叉，这一过程可能还会继续，如当参数变化到另一参数值时，闭轨的周期变成了原来的 4 倍。这样的一次或有限次倍周期分叉不会导致混沌。然而，当有无穷次这样的倍周期分叉时，系统就可能会产生混沌。接下来，用庞加莱映射加以说明。假设原闭轨对应的是庞加莱映射的不动点，那么原闭轨与横截面只相交了一次，从而第一次分叉后的闭轨与横截面相交了 2 次，第二次分叉后的闭轨与横截面相交了 2^2 次，第三次分叉后的闭轨与横截面相交了 2^3 次，这样一直下去，第 n 次分叉后的闭轨与横截面相交了 2^n 次。闭轨与横截面相交的次数就是闭轨来回拉伸与折叠的次数，n 越大，来回拉伸与折叠的次数越多，当在某一参数值时，闭轨破裂导致奇怪吸引子产生。

例 7.6 在若斯勒系统中取 $a=b=0.2$，那么若斯勒系统可写为

$$\begin{cases}\dot{x}=-y-z\\ \dot{y}=x+0.2y\\ z=0.2+(x-c)z\end{cases} \tag{7.4.1}$$

这是一个单参数系统。用数值方法研究式(7.4.1)的倍周期分叉情况。随着参数的变化，若斯勒系统中闭轨的周期的变化如图 7.14～图 7.18 所示。

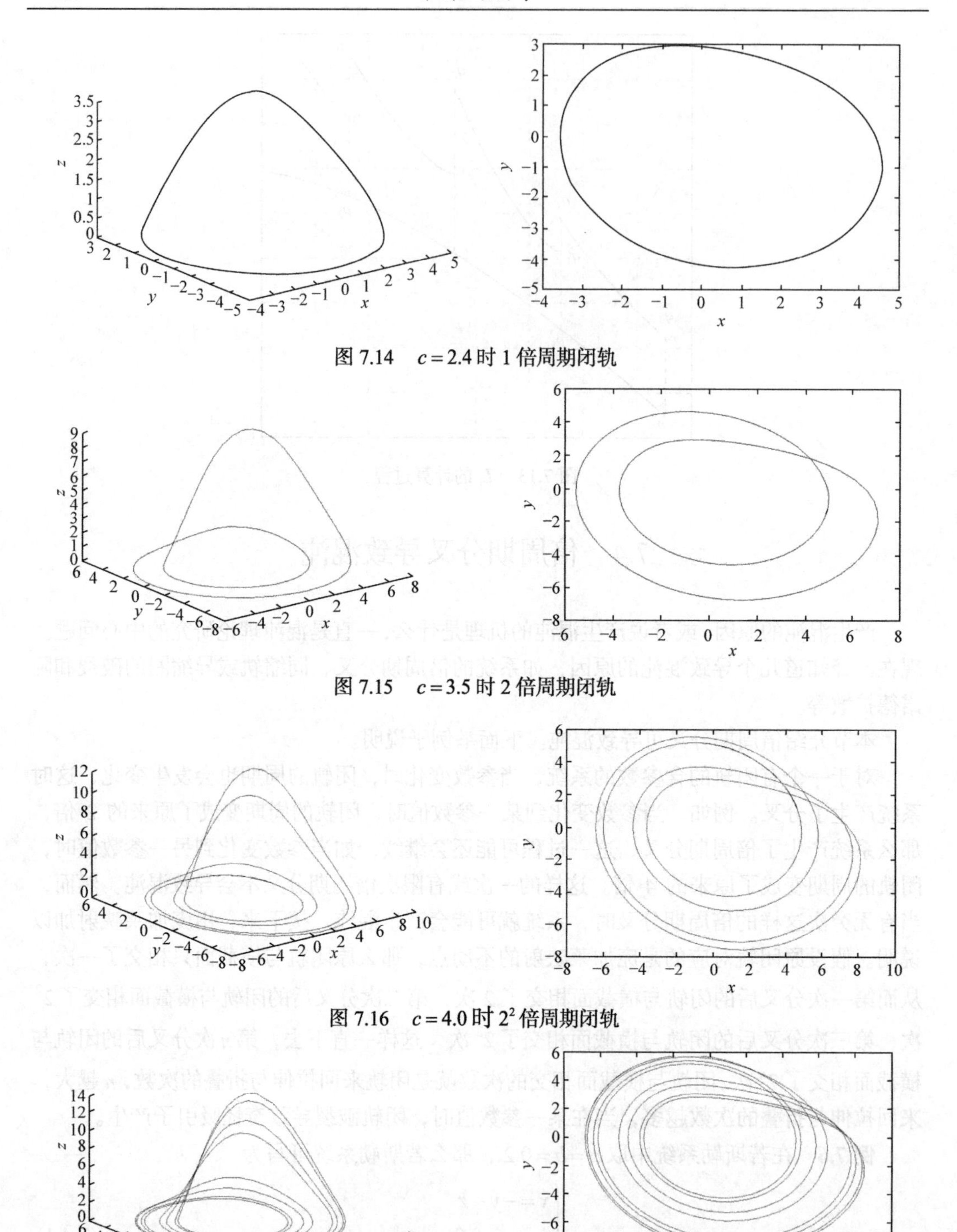

图 7.14　$c=2.4$ 时 1 倍周期闭轨

图 7.15　$c=3.5$ 时 2 倍周期闭轨

图 7.16　$c=4.0$ 时 2^2 倍周期闭轨

图 7.17　$c=4.23$ 时 2^3 倍周期闭轨

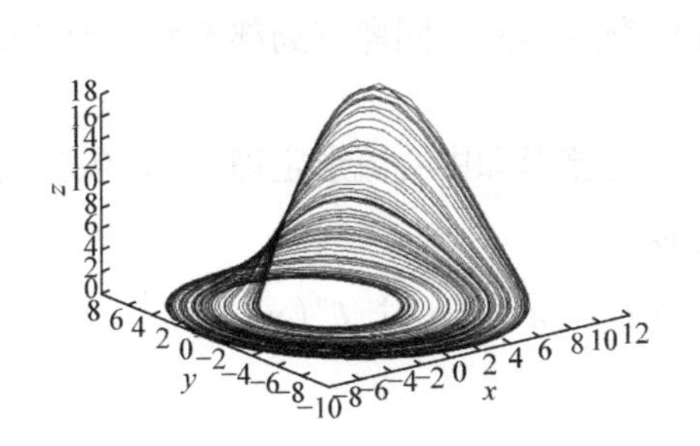

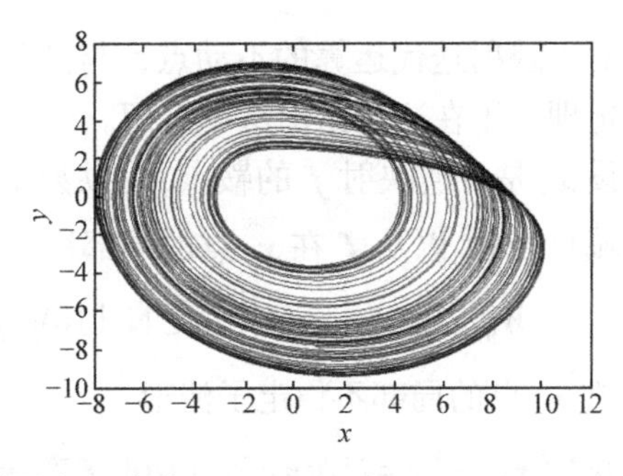

图 7.18 $c=5.0$ 时混沌吸引子

从图 7.14～图 7.18 中可以看出，当$c=2.4$时，式(7.4.1)有一根闭轨，当$c=3.5$时，式(7.4.1)有一根 2 倍周期的闭轨，当$c=4.0$时，式(7.4.1)有一根 4 倍周期的闭轨，这样让参数增加下去，若斯勒系统的周期轨的周期按倍数增加，最终当参数增加到闭轨破裂，导致了奇怪吸引子的产生。

7.5 同缩轨或异缩圈破裂导致混沌

同缩轨或异缩圈都是奇异闭轨，与闭轨不同的是，奇异闭轨是由奇点的稳定流形或不稳定流形及奇点构成的，不是一条单一的轨道，没有有限的周期。对于含参数的系统，同缩轨或异缩圈呈现出复杂的动力学行为。

为了简单起见，仅考虑平面系统。类似于庞加莱映射的周期点与闭轨的关系，先建立庞加莱映射与同缩轨或异缩圈的关系。

考虑二维映射

$$\boldsymbol{f}:\mathbf{R}^2\to\mathbf{R}^2$$

设$\boldsymbol{x}\in\mathbf{R}^2$，对于上面映射的迭代运算，定义过$\boldsymbol{x}$点的正半轨为

$$\mathrm{orb}_+(\boldsymbol{x})=\left\{\boldsymbol{f}^n(\boldsymbol{x})\middle|n\in\mathrm{N}_+\cup\{0\}\right\}$$

式中，N_+是正整数集。如果映射$\boldsymbol{f}$是可逆的，则定义过$\boldsymbol{x}$点的负半轨为

$$\mathrm{orb}_-(\boldsymbol{x})=\left\{\boldsymbol{f}^{-n}(\boldsymbol{x})\middle|n\in\mathrm{N}_+\cup\{0\}\right\}$$

而过$\boldsymbol{x}$点的轨道定义为

$$\mathrm{orb}(\boldsymbol{x})=\mathrm{orb}_+(\boldsymbol{x})\cup\mathrm{orb}_-(\boldsymbol{x})$$

显然，如果$\boldsymbol{x}_0$是映射$\boldsymbol{f}$的周期为k的点，那么

$$\mathrm{orb}(\boldsymbol{x}_0)=\left\{\boldsymbol{x}_0,\boldsymbol{f}(\boldsymbol{x}_0),\boldsymbol{f}^2(\boldsymbol{x}_0),\cdots,\boldsymbol{f}^{k-1}(\boldsymbol{x}_0)\right\}$$

定义 7.2 设$\boldsymbol{x}_0$是映射$\boldsymbol{f}$的不动点，如果$\boldsymbol{f}$在$\boldsymbol{x}_0$点的雅可比矩阵$D\boldsymbol{f}(\boldsymbol{x}_0)$的所有特征根的模都不等于 1，则称$\boldsymbol{x}_0$为$\boldsymbol{f}$的双曲不动点。如果雅可比矩阵$D\boldsymbol{f}(\boldsymbol{x}_0)$的两个特征根中有一个模大于 1，而另一个模小于 1，则称$\boldsymbol{x}_0$为$\boldsymbol{f}$的鞍点。

定义 7.3 设$\boldsymbol{x}_0$是映射$\boldsymbol{f}$的周期为k的点，如果$\boldsymbol{x}_0$是$\boldsymbol{f}^k$的双曲不动点，则称轨道$\mathrm{orb}(\boldsymbol{x}_0)$为双曲周期轨。

对于映射迭代运算的不动点，与微分方程组奇点类似，同样有局部不变流形和中心流形定理，不在这里给出这一定理。

设 $\boldsymbol{x}_0$ 是可逆映射 $\boldsymbol{f}$ 的鞍点，由映射的局部不变流形和中心流形定理，存在包含点 $\boldsymbol{x}_0$ 的邻域 $U \subset \mathbf{R}^2$ 以及 $\boldsymbol{f}$ 在 $\boldsymbol{x}_0$ 点的局部稳定子流形

$$W_{\text{loc}}^{s}(\boldsymbol{x}_0)=\left\{\boldsymbol{x}\in U \middle| \forall n\in \mathrm{N}_{+}\cup\{0\}, \boldsymbol{f}^{n}(\boldsymbol{x})\in U, \text{且} n\to+\infty \text{时}, \boldsymbol{f}^{n}(\boldsymbol{x})\to \boldsymbol{x}_0\right\}$$

和 $\boldsymbol{f}$ 在 $\boldsymbol{x}_0$ 点的局部不稳定子流形

$$W_{\text{loc}}^{u}(\boldsymbol{x}_0)=\left\{\boldsymbol{x}\in U \middle| \forall n\in \mathrm{N}_{+}\cup\{0\}, \boldsymbol{f}^{-n}(\boldsymbol{x})\in U, \text{且} n\to+\infty \text{时}, \boldsymbol{f}^{-n}(\boldsymbol{x})\to \boldsymbol{x}_0\right\}$$

并且 $W_{\text{loc}}^{s}(\boldsymbol{x}_0)$ 在 $\boldsymbol{x}_0$ 点与雅可比矩阵 $\boldsymbol{Df}(\boldsymbol{x}_0)$ 的两个特征子空间 $\mathrm{E}_{x_0}^{s}$ 和 $\mathrm{E}_{x_0}^{u}$ 相切。

若 $\boldsymbol{x}_0$ 是可逆映射 $\boldsymbol{f}$ 的周期为 k 的点，类似地也存在周期轨道 $\mathrm{orb}(\boldsymbol{x}_0)$ 的稳定子流形和不稳定子流形如下

$$W^{s}(\boldsymbol{x}_0,\boldsymbol{f})=\bigcup_{i=0}^{k-1} W^{s}\left(\boldsymbol{f}^{i}(\boldsymbol{x}_0), \boldsymbol{f}^{k-i}\right)$$

$$W^{u}(\boldsymbol{x}_0,\boldsymbol{f})=\bigcup_{i=0}^{k-1} W^{u}\left(\boldsymbol{f}^{i}(\boldsymbol{x}_0), \boldsymbol{f}^{k-i}\right)$$

有了上面的准备之后，可定义映射迭代运算的同缩点和异缩点。

定义 7.4 设 $\boldsymbol{x}_0$ 是映射 $\boldsymbol{f}$ 的鞍点，若 $\boldsymbol{q}\in W^{s}(\boldsymbol{x}_0)\cap W^{u}(\boldsymbol{x}_0)$ 且 $\boldsymbol{q}\neq \boldsymbol{x}_0$，那么称 $\boldsymbol{q}$ 为 $\boldsymbol{f}$ 的同缩点。如果进一步有 $W^{s}(\boldsymbol{x}_0)$ 与 $W^{u}(\boldsymbol{x}_0)$ 在 $\boldsymbol{q}$ 处横截相交，那么称 $\boldsymbol{q}$ 为 $\boldsymbol{f}$ 的横截同缩点。

根据稳定子流形和不稳定子流形的定义可得，如果 $\boldsymbol{q}$ 是 $\boldsymbol{f}$ 的同缩点，那么对于整数 n，$\boldsymbol{f}^{n}(\boldsymbol{q})$ 也是 $\boldsymbol{f}$ 的同缩点。这就是说，若 $\boldsymbol{f}$ 存在一个同缩点，那么 $\boldsymbol{f}$ 存在无穷多个同缩点。

数学上已证明，如果 $\boldsymbol{f}$ 有一个同缩点，那么 $\boldsymbol{f}$ 具有斯梅尔马蹄(Smale horseshoe)意义下的混沌。

定义 7.5 设 $\boldsymbol{x}_1$ 和 $\boldsymbol{x}_2$ 是映射 $\boldsymbol{f}$ 的两个不同鞍点，假设 $W^{s}(\boldsymbol{x}_1)\cap W^{u}(\boldsymbol{x}_2)$ 或 $W^{u}(\boldsymbol{x}_1)\cap W^{s}(\boldsymbol{x}_2)$ 是非空的，若 $\boldsymbol{q}\in W^{s}(\boldsymbol{x}_1)\cap W^{u}(\boldsymbol{x}_2)$ (或 $\boldsymbol{q}\in W^{u}(\boldsymbol{x}_1)\cap W^{s}(\boldsymbol{x}_2)$)，且 $\boldsymbol{q}\neq \boldsymbol{x}_1$ 及 $\boldsymbol{q}\neq \boldsymbol{x}_2$，那么称 $\boldsymbol{q}$ 为 $\boldsymbol{f}$ 的异缩点。如果进一步有 $W^{s}(\boldsymbol{x}_1)$ 与 $W^{u}(\boldsymbol{x}_2)$ (或 $W^{u}(\boldsymbol{x}_1)$ 与 $W^{s}(\boldsymbol{x}_2)$)在 $\boldsymbol{q}$ 处横截相交，那么称 $\boldsymbol{q}$ 为 $\boldsymbol{f}$ 的横截异缩点。

设 $\boldsymbol{q}_1,\boldsymbol{q}_2,\cdots,\boldsymbol{q}_n$ 是映射 $\boldsymbol{f}$ 的 n 个互不相同的鞍点，且 $W^{s}(\boldsymbol{q}_i)$ 与 $W^{u}(\boldsymbol{q}_{i+1})$ 横截相交于 $\boldsymbol{q}_i$ 处，$i=1,2,\cdots,n+1, \boldsymbol{q}_{n+1}=\boldsymbol{q}_1$，那么称 $\{\boldsymbol{q}_1,\boldsymbol{q}_2,\cdots,\boldsymbol{q}_n\}$ 为 $\boldsymbol{f}$ 的 $n-$异缩环。数学上已证明，如果存在 $\boldsymbol{f}$ 的一个 $n-$异缩环，那么 $\boldsymbol{f}$ 具有斯梅尔马蹄意义下的混沌。

前面的横截同缩点理论和 $n-$异缩环理论为利用庞加莱映射研究平面非自治系统在斯梅尔马蹄意义下的混沌动力学行为奠定了基础。

考虑平面哈密顿系统的扰动系统

$$\begin{cases} \dot{x}=\dfrac{\partial H}{\partial y}+\varepsilon g_1(x,y,t) \\ \dot{y}=-\dfrac{\partial H}{\partial x}+\varepsilon g_2(x,y,t) \end{cases} \tag{7.5.1}$$

是未扰动系统的哈密顿函数，ε 是一个小参数。为了方便起见，将式(7.5.1)写成如下矢量形式

$$\dot{\boldsymbol{x}} = \boldsymbol{J}_2 \cdot \nabla H(\boldsymbol{x}) + \varepsilon \boldsymbol{g}(\boldsymbol{x},t), \boldsymbol{x} \in U \subseteq \boldsymbol{R}^2 \tag{7.5.2}$$

式中，$\boldsymbol{g}(\boldsymbol{x},t) = \left(g_1(x,y,t), g_2(x,y,t)\right)^{\mathrm{T}}$，$U$ 是开集。

假设 $g(\boldsymbol{x},t)$ 关于时间 t 是周期为 T 的函数，即 $g(\boldsymbol{x},t) = g(\boldsymbol{x},t+T)$。

由式(7.5.2)，当 $\varepsilon = 0$ 时，得到如下哈密顿系统

$$\dot{\boldsymbol{x}} = \boldsymbol{J}_2 \cdot \nabla H(\boldsymbol{x}), \boldsymbol{x} \in U \subseteq \mathbf{R}^2 \tag{7.5.3}$$

假设式(7.5.3)具有如下性质。

(1) 哈密顿系统(7.5.3)有一根同缩轨 $\boldsymbol{q}^0(t) = \left(x_0(t), y_0(t)\right)^{\mathrm{T}}$ 和一个双曲鞍点 $\boldsymbol{p}_0$。

(2) 记 $\Gamma_0 = \left\{\boldsymbol{q}^0(t) \middle| t \in \mathbf{R}\right\} \cup \{\boldsymbol{p}_0\}$ (即由同缩轨 $\boldsymbol{q}^0(t)$ 和鞍点 $\boldsymbol{p}_0$ 构成的奇异闭轨)，Γ_0 的内部由一族闭轨 $\boldsymbol{q}^\alpha(t)\left(\alpha \in (-1,0)\right)$ 连续充满。若记

$$d(\boldsymbol{x}, \Gamma_0) = \inf_{q \in \Gamma_0} |\boldsymbol{x} - \boldsymbol{q}|$$

那么有

$$\lim_{\alpha \to 0} \sup_{t \in \mathbf{R}} d\left(\boldsymbol{q}^\alpha(t), \Gamma_0\right) = 0$$

(3) 记 $h_\alpha = H\left(\boldsymbol{q}^\alpha(t)\right)$，$T^\alpha$ 是闭轨 $\boldsymbol{q}^\alpha(t)$ 的周期，T^α 关于 h_α 是可微的，且在 Γ_0 的内部有 $\dfrac{\mathrm{d}T^\alpha}{\mathrm{d}h_\alpha} > 0$。

根据上面三条性质，系统(7.5.3)在奇点 $\boldsymbol{p}_0$ 附近的相图如图 7.19 所示。

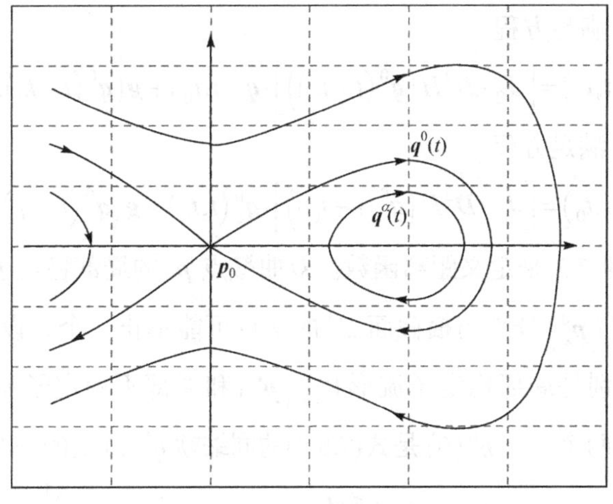

图 7.19　未扰动哈密顿系统的相图

为了定义庞加莱映射的横截面，将系统(7.5.2)提升为如下三维自治系统

$$\begin{cases} \dot{\boldsymbol{x}} = \boldsymbol{J}_2 \cdot \nabla H(\boldsymbol{x}) + \varepsilon \boldsymbol{g}(\boldsymbol{x}, \theta) \\ \dot{\theta} = 1 \end{cases} \tag{7.5.4}$$

取横截面

$$\Sigma^0=\left\{(\boldsymbol{x},\theta)\in\mathbf{R}^2\times\mathbf{S}^1\,\middle|\,\theta=t_0\in[0,T]\right\}$$

式中，圆周$\mathbf{S}^1$的周长为T。

设$\boldsymbol{q}_\varepsilon(t,t_0)$是式(7.5.2)在$t=t_0$时过$\boldsymbol{x}$点的解。因为从$\Sigma^0$上的点出发的轨道第一次返回$\Sigma^0$的时间是$T$，所以式(7.5.4)的庞加莱映射如下

$$\boldsymbol{P}_\varepsilon^{t_0}:\Sigma^0\to\Sigma^0,\ \boldsymbol{q}_\varepsilon(t_0,t_0)\to\boldsymbol{q}_\varepsilon(t_0+T,t_0)$$

从前面的内容可知，如果庞加莱映射$\boldsymbol{P}_\varepsilon^{t_0}$存在横截同缩点，那么系统(7.5.2)具有斯梅尔马蹄意义下的混沌动力学行为。

定理 7.2　如果哈密顿系统(7.5.3)满足性质(1)～(3)，那么下列结论成立。

(1) 当$0<\varepsilon\ll 1$时，扰动系统(7.5.2)有唯一的双曲周期轨道$\gamma_\varepsilon^0(t)=\boldsymbol{p}_0+O(\varepsilon)$，而庞加莱映射$\boldsymbol{P}_\varepsilon^{t_0}$存在唯一双曲奇点$\boldsymbol{p}_\varepsilon^0=\boldsymbol{p}_0+O(\varepsilon)$。

(2) 当$0<\varepsilon\ll 1$时，式(7.5.2)的双曲周期轨道$\boldsymbol{\gamma}_\varepsilon^0(t)=\boldsymbol{p}_0+O(\varepsilon)$的局部稳定子流形$W_{\mathrm{loc}}^s\left(\boldsymbol{\gamma}_\varepsilon^0(t)\right)$和局部不稳定子流形$W_{\mathrm{loc}}^u\left(\boldsymbol{\gamma}_\varepsilon^0(t)\right)$分别是$C^r$接近未扰动系统(7.5.3)的闭轨$\boldsymbol{p}_0\times S^1$的局部稳定子流形和局部不稳定子流形。初始点在横截面Σ^0上，分别位于局部稳定子流形$W_{\mathrm{loc}}^s\left(\boldsymbol{\gamma}_\varepsilon^0(t)\right)$和局部不稳定子流形$W_{\mathrm{loc}}^u\left(\boldsymbol{\gamma}_\varepsilon^0(t)\right)$上轨道$\boldsymbol{q}_\varepsilon^s(t,t_0)$和$\boldsymbol{q}_\varepsilon^u(t,t_0)$关于$\varepsilon$的展开式分别为

$$\boldsymbol{q}_\varepsilon^s(t,t_0)=\boldsymbol{q}^0(t-t_0)+\varepsilon\boldsymbol{q}_1^s(t,t_0)+O\left(\varepsilon^2\right),\ t\in[t_0,+\infty)\tag{7.5.5}$$

$$\boldsymbol{q}_\varepsilon^u(t,t_0)=\boldsymbol{q}^0(t-t_0)+\varepsilon\boldsymbol{q}_1^u(t,t_0)+O\left(\varepsilon^2\right),\ t\in(-\infty,t_0]\tag{7.5.6}$$

当$t\geqslant t_0$时，$\boldsymbol{q}_\varepsilon^s(t,t_0)$满足方程

$$\dot{\boldsymbol{q}}_1^s(t,t_0)=\left[\boldsymbol{J}_2\cdot\boldsymbol{D}^2H\left(\boldsymbol{q}^0(t-t_0)\right)\right]\cdot\boldsymbol{q}_1^s(t,t_0)+\boldsymbol{g}\left(\boldsymbol{q}^0(t-t_0),t\right)\tag{7.5.7}$$

当$t\leqslant t_0$时，$\boldsymbol{q}_\varepsilon^u(t,t_0)$满足方程

$$\dot{\boldsymbol{q}}_1^u(t,t_0)=\left[\boldsymbol{J}_2\cdot\boldsymbol{D}^2H\left(\boldsymbol{q}^0(t-t_0)\right)\right]\cdot\boldsymbol{q}_1^u(t,t_0)+\boldsymbol{g}\left(\boldsymbol{q}^0(t-t_0),t\right)\tag{7.5.8}$$

接下来利用定理 7.2 来定义距离函数。双曲鞍点$\boldsymbol{p}_\varepsilon^0$的局部稳定子流形$W_{\mathrm{loc}}^s\left(\boldsymbol{p}_\varepsilon^0\right)$和局部不稳定子流形$W_{\mathrm{loc}}^u\left(\boldsymbol{p}_\varepsilon^0\right)$分别与横截面$\Sigma^0$的交点可能不止一个，设$\boldsymbol{q}_\varepsilon^s\left(t_0\right)=\boldsymbol{q}_\varepsilon^s(t_0,t_0)$和$\boldsymbol{q}_\varepsilon^u\left(t_0\right)=\boldsymbol{q}_\varepsilon^u(t_0,t_0)$分别是局部稳定子流形$W_{\mathrm{loc}}^s\left(\boldsymbol{p}_\varepsilon^0\right)$和局部不稳定子流形$W_{\mathrm{loc}}^u\left(\boldsymbol{p}_\varepsilon^0\right)$在横截面$\Sigma^0$上靠得最近的两个点。$\boldsymbol{q}^0(0)$是式(7.5.3)的同缩轨$\boldsymbol{q}^0(t)$上的一个点，那么

$$\boldsymbol{J}_2\cdot\nabla H\left(\boldsymbol{q}^0(0)\right)=\left(\frac{\partial H}{\partial y}\left(\boldsymbol{q}^0(0)\right),-\frac{\partial H}{\partial x}\left(\boldsymbol{q}^0(0)\right)\right)^{\mathrm{T}}$$

是同缩轨$\boldsymbol{q}^0(t)$在$\boldsymbol{q}^0(0)$点的切线方向，因此，同缩轨$\boldsymbol{q}^0(t)$在$\boldsymbol{q}^0(0)$点的法线方向是

$$\boldsymbol{n}\left(\boldsymbol{q}^0(0)\right)=\left(\frac{\partial H}{\partial x}\left(\boldsymbol{q}^0(0)\right),\frac{\partial H}{\partial y}\left(\boldsymbol{q}^0(0)\right)\right)^{\mathrm{T}}$$

定义距离函数

$$d(t_0)=\left(\boldsymbol{q}_\varepsilon^u(t_0)-\boldsymbol{q}_\varepsilon^s(t_0)\right)\cdot\frac{\boldsymbol{n}\left(\boldsymbol{q}^0(0)\right)}{\left|\boldsymbol{n}\left(\boldsymbol{q}^0(0)\right)\right|}$$

记$\boldsymbol{q}_\varepsilon^u(t_0)-\boldsymbol{q}_\varepsilon^s(t_0)=(\rho,\sigma)^{\mathrm{T}}$，计算得

$$\begin{aligned}d(t_0)&=\frac{(\rho,\sigma)^{\mathrm{T}}\cdot\left(\dfrac{\partial H}{\partial x}\left(\boldsymbol{q}^0(0)\right),\dfrac{\partial H}{\partial y}\left(\boldsymbol{q}^0(0)\right)\right)^{\mathrm{T}}}{\left|\boldsymbol{n}\left(\boldsymbol{q}^0(0)\right)\right|}\\&=\frac{\rho\dfrac{\partial H}{\partial x}\left(\boldsymbol{q}^0(0)\right)+\sigma\dfrac{\partial H}{\partial y}\left(\boldsymbol{q}^0(0)\right)}{\left|\boldsymbol{n}\left(\boldsymbol{q}^0(0)\right)\right|}\\&=\frac{\boldsymbol{J}_2\cdot\nabla H\left(\boldsymbol{q}^0(0)\right)\wedge\left(\boldsymbol{q}_\varepsilon^u(t_0)-\boldsymbol{q}_\varepsilon^s(t_0)\right)}{\left|\boldsymbol{n}\left(\boldsymbol{q}^0(0)\right)\right|}\end{aligned}\tag{7.5.9}$$

式中，$\wedge$是投影算子，若$\boldsymbol{a}=(a_1,a_2)^{\mathrm{T}}$，$\boldsymbol{b}=(b_1,b_2)^{\mathrm{T}}$，规定

$$\boldsymbol{a}\wedge\boldsymbol{b}=\begin{vmatrix}a_1&a_2\\b_1&b_2\end{vmatrix}=a_1b_2-a_2b_1$$

于是利用式(7.5.5)和式(7.5.6)，式(7.5.9)可写为

$$d(t_0)=\varepsilon\frac{\boldsymbol{J}_2\cdot\nabla H\left(\boldsymbol{q}^0(0)\right)\wedge\left(\boldsymbol{q}_1^u(t_0)-\boldsymbol{q}_1^s(t_0)\right)}{\left|\boldsymbol{n}\left(\boldsymbol{q}^0(0)\right)\right|}+O\left(\varepsilon^2\right)\tag{7.5.10}$$

式中，$\boldsymbol{q}_1^u(t_0)=\boldsymbol{q}_1^u(t_0,t_0)$，$\boldsymbol{q}_1^s(t_0)=\boldsymbol{q}_1^s(t_0,t_0)$。$\boldsymbol{q}_1^u(t_0)$和$\boldsymbol{q}_1^s(t_0)$仍是未知的。为了计算出它们，引入记号

$$\Delta^u(t,t_0)=\boldsymbol{J}_2\cdot\nabla H\left(\boldsymbol{q}^0(t-t_0)\right)\wedge\boldsymbol{q}_1^u(t,t_0)$$
$$\Delta^s(t,t_0)=\boldsymbol{J}_2\cdot\nabla H\left(\boldsymbol{q}^0(t-t_0)\right)\wedge\boldsymbol{q}_1^s(t,t_0)$$

一个直接的计算中心得

$$\begin{aligned}\dot{\Delta}^s(t,t_0)=&\left(\boldsymbol{J}_2\cdot\boldsymbol{D}^2H\left(\boldsymbol{q}^0(t-t_0)\right)\right)\cdot\dot{\boldsymbol{q}}^0(t-t_0)\wedge\boldsymbol{q}_1^s(t,t_0)\\&+\boldsymbol{J}_2\cdot\nabla H\left(\boldsymbol{q}^0(t-t_0)\right)\wedge\dot{\boldsymbol{q}}_1^s(t,t_0)\end{aligned}$$

以式(7.5.7)和$\dot{\boldsymbol{q}}^0(t-t_0)=\boldsymbol{J}_2\cdot\nabla H\left(\boldsymbol{q}^0(t-t_0)\right)$代入上式得

$$\begin{aligned}\dot{\Delta}^s(t,t_0)=&\left\{\left[\boldsymbol{J}_2\cdot\boldsymbol{D}^2H\left(\boldsymbol{q}^0(t-t_0)\right)\right]\cdot\left[\boldsymbol{J}_2\cdot\nabla H\left(\boldsymbol{q}^0(t-t_0)\right)\right]\right\}\wedge\boldsymbol{q}_1^s(t,t_0)\\&+\left[\boldsymbol{J}_2\cdot\nabla H\left(\boldsymbol{q}^0(t-t_0)\right)\right]\wedge\left\{\left[\boldsymbol{J}_2\cdot\boldsymbol{D}^2H\left(\boldsymbol{q}^0(t-t_0)\right)\right]\cdot\boldsymbol{q}_1^s(t,t_0)\right\}\\&+\left[\boldsymbol{J}_2\cdot\nabla H\left(\boldsymbol{q}^0(t-t_0)\right)\right]\wedge\boldsymbol{g}\left(\boldsymbol{q}^0(t-t_0),t\right)\end{aligned}$$

为了简化上式，记

$$\boldsymbol{J}_2\cdot\nabla H\left(\boldsymbol{q}^0(t-t_0)\right)=(c_1,c_2)^{\mathrm{T}},\quad\boldsymbol{q}_1^s(t,t_0)=(d_1,d_2)^{\mathrm{T}}$$

$$\boldsymbol{J}_2\cdot\boldsymbol{D}^2H\left(\boldsymbol{q}^0\left(t-t_0\right)\right)=\begin{pmatrix}a_{11} & a_{12}\\ a_{21} & a_{22}\end{pmatrix}$$

利用$\boldsymbol{a}\wedge\boldsymbol{b}=-\boldsymbol{b}\wedge\boldsymbol{a}$，有

$$\begin{aligned}&\left\{\left[\boldsymbol{J}_2\cdot\boldsymbol{D}^2H\left(\boldsymbol{q}^0\left(t-t_0\right)\right)\right]\cdot\left[\boldsymbol{J}_2\cdot\nabla H\left(\boldsymbol{q}^0\left(t-t_0\right)\right)\right]\right\}\wedge\boldsymbol{q}_1^s\left(t,t_0\right)\\&+\left[\boldsymbol{J}_2\cdot\nabla H\left(\boldsymbol{q}^0\left(t-t_0\right)\right)\right]\wedge\left\{\left[\boldsymbol{J}_2\cdot\boldsymbol{D}^2H\left(\boldsymbol{q}^0\left(t-t_0\right)\right)\right]\cdot\boldsymbol{q}_1^s\left(t,t_0\right)\right\}\\&=\left[\begin{pmatrix}a_{11} & a_{12}\\ a_{21} & a_{22}\end{pmatrix}\begin{pmatrix}c_1\\ c_2\end{pmatrix}\right]\wedge\begin{pmatrix}d_1\\ d_2\end{pmatrix}-\left[\begin{pmatrix}a_{11} & a_{12}\\ a_{21} & a_{22}\end{pmatrix}\begin{pmatrix}d_1\\ d_2\end{pmatrix}\right]\wedge\begin{pmatrix}c_1\\ c_2\end{pmatrix}\\&=\left(a_{11}+a_{22}\right)\left(c_1d_2-c_2d_1\right)\\&=\operatorname{tr}\left[\boldsymbol{J}_2\cdot\boldsymbol{D}^2H\left(\boldsymbol{q}^0\left(t-t_0\right)\right)\right]\left\{\left[\boldsymbol{J}_2\cdot\nabla H\left(\boldsymbol{q}^0\left(t-t_0\right)\right)\right]\wedge\boldsymbol{q}_1^s\left(t,t_0\right)\right\}\end{aligned}$$

但

$$\operatorname{tr}\left[\boldsymbol{J}_2\cdot\boldsymbol{D}^2H\left(\boldsymbol{q}^0\left(t-t_0\right)\right)\right]=\operatorname{tr}\begin{pmatrix}\dfrac{\partial^2H}{\partial x\partial y}\left(\boldsymbol{q}^0\left(t-t_0\right)\right) & \dfrac{\partial^2H}{\partial y^2}\left(\boldsymbol{q}^0\left(t-t_0\right)\right)\\ -\dfrac{\partial^2H}{\partial x^2}\left(\boldsymbol{q}^0\left(t-t_0\right)\right) & -\dfrac{\partial^2H}{\partial x\partial y}\left(\boldsymbol{q}^0\left(t-t_0\right)\right)\end{pmatrix}=0$$

从而有

$$\dot{\Delta}^s\left(t,t_0\right)=\left[\boldsymbol{J}_2\cdot\nabla H\left(\boldsymbol{q}^0\left(t-t_0\right)\right)\right]\wedge\boldsymbol{g}\left(\boldsymbol{q}^0\left(t-t_0\right),t\right)$$

将上式从t_0到$+\infty$积分得

$$\Delta^s\left(+\infty,t_0\right)-\Delta^s\left(t_0,t_0\right)=\int_{t_0}^{+\infty}\left[\boldsymbol{J}_2\cdot\nabla H\left(\boldsymbol{q}^0\left(t-t_0\right)\right)\right]\wedge\boldsymbol{g}\left(\boldsymbol{q}^0\left(t-t_0\right),t\right)\mathrm{d}t$$

因为哈密顿系统(7.5.3)的同缩轨$\boldsymbol{q}^0\left(t\right)$是关联鞍点$\boldsymbol{p}_0$的，所以

$$\lim_{t\to+\infty}\boldsymbol{J}_2\cdot\nabla H\left(\boldsymbol{q}^0\left(t-t_0\right)\right)=\boldsymbol{J}_2\cdot\nabla H\left(\boldsymbol{p}_0\right)=0$$

根据定义，有

$$\Delta^s\left(+\infty,t_0\right)=\lim_{t\to+\infty}\Delta^s\left(t,t_0\right)=\lim_{t\to+\infty}\left[\boldsymbol{J}_2\cdot\nabla H\left(\boldsymbol{q}^0\left(t-t_0\right)\right)\wedge\boldsymbol{q}_1^s\left(t,t_0\right)\right]=0$$

从而有

$$\Delta^s\left(t_0,t_0\right)=-\int_{t_0}^{+\infty}\left[\boldsymbol{J}_2\cdot\nabla H\left(\boldsymbol{q}^0\left(t-t_0\right)\right)\right]\wedge\boldsymbol{g}\left(\boldsymbol{q}^0\left(t-t_0\right),t\right)\mathrm{d}t \tag{7.5.11}$$

同理可证

$$\Delta^u\left(t_0,t_0\right)=\int_{-\infty}^{t_0}\left[\boldsymbol{J}_2\cdot\nabla H\left(\boldsymbol{q}^0\left(t-t_0\right)\right)\right]\wedge\boldsymbol{g}\left(\boldsymbol{q}^0\left(t-t_0\right),t\right)\mathrm{d}t \tag{7.5.12}$$

由式(7.5.11)和式(7.5.12)得

$$\Delta^u\left(t_0,t_0\right)-\Delta^s\left(t_0,t_0\right)=\int_{-\infty}^{+\infty}\left[\boldsymbol{J}_2\cdot\nabla H\left(\boldsymbol{q}^0\left(t-t_0\right)\right)\right]\wedge\boldsymbol{g}\left(\boldsymbol{q}^0\left(t-t_0\right),t\right)\mathrm{d}t$$

由此可得

$$
\begin{aligned}
&\boldsymbol{J}_2 \cdot \nabla H\left(\boldsymbol{q}^0(0)\right) \wedge\left(\boldsymbol{q}_1^u\left(t_0\right)-\boldsymbol{q}_1^s\left(t_0\right)\right) \\
&=\Delta^u\left(t_0, t_0\right)-\Delta^s\left(t_0, t_0\right) \\
&=\int_{-\infty}^{+\infty}\left[\boldsymbol{J}_2 \cdot \nabla H\left(\boldsymbol{q}^0\left(t-t_0\right)\right)\right] \wedge \boldsymbol{g}\left(\boldsymbol{q}^0\left(t-t_0\right), t\right) \mathrm{d} t
\end{aligned}
$$

从而有

$$
\begin{aligned}
d\left(t_0\right) &=\varepsilon \frac{\int_{-\infty}^{+\infty}\left[\boldsymbol{J}_2 \cdot \nabla H\left(\boldsymbol{q}^0\left(t-t_0\right)\right)\right] \wedge \boldsymbol{g}\left(\boldsymbol{q}^0\left(t-t_0\right), t\right) \mathrm{d} t}{\left|\boldsymbol{n}\left(\boldsymbol{q}^0(0)\right)\right|}+O\left(\varepsilon^2\right) \\
&=\varepsilon \frac{M\left(t_0\right)}{\left|\boldsymbol{n}\left(\boldsymbol{q}^0(0)\right)\right|}+O\left(\varepsilon^2\right)
\end{aligned}
$$

式中

$$
M\left(t_0\right)=\int_{-\infty}^{+\infty}\left[\boldsymbol{J}_2 \cdot \nabla H\left(\boldsymbol{q}^0\left(t-t_0\right)\right)\right] \wedge \boldsymbol{g}\left(\boldsymbol{q}^0\left(t-t_0\right), t\right) \mathrm{d} t \tag{7.5.13}
$$

称为梅林柯夫(Melnikov)函数。因此，当$0<\varepsilon \ll 1$时，距离函数$d\left(t_0\right)$完全由梅林柯夫函数决定其性质。

如果梅林柯夫函数$M\left(t_0\right)$与扰动参数ε无关，并且存在简单零点τ(即有$M(\tau)=0, M'(\tau) \neq 0$)，那么距离函数$d\left(t_0\right)$在$\tau$附近一定改变符号。因为法矢量$\boldsymbol{n}\left(\boldsymbol{q}^0(0)\right)$是一个常微量，因此，一定存在一个$\tau'$使得对于充分小的扰动参数$\varepsilon$有$\boldsymbol{q}_\varepsilon^u(\tau')=\boldsymbol{q}_\varepsilon^s(\tau')$。换句话说，庞加莱映射$\boldsymbol{P}_\varepsilon^{t_0}$存在横截同缩点，这就是说系统(7.5.2)具有斯梅尔马蹄意义下的混沌动力学行为。

在式(7.5.13)中以$t+t_0$代替t得

$$
M\left(t_0\right)=\int_{-\infty}^{+\infty}\left[\boldsymbol{J}_2 \cdot \nabla H\left(\boldsymbol{q}^0(t)\right)\right] \wedge \boldsymbol{g}\left(\boldsymbol{q}^0(t), t+t_0\right) \mathrm{d} t \tag{7.5.14}
$$

对于哈密顿系统(7.5.3)存在异缩圈的情况，我们也有梅林柯夫函数。设式(7.5.3)有n个互不相同的双曲鞍点$\boldsymbol{p}_1, \boldsymbol{p}_2, \cdots, \boldsymbol{p}_n (n \geqslant 2)$，从$\boldsymbol{p}_i$到$\boldsymbol{p}_{i+1}$有异缩轨$\boldsymbol{q}_i^0(t)$连接，$i=1,2,\cdots,n-1$，从$\boldsymbol{p}_n$到$\boldsymbol{p}_1$有异缩轨$\boldsymbol{q}_n^0(t)$连接。这样$\boldsymbol{p}_1\boldsymbol{p}_2\cdots\boldsymbol{p}_n\boldsymbol{p}_1$形成一个有向异缩圈。类似于同缩轨情况，对应于第$i$条异缩轨$\boldsymbol{q}_i^0(t)$的梅林柯夫函数是

$$
M_i\left(t_0\right)=\int_{-\infty}^{+\infty}\left[\boldsymbol{J}_2 \cdot \nabla H\left(\boldsymbol{q}_i^0(t)\right)\right] \wedge \boldsymbol{g}\left(\boldsymbol{q}_i^0(t), t+t_0\right) \mathrm{d} t \tag{7.5.15}
$$

同理可证，当$M_i\left(t_0\right)=0$有简单零点时，系统(7.5.2)具有斯梅尔马蹄意义下的混沌动力学行为。

前面考虑的哈密顿系统的扰动系统。事实上，对于一般的平面自治系统的扰动系统也有类似的梅林柯夫函数。考虑如下平面扰动系统

$$\dot{\boldsymbol{x}}=\boldsymbol{f}(\boldsymbol{x})+\varepsilon \boldsymbol{g}(\boldsymbol{x},t),\quad \boldsymbol{x}\in U\subseteq \mathbf{R}^2 \tag{7.5.16}$$

式中，$\boldsymbol{f}(\boldsymbol{x})=\left(f_1(\boldsymbol{x}),f_2(\boldsymbol{x})\right)^{\mathrm{T}}$。类似式(7.5.2)，假定$\boldsymbol{g}(\boldsymbol{x},t)=\boldsymbol{g}(\boldsymbol{x},t+T)$。当$\varepsilon=0$时，式(7.5.16)可写为

$$\dot{\boldsymbol{x}}=\boldsymbol{f}(\boldsymbol{x}),\quad \boldsymbol{x}\in U\subseteq \mathbf{R}^2 \tag{7.5.17}$$

如果系统(7.5.17)有一个双曲鞍点$\boldsymbol{p}_0$和一条关联$\boldsymbol{p}_0$的同缩轨$\boldsymbol{q}^0(t)$，那么，系统(7.5.16)有梅林柯夫函数

$$M(t_0)=\int_{-\infty}^{+\infty}\boldsymbol{f}\left(\boldsymbol{q}^0(t)\right)\wedge \boldsymbol{g}\left(\boldsymbol{q}^0(t),t+t_0\right)\exp\left[-\int_0^t \operatorname{tr}\boldsymbol{Df}\left(\boldsymbol{q}^0(\tau)\right)\mathrm{d}\tau\right]\mathrm{d}t$$

同理可证，如果$M_i(t_0)=0$有简单零点，那么系统(7.5.2)具有斯梅尔马蹄意义下的混沌动力学行为。

例 7.7　考虑无阻尼谐振子的扰动系统

$$\begin{cases}\dot{x}=y\\ \dot{y}=x-x^3+\varepsilon(\gamma\cos\omega t-\delta y)\end{cases} \tag{7.5.18}$$

由例 3.8 可知，未扰动系统是哈密顿系统，其哈密顿函数是

$$H(x,y)=\frac{1}{2}\left(y^2-x^2\right)+\frac{1}{4}x^4$$

未扰动系统有三个奇点，两个中心$(-1,0)$和$(1,0)$，一个双曲鞍点$(0,0)$。未扰动系统有两根同缩轨(图 7.20)

$$l^+:\boldsymbol{q}_+^0(t)=\left(\sqrt{2}\operatorname{sech}t,-\sqrt{2}\operatorname{sech}t\tanh t\right)$$

$$l^-:\boldsymbol{q}_-^0(t)=-\boldsymbol{q}_+^0(t)$$

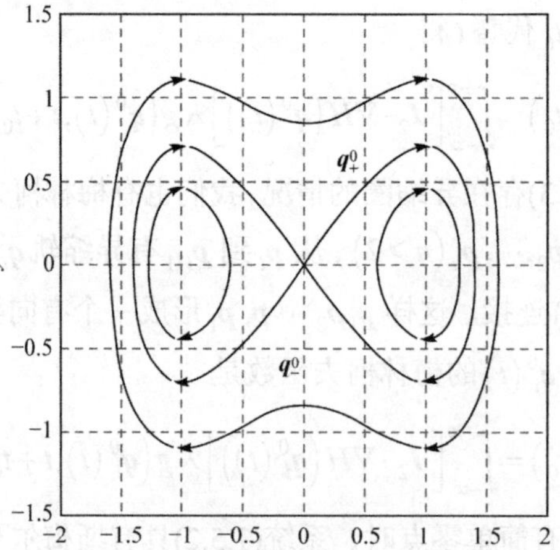

图 7.20　未扰动系统的同缩轨

从例 3.8 中的无阻尼谐振子系统的相图上可以看到，未扰动系统的每一根同缩轨的内部都由一单参数族闭轨充满，这些闭轨可用椭圆函数表示

$$\boldsymbol{q}_{+}^{\alpha}(t)=\left(\sqrt{2}\mu\,\mathrm{dn}(\mu t,\alpha),-\sqrt{2}\mu\alpha^{2}\,\mathrm{sn}(\mu t,\alpha)\,\mathrm{cn}(\mu t,\alpha)\right)$$

$$\boldsymbol{q}_{-}^{\alpha}(t)=-\boldsymbol{q}_{+}^{\alpha}(t)$$

式中，$\mu=\dfrac{1}{\sqrt{2-\alpha^{2}}}$，dn、sn 和 cn 是雅可比椭圆函数，而 α 是椭圆模。显然，当 $\alpha\to1$ 时，$\boldsymbol{q}_{\pm}^{\alpha}(t)\to\boldsymbol{q}_{\pm}^{0}(t)\cup\{(0,0)\}$，而当 $\alpha\to0$ 时，$\boldsymbol{q}_{\pm}^{\alpha}(t)\to(\pm1,0)$。选取

$$\boldsymbol{q}_{\pm}^{\alpha}(0)=\left(\pm\sqrt{2}\mu,0\right)$$

那么

$$H\left(\boldsymbol{q}_{\pm}^{\alpha}(t)\right)=H\left(\boldsymbol{q}_{\pm}^{0}(t)\right)=\frac{\alpha^{2}-1}{2-\alpha^{2}}=h_{\alpha}$$

这些周期轨的周期是

$$T^{\alpha}=2K(\alpha)\sqrt{2-\alpha^{2}}$$

式中，$K(\alpha)$ 是第一类椭圆积分。T^{α} 关于椭圆模 α 是单调递增的，且 $\lim\limits_{\alpha\to0}T^{\alpha}=2\pi$ 及 $\lim\limits_{\alpha\to1}T^{\alpha}=+\infty$，还有

$$\frac{\mathrm{d}T^{\alpha}}{\mathrm{d}h_{\alpha}}=\frac{\mathrm{d}T^{\alpha}/\mathrm{d}\alpha}{\mathrm{d}H/\mathrm{d}\alpha}>0$$

综上所述，未扰动系统满足条件(1)～(3)。

接下来只需计算梅林柯夫函数。显然

$$\boldsymbol{J}_{2}\cdot\nabla H(x,y)=\begin{pmatrix}y\\x-x^{3}\end{pmatrix},\quad \boldsymbol{g}((x,y),t)=\begin{pmatrix}0\\\varepsilon(\gamma\cos\omega t-\delta y)\end{pmatrix}$$

于是对应同缩轨 $\boldsymbol{q}_{+}^{0}(t)$ 的梅林柯夫函数是

$$\begin{aligned}M(t_{0})&=\int_{-\infty}^{+\infty}\left[\boldsymbol{J}_{2}\cdot\nabla H\left(\boldsymbol{q}^{0}(t)\right)\right]\wedge\boldsymbol{g}\left(\boldsymbol{q}^{0}(t),t+t_{0}\right)\mathrm{d}t\\&=\int_{-\infty}^{+\infty}y_{+}^{0}(t)\left[\gamma\cos\omega(t+t_{0})-\delta y_{+}^{0}(t)\right]\mathrm{d}t\\&=-\int_{-\infty}^{+\infty}\left[\sqrt{2}\gamma\,\mathrm{sech}\,t\tanh t\cos\omega(t+t_{0})-2\delta\,\mathrm{sech}^{2}t\tanh^{2}t\right]\mathrm{d}t\\&=-\frac{4\delta}{3}+\sqrt{2}\gamma\pi\omega\,\mathrm{sech}\left(\frac{\pi\omega}{2}\right)\sin\omega t_{0}\end{aligned}$$

不难计算得到，当 $\left|\gamma\omega\,\mathrm{sech}\left(\dfrac{\pi\omega}{2}\right)\right|>\dfrac{4|\delta|}{3\sqrt{2}\pi}$ 时，梅林柯夫函数 $M(t_{0})$ 有简单零点，因此，系统(7.5.18)在这个条件下具有斯梅尔马蹄意义下的混沌动力学行为。这也说明，在外部激励下，无阻尼谐振子系统可以呈现出混沌行为。取 $\varepsilon=0.001$，$\omega=1$，$\delta=3\sqrt{2}\pi$，$\gamma=1+4/\mathrm{sech}(\pi/2)$ 时，系统的混沌吸引子如图 7.21 所示。

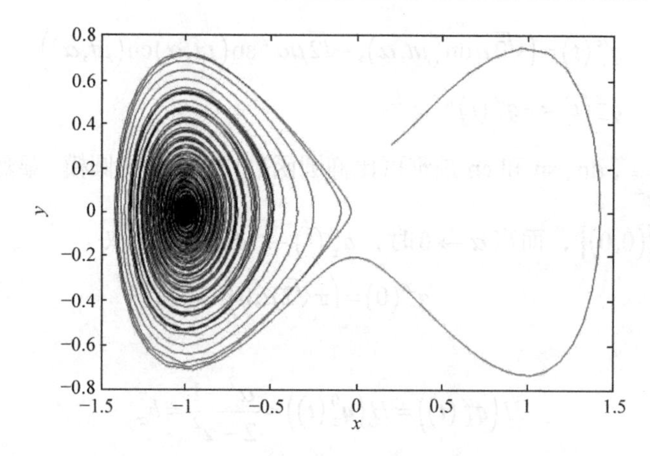

图 7.21　扰动后系统的混沌吸引子

例 7.8　达芬(Duffing)方程受弱周期激励时的混沌运动。考虑扰动达芬方程

$$\ddot{x}+x-x^3=-\varepsilon\delta\dot{x}+\varepsilon\mu\cos\omega t \tag{7.5.19}$$

式中，$\delta>0,\mu>0,0<\varepsilon\ll 1$。式(7.5.19)等价于下列平面系统

$$\begin{cases}\dot{x}=y\\ \dot{y}=-x+x^3-\varepsilon\delta y+\varepsilon\mu\cos\omega t\end{cases} \tag{7.5.20}$$

当$\varepsilon=0$时，式(7.5.20)变为

$$\begin{cases}\dot{x}=y\\ \dot{y}=-x+x^3\end{cases} \tag{7.5.21}$$

式(7.5.21)哈密顿系统，其哈密顿函数是

$$H(x,y)=\frac{1}{2}\left(y^2+x^2\right)-\frac{1}{4}x^4$$

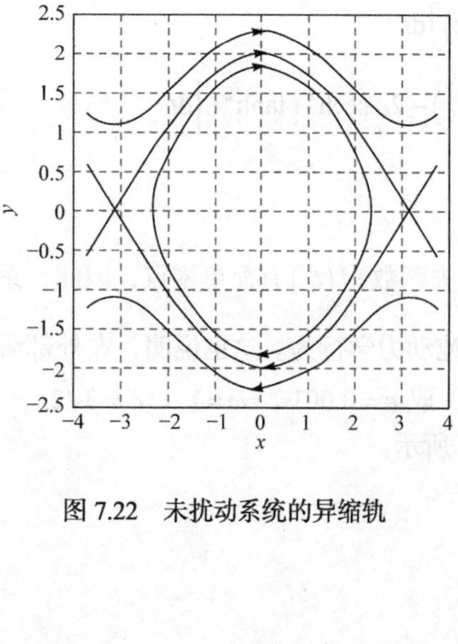

式(7.5.21)有三个奇点，两个鞍点$(-1,0)$和$(1,0)$，一个中心$(0,0)$。未扰动系统有两根异缩轨，并且这两条异缩轨和两个鞍点构成一个异缩圈(图 7.22)。

图 7.22　未扰动系统的异缩轨

式(7.5.21)的两条异缩轨是

$$\begin{cases}x_{\pm}^{0}(t)=\pm\operatorname{th}\left(\dfrac{\sqrt{2}}{2}t\right)\\ y_{\pm}^{0}(t)=\pm\dfrac{\sqrt{2}}{2}\operatorname{sech}^2\left(\dfrac{\sqrt{2}}{2}t\right)\end{cases}$$

对应于这两条异缩轨的梅林柯夫函数是

$$M_{\pm}(t_0)=\int_{-\infty}^{+\infty}\left[\boldsymbol{J}_2\cdot\nabla H\left(\boldsymbol{q}_{\pm}^{0}(t)\right)\right]\wedge\boldsymbol{g}\left(\boldsymbol{q}_{\pm}^{0}(t),t+t_0\right)\mathrm{d}t$$

式中

$$\boldsymbol{q}_{\pm}^{0}(t)=\begin{pmatrix} x_{\pm}^{0}(t) \\ y_{\pm}^{0}(t) \end{pmatrix}$$

$$\boldsymbol{J}_2\cdot\nabla H\left(\boldsymbol{q}_{\pm}^{0}(t)\right)=\begin{pmatrix} y_{\pm}^{0}(t) \\ -x_{\pm}^{0}(t)+\left(x_{\pm}^{0}(t)\right)^3 \end{pmatrix}$$

$$\boldsymbol{g}\left(\boldsymbol{q}_{\pm}^{0}(t),t+t_0\right)=\begin{pmatrix} 0 \\ -\varepsilon\delta y_{\pm}^{0}(t)+\varepsilon\mu\cos\omega(t+t_0) \end{pmatrix}$$

由此可得

$$\begin{aligned}\left[\boldsymbol{J}_2\cdot\nabla H\left(\boldsymbol{q}_{\pm}^{0}(t)\right)\right]\wedge\boldsymbol{g}\left(\boldsymbol{q}_{\pm}^{0}(t),t+t_0\right)&=\begin{pmatrix} y_{\pm}^{0}(t) \\ -x_{\pm}^{0}(t)+\left(x_{\pm}^{0}(t)\right)^3 \end{pmatrix}\wedge\begin{pmatrix} 0 \\ -\varepsilon\delta y_{\pm}^{0}(t)+\varepsilon\mu\cos\omega(t+t_0) \end{pmatrix}\\&=\left[-\varepsilon\delta y_{\pm}^{0}(t)+\varepsilon\mu\cos\omega(t+t_0)\right]y_{\pm}^{0}(t)\end{aligned}$$

从而

$$\begin{aligned}M_{\pm}(t_0)&=\int_{-\infty}^{+\infty}\left[-\varepsilon\delta y_{\pm}^{0}(t)+\varepsilon\mu\cos\omega(t+t_0)\right]y_{\pm}^{0}(t)\mathrm{d}t\\&=\delta I_1\pm\mu I_2\cos\omega t_0\end{aligned}$$

式中

$$I_1=\frac{2\pi}{3},\ I_2=\sqrt{2}\pi\omega\,\mathrm{ch}\left(\frac{\sqrt{2}}{2}\pi\omega\right)$$

由 $M_{\pm}(t_0)=\delta I_1\pm\mu I_2\cos\omega t_0=0$ 得

$$\cos\omega t_0=\mp\frac{\delta I_1}{\mu I_2}$$

显然，当 $\frac{\delta}{\mu}<\frac{I_2}{I_1}$ 时，上面的代数方程有解，记其解为 τ，即有 $M_{\pm}(\tau)=0$。但

$$M_{\pm}'(t_0)=\mp\mu\omega I_2\sin\omega t_0\neq 0$$

所以 τ 是简单零点。于是当 $\frac{\delta}{\mu}<\frac{I_2}{I_1}$ 时，式(7.5.19)具有斯梅尔马蹄意义下的混沌行为。取 $\varepsilon=0.0001$，$\delta=\omega=1$，$\mu=100$ 时，系统的混沌吸引子如图 7.23 所示。

例 7.9 超导约瑟夫森结模型。设 $I_s=I_c\sin\varphi$ 是流过约瑟夫森结的电流，则超导约瑟夫森结模型可用下列方程描述

$$\ddot{\varphi}+\sin\varphi+\varepsilon\left(\delta(1+E\sin\varphi)\dot{\varphi}-(\delta b+a\sin\omega t)\right)=0 \tag{7.5.22}$$

若记 $\varphi=x,\dot{\varphi}=y$，那么式(7.5.22)等价于下列平面系统

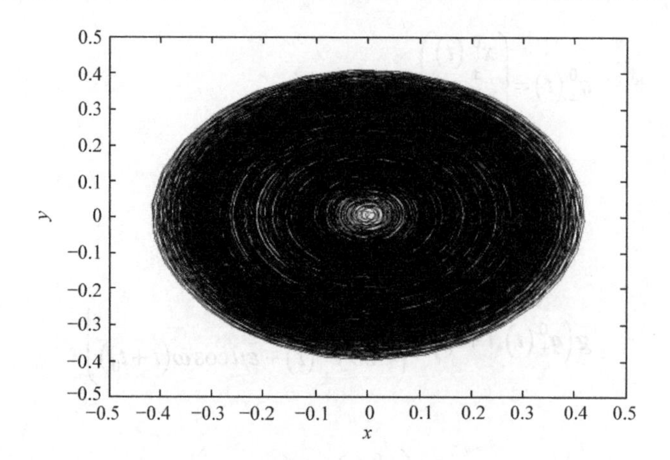

图 7.23　扰动后系统的混沌吸引子

$$\begin{cases}\dot{x}=y\\ \dot{y}=-\sin x+\varepsilon\left(\delta b+a\sin\omega t-\delta\left(1+E\cos x\right)y\right)\end{cases}\tag{7.5.23}$$

当$\varepsilon=0$时，式(7.5.23)变为

$$\begin{cases}\dot{x}=y\\ \dot{y}=-\sin x\end{cases}\tag{7.5.24}$$

式(7.5.24)是哈密顿系统，其哈密顿函数是

$$H\left(x,y\right)=\frac{1}{2}y^2-\cos x$$

在区间$\left[-\pi,\pi\right]$上，式(7.5.24)有三个奇点，两个鞍点$\left(-\pi,0\right)$和$\left(\pi,0\right)$，一个中心$\left(0,0\right)$，两根异缩轨与两个鞍点构成一个异缩圈。两根异缩轨是

$$\begin{cases}x_{\pm}^{0}\left(t\right)=\pm\arcsin\left(\operatorname{th}t\right)\\ y_{\pm}^{0}\left(t\right)=\pm\operatorname{sech}t\end{cases}$$

不难求得对应于这两条异缩轨的梅林柯夫函数是

$$M_{\pm}\left(t_0\right)=\frac{2\pi a}{\operatorname{ch}\left(\dfrac{\pi\omega}{2}\right)}\left(\frac{\delta}{\delta_{\pm}^{0}\left(b\right)}+\sin\omega t_0\right)$$

其中

$$\delta_{\pm}^{0}\left(b\right)=\frac{c_0}{b\mp b_0},\quad b_0=\frac{12+4E}{320},\quad c_0=a\left(\operatorname{ch}\frac{\pi\omega}{2}\right)^{-1}$$

显然，当ε充分小时，在区间$0\leqslant\delta\leqslant\delta_{\pm}^{0}\left(b\right)$上，式(7.5.22)具有斯梅尔马蹄意义下的混沌行为。

判断混沌存在性的梅林柯夫函数方法对高维系统也有一些推广，不在本书中介绍，有兴趣的读者可以在相关文献中找到。接下来介绍如何将两自由度哈密顿系统约化为平面系统，然后再建立梅林柯夫函数，进一步判断斯梅尔马蹄意义下的混沌行为的存在性。

考虑二自由度哈密顿系统

$$\begin{cases} \dot{q}_1 = \dfrac{\partial H}{\partial p_1}, & \dot{p}_1 = -\dfrac{\partial H}{\partial q_1} \\ \dot{q}_2 = \dfrac{\partial H}{\partial p_2}, & \dot{p}_2 = -\dfrac{\partial H}{\partial q_2} \end{cases} \tag{7.5.25}$$

式中，q_1 和 q_2 是广义坐标，p_1 和 p_2 是广义动量，而

$$H = H(q_1, q_2; p_1, p_2)$$

是系统的哈密顿函数。式(7.5.25)有一个守恒量

$$H(q_1, q_2; p_1, p_2) = h = 常数 \tag{7.5.26}$$

式(7.5.26)表明，对于给定的 h，哈密顿系统(7.5.25)的轨道被限制在三维等势面(7.5.26)上。因此能在三维流形上定义二维横截面和庞加莱映射。

假设 q_2 和 p_2 可以表示为作用-角量的函数，即

$$q_2 = q_2(\theta, I), \ p_2 = p_2(\theta, I) \tag{7.5.27}$$

式中，q_2 和 p_2 关于 θ 是 $2\pi-$ 周期函数。利用式(7.5.27)，式(7.5.26)可化为

$$H(q_1, q_2(\theta, I); p_1, p_2(\theta, I)) = \bar{H}(q_1, p_1, \theta, I) = h \tag{7.5.28}$$

当式(7.5.27)是正则变换(保持哈密顿方程形式不变的变换)时，在新坐标系下，哈密顿方程(7.5.25)化为

$$\begin{cases} \dot{q}_1 = \dfrac{\partial \bar{H}}{\partial p_1}, & \dot{p}_1 = -\dfrac{\partial \bar{H}}{\partial q_1} \\ \dot{\theta} = \dfrac{\partial \bar{H}}{\partial I}, & \dot{I} = -\dfrac{\partial \bar{H}}{\partial \theta} \end{cases} \tag{7.5.29}$$

若可从式(7.5.28)中解出

$$I = L(q_1, p_1, \theta, h) \tag{7.5.30}$$

利用式(7.5.30)将式(7.5.29)化为二维非自治系统。将式(7.5.28)两边分别对 q_1 和 p_1 求偏导数得

$$\frac{\partial \bar{H}}{\partial q_1} + \frac{\partial \bar{H}}{\partial I}\frac{\partial L}{\partial q_1} = 0, \quad \frac{\partial \bar{H}}{\partial p_1} + \frac{\partial \bar{H}}{\partial I}\frac{\partial L}{\partial p_1} = 0$$

由上式可得

$$\frac{\partial \bar{H}}{\partial q_1}\bigg/\frac{\partial \bar{H}}{\partial I} = -\frac{\partial L}{\partial q_1}, \quad \frac{\partial \bar{H}}{\partial p_1}\bigg/\frac{\partial \bar{H}}{\partial I} = -\frac{\partial L}{\partial p_1} \tag{7.5.31}$$

不难计算得

$$\frac{\mathrm{d}q_1}{\mathrm{d}\theta} = \frac{\mathrm{d}q_1}{\mathrm{d}t}\bigg/\frac{\mathrm{d}\theta}{\mathrm{d}t} = \frac{\dot{q}_1}{\dot{\theta}}, \quad \frac{\mathrm{d}p_1}{\mathrm{d}\theta} = \frac{\mathrm{d}p_1}{\mathrm{d}t}\bigg/\frac{\mathrm{d}\theta}{\mathrm{d}t} = \frac{\dot{p}_1}{\dot{\theta}}$$

由式(7.5.29)，上式可写为

$$\frac{\mathrm{d}q_1}{\mathrm{d}\theta}=\frac{\partial \bar{H}}{\partial q_1}\bigg/\frac{\partial \bar{H}}{\partial I},\quad \frac{\mathrm{d}p_1}{\mathrm{d}\theta}=-\frac{\partial \bar{H}}{\partial p_1}\bigg/\frac{\partial \bar{H}}{\partial I} \tag{7.5.32}$$

利用式(7.5.31)，式(7.5.32)可写为

$$\begin{cases}\dfrac{\mathrm{d}q_1}{\mathrm{d}\theta}=-\dfrac{\partial L}{\partial p_1}(q_1,p_1,\theta,h)\\ \dfrac{\mathrm{d}p_1}{\mathrm{d}\theta}=\dfrac{\partial L}{\partial q_1}(q_1,p_1,\theta,h)\end{cases} \tag{7.5.33}$$

式中，h是积分常数。式(7.5.33)是以角量θ为自变量的二维非自治系统。这样，就将哈密顿系统(7.5.25)化为了二维非自治系统(7.5.33)。

构造横截面

$$\Sigma=\left\{(q_1,p_1,\theta)\in D\times\mathbf{S}^1\,\middle|\,\theta=\theta_0\in[0,2\pi],h=h_0\right\}$$

式中，$D\subseteq\mathbf{R}^2$是开集。庞加莱映射如下

$$P:\Sigma\to\Sigma,P\left(q_1(0),p_1(0)\right)=\left(q_1(2\pi),p_1(2\pi)\right)$$

在给出梅林柯夫函数之前，先对式(7.5.33)作一个适当的处理。假设

$$\bar{H}(q_1,p_1,\theta,I)=F(q_1,p_1)+G(I)+\varepsilon H_1(q_1,p_1,\theta,I) \tag{7.5.34}$$

且$\Omega(I)=\dfrac{\partial G}{\partial I}\neq 0$，如果$I>0$，有$\Omega>0$。那么，对于充分小的参数$\varepsilon$，函数方程

$$\bar{H}(q_1,p_1,\theta,I)=h$$

关于I是可解的，即可从方程

$$F(q_1,p_1)+G(I)+\varepsilon H_1(q_1,p_1,\theta,I)=h$$

可解出

$$I=L(q_1,p_1,\theta,h)=G^{-1}\left[h-F(q_1,p_1)-\varepsilon H_1(q_1,p_1,\theta,I)\right]$$

将上式在$h-F(q_1,p_1)$处作泰勒展开得

$$\begin{aligned}I&=G^{-1}\left(h-F(q_1,p_1)\right)-\varepsilon\frac{\partial G^{-1}}{\partial I}\left(h-F(q_1,p_1)\right)H_1(q_1,p_1,\theta,I)+O\left(\varepsilon^2\right)\\&=L_0(q_1,p_1,h)-\varepsilon\frac{\partial G^{-1}}{\partial I}\left(h-F(q_1,p_1)\right)H_1(q_1,p_1,\theta,I)+O\left(\varepsilon^2\right)\end{aligned}$$

式中，$L_0(q_1,p_1,h)=G^{-1}\left(h-F(q_1,p_1)\right)$。由反函数求导数公式得

$$\frac{\partial G^{-1}}{\partial I}\left(h-F(q_1,p_1)\right)=\frac{1}{\dfrac{\partial G}{\partial I}\left(h-F(q_1,p_1)\right)}=\frac{1}{\Omega\left(L_0(q_1,p_1,h)\right)}$$

类似地，计算得

$$H_1(q_1,p_1,\theta,I)=H_1\left(q_1,p_1,\theta,L_0(q_1,p_1,h)-\varepsilon\frac{\partial G^{-1}}{\partial I}\big(h-F(q_1,p_1)\big)H_1(q_1,p_1,\theta,I)+O(\varepsilon^2)\right)$$
$$=H_1\big(q_1,p_1,\theta,L_0(q_1,p_1,h)\big)+O(\varepsilon)$$

于是，得到

$$\begin{aligned}I&=L_0(q_1,p_1,h)-\varepsilon\frac{H_1\big(q_1,p_1,\theta,L_0(q_1,p_1,h)\big)}{\Omega\big(L_0(q_1,p_1,h)\big)}+O(\varepsilon^2)\\&=L_0(q_1,p_1,h)-\varepsilon L'(q_1,p_1,\theta,h)+O(\varepsilon^2)\end{aligned}\tag{7.5.35}$$

式中

$$L'(q_1,p_1,\theta,h)=\frac{H_1\big(q_1,p_1,\theta,L_0(q_1,p_1,h)\big)}{\Omega\big(L_0(q_1,p_1,h)\big)}$$

以式(7.5.35)代入式(7.5.33)得

$$\begin{cases}\dfrac{\mathrm{d}q_1}{\mathrm{d}\theta}=-\dfrac{\partial L_0}{\partial p_1}(q_1,p_1,h)-\varepsilon\dfrac{\partial L'}{\partial p_1}(q_1,p_1,\theta,h)+O(\varepsilon^2)\\[2mm]\dfrac{\mathrm{d}p_1}{\mathrm{d}\theta}=\dfrac{\partial L_0}{\partial q_1}(q_1,p_1,h)+\varepsilon\dfrac{\partial L'}{\partial q_1}(q_1,p_1,\theta,h)+O(\varepsilon^2)\end{cases}\tag{7.5.36}$$

显然，当 $\varepsilon=0$ 时，式(7.5.36)变为

$$\begin{cases}\dfrac{\mathrm{d}q_1}{\mathrm{d}\theta}=-\dfrac{\partial L_0}{\partial p_1}(q_1,p_1,h)\\[2mm]\dfrac{\mathrm{d}p_1}{\mathrm{d}\theta}=\dfrac{\partial L_0}{\partial q_1}(q_1,p_1,h)\end{cases}\tag{7.5.37}$$

这是一个平面自治哈密顿系统，其哈密顿函数为 $L_0(q_1,p_1,h)$。

假定式(7.5.37)有一条同缩轨 $\big(q_1^0(\theta),p_1^0(\theta)\big)$，因为

$$L_0(q_1,p_1,h)=G^{-1}\big(h-F(q_1,p_1)\big)=\bar{h}$$

是式(7.5.37)的一个守恒量，那么

$$G^{-1}\Big(h-F\big(q_1^0(\theta),p_1^0(\theta)\big)\Big)=\bar{h}$$

由此可得

$$F\big(q_1^0(\theta),p_1^0(\theta)\big)=h^0$$

上式表明，当 $h>h^0$ 时，系统(7.5.36)对应于同缩轨 $\big(q_1^0(\theta),p_1^0(\theta)\big)$ 的梅林柯夫函数是

$$M(\theta_0)=\int_{-\infty}^{+\infty}\Big[\boldsymbol{J}_2\cdot\nabla L_0\big(\boldsymbol{q}^0(\theta)\big)\Big]\wedge\boldsymbol{g}\big(\boldsymbol{q}^0(\theta),\theta+\theta_0\big)\mathrm{d}\theta\tag{7.5.38}$$

式中

$$\boldsymbol{q}^0(\theta)=\big(q_1^0(\theta),p_1^0(\theta)\big)^{\mathrm{T}}$$

$$g(q_1,p_1,\theta,h)=\left(-\frac{\partial L'}{\partial p_1}(q_1,p_1,\theta,h),\quad \frac{\partial L'}{\partial q_1}(q_1,p_1,\theta,h)\right)^{\mathrm{T}}$$

于是式(7.5.38)可写为

$$M\left(\theta_0\right)=\int_{-\infty}^{+\infty}\left\{L_0,L'\right\}\left(q_1^0\left(\theta\right),p_1^0\left(\theta\right),\theta+\theta_0,h\right)\mathrm{d}\theta \tag{7.5.39}$$

式中，$\left\{L_0,L'\right\}=\frac{\partial L_0}{\partial q_1}\frac{\partial L'}{\partial p_1}-\frac{\partial L_0}{\partial p_1}\frac{\partial L'}{\partial q_1}$ 是函数 L_0 和 L' 的泊松括号。注意到

$$\left\{L_0,L'\right\}=\frac{1}{\Omega^2\left(G^{-1}\left(h-h_0\right)\right)}\left\{F,H_1\right\}$$

那么式(7.5.39)可写为

$$M\left(\theta_0\right)=\int_{-\infty}^{+\infty}\left\{F\left(q_1^0\left(t\right),p_1^0\left(t\right)\right),H_1\left(q_1^0\left(t\right),p_1^0\left(t\right),t+t_0,h\right)\right\}\mathrm{d}t$$

因此，对于充分小的 $\varepsilon>0$，在三维等势面 $H\left(q_1,q_2;p_1,p_2\right)=h>h_0$ 上，如果 $M\left(t_0\right)=0$ 有不依赖于参数 ε 的简单零点，那么系统(7.5.36)的庞加莱映射存在横截同缩点。这说明，式(7.5.29)具有斯梅尔马蹄意义下的混沌行为。

例 7.10　考虑下面两自由度系统

$$\begin{cases}\ddot{u}_1+\omega_1^2u_1=a_1u_1^2+\varepsilon\left(2a_2u_1u_2+a_3u_2^2\right)\\ \ddot{u}_2+\omega_2^2u_2=\varepsilon\left(a_2u_1^2+2a_3u_1u_2+a_4u_2^2\right)\end{cases}$$

该系统等价于如下四维系统

$$\begin{cases}\dot{u}_1=v_1\\ \dot{u}_2=v_2\\ \dot{v}_1=-\omega_1^2u_1+a_1u_1^2+\varepsilon\left(2a_1u_1u_2+a_3u_2^2\right)\\ \dot{v}_2=-\omega_2^2u_2+\varepsilon\left(a_2u_1^2+2a_3u_1u_2+a_4u_2^2\right)\end{cases} \tag{7.5.40}$$

接下来，证明式(7.5.40)是哈密顿系统。解下列偏微分方程组

$$\begin{cases}\dot{u}_1=\dfrac{\partial H}{\partial v_1}=v_1\\ \dot{u}_2=\dfrac{\partial H}{\partial v_2}=v_2\\ \dot{v}_1=-\dfrac{\partial H}{\partial u_1}=-\omega_1^2u_1+a_1u_1^2+\varepsilon\left(2a_2u_1u_2+a_3u_2^2\right)\\ \dot{v}_2=-\dfrac{\partial H}{\partial u_2}=-\omega_2^2u_2+\varepsilon\left(a_2u_1^2+2a_3u_1u_2+a_4u_2^2\right)\end{cases}$$

得到

$$H=\frac{1}{2}\left(v_1^2+v_2^2+\omega_1^2u_1^2+\omega_1^2u_2^2\right)-\frac{a_1}{3}u_1^3-\varepsilon\left(a_2u_1^2u_2+a_3u_1u_2^2+\frac{a_4}{3}u_2^3\right)$$

这就证明了式(7.5.40)是哈密顿系统。

作正则变换

$$u_2=\sqrt{\frac{2I}{\omega_2}}\sin\theta,\quad v_2=\sqrt{\frac{2I}{\omega_2}}\cos\theta$$

在该坐标变换下，哈密顿函数化为

$$\begin{aligned}\bar{H}&=\frac{1}{2}\left(v_1^2+\omega_1^2u_1^2\right)-\frac{a_1}{3}u_1^3+\omega_2I\\&\quad-\varepsilon\left(a_2\sqrt{\frac{2I}{\omega_2}}u_1^2\sin\theta+a_3\frac{2I}{\omega_2}u_1\sin^2\theta+\frac{a_4}{3}\left(\frac{2I}{\omega_2}\right)^{3/2}\sin^3\theta\right)\\&=F(u_1,v_1)+G(I)=\omega_2I+\varepsilon H_1(u_1,v_1,\theta,I)\end{aligned}$$

式中

$$F(u_1,v_1)=\frac{1}{2}\left(v_1^2+\omega_1^2u_1^2\right)-\frac{a_1}{3}u_1^3,G(I)=\omega_2I$$

$$H_1(u_1,v_1,\theta,I)=-\left(a_2\sqrt{\frac{2I}{\omega_2}}u_1^2\sin\theta+a_3\frac{2I}{\omega_2}u_1\sin^2\theta+\frac{a_4}{3}\left(\frac{2I}{\omega_2}\right)^{3/2}\sin^3\theta\right)$$

当 $\varepsilon=0$ 时，新哈密顿函数变为

$$\bar{H}=\frac{1}{2}\left(v_1^2+\omega_1^2u_1^2\right)-\frac{a_1}{3}u_1^3+\omega_2I=F(u_1,v_1)+G(I)$$

它对应的哈密顿方程为

$$\begin{cases}\dot{u}_1=v_1\\\dot{u}_2=-\omega_1^2u_1+a_1u_1^2\\\dot{\theta}=\omega_2\\\dot{I}=0\end{cases}\tag{7.5.41}$$

式(7.5.41)是解耦的，前两个方程有两个奇点，中心 $(0,0)$ 和鞍点 $\left(\frac{\omega_1^2}{a_1},0\right)$，关联鞍点 $\left(\frac{\omega_1^2}{a_1},0\right)$ 的同缩轨是

$$\begin{cases}u_{10}=\frac{3}{2}\frac{\omega_1^2}{a_1}\operatorname{th}^2\left(\frac{\omega_1}{a_1}t\right)-\frac{1}{2}\frac{\omega_1^2}{a_1}\\v_{10}=3\frac{\omega_1^2}{a_1^2}\operatorname{sech}^2\left(\frac{\omega_1}{a_1}t\right)\operatorname{th}\left(\frac{\omega_1}{a_1}t\right)\end{cases}$$

它对应的哈密顿量是

$$\frac{1}{2}\left(v_1^2+\omega_1^2u_1^2\right)-\frac{a_1}{3}u_1^3=\frac{\omega_1^6}{6a_1^2}=h_0$$

因此，当$H=h>h_0$时，对应同缩轨的梅林柯夫函数为

$$\begin{aligned}M(t_0)&=\int_{-\infty}^{+\infty}\{F,H_1\}(t+t_0)\mathrm{d}t\\&=\frac{2a_2}{\omega_2}\sqrt{2(h-h_0)}\int_{-\infty}^{+\infty}u_{10}(t+t_0)v_{10}(t+t_0)\sin\omega_2t\mathrm{d}t\\&\quad+\frac{2a_3}{\omega_2}(h-h_0)\int_{-\infty}^{+\infty}v_{10}(t+t_0)\sin^2\omega_2t\mathrm{d}t\\&=\frac{2\pi\omega_2a_2}{a_1^2}\sqrt{2(h-h_0)}\left(\frac{3}{2}\omega_1^2-6\right)\mathrm{csch}\left(\frac{\pi\omega_2}{\omega_1}\right)\cos\omega_2t_0\\&\quad+\frac{48\pi a_3}{a_1}(h-h_0)\mathrm{csch}\left(\frac{\pi\omega_2}{\omega_1}\right)\sin2\omega_2t_0\end{aligned}$$

通过计算$M(t_0)$有简单零点的条件，可以得到原系统具有斯梅尔马蹄意义下的混沌的一个充分条件。

例 7.11 考虑如下具有非线性立方项的两自由度系统

$$\begin{cases}\ddot{u}_1+\omega_1^2u_1=a_1u_1^3+\varepsilon\left(3a_2u_1^2u_2+a_3u_1u_2^2+a_4u_2^3\right)\\\ddot{u}_2+\omega_2^2u_2=\varepsilon\left(a_2u_1^3+2a_3u_1^2u_2+3a_4u_1u_2^2+a_5u_2^3\right)\end{cases}$$

上面系统等价于如下四维系统

$$\begin{cases}\dot{u}_1=v_1\\\dot{u}_2=v_2\\\dot{v}_1=-\omega_1^2u_1+a_1u_1^3+\varepsilon\left(3a_2u_1^2u_2+a_3u_1u_2^2+a_4u_2^3\right)\\\dot{v}_2=-\omega_2^2u_2+\varepsilon\left(a_2u_1^3+2a_3u_1^2u_2+3a_4u_1u_2^2+a_5u_2^3\right)\end{cases}$$

容易证明上面的方程组是哈密顿系统，且哈密顿函数是

$$\begin{aligned}H=&\frac{1}{2}\left(v_1^2+v_2^2+\omega_1^2u_1^2+\omega_2^2u_2^2\right)-\frac{a_1}{4}u_1^4\\&-\varepsilon\left(a_2u_1^3u_2+\frac{1}{2}a_3u_1^2u_2^2+\frac{a_4}{3}u_1u_2^3+\frac{1}{4}a_5u_2^4\right)\end{aligned}$$

与例 7.10 相同，作正则变换

$$u_2=\sqrt{\frac{2I}{\omega_2}}\sin\theta,\quad v_2=\sqrt{\frac{2I}{\omega_2}}\cos\theta$$

在该坐标变换下，哈密顿函数化为

$$\bar{H}=F(u_1,v_1)+G(I)+\varepsilon H_1(u_1,v_1,\theta,I)$$

式中

$$F(u_1,v_1)=\frac{1}{2}\left(v_1^2+\omega_1^2u_1^2\right)-\frac{a_1}{4}u_1^4$$

$$G(I)=\omega_2 I$$

$$H_1(u_1,v_1,\theta,I)=-\left(a_2\sqrt{\frac{2I}{\omega_2}}u_1^3\sin\theta+\frac{a_3 I}{\omega_2}u_1^2\sin^2\theta+\frac{a_4}{3}\left(\frac{2I}{\omega_2}\right)^{3/2}u_1\sin^3\theta+\frac{a_5 I^2}{\omega_2^2}\sin^4\theta\right)$$

未扰动系统的哈密顿函数是

$$\bar{H}=F(u_1,v_1)+G(I)$$

未扰动系统关于变量 u_1 和 v_1 的两个方程有三个奇点，一个中心 $(0,0)$，两个鞍点 $\left(-\frac{\omega_1}{\sqrt{a_1}},0\right)$ 和 $\left(\frac{\omega_1}{\sqrt{a_1}},0\right)$，关联这两个鞍点的两根异缩轨是

$$\begin{cases}u_{\pm}=\pm\dfrac{\omega_1}{\sqrt{a_1}}\operatorname{th}\left(\dfrac{\omega_1}{\sqrt{2}}t\right)\\ v_{\pm}=\pm\dfrac{\omega_1^2}{\sqrt{2a_1}}\operatorname{sech}\left(\dfrac{\omega_1}{\sqrt{2}}t\right)\end{cases}$$

这两根异缩轨构成一个异缩圈，对应于异缩轨的哈密顿量是 $H_0=\frac{\omega_1^4}{4a_1}=h_0$。因此，当 $H=h>h_0$ 时，直接计算得到对应异缩轨的梅林柯夫函数为

$$\begin{aligned}M(t_0)=&\mp\frac{4\pi\omega_2^2 a_2}{a_1\sqrt{a_1}}\sqrt{(h-h_0)}\operatorname{csch}\left(\frac{\sqrt{2}\pi\omega_2}{2\omega_1}\right)\sin\omega_2 t_0\\&-\frac{4\pi a_2}{a_1}(h-h_0)\operatorname{csch}\left(\frac{\sqrt{2}\pi\omega_2}{\omega_1}\right)\sin 2\omega_2 t_0\\&\pm\frac{3\pi a_4}{\omega_2^2\sqrt{a_1}}(h-h_0)^{3/2}\operatorname{csch}\left(\frac{\sqrt{2}\pi\omega_2}{2\omega_1}\right)\sin\omega_2 t_0\\&\mp\frac{3\pi a_4}{\omega_2^2\sqrt{a_1}}(h-h_0)^{3/2}\operatorname{csch}\left(\frac{3\sqrt{2}\pi\omega_2}{2\omega_1}\right)\sin 3\omega_2 t_0\end{aligned}$$

由上式可以确定原系统具有斯梅尔马蹄意义下的混沌行为的一个充分条件。

7.6 近可积系统与阿诺德扩散

近可积系统在 7.5 节就已碰到，就是那些对哈密顿函数作小扰动的系统，如例 7.10 和例 7.11。在近可积系统中有一个著名的定理，它就是 KAM 定理，在一定的条件下，未扰动哈密顿系统的环面可以保留到扰动系统中，这里的扰动是指哈密顿函数的小扰动。但是，这种近可积系统也会产生阿诺德扩散这样一种混沌动力学行为。

先回顾一些经典力学知识。在经典分析力学中有一个著名的定理，即真实运动使作用泛函

$$I=\int_{t_0}^{t_1}L(\boldsymbol{q},\dot{\boldsymbol{q}},t)\mathrm{d}t$$

取驻值，即真实运动应满足

$$\delta I=\int_{t_0}^{t_1}\delta L(\boldsymbol{q},\dot{\boldsymbol{q}},t)\mathrm{d}t=0 \tag{7.6.1}$$

式中，$\boldsymbol{q}=(q_1,q_2,\cdots,q_n)^{\mathrm{T}}$是广义坐标，$L=L(\boldsymbol{q},\dot{\boldsymbol{q}},t)$是拉格朗日函数。由式(7.6.1)可推导出系统的拉格朗日方程

$$\frac{\mathrm{d}}{\mathrm{d}t}\frac{\partial L}{\partial \dot{q}_i}-\frac{\partial L}{\partial q_i}=0,\ \ i=1,2,\cdots,n \tag{7.6.2}$$

引入广义动量

$$p_i=\frac{\partial L}{\partial \dot{q}_i},\ \ i=1,2,\cdots,n \tag{7.6.3}$$

假设可从式(7.6.3)解出

$$\dot{q}_i=\dot{q}_i(\boldsymbol{q},\boldsymbol{p},t),\ \ i=1,2,\cdots,n \tag{7.6.4}$$

式中，$\boldsymbol{p}=(p_1,p_2,\cdots,p_n)^{\mathrm{T}}$。作勒让德变换

$$H=\sum_{i=1}^{n}p_i\dot{q}_i-L(\boldsymbol{q},\dot{\boldsymbol{q}},t)$$

于是

$$L(\boldsymbol{q},\dot{\boldsymbol{q}},t)=\sum_{i=1}^{n}p_i\dot{q}_i-H \tag{7.6.5}$$

以式(7.6.5)代入式(7.6.1)得

$$\delta I=\int_{t_0}^{t_1}\delta\left(\sum_{i=1}^{n}p_i\dot{q}_i-H\right)\mathrm{d}t=0 \tag{7.6.6}$$

由式(7.6.6)可推导出系统的哈密顿方程如下

$$\dot{q}_i=\frac{\partial H}{\partial p_i},\ \ \dot{p}_i=-\frac{\partial H}{\partial q_i},\ \ i=1,2,\cdots,n \tag{7.6.7}$$

在哈密顿理论中，有一种很重要的变换，就是正则变换。所谓正则变换就是保持哈密顿方程形式不变的变换。当作了坐标变换后，原哈密顿函数变成了新坐标系下的函数，这样对于新哈密顿函数也有一个哈密顿方程，如果新哈密顿方程就是原哈密顿方程经过该坐标变换变来的，那么该变换就称为正则变换。

引进新的广义坐标$\boldsymbol{Q}=(Q_1,Q_2,\cdots,Q_n)^{\mathrm{T}}$和广义动量$\boldsymbol{P}=(P_1,P_2,\cdots,P_n)^{\mathrm{T}}$，假设新旧坐标之间的关系为

$$q_i=q_i(\boldsymbol{Q},\boldsymbol{P},t),\ \ p_i=p_i(\boldsymbol{Q},\boldsymbol{P},t),\ \ i=1,2,\cdots,n \tag{7.6.8}$$

并且假定可以从式(7.6.8)解出

$$Q_i = Q_i(\boldsymbol{q}, \boldsymbol{p}, t),\ P_i = P_i(\boldsymbol{q}, \boldsymbol{p}, t),\ i = 1,2,\cdots,n \tag{7.6.9}$$

经过上面的坐标变换后，旧哈密顿函数 $H = H(\boldsymbol{q}, \boldsymbol{p}, t)$ 变为了新哈密顿函数 $H^* = H^*(\boldsymbol{Q}, \boldsymbol{P}, t)$。如果式(7.6.8)或式(7.6.9)是可逆正则变换，那么，原哈密顿方程就变为如下新哈密顿方程

$$\dot{Q}_i = \frac{\partial H^*}{\partial P_i},\ \dot{P}_i = -\frac{\partial H^*}{\partial Q_i},\ i = 1,2,\cdots,n \tag{7.6.10}$$

接下来的问题是什么样的变换才是正则变换？哈密顿方程是从式(7.6.6)推导出来的，因此，新旧哈密顿方程都应满足式(7.6.6)，从而有

$$\int_{t_0}^{t_1} \delta\left(\sum_{i=1}^{n} p_i \dot{q}_i - H\right) \mathrm{d}t = 0 \tag{7.6.11}$$

$$\int_{t_0}^{t_1} \delta\left(\sum_{i=1}^{n} P_i \dot{Q}_i - H^*\right) \mathrm{d}t = 0 \tag{7.6.12}$$

当式(7.6.11)和式(7.6.12)同时成立时，两式积分号下的函数并不一定要相等，可以相差一个函数的全微分。例如，可以相差下列函数的全微分

$$F = F(\boldsymbol{q}, \boldsymbol{Q}, t) \tag{7.6.13}$$

显然

$$\delta\int_{t_0}^{t_1} \frac{\mathrm{d}F}{\mathrm{d}t} \mathrm{d}t = \delta F\left(\boldsymbol{q}(t_1), \boldsymbol{Q}(t_1), t_1\right) - \delta F\left(\boldsymbol{q}(t_0), \boldsymbol{Q}(t_0), t_0\right) = 0$$

由上式、式(7.6.11)和式(7.6.12)可得

$$\sum_{i=1}^{n} p_i \dot{q}_i - H - \left(\sum_{i=1}^{n} P_i \dot{Q}_i - H^*\right) = \frac{\mathrm{d}F}{\mathrm{d}t}$$

即

$$\sum_{i=1}^{n} p_i \dot{q}_i \mathrm{d}t - H\mathrm{d}t - \left(\sum_{i=1}^{n} P_i \dot{Q}_i - H^*\right)\mathrm{d}t = \mathrm{d}F$$

展开上式得

$$\sum_{i=1}^{n} p_i \mathrm{d}q_i - \sum_{i=1}^{n} P_i \mathrm{d}Q_i + \left(H^* - H\right)\mathrm{d}t = \sum_{i=1}^{n} \frac{\partial F}{\partial q_i}\mathrm{d}q_i + \sum_{i=1}^{n} \frac{\partial F}{\partial Q_i}\mathrm{d}Q + \frac{\partial F}{\partial t}\mathrm{d}t$$

由此可得

$$p_i = \frac{\partial F}{\partial q_i},\quad P_i = \frac{\partial F}{\partial Q_i},\quad H^* = H + \frac{\partial F}{\partial t},\quad i = 1,2,\cdots,n \tag{7.6.14}$$

式(7.6.14)就是新旧坐标变换是正则变换应满足的条件，其中函数 F 称为生成函数。分析动力学中给出了四类最简单的生成函数，此处只给出本书中将要用的一种生成函数

$$S = S(\boldsymbol{q}, \boldsymbol{P}, t) \tag{7.6.15}$$

由式(7.6.15)生成的坐标变换为

$$p_i = \frac{\partial S}{\partial q_i}, \quad Q_i = \frac{\partial S}{\partial P_i}, \quad H^* = H + \frac{\partial S}{\partial t}, \quad i = 1, 2, \cdots, n \tag{7.6.16}$$

引入正则变换的目的是解哈密顿方程(7.6.7)。如果能找到正则变换，将旧坐标 $\boldsymbol{q} = (q_1, q_2, \cdots, q_n)^{\mathrm{T}}$ 和 $\boldsymbol{p} = (p_1, p_2, \cdots, p_n)^{\mathrm{T}}$ 作为作用-角量 $I_1, I_2, \cdots, I_n$ 和 $\varphi_1, \varphi_2, \cdots, \varphi_n$ 的函数，并且在这种坐标变换下，旧哈密顿函数变为

$$H_0 = H_0(I_1, I_2, \cdots, I_n)$$

那么由新哈密顿函数 $H_0 = H_0(I_1, I_2, \cdots, I_n)$ 生成的哈密顿方程为

$$\dot{I}_i = \frac{\partial H_0}{\partial \varphi_i} = 0, \quad \dot{\varphi}_i = -\frac{\partial H_0}{\partial I_i} = \Omega_i = \text{常数}, \quad i = 1, 2, \cdots, n \tag{7.6.17}$$

式(7.6.17)的解为

$$I_i(t) = I_i(0), \quad \varphi_i(t) = \Omega_i t + \varphi_i(0), \quad i = 1, 2, \cdots, n \tag{7.6.18}$$

式(7.6.18)表明，已经解出了哈密顿方程(7.6.7)，其在相空间中的轨道是规则的、光滑的，所有的轨道都在由

$$I_i(\boldsymbol{q}, \boldsymbol{p}, t) = I_i(t) = I_i(0), \quad i = 1, 2, \cdots, n$$

确定的**不变环面**上运动。

例 7.12　考虑如下周期驱动而作小角度运动的单摆系统

$$\ddot{\theta} + \theta = \mu \cos \Omega t \tag{7.6.19}$$

它等价于平面系统

$$\begin{cases} \dot{\theta} = \omega \\ \dot{\omega} = -\theta + \mu \cos \Omega t \end{cases} \tag{7.6.20}$$

式(7.6.19)的解是

$$\theta = A \cos(t + \alpha) + \frac{\mu}{1 - \Omega^2} \cos \Omega t$$

作坐标变换

$$q = \theta - \frac{\mu}{1 - \Omega^2} \cos \Omega t, \quad p = \omega + \frac{\mu \Omega}{1 - \Omega^2} \cos \Omega t$$

在该变换下，式(7.6.20)变为

$$\dot{q} = \frac{\partial H}{\partial p} = p, \quad \dot{p} = -\frac{\partial H}{\partial q} = -q$$

式中，$H(q, p) = \frac{1}{2}(q^2 + p^2)$ 是哈密顿函数。再作变换

$$q = \sqrt{2I} \cos \varphi, \quad p = \sqrt{2I} \sin \varphi$$

在这个变换下，哈密顿函数 H 化为

$$H(q, p) = H_0 = I$$

在 $(\theta, \omega)-$ 相空间，相轨道方程是

$$\left(\theta-\frac{\mu}{1-\Omega^2}\cos\Omega t\right)^2+\left(\omega+\frac{\mu\Omega}{1-\Omega^2}\cos\Omega t\right)^2=A^2 \tag{7.6.21}$$

这是一个运动的圆周，记这个圆周为 $\boldsymbol{S}_C$。式(7.6.21)表明其圆心的运动规律是

$$\theta_0(t)=\frac{\mu}{1-\Omega^2}\cos\Omega t,\quad \omega_0(t)=-\frac{\mu\Omega}{1-\Omega^2}\cos\Omega t$$

消除时间 t 得

$$\frac{\theta_0^2(t)}{\left(\frac{\mu}{1-\Omega^2}\right)^2}+\frac{\omega_0^2(t)}{\left(\frac{\mu\Omega}{1-\Omega^2}\right)^2}=1 \tag{7.6.22}$$

式(7.6.22)是一个椭圆，记这个椭圆为 $\boldsymbol{S}_e$。式(7.6.22)表明，圆心 $(\theta_0(t),\omega_0(t))$ 在椭圆 $\boldsymbol{S}_e$ 上运动。

从式(7.6.21)和式(7.6.22)可以看出，在 (θ,ω) – 相空间中，相点参与了两种运动如图 7.24 所示。一种是在圆周式(7.6.21)上的运动，频率为 1；另一种是在椭圆(7.6.22)上的运动，频率为 Ω。如果 $\Omega=\frac{m}{n}$ (m 和 n 是正整数)，相轨绕不变环面 $\mathbf{S}_C\times\mathbf{S}_e$ 旋转有限圈后又回到起点，则相轨道是闭轨。如果 $\Omega\neq\frac{m}{n}$ (m 和 n 是正整数)，相轨绕环面 $\mathbf{S}_C\times\mathbf{S}_e$ 转无限多圈，并且将无限稠密覆盖不变环面 $\mathbf{S}_C\times\mathbf{S}_e$，这时相轨只在椭圆 $\mathbf{S}_e$ 上作周期运动，如图 7.25 所示，而在圆周 $\mathbf{S}_C$ 上做非周期运动，称这种运动是**拟周期运动**，这时系统不会发生共振现象。

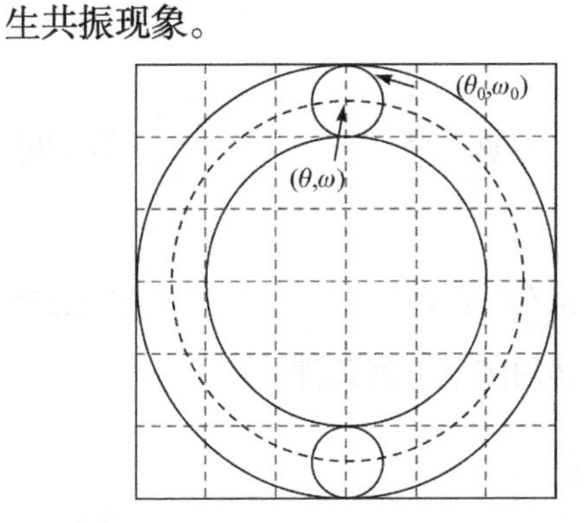

图 7.24　两种运动

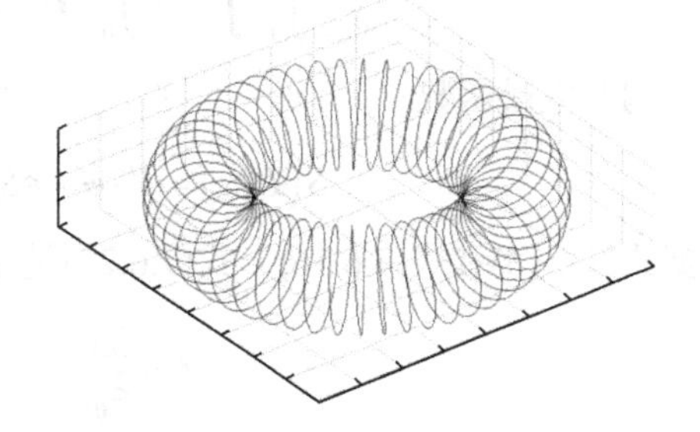

图 7.25　不变环面上的周期运动

从例 7.12 看到了相轨道在不变环面上的运动情况。事实上，高维可积哈密顿系统也是如此，相轨要么在不变环面上作周期运动，要么作拟周期运动，这由频率是否为有理数决定。然而，对于非可积哈密顿系统是否存在不变环面呢？KAM 定理说明，当**近可积**(可积哈密顿系统的扰动系统)哈密顿系统满足一定的条件时，不变环面仍然存在。

在作用-角量 $\boldsymbol{I}=(I_1,I_2,\cdots,I_n)^{\mathrm{T}}$ 和 $\boldsymbol{\varphi}=(\varphi_1,\varphi_2,\cdots,\varphi_n)^{\mathrm{T}}$ 坐标系下，假设某哈密顿函数可表示为

$$H(\boldsymbol{I},\boldsymbol{\varphi})=H_0(\boldsymbol{I})+\varepsilon H_1(\boldsymbol{I},\boldsymbol{\varphi}) \tag{7.6.23}$$

哈密顿函数(7.6.23)生成哈密顿系统为

$$\begin{cases}\dot{I}_i=-\dfrac{\partial H}{\partial \varphi_i}=-\varepsilon\dfrac{\partial H_1}{\partial \varphi_i}\\ \dot{\varphi}_i=\dfrac{\partial H}{\partial I_i}=\dfrac{\partial H_0}{\partial I_i}+\varepsilon\dfrac{\partial H_1}{\partial I_i}\end{cases},\quad i=1,2,\cdots,n \tag{7.6.24}$$

显然，当$\varepsilon=0$时，式(7.6.24)化为式(7.6.17)。式(7.6.17)是一个完全哈密顿系统，它的解为

$$\boldsymbol{I}(t)=\boldsymbol{I}(0),\quad \boldsymbol{\varphi}(t)=\boldsymbol{\varphi}(0)+\frac{\partial H_0}{\partial \boldsymbol{I}}(\boldsymbol{I}(0))t$$

这表明式(7.6.17)的整个相空间被分层为一族不变环面$\boldsymbol{I}(t)=\boldsymbol{I}(0)$，在每一个不变环面上的相轨道是周期或拟周期的，频率为$\boldsymbol{\Omega}=\dfrac{\partial H_0}{\partial \boldsymbol{I}}$。

当$\varepsilon\neq 0$时，虽然式(7.6.24)还是哈密顿系统，但其可积性被破坏。接下来将要证明在一定的条件下，不变环面仍然存在。近可积哈密顿系统就是这方面的例子。

称式(7.6.24)是**近可积的**，首先要求参数ε足够小。其次，下列级数是收敛的

$$\boldsymbol{H}_1(\boldsymbol{I},\boldsymbol{\varphi})=\sum_{\boldsymbol{k}\in z^n-\{\boldsymbol{0}\}} h_{\boldsymbol{k}}(\boldsymbol{I})\mathrm{e}^{\mathrm{i}\boldsymbol{k}\cdot\boldsymbol{\varphi}} \tag{7.6.25}$$

式中，$\boldsymbol{k}=(k_1,k_2,\cdots,k_n)^{\mathrm{T}}$，$\boldsymbol{k}\cdot\boldsymbol{\varphi}=\sum_{i=1}^{n}k_i\varphi_i$，$\mathrm{i}=\sqrt{-1}$。显然，$\boldsymbol{H}_1(\boldsymbol{I},\boldsymbol{\varphi})$关于$\varphi_1,\varphi_2,\cdots,\varphi_n$是$2\pi-$周期函数，并且满足

$$\int_0^{2\pi}\int_0^{2\pi}\cdots\int_0^{2\pi}\boldsymbol{H}_1(\boldsymbol{I},\boldsymbol{\varphi})\mathrm{d}\varphi_1\mathrm{d}\varphi_2\cdots\mathrm{d}\varphi_n=0 \tag{7.6.26}$$

构造生成函数

$$S(\boldsymbol{I}',\boldsymbol{\varphi})=\boldsymbol{I}'\cdot\boldsymbol{\varphi}+\varepsilon S_1(\boldsymbol{I}',\boldsymbol{\varphi})+\varepsilon^2 S_2(\boldsymbol{I}',\boldsymbol{\varphi})+\cdots \tag{7.6.27}$$

根据式(7.6.15)和式(7.6.16)，式(7.6.27)是正则变换时必须满足下列条件

$$\begin{cases}\boldsymbol{I}=\dfrac{\partial S}{\partial \boldsymbol{\varphi}}=\boldsymbol{I}'+\varepsilon\dfrac{\partial S_1}{\partial \boldsymbol{\varphi}}(\boldsymbol{I}',\boldsymbol{\varphi})+\cdots\\ \boldsymbol{\varphi}'=\dfrac{\partial S}{\partial \boldsymbol{I}'}=\boldsymbol{\varphi}+\varepsilon\dfrac{\partial S_1}{\partial \boldsymbol{I}'}(\boldsymbol{I}',\boldsymbol{\varphi})+\cdots\end{cases} \tag{7.6.28}$$

由式(7.6.28)的第一个式子有

$$\begin{aligned}H_0(\boldsymbol{I})&=H_0\left(\boldsymbol{I}'+\varepsilon\frac{\partial S_1(\boldsymbol{I}',\boldsymbol{\varphi})}{\partial \boldsymbol{\varphi}}+\cdots\right)\\&=H_0(\boldsymbol{I}')+\varepsilon\frac{\partial H_0(\boldsymbol{I}')}{\partial \boldsymbol{I}'}\frac{\partial S_1(\boldsymbol{I}',\boldsymbol{\varphi})}{\partial \boldsymbol{\varphi}}+\varepsilon^2\frac{\partial H_0(\boldsymbol{I}')}{\partial \boldsymbol{I}'}\frac{\partial S_2(\boldsymbol{I}',\boldsymbol{\varphi})}{\partial \boldsymbol{\varphi}}+\cdots\end{aligned} \tag{7.6.29}$$

以及

$$
\begin{aligned}
\varepsilon H_1(\boldsymbol{I},\boldsymbol{\varphi}) &= H_1\left(\boldsymbol{I}' + \varepsilon \frac{\partial S_1(\boldsymbol{I}',\boldsymbol{\varphi})}{\partial \boldsymbol{\varphi}} + \cdots, \boldsymbol{\varphi}\right) \\
&= \varepsilon H_1(\boldsymbol{I}',\boldsymbol{\varphi}) + \varepsilon^2 \frac{\partial H_1(\boldsymbol{I}',\boldsymbol{\varphi})}{\partial \boldsymbol{I}'} \cdot \frac{\partial S_1(\boldsymbol{I}',\boldsymbol{\varphi})}{\partial \boldsymbol{\varphi}} + \cdots
\end{aligned} \tag{7.6.30}
$$

由式(7.6.29)和式(7.6.30)得

$$
\begin{aligned}
H_0(\boldsymbol{I}) + \varepsilon H_1(\boldsymbol{I},\boldsymbol{\varphi}) &= \varepsilon\left[H_1(\boldsymbol{I}',\boldsymbol{\varphi}) + \frac{\partial H_0(\boldsymbol{I}')}{\partial \boldsymbol{I}'} \cdot \frac{\partial S_1(\boldsymbol{I}',\boldsymbol{\varphi})}{\partial \boldsymbol{\varphi}}\right] \\
&\quad + \varepsilon^2\left[\frac{\partial H_1(\boldsymbol{I}',\boldsymbol{\varphi})}{\partial \boldsymbol{I}'} \cdot \frac{\partial S_1(\boldsymbol{I}',\boldsymbol{\varphi})}{\partial \boldsymbol{\varphi}} + \frac{\partial H_0(\boldsymbol{I}')}{\partial \boldsymbol{I}'} \cdot \frac{\partial S_2(\boldsymbol{I}',\boldsymbol{\varphi})}{\partial \boldsymbol{\varphi}}\right] + \cdots
\end{aligned} \tag{7.6.31}
$$

为了消除式(7.6.31)中关于参数ε的一次项，令

$$
H_1(\boldsymbol{I}',\boldsymbol{\varphi}) + \frac{\partial H_0(\boldsymbol{I}')}{\partial \boldsymbol{I}'} \cdot \frac{\partial S_1(\boldsymbol{I}',\boldsymbol{\varphi})}{\partial \boldsymbol{\varphi}} = 0 \tag{7.6.32}
$$

为了解上面的方程，将$S_1(\boldsymbol{I}',\boldsymbol{\varphi})$写成如下级数形式

$$
S_1(\boldsymbol{I}',\boldsymbol{\varphi}) = \sum_{\boldsymbol{k}\in z^n - \{\boldsymbol{0}\}} A_{\boldsymbol{k}}(\boldsymbol{I}) \mathrm{e}^{\mathrm{i}\boldsymbol{k}\cdot\boldsymbol{\varphi}} \tag{7.6.33}
$$

以式(7.6.25)和式(7.6.33)代入式(7.6.32)得

$$
\sum_{\boldsymbol{k}\in z^n - \{\boldsymbol{0}\}} h_{\boldsymbol{k}}(\boldsymbol{I}) \mathrm{e}^{\mathrm{i}\boldsymbol{k}\cdot\boldsymbol{\varphi}} + \frac{\partial H_0(\boldsymbol{I}')}{\partial \boldsymbol{I}'} \cdot \left(\sum_{\boldsymbol{k}\in z^n - \{\boldsymbol{0}\}} A_{\boldsymbol{k}}(\boldsymbol{I}) \mathrm{e}^{\mathrm{i}\boldsymbol{k}\cdot\boldsymbol{\varphi}}\right) = 0
$$

上式可以写为

$$
\sum_{\boldsymbol{k}\in z^n - \{\boldsymbol{0}\}} h_{\boldsymbol{k}}(\boldsymbol{I}) \mathrm{e}^{\mathrm{i}\boldsymbol{k}\cdot\boldsymbol{\varphi}} + \boldsymbol{\omega}(\boldsymbol{I}') \cdot \left(\sum_{\boldsymbol{k}\in z^n - \{\boldsymbol{0}\}} \mathrm{i}\boldsymbol{k} A_{\boldsymbol{k}}(\boldsymbol{I}) \mathrm{e}^{\mathrm{i}\boldsymbol{k}\cdot\boldsymbol{\varphi}}\right) = 0 \tag{7.6.34}
$$

式中，$\boldsymbol{\omega}(\boldsymbol{I}') = \dfrac{\partial H_0(\boldsymbol{I}')}{\partial \boldsymbol{I}'} = \left(\dfrac{\partial H_0(\boldsymbol{I}')}{\partial I_1}, \dfrac{\partial H_0(\boldsymbol{I}')}{\partial I_2}, \cdots, \dfrac{\partial H_0(\boldsymbol{I}')}{\partial I_n}\right)^{\mathrm{T}}$。比较式(7.6.34)两边同类项系数得

$$
h_{\boldsymbol{k}}(\boldsymbol{I}) + \mathrm{i}\, A_{\boldsymbol{k}}(\boldsymbol{I}) \boldsymbol{k} \cdot \boldsymbol{\omega}(\boldsymbol{I}') = 0
$$

由此可得

$$
A_{\boldsymbol{k}}(\boldsymbol{I}) = \frac{\mathrm{i} h_{\boldsymbol{k}}(\boldsymbol{I})}{\boldsymbol{k} \cdot \boldsymbol{\omega}(\boldsymbol{I}')} \tag{7.6.35}
$$

式(7.6.35)表明，只要$\left|h_{\boldsymbol{k}}(\boldsymbol{I})\right| \leqslant M\mathrm{e}^{-|\boldsymbol{k}|\rho}$和$\left|\boldsymbol{k} \cdot \boldsymbol{\omega}(\boldsymbol{I}')\right| \geqslant C\mathrm{e}^{-n}$ ($\forall \boldsymbol{k} \in z^n - \{\boldsymbol{0}\}$)，就能保证式(7.6.25)和式(7.6.35)右边的级数是收敛的。也就是说，可以选取适当的$S_1(\boldsymbol{I}',\boldsymbol{\varphi})$使得哈密顿函数$H = H_0(\boldsymbol{I}) + \varepsilon H_1(\boldsymbol{I},\boldsymbol{\varphi})$化为

$$
H = H_0(\boldsymbol{I}') + \varepsilon^2 H_2(\boldsymbol{I}',\boldsymbol{\varphi},\varepsilon)
$$

类似地，可以选取适当的$S_2(\boldsymbol{I}',\boldsymbol{\varphi})$使得哈密顿函数$H = H_0(\boldsymbol{I}) + \varepsilon H_1(\boldsymbol{I},\boldsymbol{\varphi})$化为

$$H = H_0(\boldsymbol{I}') + \varepsilon^3 H_3(\boldsymbol{I}', \boldsymbol{\varphi}, \varepsilon)$$

继续这一过程，可以选取适当的 $S_n(\boldsymbol{I}', \boldsymbol{\varphi})$ 使得哈密顿函数 $H = H_0(\boldsymbol{I}) + \varepsilon H_1(\boldsymbol{I}, \boldsymbol{\varphi})$ 化为

$$H = H_0(\boldsymbol{I}') + \varepsilon^n H_n(\boldsymbol{I}', \boldsymbol{\varphi}, \varepsilon)$$

这就是称式(7.6.24)为近可积系统的原因。

定理 7.3(KAM 定理) 设 $U \subseteq \mathbf{R}^n$ 是开集，对于充分小的 $\varepsilon > 0$，哈密顿函数 $H = H_0(\boldsymbol{I}) + \varepsilon H_1(\boldsymbol{I}, \boldsymbol{\varphi})$ 是区域

$$D = \{(\boldsymbol{I}, \boldsymbol{\varphi}) | \boldsymbol{I} \in U, 0 \leqslant \varphi_i \leqslant 2\pi, i = 1, 2, \cdots, n\}$$

上的解析函数，并且在 U 上有

$$\det\left(\boldsymbol{D}^2 H_0(\boldsymbol{I})\right) = \det\left(\frac{\partial^2 H_0(\boldsymbol{I})}{\partial I_i \partial I_j}\right) \neq 0$$

以及对所有的 $\boldsymbol{k} \in z^n - \{\boldsymbol{0}\}$ 有 $|\boldsymbol{k} \cdot \boldsymbol{\omega}(\boldsymbol{I})| \geqslant C\mathrm{e}^{-M}$，则哈密顿系统

$$\dot{\boldsymbol{I}} = -\frac{\partial H}{\partial \boldsymbol{\varphi}}, \quad \dot{\boldsymbol{\varphi}} = \frac{\partial H}{\partial \boldsymbol{I}}$$

的相流具有一个 n 维不变环面

$$\boldsymbol{I}' = \boldsymbol{I} + f(\boldsymbol{I}, \boldsymbol{\varphi}), \quad \boldsymbol{\varphi}' = \boldsymbol{\varphi} + g(\boldsymbol{I}, \boldsymbol{\varphi})$$

式中，$f(\boldsymbol{I}, \boldsymbol{\varphi})$ 和 $g(\boldsymbol{I}, \boldsymbol{\varphi})$ 关于 $\varphi_1, \varphi_2, \cdots, \varphi_n$ 是 $2\pi-$ 周期的，并且关于 ε 和 $\boldsymbol{\varphi}$ 是实解析的，$f(0, \boldsymbol{\varphi}) = g(0, \boldsymbol{\varphi}) = 0$，不变环面上的相流满足 $\dot{\boldsymbol{\varphi}} = \dfrac{\partial H_0}{\partial \boldsymbol{I}}$，而且当 $\varepsilon \to 0$ 时，这样的不变环面充分接近于未扰动系统的不变环面。

定理 7.3 并没有给出不变环面测度与 ε 之间的关系，因此难以应用于实际问题。然而，对于一些特殊问题，KAM 定理可以用来解释其动力学行为。

接下来考虑二自由度哈密顿系统。从例 7.10 和例 7.11 可以看到，非线性项的引入可导致混沌。二自由度哈密顿系统的正则方程是式(7.5.25)，其相空间是四维的，哈密顿函数是一个守恒量，哈密顿函数的等势面 $H = c$ 是三维的，相轨道被限制在这些等势面上。如果守恒量的数目与自由度的数目相同，则系统是可积的。能量积分的存在对三维等势面上的运动有所限制，实际上，在可积系统中每个等势面都能被二维环面隔开。对于已知初始条件的系统，其动力学行为被限制在环面上。环面上的运动可用下列微分方程描述

$$\dot{\varphi}_1 = \omega_1, \quad \dot{\varphi}_2 = \omega_2$$

式中，ω_1 和 ω_2 是常数，是运动频率。如果 ω_1 与 ω_2 是无关的，那么运动是拟周期的，相轨道布满整个环面。如果 $\dfrac{\omega_1}{\omega_2} = \dfrac{m}{n}$ (m 和 n 是整数)，那么相轨道是闭轨，是周期运动。

将正则坐标 q_1, q_2, p_1, p_2 换成角量-作用坐标 $I_1, I_2, \varphi_1, \varphi_2$ 后，如果系统是可积的，那么 I_1 和 I_2 是守恒量，且 $H_0(I_1, I_2) = c$。如果对哈密顿函数 $H_0(I_1, I_2)$ 作扰动，即

$$H(I_1, I_2, \varphi_1, \varphi_2) = H_0(I_1, I_2) + \varepsilon H_1(I_1, I_2, \varphi_1, \varphi_2)$$

KAM 定理说明，对大多数环面而言仅有畸变，而靠近谐振的环面会变成小的混沌层。这里所说的小，在数值计算上来讲是要小于10^{-48}。数值算例结果表明，即使干扰大一些，很多环面仍然能保留下来。在干扰足够小时，混沌区由一些小的层构成，相轨道在层内无规则地振荡。只要这些层一直保持很小，且各层分开，相轨道就不会从一层跑到另一层，稳定性也不会受到破坏。随着干扰增加到一定的程度，相邻的混沌层会合并，这导致混沌的厚度增加。这种合并使来自两个混沌层之间的 KAM 环面的破裂。

阿诺德指出，二自由度哈密顿系统和多自由度哈密顿系统的差别主要在拓扑上，二维封闭环面可以将三维空间分环内和环外两个互不相交的部分，这与平面系统极限环的情况类似。但是，高维系统就不会出现这种情况。例如，三自由度哈密顿系统是六维系统，相空间是六维的，哈密顿函数的等势面是五维的，但三维环面不能将五维空间分成两个互不相交的部分。因此，对于自由度大于 2 的哈密顿系统，干扰并不一定能破裂 KAM 环面，它们也不会分成混沌层。自由度大于 2 的哈密顿系统，混沌吸引子形成一个单连通区域，如果运动从这个区域的某一点开始，将会扩散到整个区域(比较一下洛伦兹吸引子)，这就是阿诺德扩散。

思 考 题

7-1 考虑纳维-斯托克斯方程的一种截断后得到的五维截谱模型

$$\begin{cases}\dot{x}_1=-2x_1+4x_2x_3+4x_4x_5\\ \dot{x}_2=-9x_2+3x_1x_3\\ \dot{x}_3=-5x_3-7x_1x_2+Re\\ \dot{x}_4=-5x_4-x_1x_5\\ \dot{x}_5=-x_5-3x_1x_4\end{cases}$$

式中，$x_i\left(i=1,2,3,4,5\right)$是谱展开系数，$Re$是雷诺数。用数值方法证明当雷诺数$Re$超过 29 时，系统会出现混沌。

7-2 用数值方法验证下列化学反应模型

$$\begin{cases}\dot{x}=x\left(a_1-k_1x-z-y\right)+k_2y^2+a_3\\ \dot{y}=y\left(x-k_2y-a_5\right)+a_2\\ \dot{z}=z\left(a_4-x-k_3z\right)+a_3\end{cases}$$

在$k_1=0.25,k_2=10^{-8},k_3=0.5,a_1=30,a_2=a_3=0.01,a_4=16.5,a_5=10$时出现混沌现象。

7-3 用数值方法验证化学反应布鲁塞尔模型

$$\begin{cases}\dot{x}=A+x^2y-\left(1+B\right)x+a\cos\omega t\\ \dot{y}=Bz-x^2y\end{cases}$$

在$A=0.4,B=1.2,a=0.12,\omega=0.9$时出现混沌现象。

7-4 在 Rössler 系统中固定$b=2,c=4$，而参数a作为可变动参数，试画出a取下列数值时的吸引子。

(1) $a=0.3$ (极限环)。

(2) $a=0.35$ (周期 2)。

(3) $a=0.375$ (周期 4)。

(4) $a=0.386$ (四带混沌吸引子)。

(5) $a=0.3909$ (周期 6)。

(6) $a=0.398$ (单带混沌吸引子)。

(7) $a=0.4$ (周期 5)。

(8) $a=0.41$ (周期 3)。

7-5 计算出洛伦兹系统的最大李雅普诺夫指数。

7-6 利用梅林柯夫函数方法找出单摆系统

$$\ddot{\theta}+\sin\theta+\varepsilon\left(\beta\dot{\theta}+\gamma\cos\omega t\right)=0$$

具有斯梅尔马蹄意义下的混沌行为的一个充分条件。

7-7 证明依赖于时间的哈密顿函数

$$H\left(x,y,t\right)=\frac{1}{2}\left(x^2+y^2\right)-\frac{1}{3}y^3+\frac{\varepsilon y^2\cos t}{2}$$

所对应的哈密顿系统对于充分小的参数 ε，在一定条件下具有斯梅尔马蹄意义下的混沌行为。

7-8 考虑催化反应 Flickering 振动模型

$$\begin{cases}\dot{x}=y+xy+\varepsilon\left(lx+my\cos\omega t\right)\\ \dot{y}=-x+\dfrac{1}{2}\left(x^2+y^2\right)\end{cases}$$

试用梅林柯夫函数方法确定该系统有斯梅尔马蹄意义下的混沌行为的一个充分条件。

7-9 考虑两种群捕食者和被捕者的生态模型

$$\begin{cases}\dot{x}=x\left(\mu-ax-2by\right)+\varepsilon\left[\lambda_1x+\left(\lambda_3+\lambda_2x\right)\cos\omega t\right]\\ \dot{y}=y\left(-\mu+2ax+by\right)+\varepsilon\left[-\lambda_1y+\left(\lambda_3-\lambda_2y\right)\cos\omega t\right]\end{cases}$$

式中，$x(t)$是被捕者，$y(t)$是捕食者。证明当 ε 充分小时，在一定的条件下系统的发展是不可预测的。

7-10 考虑一个工程问题，首先建立其动力学模型，然后用本章的方法研究其动力学行为。

第 8 章　求孤立波的反散射方法

孤立波是非线性偏微分方程的一种具有特殊动力学行为的解。孤立波在传播过程中保持波形不变，波的质量守恒、动量守恒和能量守恒。产生孤立波的原因是色散与非线性的相互作用。因此，孤立波的特性让一些科学家探索其应用。例如，利用孤立波选煤粉，火力发电的效率和对环境污染的程度与煤粉颗粒的大小密切相关，颗粒越小，燃烧越充分，发电效率越高，对环境污染越小；颗粒越大，燃烧越不充分，发电效率越低，对环境污染越大。因此，选出颗粒小的煤粉是提高火力发电效率的关键。当筛子的孔小到一定程度时，煤粉会堵塞筛孔，使其不能发挥作用，要获得更细的煤粉就得想别的办法，孤立波选煤振动平台就是在这样一种情况下产生的。将打碎的煤粉放在选煤振动平台，通过振动产生煤粉孤立波，煤粉的粗细由其所在位置离平台面的高度决定，位置越高，煤粉越细，波峰处煤粉最细。根据电厂要求，截取一定高度以上的煤粉就可以了。孤立波通信也取得了巨大的进展。当光脉冲在光纤中传输时，色散与非线性的适当平衡可形成光学孤立波。描述这种平衡的方程就是非线性薛定谔方程。第 5 章已经求出了非线性薛定谔方程的一种孤立波解，这就说明理论上来讲孤立波通信是可行的。美国已在 20 世纪末成功地进行了孤立波在光纤中传输达 1 万公里以上的实验，1 万多公里没有一个中继站，终端收到的信号依然十分清晰，孤立波传播过程中几乎没有能量损失，这充分体现了孤立波在传播过程中的高度稳定性。但由于费用过高，无法推广。

证明孤立波存在的方法有两种。一种是直接求出其解析解，如第 5 章利用同缩轨或异缩轨求非线性偏微分方程的行波解或波包解的方法。还有一种就是与可积系统联系起来，如将非线性偏微分方程写成 Lax 形式的方程。求解孤立波的方法在不断地改进与创新。接下来介绍最基础的方法：正散射方法和反散射方法。

8.1　正散射方法

在量子力学中有一个所谓的正散射方法。

量子力学中著名的一维薛定谔方程是

$$\Psi_{xx}-\left(u-\lambda\right)\Psi=0 \tag{8.1.1}$$

式中，Ψ 是波函数，u 是势函数，λ 对应于能谱(即特征根)。所谓正散射方法就是在已知势函数 u 的情况下求解式(8.1.1)中的散射数据的物理量和波函数 Ψ 。

势函数 u 满足当 $x\to\pm\infty$ 时，位势 $u\to 0$ ，且当 $\lambda<0$ 时薛定谔方程(8.1.1)有限多个离散谱

$$\lambda_n=-k_n^2,\quad n=1,2,\cdots,N$$

而当 $\lambda>0$ 时为连续谱

$$\lambda=-k^2,\quad -\infty<k<+\infty$$

式中，k 为实数。对于固定的时间 t，薛定谔方程(8.1.1)的正散射问题应满足如下边值条件

$$\begin{aligned}&\Psi(x,k,t)\sim \mathrm{e}^{-\mathrm{i}kt}+b(k,t)\mathrm{e}^{\mathrm{i}kt},\quad x\to+\infty\\&\Psi(x,k,t)\sim a(k,t)\mathrm{e}^{-\mathrm{i}kt},\quad x\to-\infty\end{aligned}\tag{8.1.2}$$

而其有界态应满足如下边值条件

$$\begin{aligned}&\Psi_m(x,k_m(t),t)\sim c_m(k_m(t),t)\mathrm{e}^{-k_m x},\quad x\to+\infty\\&\Psi_m(x,k_m(t),t)\sim \mathrm{e}^{k_m x},\quad x\to-\infty\end{aligned}\tag{8.1.3}$$

式中，$a(k,t)$ 称为透射系数，$b(k,t)$ 称为反射系数，c_m 称为衰减因子，特征函数 Ψ_m 满足归一化条件

$$\int_{-\infty}^{+\infty}\Psi_m^2\mathrm{d}x=1\tag{8.1.4}$$

而透射系数和反射系数满足条件

$$|a|^2+|b|^2=1\tag{8.1.5}$$

用数学语言描述薛定谔方程(8.1.1)的正散射问题如下：给定位势函数 u，求散射数据 $a(k,t)$、$b(k,t)$、c_m 和 k_m，以及波函数 Ψ。

8.2 反散射方法

考虑如下 KdV 方程

$$u_t-6uu_x+u_{xxx}=0\tag{8.2.1}$$

KdV 方程与一维薛定谔方程(8.1.1)有密切的联系。假定 u 使一维薛定谔方程(8.1.1)成立，那么下面的黎卡提(Riccati)方程

$$v_x+v^2+\lambda=u\tag{8.2.2}$$

建立了未知函数 v 与势函数 u 之间的一种联系。以 $v=\dfrac{\Psi_x}{\Psi}$ 代入式(8.2.2)得

$$\Psi_{xx}-(u-\lambda)\Psi=0\tag{8.2.3}$$

这正是一维薛定谔方程(8.1.1)。由式(8.2.3)可得

$$u=\frac{\Psi_{xx}}{\Psi}+\lambda\tag{8.2.4}$$

以式(8.2.4)代入式(8.2.1)得

$$\lambda_t\Psi^2+(\Psi R_x-\Psi_x R)_x=0\tag{8.2.5}$$

式中

$$R=\Psi_t+\Psi_{xxx}-3(u+\lambda)\Psi_x=\Psi_t+\Psi_{xxx}-3\left(\frac{\Psi_{xx}}{\Psi}+2\lambda\right)\Psi_x \tag{8.2.6}$$

这样，可以通过解式(8.2.5)来解 KdV 方程。然而，解式(8.2.5)并不比直接解 KdV 方程容易。反散射方法就是为了解式(8.2.5)而产生的。反散射方法描述如下：首先由 KdV 方程的初始条件从式(8.2.5)确定薛定谔方程的散射数据 $a(k,t)$、$b(k,t)$、c_m 和 k_m，然后决定势函数 u。

如何利用 KdV 方程的初始条件计算出薛定谔方程(8.1.1)的散射数据？前面已经知道，KdV 方程的解 $u(x,t)$ 满足边值条件当 $x\to\pm\infty$ 时，$u(x,t)\to 0$，这说明，当 $x\to\pm\infty$ 时，薛定谔方程(8.1.1)的位势应趋于零。由此可知，当 $x\to\pm\infty$ 时，一维薛定谔方程(8.1.1)的离散谱的 $\lambda_n=-k_n^2\,(n=1,2,\cdots,N)$ 的特征函数 Ψ_n、Ψ_n 的导数和势函数 u 都趋于零，那么在式(8.2.5)中以 λ_n 代替 λ，以 Ψ_n 代替 Ψ 后得

$$\lambda_{nt}\Psi_n^2+\left(\Psi_n R_x-\Psi_{nx}R\right)_x=0$$

并将上式两边从 $-\infty$ 到 $+\infty$ 积分并利用边值条件得

$$\lambda_{nt}\int_{-\infty}^{+\infty}\Psi_n^2\mathrm{d}x=0,\ n=1,2,\cdots,N \tag{8.2.7}$$

但 $\int_{-\infty}^{+\infty}\Psi_n^2\mathrm{d}x=1$，由式(8.2.7)可得

$$\lambda_{nt}=0,\quad \lambda_n=\text{常数},\quad n=1,2,\cdots,N$$

这就是说，一维薛定谔方程(8.1.1)的反散射问题只需从 KdV 方程的初始条件就可以决定其离散谱的一切散射数据。

当 λ 与时间无关时，有 $\frac{\mathrm{d}\lambda}{\mathrm{d}t}=0$，那么式(8.2.5)可写为

$$\left(\Psi R_x-\Psi_x R\right)_x=0 \tag{8.2.8}$$

积分式(8.2.8)

$$\Psi R_x-\Psi_x R=D(t) \tag{8.2.9}$$

式(8.2.9)可写为

$$(\Psi R)_x=\frac{2\Psi_x}{\Psi}(\Psi R)+D(t)$$

这是一个以 ΨR 为变量的一元一次线性微分方程。解这个方程得

$$\Psi R=\Psi^2\left(D(t)\int\frac{\mathrm{d}x}{\Psi^2}\mathrm{d}x+C(t)\right)$$

由此可得

$$R=D(t)\Psi\int\frac{\mathrm{d}x}{\Psi^2}\mathrm{d}x+C(t)\Psi \tag{8.2.10}$$

对于离散谱 λ_n 和它对应的特征函数 Ψ_n，由式(8.2.9)得

$$\Psi_n R_x-\Psi_{nx}R=D(t) \tag{8.2.11}$$

根据边值条件，当 $x\to\pm\infty$ 时，特征函数 Ψ_n 和 Ψ_n 的导数都趋于零，那么 $D(t)=0$。因此，由式(8.2.11)得到

$$R_n = C(t)\Psi_n \tag{8.2.12}$$

以式(8.2.12)代入式(8.2.6)得到

$$\Psi_n\Psi_{nt} + \Psi_n\Psi_{nxxx} - 3(\Psi_{nxx} + 2\lambda_n\Psi_n)\Psi_{nx} = C(t)\Psi_n^2$$

将上式两边从 $-\infty$ 到 $+\infty$ 对变量 x 积分并利用边值条件得

$$C(t)\int_{-\infty}^{+\infty}\Psi_n^2\mathrm{d}x = \frac{1}{2}\int_{-\infty}^{+\infty}\left(\Psi_n^2\right)_t\mathrm{d}x + \int_{-\infty}^{+\infty}\left(\Psi_n\Psi_{nxx} - 2\Psi_{nx}^2 - 3\lambda_n\Psi_n^2\right)_x\mathrm{d}x = 0$$

由此可得 $C(t)=0$，从而 $R_n=0$，于是

$$\Psi_n\Psi_{nt} + \Psi_n\Psi_{nxxx} - 3(\Psi_{nxx} + 2\lambda_n\Psi_n)\Psi_{nx} = 0 \tag{8.2.13}$$

根据式(8.1.3)，当 $x\to+\infty$ 时，$\Psi_n \approx c_n(t)\mathrm{e}^{-k_n x}$。因此，当 $x\to+\infty$ 时，以 $\Psi_n \approx c_n(t)\mathrm{e}^{-k_n x}$ 代入式(8.2.13)得

$$c_n'(t) - k_n^3 c_n(t) + 3\lambda_n k_n c_n(t) = 0$$

注意到 $\lambda_n = -k_n^2$，那么上式可写为

$$c_n'(t) = 4k_n^3 c_n(t)$$

由此可得

$$c_n(t) = c_n(0)e^{4k_n^3 t}, \quad n = 1,2,\cdots,N \tag{8.2.14}$$

对于连续谱 λ，如果假定谱 λ 与时间 t 无关，其对应的特征函数满足式(8.2.10)，根据式(8.1.2)，当 $x\to-\infty$ 时，$\Psi(x,k,t)\approx a(k,t)\mathrm{e}^{-\mathrm{i}kx}$。因此，当 $x\to-\infty$ 时，以 $\Psi(x,k,t)\approx a(k,t)\mathrm{e}^{-\mathrm{i}kx}$ 代入式(8.2.10)得

$$a' + \mathrm{i}k^3 a + 3\mathrm{i}\lambda k a = C(t)a + \frac{D(t)}{a}\int \mathrm{e}^{-2\mathrm{i}kx}\mathrm{d}x$$

若 $D(t)=0$，以 $\lambda=k^2$ 代入上式得

$$a' + \left(4\mathrm{i}k^3 - C(t)\right)a = 0 \tag{8.2.15}$$

同样根据式(8.1.2)，当 $x\to+\infty$ 时，$\Psi(x,k,t)\approx \mathrm{e}^{-\mathrm{i}kx} + b(k,t)\mathrm{e}^{\mathrm{i}kx}$。因此，当 $x\to+\infty$ 时，以 $\Psi(x,k,t)\approx \mathrm{e}^{-\mathrm{i}kx} + b(k,t)\mathrm{e}^{\mathrm{i}kx}$ 代入式(8.2.10)后，并取 $\mathrm{e}^{-\mathrm{i}kx}$ 和 $\mathrm{e}^{\mathrm{i}kx}$ 前的系数为零，得到

$$\begin{cases} \mathrm{i}k^3 + 3\mathrm{i}\lambda k = C(t) \\ b' - \mathrm{i}k\left(k^2 + 3\lambda\right)b = C(t)b \end{cases} \tag{8.2.16}$$

利用 $\lambda = k^2$，由式(8.2.15)和式(8.2.16)可得到

$$\begin{cases} a(k,t) = a(k,0) \\ b(k,t) = b(k,0)\mathrm{e}^{8\mathrm{i}k^3 x} \\ C(t) = 4\mathrm{i}k^3 \end{cases} \tag{8.2.17}$$

前面确定了所有的散射数据。如何利用这些散射数据来求势函数$u(x,t)$？事实上，反散射问题的位势由下式决定

$$u(x,t)=-2\frac{\mathrm{d}}{\mathrm{d}x}K(x,x,t) \tag{8.2.18}$$

式中，$K(x,y,t)$满足如下积分方程(GLM 方程)

$$K(x,y,t)+B(x+y,t)+\int_x^{+\infty}B(y+z,t)\cdot K(x,z,t)\mathrm{d}z=0 \tag{8.2.19}$$

要求$y>z$，且当$z\to+\infty$时，$K(x,z,t)\to0$。式(8.2.19)的核为

$$B(x,t)=\sum_{n=1}^{N}c_n^2(t)\mathrm{e}^{-k_nx}+\frac{1}{2\pi}\int_{-\infty}^{+\infty}b(k,t)\mathrm{e}^{\mathrm{i}kx}\mathrm{d}k \tag{8.2.20}$$

综上所述，通过求解薛定谔方程的反散射问题可以获得 KdV 方程的下列初值问题的解

$$\begin{cases}u_t-6uu_x+u_{xxx}=0\\u(x,0)=u_0(x)\end{cases},\quad x\in\mathbf{R},\ t>0 \tag{8.2.21}$$

其求解过程如下。

(1) 求解谱问题。

$$\varPsi_{xx}-\left(u_0(x)-\lambda\right)\varPsi=0 \tag{8.2.22}$$

确定散射数据$a(k,0)$、$a(k,t)$、$b(k,0)$、$b(k,t)$、$c_n(0)$、$c_n(t)$和k_n。

(2) 计算积分核

$$B(x+y,t)=\sum_{n=1}^{N}c_n^2(t)\mathrm{e}^{-k_n(x+y)}+\frac{1}{2\pi}\int_{-\infty}^{+\infty}b(k,t)\mathrm{e}^{\mathrm{i}k(x+y)}\mathrm{d}k$$

利用式(8.2.17)，上式可写

$$B(x+y,t)=\sum_{n=1}^{N}c_n^2(0)\mathrm{e}^{8k_n^3-k_n(x+y)}+\frac{1}{2\pi}\int_{-\infty}^{+\infty}b(k,t)\mathrm{e}^{\mathrm{i}\left[8k^3+k(x+y)\right]}\mathrm{d}k \tag{8.2.23}$$

(3) 解积分方程(8.2.19)得$K(x,y,t)$，从而可得式(8.2.18)。

从前面的过程可以看出，将解非线性 KdV 方程的初值问题转化为解两个线性方程，一个是求解二阶线性常微分方程的 SL 问题，另一个是求解线性积分方程。

接下来举例说明用反散射方法求解 KdV 方程的孤立波。在式(8.2.20)中取$b(k,t)=0$，得

$$B(x,t)=B(x)=\sum_{n=1}^{N}c_n^2(t)\mathrm{e}^{-k_nx} \tag{8.2.24}$$

对于 KdV 方程，有$c_n=c_n(t)=c_n(0)\mathrm{e}^{4k_n^3t}$，$n=1,2,\cdots,N$，且$k_n>0$是互不相同的。以式(8.2.24)代入式(8.2.19)得

$$K(x,y,t)+\sum_{n=1}^{N}c_n^2\mathrm{e}^{-k_n(x+y)}+\sum_{n=1}^{N}c_n^2\int_x^{+\infty}\mathrm{e}^{-k_n(y+z)}K(x,z,t)\mathrm{d}z=0 \tag{8.2.25}$$

只需求出式(8.2.25)的一个解即可。假设

$$K(x,y,t)=K(x,y)=-\sum_{m=1}^{N}c_m\phi_m(x)\mathrm{e}^{-k_m y} \tag{8.2.26}$$

式中，$\phi_m(x)(m=1,2,\cdots,N)$ 是待定函数。以式(8.2.26)代入式(8.2.25)得到

$$\phi_m(x)+\sum_{n=1}^{N}c_m c_n\frac{\mathrm{e}^{-(k_m+k_n)x}}{k_m+k_n}\phi_n(x)=c_m\mathrm{e}^{-k_m x},\quad m=1,2,\cdots,N \tag{8.2.27}$$

这是一个以 $\phi_1(x),\phi_2(x),\cdots,\phi_N(x)$ 为未知量的线性代数方程组。将式(8.2.27)写成矩阵形式得

$$(\boldsymbol{I}+\boldsymbol{C})\boldsymbol{X}=\boldsymbol{e} \tag{8.2.28}$$

其中，$\boldsymbol{I}$ 是单位矩阵，而

$$\boldsymbol{C}=\left(c_m c_n\frac{\mathrm{e}^{-(k_m+k_n)x}}{k_m+k_n}\right)_{N\times N}$$

$$\boldsymbol{X}=\left(\phi_1(x),\phi_2(x),\cdots,\phi_N(x)\right)^{\mathrm{T}}$$

$$\boldsymbol{e}=\left(c_1\mathrm{e}^{-k_1 x},c_2\mathrm{e}^{-k_2 x},\cdots,c_N\mathrm{e}^{-k_N x}\right)^{\mathrm{T}}$$

因为

$$\sum_{m=1}^{N}\sum_{m=1}^{N}c_m c_n\frac{\mathrm{e}^{-(k_m+k_n)x}}{k_m+k_n}x_m x_n=\int_x^{+\infty}\left(\sum_{m=1}^{N}c_m x_m\mathrm{e}^{-k_m z}\right)^2\mathrm{d}z>0$$

于是 $\boldsymbol{C}$ 是正定矩阵，从而 $\boldsymbol{I}+\boldsymbol{C}$ 是可逆矩阵，这就说明线性方程组(8.2.28)只有唯一解。因此，可以从式(8.2.28)解出 $\boldsymbol{X}=\left(\phi_1(x),\phi_2(x),\cdots,\phi_N(x)\right)^{\mathrm{T}}$。这样由式(8.2.26)确定了 $K(x,y,t)$，进一步，可以得到

$$u(x,t)=-2\frac{\mathrm{d}}{\mathrm{d}x}K(x,x,t) \tag{8.2.29}$$

例 8.1 取 $u(x,0)=u_0(x)=-2\operatorname{sech}^2 x$，那么式(8.2.22)可写为

$$\varPsi_{xx}+\left(2\operatorname{sech}^2 x+\lambda\right)\varPsi=0 \tag{8.2.30}$$

式(8.2.30)有一个离散特征根 $\lambda=1$，因而可求得 $c_1(0)=\sqrt{2},b(k,0)=0,b(k,t)=0$，从而

$$B(x,t)=2\mathrm{e}^{8t-x}$$

以上式代入式(8.2.25)得

$$K(x,y,t)+2\mathrm{e}^{8t-x-y}+2\mathrm{e}^{8t-y}\int_x^{+\infty}\mathrm{e}^{-z}K(x,z,t)\mathrm{d}z=0 \tag{8.2.31}$$

在式(8.2.31)中令 $K(x,y,t)=L(x,t)\mathrm{e}^{-y}$ 得

$$L(x,t)+2\mathrm{e}^{8t-x}+2\mathrm{e}^{8t}L(x,t)\int_x^{+\infty}\mathrm{e}^{-2z}\mathrm{d}z=0$$

由上式可得

$$L(x,t)=-\frac{2\mathrm{e}^{x}}{1+\mathrm{e}^{2x-8t}}$$

从而可得

$$K(x,y,t)=-\frac{2\mathrm{e}^{x-y}}{1+\mathrm{e}^{2x-8t}}$$

于是求得了 KdV 方程的解是

$$u(x,t)=-2\frac{\mathrm{d}}{\mathrm{d}x}K(x,x,t)=-2\operatorname{sech}^2(x-4t)$$

例 8.2　取 $u(x,0)=u_0(x)=-6\operatorname{sech}^2 x$，那么式(8.2.22)可写为

$$\Psi_{xx}+\left(6\operatorname{sech}^2 x+\lambda\right)\Psi=0$$

上面方程有两个离散特征根

$$\lambda_1=-4,\ \Psi_1(x)=\frac{1}{4}\operatorname{sech}^2 x$$

$$\lambda_2=-1,\ \Psi_2(x)=\frac{1}{2}\tanh x\cdot\operatorname{sech}^2 x$$

由此可得 $c_1^2(0)=12, c_2^2(0)=6$，这都是无反射的，因而 $b(k,t)=0$，于是直接计算可得

$$B(x,t)=12\mathrm{e}^{64t-2x}+6\mathrm{e}^{8t-x}$$

$$K(x,y,t)=\frac{3\mathrm{e}^{36t-2x-y}-3\mathrm{e}^{-24t+2x-y}-6\mathrm{e}^{28t-x-2y}-6\mathrm{e}^{36t-x-2y}}{\left(3\cosh(x-28t)+\cosh(3x-36t)\right)^2}$$

由上式可得位势函数为

$$u(x,t)=-\frac{12\left(3+4\cosh(2x_1+24t)+\cosh(4x_1)\right)}{\left(3\cosh(x_1-12t)+\cosh(3x_1-12t)\right)^2}$$

式中，$x_1=x-16t$。这是一个具有两个孤立波峰的解(图 8.1 和图 8.2)，一个波峰高，一个波峰低，两个波碰撞分离后，它们的波形没有发生变化，波峰高的那个波的波幅变得低一些，而波峰低的那个波的波幅没有变。可以用数值方法来了解这两个波碰撞后波峰高的那个波的波幅变化情况。接下来通过不断放大计算区域来看波峰高的那个波的波幅在两波碰撞后的变化情况。从图 8.3～图 8.6 中可以看到，当两波碰撞后，波峰低的波穿过波峰高的波，且穿过后没有发生变化，而波峰高的波的波幅首先是变低，然后是变高，当波峰低的波穿过后，波峰高的波的波幅不再变化，波形也没变，但比碰撞前的波幅要低并且波产生了一定的错位。

图 8.3～图 8.6 也表明，孤立波具有高度的稳定性。

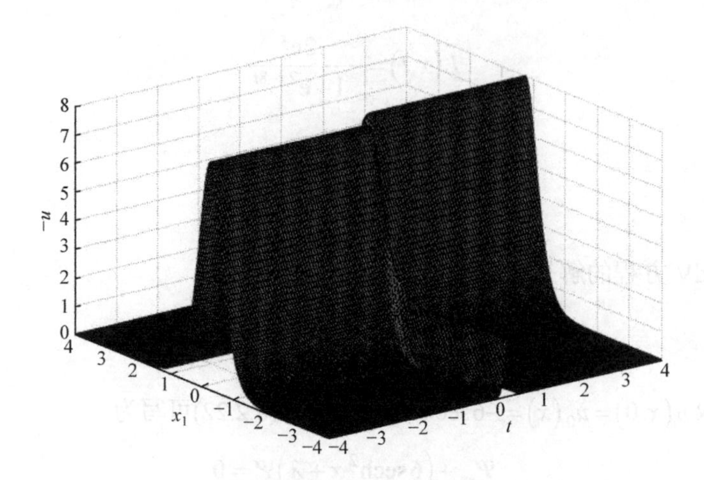

图 8.1　按 t、x_1、$-u$ 顺序

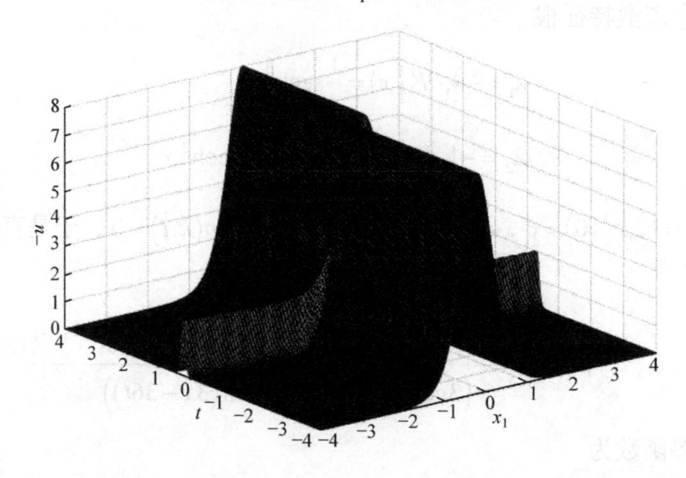

图 8.2　按 x_1、t、$-u$ 顺序

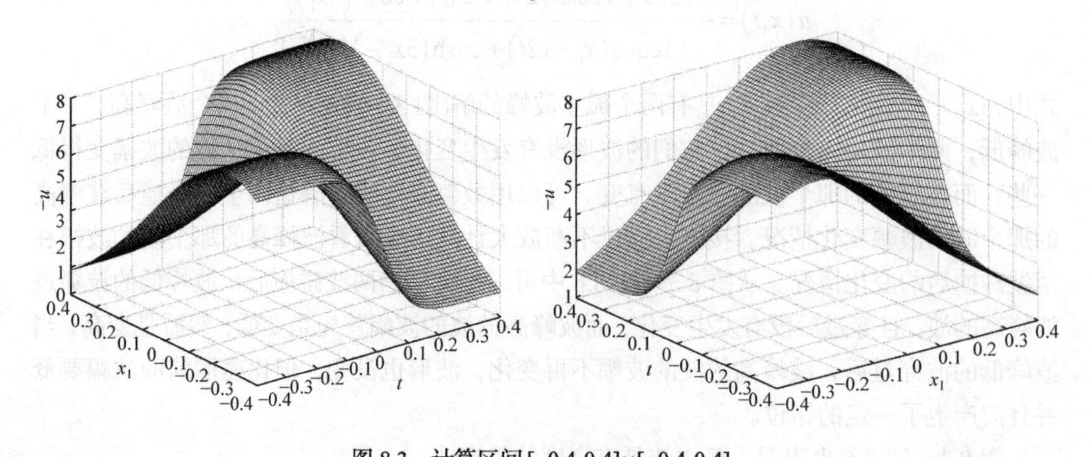

图 8.3　计算区间 $[-0.4,0.4]\times[-0.4,0.4]$

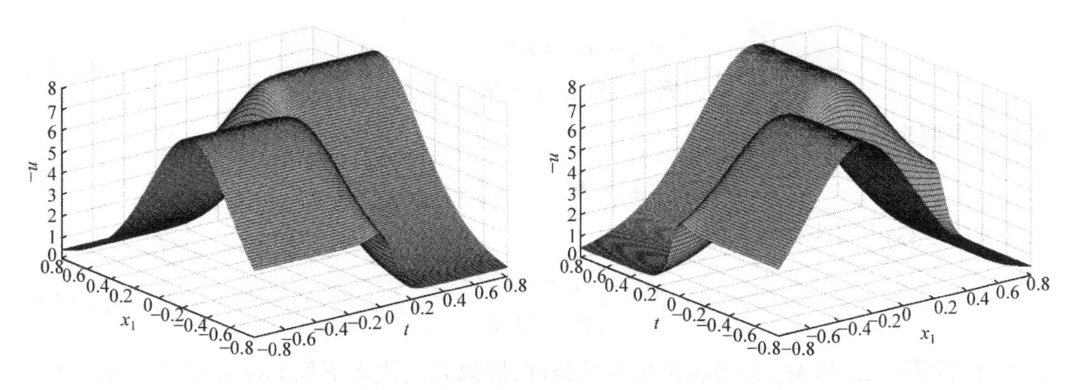

图 8.4　计算区间 $[-0.8,0.8]\times[-0.8,0.8]$

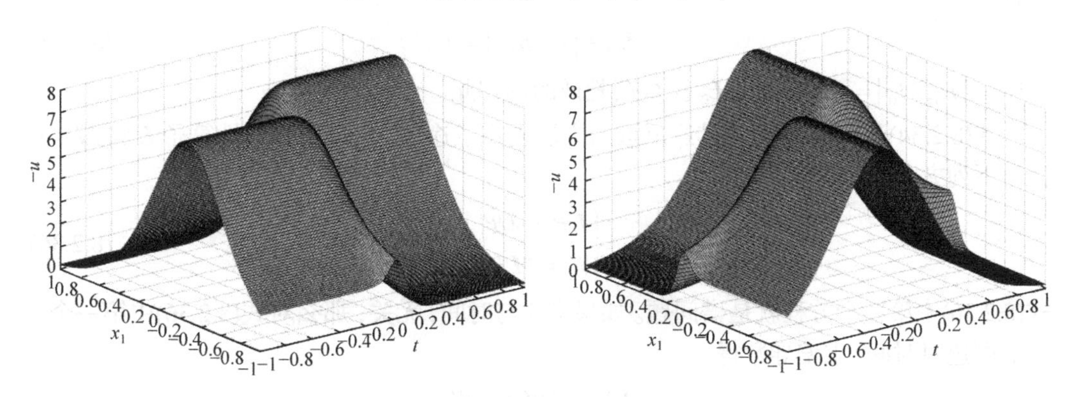

图 8.5　计算区间 $[-1,1]\times[-1,1]$

反散射方法对求解 KdV 方程的初值问题是十分有效的。接下来将反散射方法进行推广，以便求出更多的非线性偏微分方程的孤立波解。

考虑如下一般的非线性偏微分方程

$$u_t = K(u) \tag{8.2.32}$$

式中，K 是一个非线性偏微分算子。

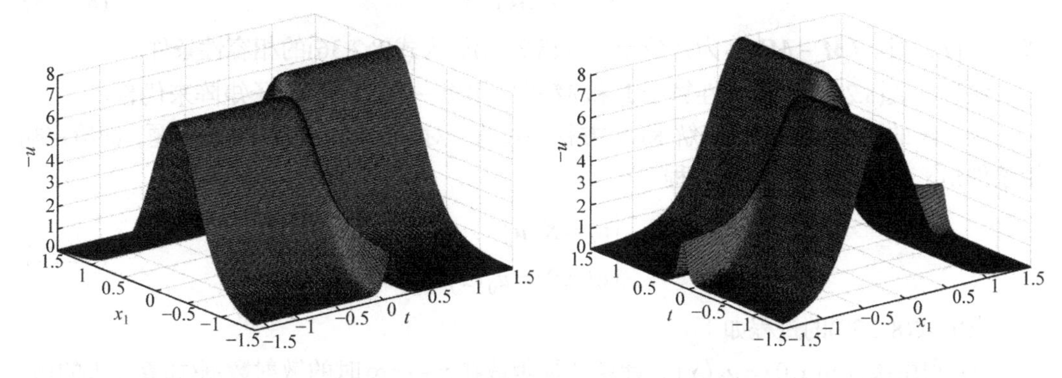

图 8.6　计算区间 $[-1.5,1.5]\times[-1.5,1.5]$

在解 KdV 方程时，其反散射问题的谱问题取决于下列两个方程

$$\begin{cases}-\Psi_{xx}+u\Psi=\lambda\Psi\\ \Psi_t=-4\Psi_{xxx}+6u\Psi_x+3u_x\Psi\end{cases}\tag{8.2.33}$$

如果引进两个算子

$$\boldsymbol{L}_0=\partial_x^2+u,\quad \boldsymbol{M}_0=-4\partial_x^3+6u\partial_x+3u_x$$

那么式(8.2.33)可写为

$$\begin{cases}\boldsymbol{L}_0\Psi=\lambda\Psi\\ \Psi_t=\boldsymbol{M}_0\Psi\end{cases}\tag{8.2.34}$$

式中，线性算子 $\boldsymbol{L}_0$ 和 $\boldsymbol{M}_0$ 必须满足相容性条件，即以它们代入下列 Lax 方程后可得到 KdV 方程

$$\boldsymbol{L}_{0t}+\left[\boldsymbol{L}_0,\boldsymbol{M}_0\right]=0\tag{8.2.35}$$

式中，$\left[\boldsymbol{L}_0,\boldsymbol{M}_0\right]=\boldsymbol{L}_0\boldsymbol{M}_0-\boldsymbol{M}_0\boldsymbol{L}_0$。直接验证的确如此。

式(8.2.34)和式(8.2.35)为推广反散射方法提供了途径。引进两个线性算子 $\boldsymbol{L}$ 和 $\boldsymbol{M}$，且满足下列方程

$$\begin{cases}\boldsymbol{L}\Psi=\lambda\Psi\\ \Psi_t=\boldsymbol{M}\Psi\end{cases}\tag{8.2.36}$$

式(8.2.36)中第一个方程就是谱问题。如果谱 λ 与时间 t 无关，那么对式(8.2.36)中第一个方程的两边对时间 t 求偏导数得

$$\boldsymbol{L}_t\Psi+\boldsymbol{L}\Psi_t=\lambda\Psi_t$$

以式(8.2.36)中第二个方程代入上面的方程得

$$\boldsymbol{L}_t\Psi+\boldsymbol{L}\boldsymbol{M}\Psi=\lambda\boldsymbol{M}\Psi\tag{8.2.37}$$

再利用式(8.2.36)中第一个方程，式(8.2.37)可写为

$$\boldsymbol{L}_t\Psi+\left(\boldsymbol{L}\boldsymbol{M}-\boldsymbol{M}\boldsymbol{L}\right)\Psi=0$$

因此，得

$$\boldsymbol{L}_t+\left[\boldsymbol{L},\boldsymbol{M}\right]=0\tag{8.2.38}$$

式中，$\left[\boldsymbol{L},\boldsymbol{M}\right]=\boldsymbol{L}\boldsymbol{M}-\boldsymbol{M}\boldsymbol{L}$ 称为换位子。式(8.2.38)称为式(8.2.36)的相容性条件。

注意，式(8.2.38)中的线性算子 $\boldsymbol{L}$ 和 $\boldsymbol{M}$ 可以用更一般的线性算子矩阵来代替。

接下来的过程完全类似于解 KdV 方程的过程。对于式(8.2.32)的初值问题，即给定初始条件 $u(x,0)=u_0(x)$，求解方程

$$\begin{cases}u_t=K(u)\\ u(x,0)=u_0(x)\end{cases}\tag{8.2.39}$$

求解式(8.2.39)的过程如下。

(1) 利用条件 $u(x,0)=u_0(x)$，计算特征函数在 $x\to\pm\infty$ 时的散射数据(如算子 L 的谱、反射系数、透射系数等)。

(2) 由式(8.2.36)的第二个方程确定当 $x\to\pm\infty$ 时波函数 Ψ 的渐近行为，进而确定散射数据对时间的变化规律。

(3) 求反问题的解。利用已知的算子 $\boldsymbol{L}$ 的散射数据，构造解 $u(x,t)$。

对于 KdV 方程，可以很容易找到线性算子 $\boldsymbol{L}$ 和 $\boldsymbol{M}$。但对于式(8.2.32)，找到线性算子 $\boldsymbol{L}$ 和 $\boldsymbol{M}$ 是相当不易的。例如，取线性算子 $\boldsymbol{L}$ 和 $\boldsymbol{M}$ 如下

$$\boldsymbol{L}=\partial_x^2+u,\quad \boldsymbol{M}=\partial_x$$

那么

$$\boldsymbol{L}_t=u_t,\quad [\boldsymbol{L},\boldsymbol{M}]=-u_x$$

由式(8.2.38)可得 $u_t=u_x$，从而 $u=f(x+t)$。这是行波解，没有获得新解。

对于式(8.2.32)，已经找到了几类非线性偏微分方程的线性算子 $\boldsymbol{L}$ 和 $\boldsymbol{M}$，如非线性薛定谔方程。

如果取

$$\boldsymbol{L}=\begin{pmatrix} \mathrm{i}\dfrac{\mathrm{d}}{\mathrm{d}x} & -\mathrm{i}q(x,t) \\ r(x,t) & -\mathrm{i}\dfrac{\mathrm{d}}{\mathrm{d}x} \end{pmatrix},\quad \Psi(x,t)=\begin{pmatrix} \Psi_1(x,t) \\ \Psi_2(x,t) \end{pmatrix}$$

式中，$q(x,t)$ 和 $r(x,t)$ 是任意可微函数。以上式代入式(8.2.36)的第一个方程得

$$\begin{cases} \mathrm{i}\Psi_{1x}-\mathrm{i}q\Psi_2=\lambda\Psi_1 \\ \mathrm{i}r\Psi_1-\mathrm{i}\Psi_{2x}=\lambda\Psi_2 \end{cases} \tag{8.2.40}$$

同样，如果取

$$\boldsymbol{M}=\begin{pmatrix} A(x,t,\lambda) & B(x,t,\lambda) \\ C(x,t,\lambda) & -A(x,t,\lambda) \end{pmatrix}$$

以上式代入式(8.2.36)的第二个方程得

$$\begin{cases} \Psi_{1t}=A\Psi_1+B\Psi_2 \\ \Psi_{2t}=C\Psi_1-A\Psi_2 \end{cases} \tag{8.2.41}$$

将式(8.2.40)中两个方程的两边都对时间 t 求偏导数得

$$\begin{cases} \mathrm{i}\Psi_{1xt}-\mathrm{i}q_t\Psi_2-\mathrm{i}q\Psi_{2t}=\lambda\Psi_{1t} \\ \mathrm{i}r_t\Psi_1+\mathrm{i}r\Psi_{1t}-\mathrm{i}\Psi_{2xt}=\lambda\Psi_{2t} \end{cases} \tag{8.2.42}$$

将式(8.2.41)中两个方程的两边都对 x 求偏导数得

$$\begin{cases} \Psi_{1xt}=A_x\Psi_1+A\Psi_{1x}+B_x\Psi_2+B\Psi_{2x} \\ \Psi_{2xt}=C_x\Psi_1+C\Psi_{1x}-A_x\Psi_2-A\Psi_{2x} \end{cases} \tag{8.2.43}$$

利用式(8.2.42)，式(8.2.43)可写为

$$\begin{cases} A_x\Psi_1+A\Psi_{1x}+B_x\Psi_2+B\Psi_{2x}=-\mathrm{i}\lambda\Psi_{1t}+q_t\Psi_2+q\Psi_{2t} \\ C_x\Psi_1+C\Psi_{1x}-A_x\Psi_2-A\Psi_{2x}=\mathrm{i}\lambda\Psi_{2t}+r_t\Psi_1+r\Psi_{1t} \end{cases} \tag{8.2.44}$$

再利用式(8.2.40)和式(8.2.41)，式(8.2.44)化为

$$
\begin{aligned}
& A_x\Psi_1 + A(q\Psi_2 - \mathrm{i}\lambda\Psi_1) + B_x\Psi_2 + B(r\Psi_1 + \mathrm{i}\lambda\Psi_2) \\
&= -\mathrm{i}\lambda(A\Psi_1 + B\Psi_2) + q_t\Psi_2 + q(C\Psi_1 - A\Psi_2) \\
& \times C_x\Psi_1 + C(q\Psi_2 - \mathrm{i}\lambda\Psi_1) - A_x\Psi_2 - A(r\Psi_1 + \mathrm{i}\lambda\Psi_2) \\
&= \mathrm{i}\lambda(C\Psi_1 - A\Psi_2) + r_t\Psi_1 + r(A\Psi_1 + B\Psi_2)
\end{aligned}
$$

让上式中 Ψ_1 和 Ψ_2 前面的系数相等得

$$
\begin{cases}
A_x + Br = Cq \\
B_x + 2\mathrm{i}\lambda B = q_t - 2Aq \\
C_x - 2\mathrm{i}\lambda C = r_t + 2Ar \\
Cq - A_x = Br
\end{cases}
$$

事实上，上面方程组中第一个方程和第四个方程相同，得

$$
\begin{cases}
A_x + Br = Cq \\
B_x + 2\mathrm{i}\lambda B = q_t - 2Aq \\
C_x - 2\mathrm{i}\lambda C = r_t + 2Ar
\end{cases}
\tag{8.2.45}
$$

上述过程说明，对于给定的初始条件 $r(x,0)$ 和 $q(x,0)$，可以利用式(8.2.40)确定离散特征值(它们与时间无关)和当 $x\to\pm\infty$ 时由初始时刻的特征函数 $\Psi_1(x,0,\lambda)$ 和 $\Psi_2(x,0,\lambda)$ 确定的散射数据。显然，如果给出一组 q、q_t、r 和 r_t，由方程组(8.2.45)可求出 A、B 和 C。然后，可利用式(8.2.41)求出 $x\to\pm\infty$ 特征函数 Ψ_1 和 Ψ_2 随时间变化的渐近形式，再求出位势 $q(x,t)$ 和 $r(x,t)$。

为了简单起见，取

$$
A = \sum_{j=0}^{3}\alpha^j\lambda^j,\quad B = \sum_{j=0}^{3}\beta^j\lambda^j,\quad C = \sum_{j=0}^{3}\gamma^j\lambda^j
\tag{8.2.46}
$$

以式(8.2.46)代入式(8.2.45)并比较 λ 的同次项系数得

$$
\begin{cases}
\alpha_x^0 = \gamma^0 q - \beta^0 r \\
\alpha_x^1 = \gamma^1 q - \beta^1 r \\
\alpha_x^2 = \gamma^2 q - \beta^2 r \\
\alpha_x^3 = \gamma^3 q - \beta^3 r
\end{cases}
$$

以及

$$
\begin{cases}
q_t = \beta_x^0 + 2\alpha^0 q \\
\beta_x^1 + 2\mathrm{i}\beta^0 + 2\alpha^1 q = 0 \\
\beta_x^2 + 2\mathrm{i}\beta^1 + 2\alpha^2 q = 0, \\
\beta_x^3 + 2\mathrm{i}\beta^2 + 2\alpha^3 q = 0 \\
\beta^3 = 0
\end{cases}
\quad
\begin{cases}
r_t = \gamma_x^0 - 2\alpha^0 r \\
\gamma_x^1 - 2\mathrm{i}\gamma^0 - 2\alpha^1 r = 0 \\
\gamma_x^2 - 2\mathrm{i}\gamma^1 - 2\alpha^2 r = 0 \\
\gamma_x^3 - 2\mathrm{i}\gamma^2 - 2\alpha^3 r = 0 \\
\gamma^3 = 0
\end{cases}
$$

解上面三个方程组得

$$\begin{cases}\alpha^0=\frac{1}{2}\alpha^2qr-\frac{\mathrm{i}}{4}\alpha^3\left(qr_x-q_xr\right)+\alpha^0\left(0,t\right)\\ \alpha^1=\frac{1}{2}\alpha^3qr+\alpha^1\left(0,t\right)\\ \alpha^2=\alpha^2\left(0,t\right)=\alpha^2\left(t\right)\\ \alpha^3=\alpha^3\left(0,t\right)=\alpha^3\left(t\right)\end{cases}$$

和

$$\begin{cases}\beta^0=\mathrm{i}\alpha^1\left(0,t\right)q+\frac{1}{2}\alpha^3q^2r-\frac{1}{2}\alpha^2q_x-\frac{\mathrm{i}}{4}\alpha^3q_{xx}\\ \beta^1=\mathrm{i}\alpha^2q-\frac{1}{2}\alpha^3q_x\\ \beta^2=\mathrm{i}\alpha^3q\\ \beta^3=0\end{cases}$$

和

$$\begin{cases}\gamma^0=\mathrm{i}\alpha^1\left(0,t\right)r+\frac{1}{2}\alpha^3qr^2+\frac{1}{2}\alpha^2r_x-\frac{\mathrm{i}}{4}\alpha^3r_{xx}\\ \gamma^1=\mathrm{i}\alpha^2r+\frac{1}{2}\alpha^3r_x\\ \gamma^2=\mathrm{i}\alpha^3r\\ \gamma^3=0\end{cases}$$

以及

$$\begin{cases}q_t=-\frac{1}{4}\alpha^3\left(q_{xxx}-6qrq_x\right)-\frac{1}{2}\alpha^2\left(q_{xx}-2q^2r\right)+\mathrm{i}\bar{\alpha}^1q_x+2\bar{\alpha}^0q\\ r_t=-\frac{1}{4}\alpha^3\left(r_{xxx}-6qrr_x\right)+\frac{1}{2}\alpha^2\left(r_{xx}-2qr^2\right)+\mathrm{i}\bar{\alpha}^1r_x-2\bar{\alpha}^0r\end{cases}\tag{8.2.47}$$

式中，$\bar{\alpha}^1=\alpha^1\left(0,t\right)$，$\bar{\alpha}^0=\alpha^0\left(0,t\right)$。如果满足某种关系，可以使式(8.2.47)中的两个方程化成只有一个未知函数的方程，这个过程称为约化。接下来考虑几种简单情况。

(1) 取 $\bar{\alpha}^0=\bar{\alpha}^1=\alpha^2=0$，$\alpha^3=-4\mathrm{i}$，$r=-1$，方程组(8.2.47)化为如下 KdV 方程

$$q_t+6qq_x+q_{xxx}=0$$

如果 $r=\mp q$，方程组(8.2.47)可化为 mKdV 方程

$$q_t\pm 6q^2q_x+q_{xxx}=0$$

(2) 取 $\bar{\alpha}^0=\bar{\alpha}^1=\alpha^3=0$，$\alpha^2=-2\mathrm{i}$，$r=\mp q^*$，方程组(8.2.47)化为非线性薛定谔方程

$$q_t-\mathrm{i}q_x\mp 2\mathrm{i}q^2q^*=0$$

式中，q^* 是 q 的共轭。

从前面的推导过程可以看出，对于 KdV 方程的初值问题，证明谱(即特征值)是常数相当于利用反散射方法解 KdV 方程的一半工作。而对于 AKNS 方程，只要将某一偏微分

方程写成 Lax 对形式，即式(8.2.36)或式(8.2.38)的形式，就相当于利用反散射方法解 KdV 方程时证明谱是常数的工作。接下来要确定 AKNS 方程的散射数据，这里确定 KdV 方程散射数据的方法不能用，因为线性算子 $\boldsymbol{L}$ 一般不是自共轭算子。当 $\boldsymbol{L}$ 不是自共轭算子时，其特征函数可以是复函数。

为了方便起见，将关于特征函数的方程组(8.2.40)写成矢量形式

$$\frac{\partial \boldsymbol{\Psi}}{\partial x}=-\mathrm{i}\lambda\boldsymbol{\sigma}_3\boldsymbol{\Psi}+\boldsymbol{U}\boldsymbol{\Psi} \tag{8.2.48}$$

式中

$$\boldsymbol{\sigma}_3=\begin{pmatrix}1 & 0\\ 0 & -1\end{pmatrix},\quad \boldsymbol{U}(x,t)=\begin{pmatrix}0 & q(x,t)\\ r(x,t) & 0\end{pmatrix}$$

只考虑零边值条件，即当 $x\to\pm\infty$ 时，位势 $q\to 0$，$r\to 0$。因此，当 $x\to\pm\infty$ 时，式(8.2.48)可写为

$$\frac{\partial \boldsymbol{\Psi}}{\partial x}=-\mathrm{i}\lambda\boldsymbol{\sigma}_3\boldsymbol{\Psi} \tag{8.2.49}$$

式(8.2.49)的通解为

$$\boldsymbol{\Psi}(x,t,\lambda)=\begin{pmatrix}\Psi_{10}(t,\lambda)\mathrm{e}^{-\mathrm{i}\lambda x}\\ \Psi_{20}(t,\lambda)\mathrm{e}^{-\mathrm{i}\lambda x}\end{pmatrix}=\begin{pmatrix}\Psi_{10}\mathrm{e}^{-\mathrm{i}\lambda x}\\ \Psi_{20}\mathrm{e}^{-\mathrm{i}\lambda x}\end{pmatrix} \tag{8.2.50}$$

因此，式(8.2.49)的两个基解是

$$\boldsymbol{\Psi}_1(x,\lambda)=\begin{pmatrix}\mathrm{e}^{-\mathrm{i}\lambda x}\\ 0\end{pmatrix},\quad \boldsymbol{\Psi}_2(x,\lambda)=\begin{pmatrix}0\\ \mathrm{e}^{-\mathrm{i}\lambda x}\end{pmatrix}$$

构造式(8.2.48)的一个解矩阵

$$\boldsymbol{\Phi}(x,t,\lambda)=\left(\phi_-(x,t,\lambda),\phi_+(x,t,\lambda)\right)$$

满足边值条件

$$\boldsymbol{\Phi}(x,t,\lambda)\to\mathrm{e}^{-\mathrm{i}\lambda x\boldsymbol{\sigma}_3},\quad x\to-\infty$$

式中，$\phi_-(x,t,\lambda)$ 和 $\phi_+(x,t,\lambda)$ 是式(8.2.48)的解。将上式写成分量形式得

$$\begin{aligned}&\phi_-(x,t,\lambda)\to\Psi_-(x,\lambda),\quad x\to-\infty\\ &\phi_+(x,t,\lambda)\to\Psi_+(x,\lambda),\quad x\to-\infty\end{aligned} \tag{8.2.51}$$

类似地，构造特征函数方程(8.2.48)的另一个解矩阵

$$\boldsymbol{\Psi}(x,t,\lambda)=\left(\Psi_-(x,t,\lambda),\Psi_+(x,t,\lambda)\right)$$

满足边值条件

$$\boldsymbol{\Psi}(x,t,\lambda)\to\mathrm{e}^{-\mathrm{i}\lambda x\boldsymbol{\sigma}_3},\quad x\to+\infty$$

式中，$\Psi_-(x,t,\lambda)$ 和 $\Psi_+(x,t,\lambda)$ 是式(8.2.48)的解。将上式写成分量形式得

$$\begin{aligned}&\Psi_-(x,t,\lambda)\to\Psi_-(x,\lambda),\quad x\to+\infty\\&\Psi_+(x,t,\lambda)\to\Psi_+(x,\lambda),\quad x\to+\infty\end{aligned}\tag{8.2.52}$$

由上面边值条件定义的解 $\phi_-(x,t,\lambda)$、$\phi_+(x,t,\lambda)$、$\Psi_-(x,t,\lambda)$ 和 $\Psi_+(x,t,\lambda)$ 称为 Jost 解。

Jost 解有如下性质。

(1) 解矩阵 $\boldsymbol{\Phi}(x,t,\lambda)$ 和 $\boldsymbol{\Psi}(x,t,\lambda)$ 的行列式为 1。为了简单起见，只证明 $\boldsymbol{\Phi}(x,t,\lambda)$ 的行列式为 1。记

$$\phi_-(x,t,\lambda)=\begin{pmatrix}\theta_1^-(x,t,\lambda)\\\theta_2^-(x,t,\lambda)\end{pmatrix},\quad \phi_+(x,t,\lambda)=\begin{pmatrix}\theta_1^+(x,t,\lambda)\\\theta_2^+(x,t,\lambda)\end{pmatrix}$$

那么利用式(8.2.48)可得

$$\begin{aligned}\frac{\partial}{\partial x}\det\left[\boldsymbol{\Phi}(x,t,\lambda)\right]&=\frac{\partial}{\partial x}\begin{vmatrix}\theta_1^- & \theta_1^+\\\theta_2^- & \theta_2^+\end{vmatrix}\\&=\begin{vmatrix}\partial_x\theta_1^- & \theta_1^+\\\partial_x\theta_2^- & \theta_2^+\end{vmatrix}+\begin{vmatrix}\theta_1^- & \partial_x\theta_1^+\\\theta_2^- & \partial_x\theta_2^+\end{vmatrix}\\&=\begin{vmatrix}-\mathrm{i}\lambda\theta_1^-+\mathrm{q}\theta_2^- & \theta_1^+\\ r\theta_1^-+\mathrm{i}\lambda\theta_2^- & \theta_2^+\end{vmatrix}+\begin{vmatrix}\theta_1^- & -\mathrm{i}\lambda\theta_1^++\mathrm{q}\theta_2^+\\\theta_2^- & r\theta_1^++\mathrm{i}\lambda\theta_2^+\end{vmatrix}\\&=-\mathrm{i}\lambda\theta_1^-\theta_2^++q\theta_2^-\theta_2^+-r\theta_1^-\theta_1^+-\mathrm{i}\lambda\theta_2^-\theta_1^++r\theta_1^-\theta_1^+\\&\quad+\mathrm{i}\lambda\theta_1^-\theta_2^++\mathrm{i}\lambda\theta_2^-\theta_1^+-q\theta_2^-\theta_2^+\\&=0\end{aligned}$$

上式说明 $\det\left[\boldsymbol{\Phi}(x,t,\lambda)\right]=\delta(t,\lambda)$，在这个式子两边令 $x\to-\infty$，得 $\delta(t,\lambda)=1$，从而证明了 $\det\left[\boldsymbol{\Phi}(x,t,\lambda)\right]=1$。

(2) 因为 $\phi_-(x,t,\lambda)$ 和 $\phi_+(x,t,\lambda)$ 是式(8.2.48)满足不同边值条件的解，因而它们是线性无关的，并且构成式(8.2.48)的基础解系。同理 $\Psi_-(x,t,\lambda)$ 和 $\Psi_+(x,t,\lambda)$ 也是线性无关的，并且也构成式(8.2.48)的基础解系。由线性代数理论，两个不同基础解系可以互相线性表出，因此，存在可逆矩阵 $\boldsymbol{T}=\boldsymbol{T}(t,\lambda)$ 使得

$$\boldsymbol{\Phi}(x,t,\lambda)=\boldsymbol{\Psi}(x,t,\lambda)\cdot\boldsymbol{T}(t,\lambda)\tag{8.2.53}$$

式中

$$\boldsymbol{T}(t,\lambda)=\begin{pmatrix}c(t,\lambda) & -\hat{d}(t,\lambda)\\d(t,\lambda) & \hat{c}(t,\lambda)\end{pmatrix}\tag{8.2.54}$$

对式(8.2.53)两边取行列式得

$$\det\left[\boldsymbol{\Phi}(x,t,\lambda)\right]=\det\left[\boldsymbol{\Psi}(x,t,\lambda)\right]\cdot\det\left[\boldsymbol{T}(t,\lambda)\right]\tag{8.2.55}$$

由于 $\det\left[\boldsymbol{\Phi}(x,t,\lambda)\right]=\det\left[\boldsymbol{\Psi}(x,t,\lambda)\right]=1$，那么由上式得到 $\det\left[\boldsymbol{T}(t,\lambda)\right]=1$。由式(8.2.54)得

$$c\hat{c}+d\hat{d}=1\tag{8.2.56}$$

由式(8.2.53)可得

$$\boldsymbol{T}(t,\lambda)=\boldsymbol{\Psi}(x,t,\lambda)^{-1}\cdot\boldsymbol{\Phi}(x,t,\lambda) \tag{8.2.57}$$

因为 $\det\left[\boldsymbol{\Psi}(x,t,\lambda)\right]=1$，所以它是可逆的，不难证明

$$\boldsymbol{\Psi}(x,t,\lambda)^{-1}=(\Psi_-,\Psi_+)^{-1}=\begin{pmatrix}\vartheta_2^+ & -\vartheta_1^+\\ -\vartheta_2^- & \vartheta_1^-\end{pmatrix}$$

式中

$$\Psi_-=\begin{pmatrix}\vartheta_1^-\\ \vartheta_2^-\end{pmatrix},\quad \Psi_+=\begin{pmatrix}\vartheta_1^+\\ \vartheta_2^+\end{pmatrix}$$

于是(8.2.56)可写为

$$\begin{aligned}\boldsymbol{T}(t,\lambda)&=\begin{pmatrix}\vartheta_2^+ & -\vartheta_1^+\\ -\vartheta_2^- & \vartheta_1^-\end{pmatrix}\begin{pmatrix}\theta_1^- & \theta_1^+\\ \theta_2^- & \theta_2^+\end{pmatrix}\\ &=\begin{pmatrix}\theta_1^-\vartheta_2^+-\theta_1^+\vartheta_2^- & \theta_1^+\vartheta_2^+-\theta_2^+\vartheta_1^+\\ \theta_2^-\vartheta_1^--\theta_1^-\vartheta_2^- & \theta_2^+\vartheta_1^--\theta_1^+\vartheta_2^-\end{pmatrix}\\ &=\begin{pmatrix}W[\phi_-,\Psi_+] & W[\phi_+,\Psi_+]\\ W[\Psi_-,\phi_-] & W[\Psi_-,\phi_+]\end{pmatrix}\end{aligned} \tag{8.2.58}$$

式中，$W[\phi,\Psi]$ 是式(8.2.48)两组解的朗斯基行列式。比较式(8.2.58)和式(8.2.54)得

$$\begin{aligned}c(t,\lambda)&=W\left[\phi_-(x,t,\lambda),\Psi_+(x,t,\lambda)\right]\\ \hat{c}(t,\lambda)&=W\left[\Psi_-(x,t,\lambda),\phi_+(x,t,\lambda)\right]\\ d(t,\lambda)&=W\left[\Psi_-(x,t,\lambda),\phi_-(x,t,\lambda)\right]\\ \hat{d}(t,\lambda)&=W\left[\Psi_+(x,t,\lambda),\phi_+(x,t,\lambda)\right]\end{aligned}$$

接下来应当选择一些量为散射数据。先将式(8.2.53)写成分量形式

$$\begin{cases}\phi_-=c\Psi_-+d\Psi_+\\ \phi_+=-\hat{d}\Psi_-+\hat{c}\Psi_+\end{cases} \tag{8.2.59}$$

由式(8.2.59)的第一个方程得

$$c^{-1}\phi_-=\Psi_-+\frac{d}{c}\Psi_+$$

上式有简单的物理意义。当 $x\to+\infty$ 时，上式右边趋于 $\Psi_1+\dfrac{d}{c}\Psi_2$，而当 $x\to-\infty$ 时，上式右边趋于 $c^{-1}\Psi_1$。这说明左行波 Ψ_1 从右方入射，经过位势的作用，$c^{-1}\Psi_1$ 透射到左方(透射波)，$\dfrac{d}{c}\Psi_2$ 被反射回右方。类似于 KdV 方程，反射系数 $k(t,\lambda)=\dfrac{d(t,\lambda)}{c(t,\lambda)}$ 可作为散射数据之一。同理，另一个反射系数 $\hat{k}(t,\lambda)=\dfrac{\hat{d}(t,\lambda)}{\hat{c}(t,\lambda)}$ 也可作为散射数据之一。可以证明 $c(t,\lambda)$ 关于 λ 可开拓到上半平面 $\mathrm{Im}(\lambda)>0$，而 $\hat{c}(t,\lambda)$ 关于 λ 可开拓到下半平面 $\mathrm{Im}(\lambda)<0$。

前面利用矩阵 $\boldsymbol{T}$ 的元素确定了反射系数。然而，与 KdV 方程相比，还没有确定离散

特征值和归一化常数。$c(t,\lambda)$和$\hat{c}(t,\lambda)$关于λ的零点分别使得反射系数$k(t,\lambda)$和$\hat{k}(t,\lambda)$为无穷大。由此可确定$c(t,\lambda)$和$\hat{c}(t,\lambda)$关于λ的零点就是离散特征值。

为了方便起见，设$c(t,\lambda)$只有有限个单重零点$\lambda_1,\lambda_2,\cdots,\lambda_N$，那么

$$c(t,\lambda_j)=0,\ \left.\frac{\partial c(t,\lambda)}{\partial\lambda}\right|_{\lambda=\lambda_j}\neq 0,\quad j=1,2,\cdots,N$$

以$\lambda=\lambda_j\,(j=1,2,\cdots,N)$代入式(8.2.59)的第一个方程得

$$\phi_-(x,t,\lambda_j)=d(t,\lambda_j)\Psi_+(x,t,\lambda_j),\quad j=1,2,\cdots,N \tag{8.2.60}$$

显然

$$\partial_\lambda c(t,\lambda)=W[\partial_\lambda\phi_-,\Psi_+]+W[\phi_-,\partial_\lambda\Psi_+] \tag{8.2.61}$$

利用式(8.2.48)，直接计算得到

$$\begin{cases}\partial_x W[\partial_\lambda\phi_-,\Psi_+]=-\mathrm{i}\left(\vartheta_1^+\theta_2^-+\vartheta_2^+\theta_1^-\right)\\ \partial_x W[\phi_-,\partial_\lambda\Psi_+]=\mathrm{i}\left(\vartheta_1^+\theta_2^-+\vartheta_2^+\theta_1^-\right)\end{cases} \tag{8.2.62}$$

将上面两式分别在区间$(-l,x)$和(x,l)积分后相减，并令$\lambda=\lambda_j$，利用式(8.2.60)且令$l\to+\infty$后，得

$$\partial_\lambda c(t,\lambda_j)=2\mathrm{i}d(t,\lambda_j)\int_{-\infty}^{+\infty}\vartheta_1^-(x,\lambda_j)\vartheta_2^-(x,\lambda_j)\mathrm{d}x \tag{8.2.63}$$

根据式(8.2.63)，定义归一化常数

$$g_j(t,\lambda_j)=2\mathrm{i}\int_{-\infty}^{+\infty}\vartheta_1^-(x,\lambda_j)\vartheta_2^-(x,\lambda_j)\mathrm{d}x=\frac{\partial_\lambda c(t,\lambda_j)}{\mathrm{i}d_j(t,\lambda_j)} \tag{8.2.64}$$

于是当$\mathrm{Im}(\lambda_j)>0$时，定义散射数据如下

$$k(t,\lambda),\lambda_j',\mathrm{g}_j(t,\lambda_j),\quad j=1,2,\cdots,N$$

类似地，利用$\hat{c}(t,\lambda)$关于λ只有有限单重零点定义另一组散射数据。

类似于解 KdV 方程，要了解散射数据关于时间的变化规律。显然，当$x\to\pm\infty$时，有$\boldsymbol{M}\to A_0(t,\lambda)\boldsymbol{\sigma}_3$，其中，$A_0(t,\lambda)=\sum_{j=0}^{3}\bar{\alpha}^j(t)\lambda^j$。以$\Psi=h(t,\lambda)\phi_-$代入 Lax 方程(8.2.38)的第二个方程得

$$\partial_t h\phi_-+h\partial_t\phi_-=h\boldsymbol{M}\phi_-$$

在上式两边令$x\to-\infty$，得

$$\partial_t h\Psi_1=A_0h\boldsymbol{\sigma}_3\Psi_1$$

由此可得

$$\partial_t h=A_0h$$

积分上式得

$$h=\eta(\lambda)\mathrm{e}^{\int_0^t A_0(t,\lambda)\mathrm{d}t}$$

注意，如果直接以 Jost 解代入 Lax 方程(8.2.38)的第二个方程并令$x\to-\infty$是得不到上面

解的，也就是说 Lax 方程(8.2.38)的第二个方程在这里不成立。因此，接下来利用无穷远处依赖于时间的解

$$h(t,\lambda)\phi_-(x,t,\lambda),\quad h(t,\lambda)\Psi_-(x,t,\lambda)$$
$$h^{-1}(t,\lambda)\phi_+(x,t,\lambda),\quad h^{-1}(t,\lambda)\Psi_+(x,t,\lambda)$$

当 $x\to+\infty$ 时，由式(8.2.58)第一个方程得

$$\phi_- = c\Psi_- + d\Psi_+ \to c\Psi_1 + d\Psi_2$$

以 $\boldsymbol{\Psi} = h(t,\lambda)(c\Psi_1 + d\Psi_2)$ 代入 Lax 方程(8.2.38)的第二个方程得

$$\partial_t(hc)\Psi_1 + \partial_t(hd)\Psi_2 = A_0 hc\Psi_1 - A_0 hd\Psi_2$$

上式表明

$$\partial_t(hc) = A_0 hc,\quad \partial_t(hd) = -A_0 hd$$

积分上面两式得到

$$hc = \eta_c(\lambda)\mathrm{e}^{\int_0^t A_0(t,\lambda)\mathrm{d}t},\quad hd = \eta_d(\lambda)\mathrm{e}^{-\int_0^t A_0(t,\lambda)\mathrm{d}t}$$

以 $h = \eta(\lambda)\mathrm{e}^{\int_0^t A_0(t,\lambda)\mathrm{d}t}$ 代入上面两式得

$$c(t,\lambda) = \frac{\eta_c(\lambda)}{\eta(\lambda)} = c(0,\lambda) = c(\lambda)$$

$$d(t,\lambda) = \frac{\eta_d(\lambda)}{\eta(\lambda)}\mathrm{e}^{-2\int_0^t A_0(t,\lambda)\mathrm{d}t} = d(0,\lambda)\mathrm{e}^{-2\int_0^t A_0(t,\lambda)\mathrm{d}t} = d(\lambda)\mathrm{e}^{-2\int_0^t A_0(t,\lambda)\mathrm{d}t}$$

上面的推导过程对于连续特征值和离散特征值都成立，因此

$$d(t,\lambda_j) = d(\lambda_j)\mathrm{e}^{-2\int_0^t A_0(t,\lambda)\mathrm{d}t} = d_0\mathrm{e}^{-2\int_0^t A_0(t,\lambda)\mathrm{d}t}$$

从而得到

$$k(t,\lambda) = k(0,\lambda)\mathrm{e}^{-2\int_0^t A_0(t,\lambda)\mathrm{d}t},\quad g_j(t,\lambda_j) = g_j(0)\mathrm{e}^{-2\int_0^t A_0(t,\lambda)\mathrm{d}t}$$

同理，可以得到关于矩阵 $\boldsymbol{T}$ 的元素 $\hat{c}(t,\lambda)$ 的散射数据在关于 λ 的下半平面随时间的变化规律如下

$$\hat{k}(t,\lambda) = \hat{k}(0,\lambda)\mathrm{e}^{-2\int_0^t A_0(t,\lambda)\mathrm{d}t},\quad \hat{g}_j(t,\hat{\lambda}_j) = \hat{g}_j(0)\mathrm{e}^{-2\int_0^t A_0(t,\lambda)\mathrm{d}t}$$

式中，$\hat{\lambda}_j\left(j=1,2,\cdots,\hat{N}\right)$ 是 $\hat{c}(t,\lambda)$ 的有限个单重零点。

类似于解 KdV 方程，只需解所谓 GLM 方程就可以确定 AKNS 方程的位势 $q(x,t)$ 和 $r(x,t)$。接下来推导 AKNS 的 GLM 方程。假设 Jost 解 $\Psi_-(x,t,\lambda)$ 和 $\Psi_+(x,t,\lambda)$ 可以通过三角核写成如下积分形式

$$\Psi_-(x,t,\lambda) = \Psi_1 + \int_x^{+\infty} K_-(x,y,t)\mathrm{e}^{-\mathrm{i}\lambda y}\mathrm{d}y \tag{8.2.65}$$

$$\Psi_+(x,t,\lambda) = \Psi_2 + \int_x^{+\infty} K_+(x,y,t)\mathrm{e}^{\mathrm{i}\lambda y}\mathrm{d}y \tag{8.2.66}$$

式中

$$K_{-}(x,y,t)=\begin{pmatrix}K_{-}^{1}(x,y,t)\\K_{-}^{2}(x,y,t)\end{pmatrix},\quad K_{+}(x,y,t)=\begin{pmatrix}K_{+}^{1}(x,y,t)\\K_{+}^{2}(x,y,t)\end{pmatrix}$$

以式(8.2.66)代入式(8.2.48)得

$$\begin{aligned}&\mathrm{i}\lambda\Psi_2\mathrm{e}^{\mathrm{i}\lambda x}-K_{+}(x,x,t)\mathrm{e}^{\mathrm{i}\lambda x}+\int_x^{+\infty}\partial_x K_{+}(x,y,t)\mathrm{e}^{\mathrm{i}\lambda y}\mathrm{d}y\\&=(-\mathrm{i}\lambda\sigma_3+U)\left(\Psi_2+\int_x^{+\infty}K_{+}(x,y,t)\mathrm{e}^{\mathrm{i}\lambda y}\mathrm{d}y\right)\end{aligned}\tag{8.2.67}$$

注意到

$$\begin{aligned}-\mathrm{i}\lambda\int_x^{+\infty}K_{+}(x,y,t)\mathrm{e}^{\mathrm{i}\lambda y}\mathrm{d}y&=-\int_x^{+\infty}K_{+}(x,y,t)\mathrm{d}\mathrm{e}^{\mathrm{i}\lambda y}\\&=K_{+}(x,x,t)\mathrm{e}^{\mathrm{i}\lambda x}+\int_x^{+\infty}\partial_x K_{+}(x,y,t)\mathrm{e}^{\mathrm{i}\lambda y}\mathrm{d}y-\lim_{y\to+\infty}K_{+}(x,y,t)\mathrm{e}^{\mathrm{i}\lambda y}\end{aligned}$$

以上式代入式(8.2.67)并化简得

$$\int_x^{+\infty}\left(\partial_x K_{+}^{1}-\partial_y K_{+}^{1}-qK_{+}^{2}\right)\mathrm{e}^{\mathrm{i}\lambda y}\mathrm{d}y=\left(q+2K_{+}^{1}\right)\mathrm{e}^{\mathrm{i}\lambda x}-\lim_{y\to+\infty}K_{+}^{1}(x,y,t)\mathrm{e}^{\mathrm{i}\lambda y}\tag{8.2.68}$$

$$\int_x^{+\infty}\left(\partial_x K_{+}^{2}+\partial_y K_{+}^{2}-rK_{+}^{1}\right)\mathrm{e}^{\mathrm{i}\lambda y}\mathrm{d}y-\lim_{y\to+\infty}K_{+}^{2}(x,y,t)\mathrm{e}^{\mathrm{i}\lambda y}=0\tag{8.2.69}$$

由式(8.2.68)和式(8.2.69)得

$$\begin{aligned}&\partial_x K_{+}^{1}(x,y,t)-\partial_y K_{+}^{1}(x,y,t)-q(x,t)K_{+}^{2}(x,y,t)=0\\&\partial_x K_{+}^{2}(x,y,t)-\partial_y K_{+}^{2}(x,y,t)-r(x,t)K_{+}^{1}(x,y,t)=0\\&q(x,t)+2K_{+}^{1}(x,x,t)=0\\&\lim_{y\to+\infty}K_{+}^{1}(x,y,t)\mathrm{e}^{\mathrm{i}\lambda y}=0\\&\lim_{y\to+\infty}K_{+}^{2}(x,y,t)\mathrm{e}^{\mathrm{i}\lambda y}=0\end{aligned}\tag{8.2.70}$$

同理可证

$$\begin{aligned}&\partial_x K_{-}^{1}(x,y,t)+\partial_y K_{-}^{1}(x,y,t)-q(x,t)K_{-}^{2}(x,y,t)=0\\&\partial_x K_{-}^{2}(x,y,t)+\partial_y K_{-}^{2}(x,y,t)-r(x,t)K_{-}^{1}(x,y,t)=0\\&r(x,t)+2K_{-}^{2}(x,x,t)=0\\&\lim_{y\to+\infty}K_{-}^{1}(x,y,t)\mathrm{e}^{\mathrm{i}\lambda y}=0\\&\lim_{y\to+\infty}K_{-}^{2}(x,y,t)\mathrm{e}^{\mathrm{i}\lambda y}=0\end{aligned}\tag{8.2.71}$$

类似地，对于其他两个 Jost 解有

$$\phi_{-}(x,t,\lambda)=\Psi_1+\int_x^{+\infty}H_{-}(x,y,t)\mathrm{e}^{-\mathrm{i}\lambda y}\mathrm{d}y\tag{8.2.72}$$

$$\phi_{+}(x,t,\lambda)=\Psi_2+\int_x^{+\infty}H_{+}(x,y,t)\mathrm{e}^{\mathrm{i}\lambda y}\mathrm{d}y\tag{8.2.73}$$

式中

$$H_-(x,y,t)=\begin{pmatrix} H_-^1(x,y,t) \\ H_-^2(x,y,t) \end{pmatrix},\quad H_+(x,y,t)=\begin{pmatrix} H_+^1(x,y,t) \\ H_+^2(x,y,t) \end{pmatrix}$$

为了方便起见，记

$$\begin{cases} F(x,t)=F_1(x,t)+F_2(x,t) \\ \hat{F}(x,t)=\hat{F}_1(x,t)+\hat{F}_2(x,t) \\ F_1(x,t)=\dfrac{1}{2\pi}\displaystyle\int_{-\infty}^{+\infty} k(t,\lambda)\mathrm{e}^{\mathrm{i}\lambda x}\mathrm{d}\lambda \\ F_2(x,t)=\displaystyle\sum_{j=1}^{N} g_j(t,\lambda_j)\mathrm{e}^{\mathrm{i}\lambda_j x} \end{cases}$$

$$\begin{cases} \hat{F}_1(x,t)=\dfrac{1}{2\pi}\displaystyle\int_{-\infty}^{+\infty} \hat{k}(t,\lambda)\mathrm{e}^{-\mathrm{i}\hat{\lambda}x}\mathrm{d}\lambda \\ \hat{F}_2(x,t)=\displaystyle\sum_{j=1}^{\bar{N}} \hat{g}_j(t,\hat{\lambda}_j)\mathrm{e}^{-\mathrm{i}\hat{\lambda}_j x} \end{cases}$$

将式(8.2.59)的第一个方程写为

$$\begin{aligned}\left(\frac{1}{c}-1\right)\phi_- &= k(\Psi_+-\Psi_2)+k\Psi_2+(\Psi_--\Psi_1)+(\Psi_1-\phi_-) \\ &= k(t,\lambda)\int_x^{+\infty} K_+(x,y,t)\mathrm{e}^{\mathrm{i}\lambda y}\mathrm{d}y+k(t,\lambda)\Psi_2 \\ &\quad +\int_x^{+\infty} K_-(x,y,t)\mathrm{e}^{-\mathrm{i}\lambda y}\mathrm{d}y-\int_{-\infty}^{x} H_-(x,y,t)\mathrm{e}^{-\mathrm{i}\lambda y}\mathrm{d}y\end{aligned}$$

将上式两边乘以 $\mathrm{e}^{\mathrm{i}\lambda s}(s>x)$，然后将两边从 $-\infty$ 到 $+\infty$ 积分并利用傅里叶变换的卷积公式得

$$\frac{1}{2\pi}\int_{-\infty}^{+\infty}\left(\frac{1}{c(t,\lambda)}-1\right)\phi_-(x,t,\lambda)\mathrm{e}^{\mathrm{i}\lambda s}\mathrm{d}s=\int_x^{+\infty} K_+(x,y,t)F_1(y+s,t)\mathrm{d}y+\begin{pmatrix}0\\1\end{pmatrix}F_1(x+s,t)+K_-(x,s,t)$$

利用留数定理得

$$\begin{aligned}\frac{1}{2\pi}\int_{-\infty}^{+\infty}\left(\frac{1}{c(t,\lambda)}-1\right)\phi_-(x,t,\lambda)\mathrm{e}^{\mathrm{i}\lambda s}\mathrm{d}s &= \mathrm{i}\,\mathrm{Res}\left[\left(\frac{1}{c(t,\lambda)}-1\right)\phi_-(x,t,\lambda)\mathrm{e}^{\mathrm{i}\lambda s}\right] \\ &= \sum_{j=1}^{N}\frac{\mathrm{i}\,d(t,\lambda_j)\Psi_+(x,t,\lambda_j)}{\partial c(t,\lambda_j)}\mathrm{e}^{\mathrm{i}\lambda s} \\ &= \sum_{j=1}^{N} g_j(t,\lambda_j)\left\{\begin{pmatrix}0\\1\end{pmatrix}\mathrm{e}^{\mathrm{i}\lambda_j(x+s)}+\int_x^{+\infty} K_+(x,y,t)\mathrm{e}^{\mathrm{i}\lambda(y+s)}\mathrm{d}y\right\} \\ &= -\begin{pmatrix}0\\1\end{pmatrix}F_2(x+s,t)-\int_x^{+\infty} K_+(x,y,t)F_2(y+s,t)\mathrm{d}y\end{aligned}$$

由上面两式得到第一个 GLM 方程

$$K_-(x,s,t)+\begin{pmatrix}0\\1\end{pmatrix}F(x+s,t)+\int_x^{+\infty}K_+(x,y,t)F(y+s,t)\mathrm{d}y=0 \tag{8.2.74}$$

同理可得另一个 GLM 方程

$$K_+(x,s,t)-\begin{pmatrix}0\\1\end{pmatrix}\hat{F}(x+s,t)-\int_x^{+\infty}K_-(x,y,t)\hat{F}(y+s,t)\mathrm{d}y=0 \tag{8.2.75}$$

取 $k(t,\lambda)=\hat{k}(t,\lambda)=0$，$N=\bar{N}=1$，那么上面两个 GLM 方程可化为

$$K_-(x,s,t)+\begin{pmatrix}0\\1\end{pmatrix}e\mathrm{e}^{\mathrm{i}\lambda(x+s)}+\int_x^{+\infty}K_+(x,y,t)g\mathrm{e}^{\mathrm{i}\lambda(y+s)}\mathrm{d}y=0 \tag{8.2.76}$$

$$K_+(x,s,t)-\begin{pmatrix}0\\1\end{pmatrix}\hat{e}\mathrm{e}^{-\mathrm{i}\hat{\lambda}(x+s)}-\int_x^{+\infty}K_-(x,y,t)\hat{g}\mathrm{e}^{-\mathrm{i}\hat{\lambda}(y+s)}\mathrm{d}y=0 \tag{8.2.77}$$

令

$$K_-(x,s,t)=\mathrm{e}^{\mathrm{i}\lambda s}\begin{pmatrix}K_-^1(x,t)\\K_-^2(x,t)\end{pmatrix},\quad K_+(x,s,t)=\mathrm{e}^{-\mathrm{i}\lambda s}\begin{pmatrix}K_+^1(x,t)\\K_+^2(x,t)\end{pmatrix}$$

那么式(8.2.76)和式(8.2.77)分别可化为

$$\begin{pmatrix}K_-^1(x,t)\\K_-^2(x,t)\end{pmatrix}+\begin{pmatrix}0\\1\end{pmatrix}g\mathrm{e}^{\mathrm{i}\lambda x}+\begin{pmatrix}K_+^1(x,t)\\K_+^2(x,t)\end{pmatrix}\frac{g\mathrm{e}^{\mathrm{i}(\lambda-\hat{\lambda})x}}{\mathrm{i}(\lambda-\hat{\lambda})}=0 \tag{8.2.78}$$

$$\begin{pmatrix}K_+^1(x,t)\\K_+^2(x,t)\end{pmatrix}-\begin{pmatrix}0\\1\end{pmatrix}\hat{g}\mathrm{e}^{-\mathrm{i}\hat{\lambda}x}-\begin{pmatrix}K_-^1(x,t)\\K_-^2(x,t)\end{pmatrix}\frac{\hat{g}\mathrm{e}^{\mathrm{i}(\lambda-\hat{\lambda})x}}{\mathrm{i}(\lambda-\hat{\lambda})}=0 \tag{8.2.79}$$

由式(8.2.78)和式(8.2.79)可得

$$\begin{cases}K_-^1(x,s)=\dfrac{\mathrm{i}}{(\lambda-\hat{\lambda})\varDelta}g\hat{g}\mathrm{e}^{\mathrm{i}(\lambda-2\hat{\lambda})x}\mathrm{e}^{\mathrm{i}\lambda s}\\[2ex] K_-^2(x,s)=\dfrac{1}{\varDelta}g\mathrm{e}^{\mathrm{i}\lambda(x+s)}\\[2ex] K_+^1(x,s)=\dfrac{1}{\varDelta}\hat{g}\mathrm{e}^{-\mathrm{i}\lambda(x+s)}\\[2ex] K_+^2(x,s)=\dfrac{\mathrm{i}}{(\lambda-\hat{\lambda})\varDelta}g\hat{g}\mathrm{e}^{\mathrm{i}(2\lambda-\hat{\lambda})x}\mathrm{e}^{-\mathrm{i}\lambda s}\end{cases}$$

式中，$\varDelta=1+\dfrac{g\hat{g}\mathrm{e}^{2\mathrm{i}(\lambda-\hat{\lambda})x}}{(\lambda-\hat{\lambda})^2}$。从而由式(8.2.70)和式(8.2.71)可得

$$q(x,t)=-2K_+^1(x,x,t)=-\frac{2\hat{g}\mathrm{e}^{-2\mathrm{i}\hat{\lambda}x}}{\varDelta}$$

$$r(x,t)=-2K_-^2(x,x,t)=-\frac{2g\mathrm{e}^{2\mathrm{i}\lambda x}}{\varDelta}$$

如果取 $r=-q^*$，在这种情况下得到非线性薛定谔方程

$$iq_t+q_{xx}+2q^2q^*=0$$

容易验证 $\lambda=\lambda_1+\mathrm{i}\lambda_2(\lambda_2>0)$，$\hat{\lambda}=\lambda_1-\mathrm{i}\lambda_2$，$\hat{e}=e^*$，且

$$g(t,\lambda)=g(0)\mathrm{e}^{4\mathrm{i}(\lambda_1+\mathrm{i}\lambda_2)^2t}$$

由此可得到非线性薛定谔方程的一个孤立波解

$$q(x,t)=-2\lambda_2\mathrm{e}^{-2\lambda_2x+4\mathrm{i}(\lambda_1^2-\lambda_2^2)t-\mathrm{i}\left(\theta_0+\frac{2}{\pi}\right)}\operatorname{sech}(2\lambda_2x-8\lambda_1\lambda_2t-x_0)$$

式中，$x_0=\ln\dfrac{|g(0)|}{2\lambda_2}$，$-\mathrm{i}g(0)=|g(0)|\mathrm{e}^{\theta_0}$。

8.3 守 恒 律

常微分方程组的守恒量对约化方程的维数起到十分重要的作用。如果将 KdV 方程看作一个无限自由度的常微分方程组，它可能有守恒量，只是守恒量写法不一样。设 T 和 X 是 KdV 方程的解 $u(x,t)$ 以及其导数的函数，如果下式成立

$$\frac{\partial T}{\partial t}+\frac{\partial X}{\partial x}=0 \tag{8.3.1}$$

则称式(8.3.1)为 KdV 方程的一个守恒量，其中，T 称为密度，而 X 称为流。如果当 $x\to\pm\infty$ 时，流衰减至零，将式(8.3.1)两边对 x 从 $-\infty$ 到 $+\infty$ 积分得

$$\frac{\partial}{\partial t}\int_{-\infty}^{+\infty}T\mathrm{d}x=-\int_{-\infty}^{+\infty}\frac{\partial X}{\partial x}\mathrm{d}x=\lim_{x\to+\infty}\big(X(-x)-X(x)\big)=0$$

因此

$$\int_{-\infty}^{+\infty}T\mathrm{d}x=\text{常数}$$

这类似于常微分方程组的守恒量。

在式(8.3.1)引进函数 F 使得 $T=\dfrac{\partial F}{\partial x}$。以 $T=\dfrac{\partial F}{\partial x}$ 代入式(8.3.1)得

$$\frac{\partial}{\partial t}\left(\frac{\partial F}{\partial x}\right)+\frac{\partial X}{\partial x}=0 \tag{8.3.2}$$

由式(8.3.2)可得

$$X=-\frac{\partial F}{\partial t} \tag{8.3.3}$$

显然

$$\frac{\partial}{\partial t}\left(\frac{\partial F}{\partial x}\right)+\frac{\partial}{\partial x}\left(-\frac{\partial F}{\partial t}\right)\equiv 0 \tag{8.3.4}$$

式(8.3.4)说明这种守恒量是普遍的。

对于 KdV 方程(8.2.1)，显然有

$$\frac{\partial u}{\partial t}+\frac{\partial}{\partial x}\left(-3u^2+u_{xx}\right)\equiv 0 \tag{8.3.5}$$

由式(8.3.5)有 $\int_{-\infty}^{+\infty} u\mathrm{d}x=$ 常数，这表示质量守恒。如果将 KdV 方程两边乘以 u 并经过适当的运算后得

$$\frac{\partial u^2}{\partial t}+\frac{\partial}{\partial x}\left(-2u^3-\frac{1}{2}u_x^2+uu_{xx}\right)=0$$

由此可得 $\int_{-\infty}^{+\infty} u^2\mathrm{d}x=$ 常数，这表示动量守恒。同样，对 KdV 方程作适当的变化可得

$$\frac{\partial}{\partial t}\left(u^3+\frac{1}{2}u_x^3\right)=\frac{\partial}{\partial x}\left(\frac{9}{2}u^4-3u^2u_{xx}+6uu_x^2-u_xu_{xxx}+\frac{1}{2}u_{xx}^2\right) \tag{8.3.6}$$

因此有

$$\int_{-\infty}^{+\infty}\left(u^3+\frac{1}{2}u_x^3\right)\mathrm{d}x=\text{常数}$$

这表明系统的能量守恒。

事实上，KdV 方程有无穷多个守恒量。

KdV 方程的孤立波在传播过程质量守恒、动量守恒和能量守恒，表明孤立波在传播过程具有高度的稳定性。这也说明两孤立波在碰撞后的波形和波速保持不变或只有微弱的变化(图 8.1 和图 8.2)。

在有限维情况下，可以利用泊松结构和守恒量来研究哈密顿系统的完全可积性。KdV 方程是一个无穷维的哈密顿系统，式(8.3.6)的右边函数就是哈密顿函数，并且可以证明 KdV 方程不仅有无穷多个守恒量，而且它们还是对合的，因而是完全可积的。用泊松结构研究孤立波是孤立波研究的另一条途径。

思　考　题

8-1　利用解 AKNS 方程的方法重解 KdV 方程。

8-2　试直接从解 GLM 方程出发，求 AKNS 方程的多波峰孤立波解。

参考文献

阿诺尔德 B H, 1992. 经典力学的数学方法[M]. 齐民友, 译. 北京: 高等教育出版社.
艾仑伯格 G, 1989. 孤立子: 数学家用的数学方法[M]. 刘之景, 译. 北京: 科学出版社.
程崇庆, 孙义燧, 1996. 哈密顿系统中的有序与无序运动[M]. 上海: 上海科技教育出版社.
高为炳, 1988. 运动稳定性基础[M]. 北京: 高等教育出版社.
格拉斯, 麦基, 1995. 从摆钟到混沌: 生命的节律[M]. 潘涛, 等译. 上海: 上海远东出版社.
谷超豪, 等, 1990. 孤立子理论与应用[M]. 杭州: 浙江科学技术出版社.
管克英, 高歌, 1987. Burgers-K 混合型方程行波解的定性分析[J]. 中国科学(A), 1: 64-73.
郭柏灵, 庞小峰, 1987. 孤立子[M]. 北京: 科学出版社.
黄念宁, 1996. 孤立子理论和微扰方法[M]. 上海: 上海科技教育出版社.
黄润生, 2000. 混沌及其应用[M]. 武汉: 武汉大学出版社.
黄文虎, 1994. 一般力学(动力学、振动与控制)最近进展[M]. 北京: 科学出版社.
黄昭度, 纪辉玉, 1986. 分析力学[M]. 北京: 清华大学出版社.
李继彬, 赵晓华, 刘正荣, 1997. 广义哈密顿系统理论及其应用[M]. 北京: 科学出版社.
李翊神, 1999. 孤立与可积系统[M]. 上海: 上海科技教育出版社.
凌复华, 1988. 突变理论及其应用[M]. 上海: 上海交通大学出版社.
刘曾荣, 1994. 混沌的微扰判据[M]. 上海: 上海科技教育出版社.
刘式达, 刘式适, 1989. 非线性动力学和复杂现象[M]. 北京: 气象出版社.
刘式达, 刘式适, 1991a. 孤立波和同宿轨[J]. 力学与实践, 4: 9-15.
刘式达, 刘式适, 1991b. 湍流的 KV- Burgers 方程模型[J]. 中国科学(A), 9: 938-946.
刘式达, 刘式适, 1994. 孤波和湍流[M]. 上海: 上海科技教育出版社.
卢佩, 孙建华, 欧阳容百, 等, 1990. 混沌动力学[M]. 上海: 上海翻译出版公司.
陆君安, 尚涛, 谢进, 等, 2001. 偏微分方程的 Matlab 解法[M]. 武汉: 武汉大学出版社.
陆启韶, 1995. 分岔与奇异性[M]. 上海: 上海科技教育出版社.
洛伦兹, 1997. 混沌的本质[M]. 刘式达, 等译. 北京: 气象出版社.
木水共, 1995. 新科学研究第一辑: 走向混沌[M]. 上海: 上海新学科研究会.
秦元勋, 1959. 微分方程所定义的积分曲线(上、下册) [M]. 北京: 科学出版社.
任斌, 程良伦, 2009. 李雅普诺夫稳定性理论中 V 函数的构造研究[J]. 自动化与仪器仪表, 2: 8-10.
王东生, 曹磊, 1995. 混沌、分形及其应用[M]. 合肥: 中国科学技术大学出版社.
王树禾, 1999. 微分方程模型与混沌[M]. 合肥: 中国科学技术大学出版社.
王兴元, 2003. 复杂非线性系统中的混沌[M]. 北京: 电子工业出版社.
席德勋, 2000. 非线性物理学[M]. 南京: 南京大学出版社.
谢应齐, 曹杰, 2001. 非线性动力学数学方法[M]. 北京: 气象出版社.
许淞庆, 1962. 常微分方程稳定性理论[M]. 上海: 上海科学技术出版社.
颜家壬, 1970. 孤立子简介[J]. 现代物理知识, 5: 5-9.
叶彦谦, 1984. 极限环论[M]. 上海: 上海科学技术出版社.
伊恩・斯图尔特, 1995. 上帝掷骰子吗?: 混沌之数学[M] . 潘涛, 译. 上海: 上海远东出版社.
张锦炎, 1981. 常微分方程的几何理论和分支问题[M]. 北京: 北京大学出版社.
张芷芳, 丁同仁, 黄文灶, 等, 1997.微分方程定性理论[M]. 北京: 科学出版社.

张筑生, 1999. 微分动力系统原理[M]. 北京: 科学出版社.
周凌云, 王瑞丽, 吴光敏, 等, 2000. 非线性物理理论及其应用[M]. 北京: 科学出版社.
ABLOWITZ M J, SEGUR H, 1981. Solution and the inverse scattering transform[M]. Philadelphia: SIAM Publication.
ABRAHAM R, MARSDEN J E, 1978. Foundations of mechanics[M]. California: Benjamin/Cummings.
ALLWRIGHT D J, 1972. Harmonic balance and the Hopf bifurcation[J]. Mathematics Proceedings of the Cambridge Philosophical Society, 82: 453-467.
AMOLD V I, 1964. Instability of dynamical systems with several degrees of freedom[J]. Soviet Mathematics Doklady, 5: 581-585.
AMOLD V I, 1969. The Hamiltonian nature of the Euler equations in the dynamics of a rigid body and of an ideal fluid[J]. Uspeksi Mathematics Nauk, 24: 225-226.
AMOLD V I, PROOF A N, 1963. Kolmogorovs theorem on the perturbations of Quasi-Periodic motions under small perturbations of a Hamiltonian[J]. Uspekhi Mathematics USSR, 18: 9-36.
ANDERS J A, 1980. A note on the validity of Melnikovs method[M]. Amsterdam: Wiskundig Seminarium.
ANDRONOV A A, LEONTOVICH E A, GORDON II, et al, 1971. Theory of bifurcations of dynamic systems on a plane[M]. Jerusalem: Israel Program of ScientificTranslations.
ANDRONOV A A, VITT E A, KHAIKEN S E, 1966. Theory of oscillators[M]. Oxford: Pergamon Press.
ARNOLD V I, 1983. Geometrical methods in the theory of ordinary differential equations[M]. New York: Springer-Verlag.
ARNOLD V I, 1972. Lectures on bifurcations in versal families[J]. Russian Mathematical Surveys, 27: 54-123.
AULBACH B, 1984. Trouble with linearization, mathematics in industry[M]. Stuttgart: Ebner.
BENETTIN G, GALGANI L, GIORGILLI A, et al., 1980. Lyapunov characteristic exponents for smooth dynamical systems and for hamiltonian systems, a method for computing all of them[J]. Meccanica, 15: 9-20.
BOGDANOV R I, 1975. Versal deformations of a singular point on the plane in the case of zero eigenvalues[J]. Functional Analysis and Applications, 9: 144-145.
CARR J, 1981. Application of center manifold theory[M]. New York: Springer-Verlag.
CHIRIKOV B V, 1979. A universal instability of many dimensional oscillator systems[J]. Physics Reports, 52: 263-379.
CHOW S N, HALE J K, MALLET-PARET J, 1980. An example of bifurcation to homoclinic orbits[J]. Journal of Differential Equations, 37: 351-373.
CHOW S N, LI C Z, WANG D, 1994. Normal forms and bifurcations of planar vector fields[M]. Cambridge: Cambridge University Press.
CHOW S N, MALLET-PARET J, 1977. Integral averaging and bifurcation[J]. Journal of Differential Equations, 26: 112-159.
CODDINGTON E A, LEVINSON N, 1955. Theory of ordinary differential equations[M]. New York: MeGraw-Hill.
EINFELD E, 1990. Nonlinear waves, soliton and chaos[M]. Cambridge:Cambridge University Press.
FRISCH H, 1995. Turbulence[M]. Cambridge: Cambridge University Press.
GANTMACHER F, 1970. Lecture in analytical mechanics[M]. Moscow: Mir.
GAO P, 2000. Hamiltonian structure and first integrals for the Lotka-Volterra systems[J]. Physics Letters A, 273: 85-96.
GAO P, 2003. Two new exactly solvable case of the Euler-Poisson equations[J]. Mechanics Research Communications, 30: 203-205.
GARDNER C S, GREENE J M, KRUSKAL M D,et al, 1967. Method for solving the Korteweg-de Vires

equation[J]. Physical Review Letters, 19: 1095-1097.

GOLDSTEIN H, 1980. Classical mechanics[M]. 2nd ed. New Jersey: Addison-Wesley.

GUCKENHEIMER J, HOLMES P, 1997. Nonlinear oscillations dynamical systems and bifurcations of vector fields[M]. New York: Springer-Verlag.

HAHN W, 1967. Stability of motion[M]. New York: Springer-Verlag.

HALE J K, 1964. Ordinary differential equations[M]. New York: Wiley.

HARTMAN P, 1969. Ordinary differential equations[M]. New York: Wiley.

HASSARD B D, KAZARINOFF N D, WAN Y H, 1981. Theory and applications of Hopf bifurcation[M]. Cambridge: Cambridge University Press.

HASSARD B D, WAN Y H, 1978. Bifurcation formulae derived from center manifold theory[J]. Journal of Mathematical Analysis and Applications, 63: 297-312.

HENON M, HEILES C, 1964. The applicability of the third integral of motion, some numerical experiments[J]. Astronomical Journal, 69: 73-85.

HIRSCH M W, PUGH C C, SHUB M, 1977. Invariant manifolds[M]. New York: Springer-Verlag.

HIRSCH M W, SMALE S, 1974. Differential equations, dynamical systems and linear algebra[M]. New York: Academic Press.

HOLDEN A V, 1986. Chaos[M]. Manchester: Manchester University Press.

HOLM D D, MARSDEN J E, RATIU T, et al, 1985. Nonlinear stability of fluid and plasma equilibria[J]. Physics Reports, 123: 1-116.

HOLMES P J, 1977. Bifurcations to divergence and flutter in flow-induced oscillations, a finite dimensional analysis[J]. Journal of Sound Vibration, 53: 471-503.

HOLMES P J, 1979. Domains of stability in a wind induced oscillation problem[J]. Journal of Applied Mechanics-Transactions of the SAME, 46: 672-676.

HOLMES P J, 1980. Averaging and chaotic motions in forced oscillations[J]. SIAM Journal of Mathematical Physics, 3: 6-80.

HOLMES P J, MARSDEN J E, 1981. A partial differential equation with infinitely many periodic orbits: Chaotic ocillations of a forced beam[J]. Archive for Rational Mechanics and Analysis, 76: 135-166.

HOLMES P J, MARSDEN J E, 1982. Horseshoes in perturbations of Hamiltonians with two degree of freedom[J]. Communications in Mathematical Physics, 82: 523-544.

HOLMES P J, MARSDEN J E, 1982. Melnikovs method and arnold diffusion for perturbations of integrable Hamiltonian systems[J]. Journal of Mathematical Physics, 232: 669-675.

HOLMES P, MARSDEN J E, 1983. Horseshoes and Amold diffusion for Hamiltonian systems on lie groups[J]. Indiana University Mathematics Journal, 32: 273-300.

HOPF E, 1943. Abzweigung einer periodischen Lösung von einer stationäreneines Lösung eines diferential-systems[J]. Ber Mathematics-Physics KIschs Wiss, Leipzig 94: 1-22.

IOOSS G, JOSEPH D D, 1990. Elementary stability and bifurcation theory[M]. New York: Springer-Verlag.

KELLEY A, 1967. The stable, center-stable, center, center-unstable and unstable manifolds[J]. Journal of Differential Equations, 3: 546-570.

LAX P, 1968. Integrals of nonlinear equations of evolution and solitary wave[J]. Communications on Pure and Applied Mathematics, 21: 467-490.

LICHTENBERG A J, LIEBERMAN M A, 1982. Regular and stochastic motion[M]. New York: Springer-Verlag.

LORENZ E N, 1963. Deterministic nonperiodic flow[J]. Journal of the Atmospheric Sciences, 20: 130-141.

MANAKOV S V, PITAEVSKI L P, ZAKHAROV V E, 1984. Theory of solutions, the inverse scattering method[M]. London: Plenum.

MARION J B, 1970. Classical dynamics of particles and systems[M]. New York: Academic Press.

MARSDEN J E, MCCRACKEN M, 1976. The Hopf bifurcation and its applications[M]. New York: Springer-Verlag.

MELNIKOV V K, 1963. On the stability of the center for time periodic perturbations. Transactions of the Moocow Mathematical Society, 12: 1-57.

MESS A I, 1981. Dynamies of feedback systems[M]. New York: Wiley.

MIRA C, 1987. Chaotic dynamics[M]. Singapore: World Scientific.

NEWHOUSE S E, 1979. The abundance of wild hyperbolic sets and non-smooth stable sets for diffeomorphisms [J]. Publications Mathematiques de LIHES, 50: 101-151.

NITECKI Z, 1971. Differentiable dynamics[M]. Cambridge: MIT Press.

NOLMSNOW A N, 1964. On quasi-peniodic motions under small perturbations of a Hamiltonian[J]. Dokiacwy Akademii Nauk ISSR, 98: 1-20.

ROUCHE N, HABETS P, LALOY M, 1977. Stability theory by Liapunow's direct method[M]. New York: Springer-Verlag.

RUELLE D, 1989. Elements of differentiable dynamics and bifurcation theory[M]. New York: Academic Press.

SAGDEEV R Z, 1984. Nonlinear and turbulent processes in physics[M]. Harwood: Harwood Academic Press.

SANDERS J A, 1982. Melnikovs method and averaging[J]. Celestial Mechanics, 28: 171-180.

SATTINGER D H, 1973. Topics in stability and bifurcation theory[M]. New York: Springer-Verlag.

SCHEIL K, THOGER H, ZEMAN K, 1983. Coupled flutter and divergence bifurcation of a double pendulum[J]. International Journal Non-linear Mechanics, 19:163-176.

SEYDEL R, 1994. Practical bifurcation and stability analysis[M]. New York: Springer-Verlag.

SOTOMAYOR J, 1973. Generic bifurcations of dynamical systems, Dynamical Systems [M]. New York: Academic Press.

STERNBERG S, 1958. On the structure of local homeomorphisms of euclidean n-space[J]. American Journal of Mathematics, 80: 623-631.

TAKHTAJAN L A, FADDEEV L D, 1986. Hamiltonian approach in the theory of solutions[M]. Moscow: Nauka.

WHITTAKER E T, 1959. A treatise on the analytical dynamics of particles and rigid bodies [M]. 4th ed. Combridge: Combridge University Press.

WIGGINS S, 1988. Global bifurcations and chaos-analytical method[M]. New York: Springer-Verlag.

WIGGINS S, 1990. Introduction to applied nonlinear dynamical system and chaos[M]. New York: Springer-Verlag.

WILLIAMSON J, 1963. On an algebraic problem, concerning the normal forms of linear dynamical systems[J]. American Journal of Mathematics, 58: 141-163.